普通高等教育
"十二五"规划教材

U0792224

JIANZHU CAD JIAOCHENG

建筑 CAD 教程

主　编　贺蜀山
副主编　陈远大　欧潮海

中国水利水电出版社
www.waterpub.com.cn
·北京·

内 容 提 要

建筑CAD在我国建筑工程设计领域已经占据了主导地位，建筑CAD的影响力可以说无所不在。目前，国内众多院校都开设了建筑CAD教学课程，许多从事建筑行业的人员也想尽快掌握建筑CAD。编者根据多年从事建筑CAD教学的经验及教训，在编写多本教材的基础上重新修改，加入了新版内容编写出本教材，希望通过本教材使读者能很快地掌握建筑CAD软件。

本书以AutoCAD为基础进行讲述，天正建筑TArch早已成为国内建筑设计事实上的行业标准，本书以天正建筑TArch 8和TArch 7.5版本为主讲解，兼顾其他版本，对其他建筑CAD软件也进行相应的讲解。

本书每章均附有小结及练习，小结是本章内容的概括归纳和实践经验总结，也是编者从事CAD教学二十几年的总结和体会，尤其指出了初学者经常出现的问题，对读者学习会有很大的帮助。

本书可作为各高等院校及高职高专建筑CAD的授课教材，也可作为土木结构、建筑、规划、房地产、园林景观、室内设计、工程施工管理等工程技术人员培训或自学的参考书，对建筑CAD软件感兴趣的读者，只要具有一定的计算机知识，都可用本书来学习掌握建筑CAD。

图书在版编目(CIP)数据

建筑CAD教程/贺蜀山主编．—北京：中国水利水电出版社，2013.1(2023.8重印)
普通高等教育“十二五”规划教材
ISBN 978-7-5170-0334-2

Ⅰ.①建… Ⅱ.①贺… Ⅲ.①建筑设计-计算机辅助设计-AutoCAD软件-高等学校-教材 Ⅳ.①TU201.4

中国版本图书馆CIP数据核字(2013)第022306号

书 名	普通高等教育“十二五”规划教材 建筑CAD教程
作 者	主 编 贺蜀山 副主编 陈远大 欧潮海
出版发行	中国水利水电出版社 （北京市海淀区玉渊潭南路1号D座 100038） 网址：www.waterpub.com.cn E-mail：sales@mwr.gov.cn 电话：（010）68545888（营销中心）
经 售	北京科水图书销售有限公司 电话：（010）68545874、63202643 全国各地新华书店和相关出版物销售网点
排 版	北京零视点图文设计有限公司
印 刷	清淞永业（天津）印刷有限公司
规 格	210mm×285mm 16开本 18印张 533千字
版 次	2013年1月第1版 2023年8月第7次印刷
印 数	18001—21000册
定 价	**58.00元**

编委会名单

目　　录

第 1 章
基础知识

本章要点

- 计算机的日常维护
- 文件管理
- 磁盘维护与管理
- 软件安装和使用
- Windows 环境设置
- 操作习惯和快捷键
- 建筑基础知识

学习建筑 CAD 软件前，必须要具备一定的计算机基本知识，下面介绍有关的计算机基础知识，这是为充分使用好建筑 CAD 软件做准备。对计算机已经相当熟悉的读者则可跳过前 5 节，从 1.6 节开始学习。

1.1　计算机的日常维护

要想使计算机运行顺利，就要注意计算机的日常维护，包括硬件设备的维护和软件系统的维护。

1.1.1　硬件维护

硬件设备的维护其实就是平时要注意的使用习惯，包括：

- 在任何时候都应保证电源线、数据线的连接牢固可靠。
- 经常清理计算机内的灰尘以及擦拭机箱、显示器、键盘等设备的表面。
- 计算机不用时应盖上防尘罩，以减少灰尘落入计算机内。
- 开机时应先给外部设备加电，再开主机电源；关机时相反，先关主机电源，再关闭外部设备电源。
- 计算机通电后，不要随便移动显示器、配件及机箱中的各个部件，也不要随便插拔各种非热插拔接口卡。
- 每次开关机时间一般不能小于 10 秒。
- 在对键盘进行操作过程中，不要用力过猛，以免影响键盘使用寿命。

1.1.2 软件维护

本处所说的软件维护是指正确地使用现有的操作系统软件和应用软件，以便使计算机可靠地工作，避免不必要的损失。这种软件维护包括以下几部分：

- 备份软件——对经常使用的软件如操作系统软件、工程软件 AutoCAD、建筑 CAD 软件等在电脑硬盘中留一个备份，以备维护和重新安装系统之时所需。
- 防病毒——安装 360、金山等杀毒软件，并及时升级，保护计算机。
- 清理文件——定时清理不要的垃圾文件，整理硬盘碎片。
- 防黑客袭击——对经常上互联网的计算机，应定时利用工具软件检测计算机软件系统漏洞和各端口的安全性，以防止黑客的入侵和重要资料的泄露。

1.2 文件的管理

计算机的大部分操作是在磁盘上存储和寻找文件信息，Windows 系统为此提供了用于文件和磁盘管理的重要程序，如“我的电脑”和“Windows 资源管理器”，能够有效地组织和管理磁盘上的文件。

我们知道，文件是具有名字的一组信息的集合体，是磁盘上数据的最小组织单位。为了便于管理这些文件，操作系统规定把文件按照使用者的意志分门别类地放在不同的地方，这个不同的地方叫目录。在 Windows 系统中称目录为文件夹，这样更形象具体了，文件夹中可以有文件和子文件夹。

根目录一般存放系统文件和子目录，尽量少存放其他文件。

文件和文件夹的浏览、查找、删除、移动、复制、重命名等操作的方式是一样的，所以本节将重点介绍“我的电脑”和针对文件管理的操作。

1.2.1 我的电脑

双击桌面上的“我的电脑”图标即可启动文件管理程序“我的电脑”，如图 1.1 所示。使用“我的电脑”可以查看计算机上的所有内容，如浏览文件和文件夹，建立快捷方式，新建、复制、移动、删除文件和文件夹，操作设置“打印机”，通过“控制面板”添加删除程序，查看网上邻居其他电脑磁盘中的内容等。

Windows 系统的窗口右上角有 3 个按钮：单击最小化按钮可以使打开的窗口缩小到任务条上；单击最大化按钮，可以使窗口扩大，同时按钮变为两个重叠方形，再单击使窗口还原；关闭按钮位于右上角最大化按钮的右边，单击它将关闭窗口。

现在在校学生喜欢使用 U 盘，不仅携带方便，而且 U 盘的容量越来越大、价格却越来越低，这非常有利于学习，U 盘插上电脑后一般会显示出卷标“可移动磁盘”，如图 1.1 所示。

这里提出几点注意：

（1）U 盘也是传播病毒的载体，要特别防止 U 盘在机器之间传播病毒。安装正版杀毒软件，并及时更新升级查杀病毒，是保证学习、工作正常运行的前提条件。辛辛苦苦作出来的设计图一旦遭到病毒攻击，有时连系统都会被破坏，损失巨大。

（2）记得下机时取下 U 盘，编者也曾有忘记取下 U 盘的教训，可以考虑带上挂绳，虽嫌累赘，但不容易丢失。

（3）如果经常只是读出资料，可以选购带写保护开关的 U 盘，编者经常讲课的 U 盘就带开关，只有备课时才打开，平时就锁上，避免了感染病毒的机会。

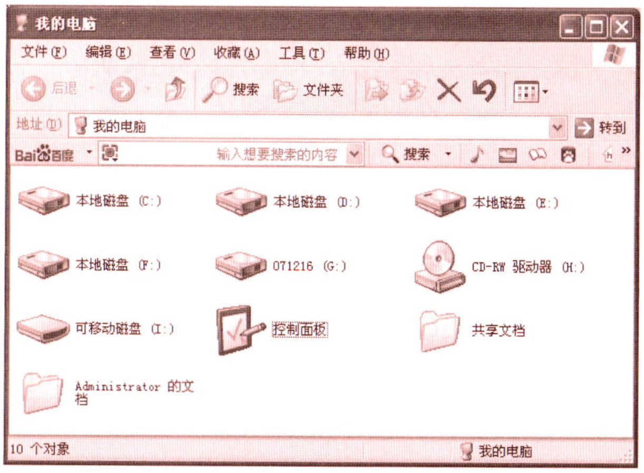

图 1.1　我的电脑

1.2.2　查找文件

磁盘的容量越来越大，存放的数据文件也越来越多，通常一台电脑中有成千上万的文件，要寻找一个文件可谓大海捞针，不过通过下面的方法可以轻松地对指定的文件进行查找。

（1）单击 Windows 任务栏的“开始”按钮，再依次选择“搜索→文件或文件夹”，出现“搜索文件或文件夹”对话框。

（2）在出现的文本框中输入要查找的文件名称，文件名称可以使用通配符“？”和“*”（其中“？”代表一个字符，“*”代表若干个字符）。

（3）在“搜索范围”文本框中输入要搜索的磁盘驱动器，或者单击“浏览”按钮，选择要搜索的驱动器和文件夹。

（4）单击“立即搜索”按钮。

（5）找到指定的文件后，在窗口下边将出现一个文件清单窗口，列出了符合条件的所有文件。

（6）使用高级搜索方式。单击“日期”选项卡，可以查找在指定日期或指定日期间创建或修改的文件；单击“类型”、“大小”、“高级”选项卡，可以查找指定类型或大小的文件或更多的条件选项。

（7）在作建筑 CAD 中，用得最多的就是图形的 dwg 文件，经常要找的也是图形文件，此时可以在“名称”中输入：*.dwg，再根据日期等条件进行查找。

1.3　硬盘的管理维护

1.3.1　硬盘分区管理

在第一次使用硬盘时，要把硬盘按照自己的需要进行分区。根据硬盘大小，一般可分成 4 个区，通常默认 C 区为系统区，在这个分区中，除了必须的系统文件外，最好不要乱放文件，显然，C 区也不必分到 30GB 以上。

要把文件按类别存放，应对分区实行专区专用，C 盘作为系统专用分区，有些初学者，在安装软件时，往往连续单击“下一步”按钮，这样就全部安装到 C 盘了，而其余各分区则是大部分空置。编者建议，C 盘作系统专用分区，分配 30GB 容量就够了，将 D、E、F 各分区容量多分配些，D 盘作为软件专用分区，安装软件时，将应用软件，如办公、CAD、图像、动画等软件安装到 D 盘，E 盘作为工作区，读者自己的文稿、论文、报表等资料都放到 E 盘，F 盘作为仓库，保存照片、录相、歌曲等不再改动的资料。这样做的好处是每个分区专区专用，互相之间的干扰可以减至最少，也有利于硬盘的整理。就是被病毒感染或是重装系统，也不会造成资料损失。另一方面也减少了以后备份系统分区时映像文件占用的硬盘空间。

提示

请养成给文件取易识别的名字的习惯，并将各个文件分门别类存放，这样在文件多的时候就可以很快找到。特别重要的文件一定要在移动硬盘或 U 盘上作备份。

1.3.2 硬盘的维护

（1）对于硬盘中公用的软件，应分别建立子目录。这样既可以避免根目录下文件过多，不便管理，同时也可以避免破坏他人的文件或公用软件。

（2）禁止随意在硬盘中安装软件、删除文件及对硬盘进行初始化等操作。

（3）注意预防病毒，禁止在硬盘存有重要数据的机器上运行游戏软件或使用未经检测的磁盘。

（4）及时备份数据。对硬盘中的重要文件，特别是建筑软件的图形数据等文件要按一定的策略进行备份工作，以免因硬件故障、误操作等造成损失。

1.3.3 磁盘碎片的整理

硬盘经过一段时间的使用后，如果经常存盘和删除文件，那么文件的存放位置就可能变得七零八碎，不是连续在一起，即形成了碎片。软件运行后产生的各种垃圾文件也是越来越多，使硬盘读取文件的速度变慢，另外也占用了大量的磁盘有效空间。

要注意经常清空“垃圾站”与“\WINDOWS\TEMP”目录中的临时文件，及时删除不再使用的文件与各种垃圾，扩大磁盘的有效空间。

如果碎片积累过多不但访问效率下降，还可能损坏磁道，定期运行 Windows 的磁盘碎片整理程序对硬盘进行整理，重新整理硬盘上的文件和未使用的空间，既可以提高硬盘的访问速度，也是磁盘维护的重要手段。

使用“磁盘碎片整理程序”的具体方法：通过单击“开始”→“所有程序”→“附件”→“系统工具”→“磁盘碎片整理程序”，即可启动“磁盘碎片整理程序”，整理选定的磁盘，如图 1.2 所示。

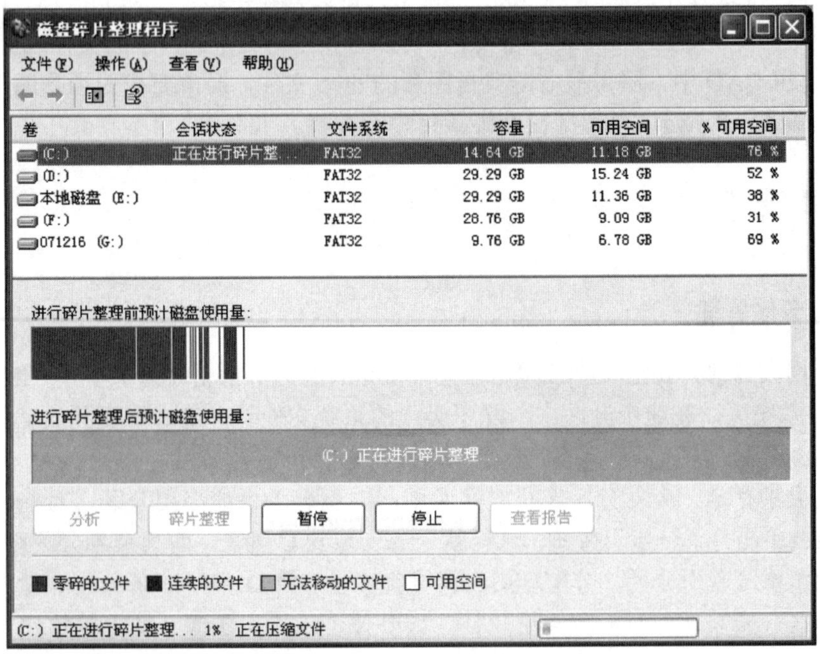

图 1.2 碎片整理

当运行磁盘整理程序时，若看到大片的红色，就必须要整理了。就是碎片太多，是危险的信号；如果是成片的蓝色，则表明磁盘维护得很好。

1.4　软件的安装和使用

1.4.1　工具条

我们是学习建筑 CAD 软件，而天正建筑软件是以 AutoCAD 作为开发平台由中国人自主开发的软件，因此先学 AutoCAD 是必经之路。在建筑学院里，一般也是先学 AutoCAD 再学习天正建筑软件，本教程也是主要针对大专院校土木建筑及相关专业学生的教学用书。

下面先介绍 AutoCAD，当然也可直接在建筑 CAD 软件下操作，所有命令均可直接执行，不必有任何担心。

进入 AutoCAD 软件的界面，将暂时不需要的工具条关掉，屏幕上最好只有“绘图”、“编辑”、“尺寸标注”等几个工具条，需要的工具条可随时从“View”（视图）下拉菜单中的“Toolbars”（工具条）中选取。另外，工具条最好放在屏幕的左右两侧，尽量使之与图幅比例接近。因整个屏幕比较宽而高度不足，所以尽量不要在系统界面的顶上或底下放工具条了。

1.4.2　调整存图时间

下面设置存图时间，以避免由于停电或死机等原因给工作造成的损失。选择“Tools”（工具）下拉菜单中的“Preferences”（选项），弹出“选项”对话框，如图 1.3 所示。选择 “打开和保存”选项卡，将自动存盘分钟数设定为 20，即每隔 20 分钟系统自动存盘一次。当然，如果停电频繁也可改成 10 分钟，根据所处的工作环境情况确定，如图 1.4 所示。

也可直接在建筑 CAD 软件中设置自动存图时间，如图 1.4 所示。

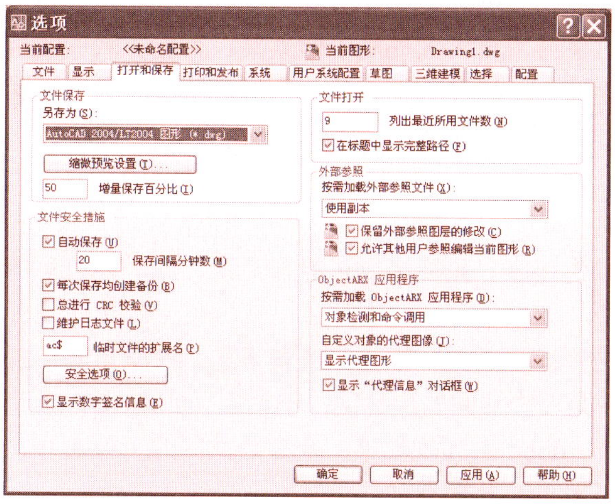

图 1.3　AutoCAD 存图时间对话框

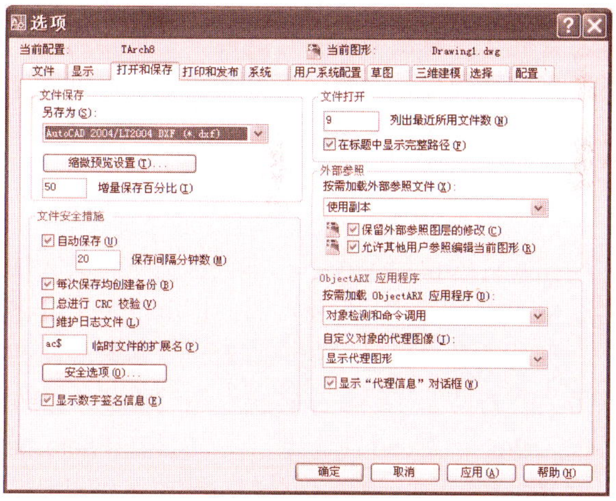

图 1.4　建筑 CAD 软件存图时间对话框

这样，计算机将按照设定的时间自动保存一个以 sv$为后缀的文件。这个文件系统默认存放在 C:\Documents and Settings\Administrator\Local Settings\temp）这个临时文件夹里面，碰到断电等异常情况，可将此文件更名为*.dwg 文件，在 CAD 软件中就可打开了。

如果你觉得系统默认的文件夹层次太深不好找，比如加了保护卡的机器，启动后临时文件也不存在了，在这样的情况下也可以自己设定一个子目录。具体设置方法是：在“选项”对话框中选择“文件”选项卡，找到自动保存图形文件的位置，单击加号，改成设定的子目录。尤其是学校机房中加了保护卡的机器，C 区肯定加了保护，学生只能将自动保存图形文件的位置设在非保护区。

建议将文件保存的版本选为 2004 版或更低，以便于在其他机器中打开，因为不少人的机器并非安装高版本。

1.4.3 调整 Windows 的设置

CAD 操作的文件有多种，其后缀包括 dwg、bak、dwt、dwf 等，要分清各类文件，首先要对 Windows 的设置作一些调整。双击“我的电脑”，再单击“工具”菜单，在下拉式菜单中打开“文件夹选项”对话框，单击“查看”选项卡，在“高级设置”框中将“隐藏已知文件类型的扩展名”选项前面的√去除（单击小方框即可）。

这样做的目的主要是可以清楚地看到所有文件，特别是它的文件后缀，方便处理。

1.5 操作习惯

1.5.1 左手键盘 右手鼠标

在所有计算机软件的操作过程中，尤其是对操作图形图像软件，编者大力提倡左手打键盘，右手用鼠标的方式。这是一个值得提倡的好习惯，编者在教学中也要求学生养成这一良好习惯。

在建筑 CAD 等类软件中，有许多很方便的快捷键，左手操作起来十分方便，如键盘上的空格键相当于回车键，左手大拇指对空格键的操作非常方便，并且是标准的操作指法，而回车键的标准指法是右手的小拇指，但 CAD 操作时右手握着鼠标很不方便，况且就是不用鼠标时，一般人的操作中用右手的小拇指敲回车键的人也很少，所以编者提倡使用左手。

专业的绘图员会用左手在键盘上输入画直线的快捷命令“L”，按空格键确认，然后用鼠标在绘图区域绘制这条直线。如果你是 CAD 的初学者，那么希望你从现在开始就要养成“左手键盘，右手鼠标”的好习惯，在学习建筑 CAD 的初期就尝试着使用快捷命令来绘制练习用的图形。

现代医学研究结果表明，尽量使用左手将有利于开发大脑智力，促进右半大脑的血流量，防止脑血管硬化，降低中风的可能性。更重要的是，左右手并用可大大提高工作效率。其他各软件尤其是图形图像软件，也有相当多的快捷键可以通过键盘输入，建议使用左手。不用快捷键而只会点图标拉菜单，工作的效率就很难提高。

1.5.2 快捷键

在软件的使用过程中，掌握快捷键将大大加快操作速度。只要多上机操作几次，同时在以后的实践中再逐渐多记，不断巩固，也就很快可以记住了。

另外就是要多对比记忆，对于众多软件所共同的快捷键方式，下点工夫背下来，对学习其他软件是大有帮助的。笔者在实践中经过验证，总结出下面一些共同的快捷键：不论在 AutoCAD、天正 CAD、Word、Excel 等软件中，还是在 Photoshop 等 Adobe 系列软件中，全部是共同的有效命令，一定要记忆牢固。键盘上的 Ctrl 键在书写和记忆时可用“∧”来表示。

∧C — 复制　（Copy）
∧V — 粘贴　（Paste）
∧X — 剪切　（Cut）
∧A — 全选　（All）
∧S — 保存　（Save）
∧N — 新建　（New）
∧O — 打开　（Open）
∧P — 打印　（Print）
∧Z — 撤销操作　（Undo）

上面这些有共同特性的通用型快捷键，是按编者在实践中使用的频度排序的。几乎各类 Windows 界面的软件都是使用上面的快捷键，可以作到一通百通，在图像软件操作中，快捷键的应用更加广泛。

1.6　CAD 键盘鼠标操作技巧

1.6.1　Shift+右键的应用

在 AutoCAD 的各个版本中均能使用 Shift+右键的功能；弹出物体捕捉菜单，因为它能跟随鼠标位置在其最近处弹出，使用起来方便快捷。

鼠标右键是作图的好帮手。在 AutoCAD 200X 中，鼠标右键常设置为回车和重复执行命令。安装建筑 CAD 软件后，鼠标右键成为激发智能化菜单的快捷键，如果要保持 AutoCAD 的设置，在“天正设置”中的快捷菜单项下钩选“Ctrl+右键”就两全其美了。具体的操作方法是：当执行某命令时，按鼠标右键就是确认操作或回车响应。当需要重复刚才的操作命令，单击右键就可如愿以偿。当鼠标指着[Tarch7/8]按钮而单击右键时，可看到建筑 CAD 软件的所有子菜单，这时移动鼠标至某子菜单又可智能地显示该项所属的子菜单，当鼠标激发某图块后按 Ctrl 键的同时单击鼠标右键，就可弹出“通用编辑”菜单。当操作鼠标激发某图素，并使某控制夹点变为红色时，单击鼠标右键又可调出 R200X 的通用作图和修改命令。总之鼠标右键大有作为，应很快熟悉。

1.6.2　重叠物体选择

使用 Ctrl+鼠标左键，在按住 Ctrl 键的同时单击排在一起的几个物体，当不断单击时，被选择的物体在这几个物体之间切换（即是打开“Cycle on”），直到要选中的物体显示成虚线为止。在两个物体重叠、由于显示顺序的原因而难以选中底层的物体时或图形较大而物体拾取框尺寸设置得较小时，使用这个方法选择物体较为方便。

1.6.3　按 Tab 键辅助捕捉

当需要捕捉一个物体上的点时，只要将鼠标靠近某个或某些物体，不断地按 Tab 键，这个或这些物体的某些特殊点〔如直线的端点、中间点、垂直点，相交物体的交点，圆的四分圆点、中心点、切点、垂直点、交点〕就会轮换显示出来，选择需要的点，单击左键即捕中这些点。注意当鼠标靠近两个物体的交点附近时这两个物体的特殊点将先后轮换显示出来〔其所属物体会变为虚线〕，这对于在图形局部较为复杂时捕捉点很有用。

1.6.4　鼠标操作技巧

目前使用最多的是中间有滚轮的二键鼠标，其左键为选择功能键（选像素、选点、选功能）；右键在绘图区具有快捷菜单或回车功能。

中间滚轮的作用如下：

（1）旋转轮子向前或向后：实时缩放、拉近、拉远。

（2）手指压住轮子不放并拖曳：实时平移，这时屏幕上的光标显示为一只手。

（3）双击：相当于 ZOOM →E 将图形放大到整屏上。要求学生上交的图形均要做此步操作。

Shift+压轮子不放并拖曳：做垂直或水平的实时平移。

Ctrl+压轮子不放并拖曳：随意式实时平移。

Mbuttonpan=0（系统默认值=1），按一下轮子：对象捕捉快捷菜单。

Shift+右键：对象捕捉快捷菜单。

1.7　建筑基础知识

初学者刚接触天正 CAD 软件时，对于“上下开间”、“进深”等术语不理解，一头雾水，有人就开始动摇了，在天正网站的论坛上就有这些问题的讨论。有众多的人依然在使用 AutoCAD 作建筑图，一方面是因为他们使用 AutoCAD 的时间长了，习惯这个软件，一时为了完成手头的工作，不想再花时间学习专门的建筑软件；另一方面是目前有关天正 CAD 的书讲得太玄、太高深，大部分是关于建筑 CAD 软件的说明。其实只要让读者能懂，能很快理解，应该越简单明了越好，编者就是按此原则编写本教材的。

1.7.1 开间和进深

对于上下开间，可以这样理解：

下开间就是从下方分配房间的宽度尺寸，也可理解为从 x 轴方向划分房间的宽度尺寸。

上开间，顾名思义，就是从上方分配房间的宽度尺寸。

左进深：从左方分配房间的长度尺寸，也可理解为从 y 轴方向划分房间的深度尺寸。

右进深：从右方分配房间的深度尺寸。

一个人从小就和 x、y 平面直角坐标系打交道，对开间和进深可以简化理解为：分别对 x、y 轴方向分配尺寸，就很容易理解掌握了。

1.7.2 散水

上边向下掉水时可以向外散水，“散水”是设在外墙四周的倾斜护坡，坡度一般为 3%～5%，其目的是迅速将地表水排离，避免勒脚和下部砌体受水。

更简单讲，沿着建筑物首层地面外围作一圈斜面，迅速将地表水排离，将降水疏导至远处，称为散水。

散水另有保护墙基的作用，不做散水的房子墙壁容易出现裂缝。

1.7.3 房屋的类型及组成

1. 房屋的类型（按使用功能分）

（1）民用建筑。民用建筑又分为居住建筑和公共建筑。住宅、宿舍等称为居住建筑，办公楼、学校、医院、车站、旅馆、影剧院等称为公共建筑。

（2）工业建筑。如工业厂房、仓库、动力站等。

（3）农业建筑。如畜禽饲养场、水产养殖场和农产品仓库等。

2. 房屋的构件及其作用

如图 1.5 所示为一幢三层楼的学生宿舍。楼房第一层为底层（或一层、首层），往上数为二层、三层……顶层（本例的三层即为顶层）。房屋由许多构件、配件和装修构造组成。它们有些起承重作用，如屋面、楼板、梁、墙、基础；有些起防风、沙、雨、雪和阳光的侵蚀干扰作用，如屋面、雨篷和外墙；有些起沟通房屋内外和上下交通的作用，如门、走廊、楼梯、台阶等；有些起通风、采光的作用，如窗；有些起排水作用，如天沟、雨水管、散水、明沟；有些起保护墙身的作用，如勒脚、防潮层。

3. 房屋组成的有关概念

各种不同功能的房屋一般都由基础、墙（柱）、地面楼面、屋面、楼梯和门窗六大部分组成。

（1）基础：基础位于墙或柱的下部，属于承重构件，起承重作用，并将全部荷载传递给地基。

（2）墙或柱：墙和柱都是将荷载传递给基础的承重构件。墙还能起围成房屋窨和内部水平分隔的作用。墙按受力情况可分为承重墙和非承重墙，按位置可分为内墙和外墙，按方向可分为纵墙和横墙。两端的横墙通常称为山墙。

（3）地面楼面：楼面又叫楼板层，是划分房屋内部空间的水平构件。具有承重、竖向分隔和水平支撑的作用，并将楼板层上的荷载传递给墙（梁）或柱。

（4）屋面：一般指屋顶部分。屋面是建筑物顶部承重构件。主要作用是承重、保温隔热和防水排水。它承受着房屋顶部包括自重在内的全部荷载，并将这些荷载传递给墙（梁）或柱。

（5）楼梯：楼梯是各楼层之间的垂直交通设施，为上下楼层用。

（6）门窗：门和窗均为非承重的建筑配件。门的主要功能是交通和分隔房间；窗的主要功能是通风和采光，同时还具有分隔和围护的作用。

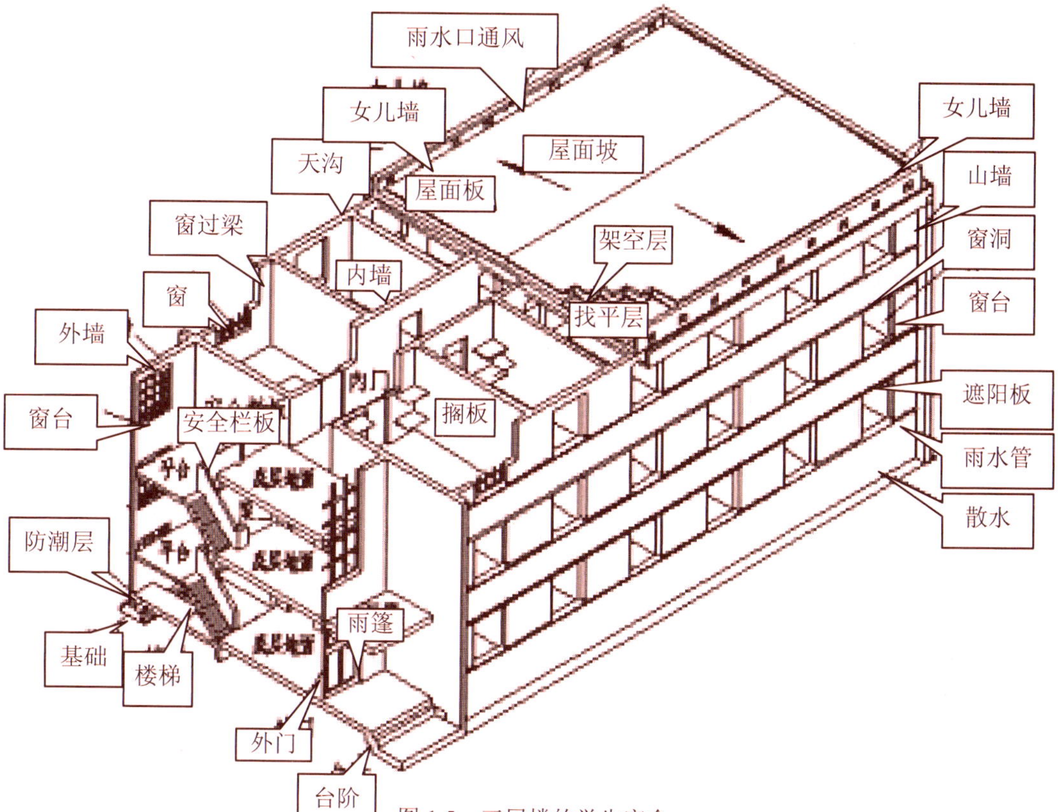

图 1.5　三层楼的学生宿舍

1.7.4　建筑结构

建筑结构按照承重构件所采用的材料不同，一般可分为钢结构、木结构、砖混结构和钢筋混凝土结构四大类。我国现在最常用的是砖混结构和钢筋混凝土结构。

一般民用建筑常采用砖砌筑墙体、钢筋混凝土梁和楼板的结构形式。这类结构形式习惯上叫做混合结构或砖混结构。厂房和高层建筑常采用钢筋混凝土结构。除以上六大组成部分外，根据使用功能不同，还设有阳台、雨篷、勒脚、散水、明沟等。

1.7.5　建筑规模

建筑规模主要包括占地面积和建筑面积。这是设计出的图纸是否满足规划部门要求的依据。

（1）占地面积：建筑物底层外墙皮以内所有面积之和。

（2）建筑面积：建筑物外墙皮以内各层面积之和。

1.7.6　标高

在房屋建筑中，规范规定用标高表示建筑物的高度。标高分为相对标高和绝对标高两种。以建筑物底层室内地面为零点的标高称为相对标高;以青岛黄海平均海平面的高度为零点的标高称为绝对标高。建筑设计说明中要说明相对标高与绝对标高的关系，例如“相对标高±0.000 相当于绝对标高 150.200m”，这就说明该建筑物底层室内地面设计在比海平面高 150.20m 的水平面上。

标注标高要用标高符号，标高以 m 为单位，一般图中标注到小数点后第 3 位，也就是到 mm（毫米）。在总平面图中注写到小数点后第二位。零点标高的标注方式是$\triangledown\underline{\pm 0.000}$；正数标高不注写“＋”号，例如＋3m，标注成：$\triangledown\underline{3.000}$。

1.7.7 其他常见建筑术语

横墙：沿建筑宽度方向的墙。

纵墙：沿建筑长度方向的墙。

山墙：外横墙。

女儿墙：外墙从屋顶上高出屋面的部分。

层高：相邻两层的地坪高度差。

净高：构件下表面与地坪（楼地板）的高度差。

建筑面积：建筑所占面积×层数。

使用面积：房间内的净面积。

交通面积：建筑物中用于通行的面积。

构件面积：建筑构件所占用的面积。

绝对标高：青岛市外黄海海平面年平均高度为±0.000 标高。

相对标高：建筑物底层室内地坪为±0.000 标高。

1.7.8 装修

装修方面的内容比较多，包括地面、楼面、墙面等做法。我们需要掌握说明中的各种数字、符号的含义。例如说明中要求：“一般地面：素土夯实基层，70 厚 C10 混凝土垫层……”这是说明地面的做法：先将室内地基土夯实，作为基层，在基层上做厚度为 70 的 C10 混凝土为垫层（结构层），在垫层上再做面层。再如：“一般楼地面：在结构层上做 25 厚 1:2.5 水泥砂浆找平层，素水泥浆结合层一道，15 厚 1:2 水泥瓜米石地面。”这里需要了解比例的标注方法，如“1:2.5 水泥砂浆”是指水泥砂浆的配料比（按体积比计），水泥占 1 份，砂子占 2.5 份，两者按此比例拌和。

1.7.9 平面图

1. 平面图的形成

假想用一个水平平面沿门窗洞口将房屋剖切开，移去剖切平面以上部分，将余下的部分按正投影的原理投影，投影面上所得到的图称为平面图。

2. 平面图的名称

底层平面图：沿底层门窗洞口剖切开得到的平面图称为底层平面图，又称为首层平面图或一层平面图，如图 1.6 所示。

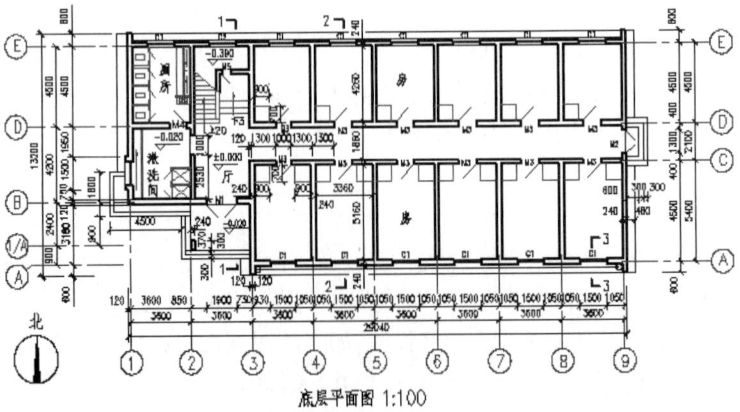

图 1.6 底层平面图

二层平面图：沿二层门窗洞口剖切开得到的平面图称为二层平面图。

标准层平面图：在多层和高层建筑标准层平面图中，往往中间几层剖开后的图形是一样的，就只需要画一个平面图作为代表层，将这一个作为代表层的平面图称为标准层平面图。

顶层平面图：沿最上一层的门窗洞口剖切开得到的平面图称为顶层平面图。将房屋直接从上向下进行投射得到的平面图称为屋顶平面图。

综上所述，在多层和高层建筑中一般有底层平面图、标准平面图、顶层平面图和屋顶平面图 4 个。此外，有的建筑还有地下层（±0.000 以下）平面图。

3. 门和窗

在平面图中，只能反映出门、窗的平面位置，洞口宽窄及与轴线的关系。门窗应按常用建筑配件图例进行绘制。在施工图中，门的代号是 M，窗的代号是 C。在代号后面写上编号，如 M1、M2、…和 C1、C2、…。同一编号表示同一类型的门窗，它们的构造和尺寸都一样。一般情况下，在首页图或在平面图上，附有一门窗表，列出门窗的编号、名称、尺寸、数量及所选标准图集的编号等内容。

门窗制作安装需查找相应的详图。

4. 高窗

在平面图中窗洞位置若画成虚线，则表示此窗为高窗（高窗是指窗洞下口高度高于 1500mm，一般为 1700mm 以上的窗）。按剖切位置和平面图的形成原理，高窗在剖切平面上方，并不能够投射到本层平面图上，但为了施工时阅读方便，国标规定把高窗画在所在楼层并用虚线表示。

1.7.10 立面图

一般建筑物都有前后左右 4 个面。立面图是表示建筑物外墙面特征的正投影图。其中，表示建筑物正立面特征的正投影图称为正立面图；表示建筑物背立面特征的正投影图称为背立面图；表示建筑物侧立面特征的正投影图称为侧立面图，侧立面图又分左侧立面图和右侧立面图。

在建筑施工图中一般都设有定位轴线，建筑立面图的名称又可以根据两端定位轴线编号来确定。

立面图是设计工程师表达立面设计效果的重要图纸，是在施工中墙面造型、外墙面装修、工程概预算、备料等的依据。

立面图的主要内容：

（1）表明建筑物外部形状，主要有门窗、台阶、雨篷、阳台、烟囱、雨水管等的位置。

（2）用标高表示出各主要部位的相对高度，如室内外地面标高、各层楼面标高及檐口标高。

（3）立面图中的尺寸。立面图中的尺寸是表示建筑物高度方向的尺寸，一般用三道尺寸线表示。最外面一道为建筑物的总高。建筑物的总高是从室外地面到檐口女儿墙的高度。中间一道尺寸线为层高，即下一层楼地面到上一层楼面的高度。最里面一道为门窗洞口的高度及与楼地面的相对位置。

（4）外墙面的分格。建筑外墙面的分格线以横线条为主，竖线条为辅；利用通长的窗台、窗檐进行横向分格，利用入口处两边的墙垛进行竖向分格。

（5）外墙面的装修。外墙面装修一般用索引符号表示具体做法。具体做法需要查找相应的标准图集。

1.7.11 剖面图

剖面图是指房屋的垂直剖面图。假想用一个正立投影面或侧立投影面的平行面将房屋剖切开，移去剖切平面与观察者之间的部分，将剩余部分按正投影的原理投射到与剖切平面平行的投影面上，得到的图称为剖面图。用侧立投影面的平行面进行剖切，得到的剖面图称为横剖面图；用正立投影面的平行面进行剖切，得到的剖面图称为纵剖面图。

其实，也可简单理解为：假想将墙面移开，看到房屋内部的结构。

剖面图同平面图、立面图一样，是建筑施工图中最重要的图纸之一，表示建筑物的整体情况。剖面图用来表达建筑物的结构形式、分层情况、层高及各部位的相互关系，是施工、概预算及备料的重要依据。

1.7.12 图纸比例

房屋建筑平面图、立面图、剖面图是全局性的图纸，因为建筑物体积较大，所以常采用缩小比例绘制。一般性建筑常用 1:100 的比例绘制，对于体积特别大的建筑，也可采用 1:200 的比例。

有了以上的建筑基础知识，就可以轻松进入 AutoCAD 和建筑 CAD 软件的学习了。

本章小结

1．本章介绍了计算机的操作基础知识，读者必须熟悉计算机操作界面和基本操作技术，为后面的学习打下基础。介绍了建筑有关知识，并要求读者掌握理解建筑术语。

2．本章强调了计算机日常维护的重要性。对于一个操作计算机的人来说，应该熟悉文件管理系统，磁盘管理与维护是必须掌握的。建议读者不要把建筑 CAD 的图形文件放到 C 盘，避免计算机被病毒感染后，重装系统而使图形文件丢失。

3．要使用建筑 CAD 和其他应用软件，就要学会软件安装，图形文件会占用大量的空间，与其他人在网上传送图形文件时，一般要经过压缩处理，因此要学会文件的压缩处理，如 WinRAR 压缩软件的使用等。现在的 U 盘容量大且价格相对便宜，可以充分利用 U 盘。

4．安装完 AutoCAD 之后，一定要先运行，确保能够运行之后，才安装建筑 CAD 软件。安装完后，将图库全部复制到建筑软件安装目录下。当开始操作 CAD 时，应对 CAD 工作环境进行一系列设置，如存图时间的调整，可使你在工作中不会因为停电、死机等造成太大损失。

5．养成良好的操作习惯，将使你受益一生，再一次提倡“左手键盘，右手鼠标”的操作方式，以提高效率。

6．使用建筑 CAD 等软件，建议使用 17 英寸及以上的显示器，分辨率最好能在 1024×768 或以上，能达到 1280×1024 就非常理想，这样操作区域就相对比较大，操作时可以少去很多的平移或缩放操作动作，速度也大大加快。

7．读者不要把学习当成一种单纯枯燥学习，而是当成一种快乐享受知识的方式，建立一种轻松愉快的学习环境。倡导和培养观察力，随时注意所见所闻，尤其是对建筑物，多观察、分析、对比，发挥主动性，去尝试、发现、分析、解决问题。相信通过本书的学习，读者能够掌握建筑 CAD 软件的使用。

课后练习题

1．熟悉计算机文件管理，学会软件安装，安装 AutoCAD 200X，安装建筑 CAD 软件 TArch 8。

2．对 CAD 工作环境进行一系列设置，如文件查看选项、存图时间调整等。

3．熟悉并记住计算机操作快捷键，并上机反复验证。

4．认识理解常用建筑术语。翻阅有关建筑书籍。

5．复习建筑工程制图等基本知识，可以参阅有关书籍。

6．对图 1.4 所示的三维建筑示意图进行观察分析，了解其结构，熟悉该学生宿舍的各部分名称和作用，再提出自己的设计方案。

7．建议去当地或其他城市的规划展览馆参观，最好是参观有古今中外建筑的展览馆、展览会，也建议去各地博物馆参观。

8．随时注意所见所闻，尤其是对建筑物，多观察、分析、对比。

9．建议经常到有关的网站浏览，收集建筑有关资料，参加有关的论坛讨论，如晓东 CAD：http://www.xdcad.net；天正公司网站：http://www.tangent.com.cn；网易土木在线：http://co.163.com；

筑龙网：http://www.zhulong.com/index.asp；中望 CAD：http://www.zwcad.com；天极设计在线：http://www.design.yesky.com；建筑节能网：http://www.chinagb.net；CAD 教育网：http://www.cadedu.com；ABBS 建筑论坛：http://www.abbs.com.cn；天工网：http://www.tgnet.cn；建筑新时代：http://www.jzcad.com；网易建筑论坛：http://co.163.com/neteaseivp/forum/forum_jz.htm 等。

10．初学者的 CAD 工具栏只保留绘图、编辑等少数几个，尽量用左手敲入简化命令，熟练运用常用的快捷键，提倡“左手键盘，右手鼠标”的操作方式，提高效率。

11．绘制指北针，用细实线绘制圆，直径宜为 24mm。指针尖为北向，指针尾部宽度宜为 3mm。需要用较大直径绘制指北针时，指针尾部宽度宜为直径的 1/8。

第 2 章

AutoCAD 基础

本章要点

- AutoCAD 的启动/退出和操作界面
- AutoCAD 的绘图命令
- AutoCAD 的编辑命令
- AutoCAD 目标捕捉

CAD 是 Computer Aided Design 的缩写，意思为计算机辅助设计。而 Auto CAD，则是美国 Autodesk 公司的 CAD 软件。它提供了一个形象生动的操作环境，绘图方法也非常灵活。目前，AutoCAD 广泛应用于建筑、机械、电子、石油化工等工程设计领域，极大地提高了工程设计人员的工作效率。

机械行业充分利用了 AutoCAD 的强大功能。对于从事建筑业的人来说，所用到的只是其中的一部分。对于不甚追求准确的建筑外观和室内效果，目前有更方便的三维软件可以使用，如 3ds max 等，但是，对于追求精确尺寸的计算机辅助设计来说，没有其他软件可以比得上 AutoCAD。

目前在国内，土木建筑及相关人员使用最多的仍是天正建筑软件，该软件是在 AutoCAD 的基础上开发的，因此学好 AutoCAD 是学好天正软件的前提。有关 AutoCAD 的知识内容很多，这里编者只介绍天正建筑软件使用中经常要用到的 AutoCAD 的主要内容，以供读者参考。已掌握 AutoCAD 软件的读者也可跳过此章内容。

对于初学者，基本的操作方法是重要的，本章不仅简单介绍 AutoCAD 的操作外，更重要的是介绍怎样利用 AutoCAD 中提供的工具高效地组织、绘制图形，设计不能单凭 AutoCAD 就能完成，最主要的还是靠思维。

2.1 AutoCAD 的操作

2.1.1 AutoCAD 启动

AutoCAD 有各种不同的版本，下面以 2002～2009 版为例进行讲解。更多是以 2007 版界面为主，笔者体会 2007 是 R17 版最稳定、最简洁的一个产品。另外在文件格式上 2007 恢复了 R14 格式的选择。现在，有些老工程师还钟爱 R14 版本，R14 的优点是超快反应速度和不选择电脑的硬件，运行很简洁、顺畅。其实版本的不同并不重要，各不同版本的基本功能差别不是太大。

AutoCAD 安装到计算机上后，系统会自动在桌面上创建一个 AutoCAD 快捷图标。同时在“开始”→“所有程序”菜单中也自动添加了 AutoCAD 菜单项。

AutoCAD 的启动与 Windows 环境下的其他应用程序一样，可以有多种途径来实现。通常用户可以在桌面上双击 AutoCAD 的快捷图标，或者在任务栏中单击“开始”→“所有程序”→AutoCAD→AutoCAD 菜单项，启动 AutoCAD。

启动 AutoCAD 低版本后，系统自动弹出如图 2.1 所示的“启动”对话框。版本不同，该对话框也会稍有差异，包含了打开、新建、使用样板、使用向导 4 种选择方式。

按钮：从“文件”列表框中选择一个图形文件，打开该文件，同时还可单击“浏览”按钮查找其他文件。

按钮：指使用“默认”设置新建图形文件，选择英制或公制单位后，直接进入 AutoCAD 的模型空间绘图区域。

按钮：在“选择样板”列表框中显示的是现有的图形模板文件，其扩展名为.dwt。通过“使用样板”按钮设置新建的图形文件环境，其所具有的环境和指定的样板文件相同。这样可以减少大量重复的图形设置工作。

按钮：在“选择向导”列表框中有两个选项：“高级设置”和“快速设置”，如图 2.2 所示。

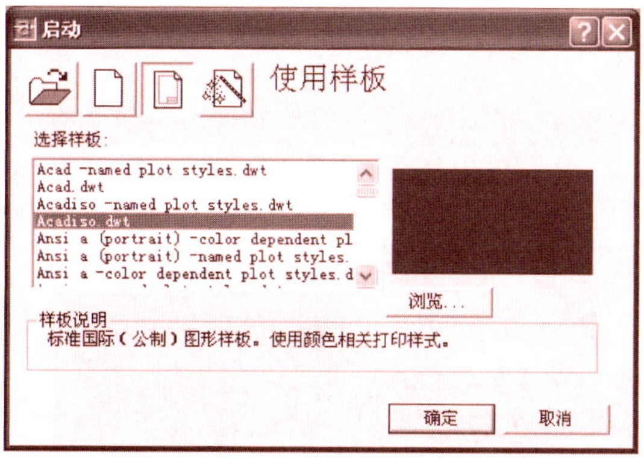

图 2.1　“启动”对话框

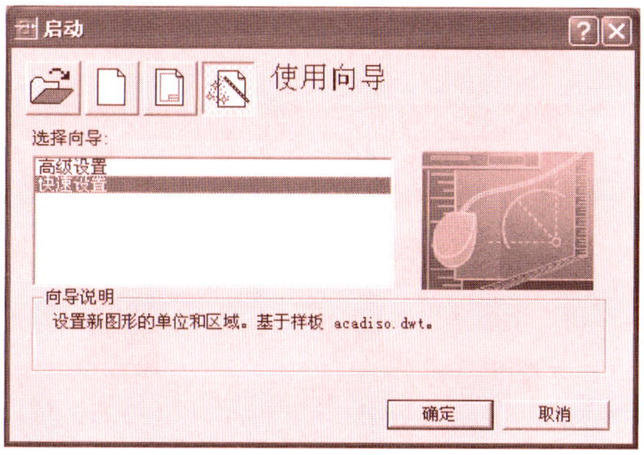

图 2.2　使用向导

【快速设置】：包括单位和区域设置。要求确定单位类型和绘图区域的长和宽。

【高级设置】：高级设置除了单位、区域设置外，还有角度、角度测量、角度方向设置。

若是新版本，如 2007 版会出现图 2.3 所示的界面。

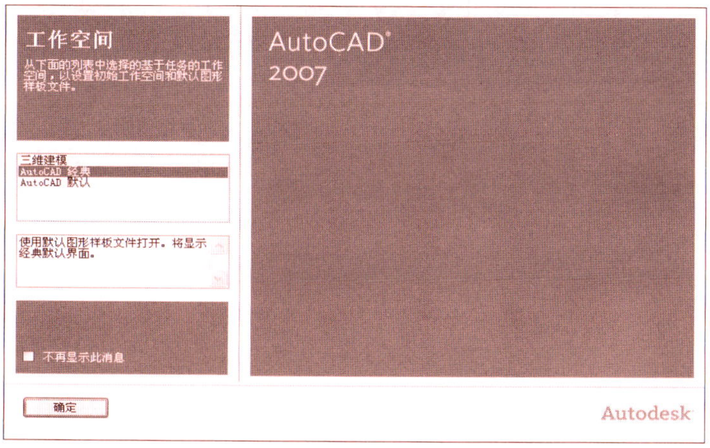

图 2.3　2007 版本的界面

其实，不论哪个版本，只要能运行就可以了，对于目前的作图而言，编者认为现在各版本都能胜任，不必非要使用最新最高的版本，对于 80%以上的使用者来说，R2004 版本已足够，有设计院的老工程师还在使用 R14 版本，也照样工作。

2.1.2 退出 AutoCAD

当要退出 AutoCAD 绘图环境时，可采用以下 4 种方法之一。

- 单击“文件”→“退出”命令。
- 单击标题栏右侧的控制图标☒。
- 双击标题栏左侧的控制图标。
- 在命令行输入 quit（或 exit）后按回车键。

在退出 AutoCAD 应用程序时，如有未保存的图形文件，AutoCAD 将弹出如图 2.4 所示的警告对话框。

图 2.4 AutoCAD 警告对话框

其中各按钮的作用如下：

【是】：在关闭 AutoCAD 之前，保存对图形所做的修改。

【否】：放弃存盘，退出 AutoCAD。

【取消】：取消命令，返回 AutoCAD 绘图环境。

2.1.3 AutoCAD 的操作界面

启动 AutoCAD 系统后，其界面如图 2.5 和图 2.6 所示。

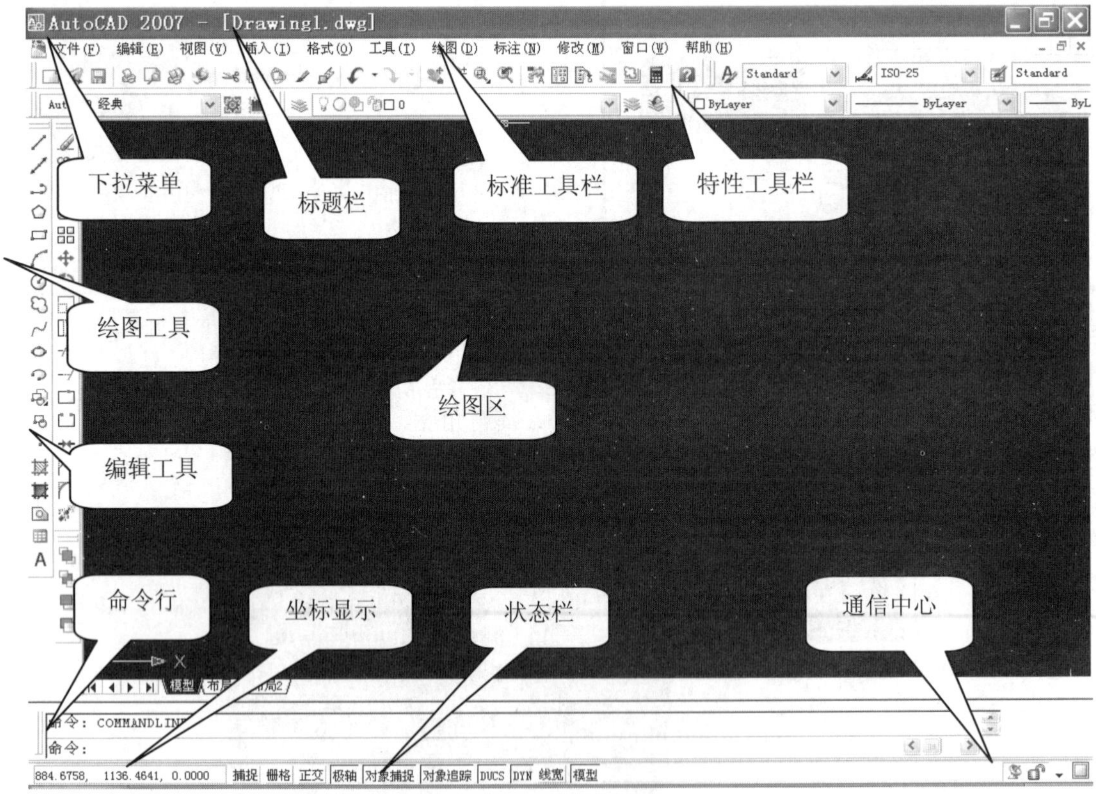

图 2.5 AutoCAD 的基本界面

天正建筑软件支持中、英文版 AutoCAD 200X。

一般人们习惯使用 AutoCAD 中文版，中文版的界面如图 2.6 所示，与图 2.5 相比，只是将屏幕设置成了白色，相当于白图纸。老版本在截图时必须将屏幕设置成白色，新版本已不存在图片黑底版问题。

AutoCAD 的界面形式与 Windows 的其他应用软件相似，这也正是 AutoCAD 所追求的与 Windows 标准高度兼容的风格。这种风格充分体现了 AutoCAD 用户界面友好、易学易用的特点。

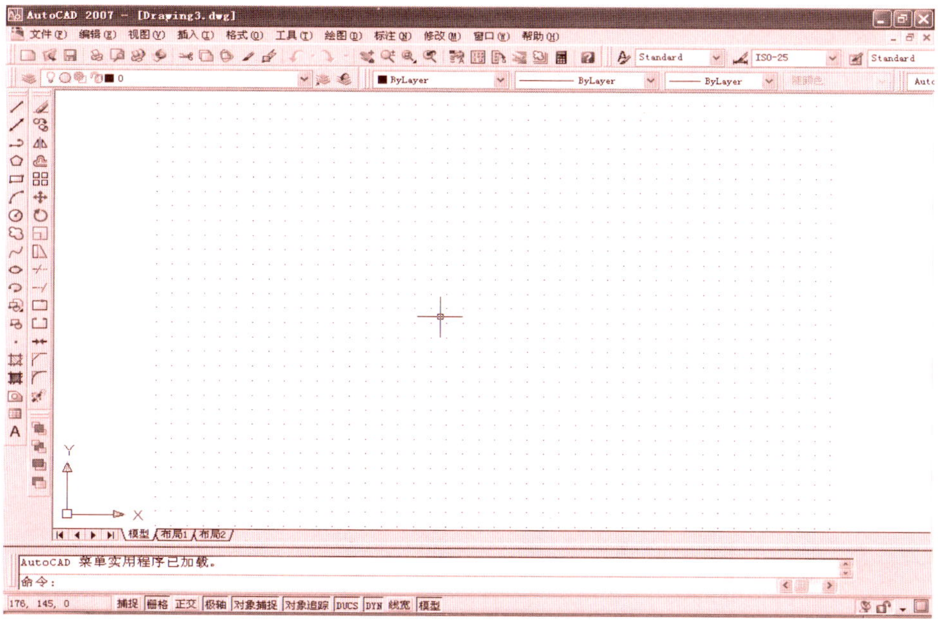

图 2.6　AutoCAD 中文版的界面

现在的读者都会使用微软公司的 Office 办公软件。AutoCAD 的界面与 Office 非常接近，有菜单、工具栏、状态栏、工作区，连菜单的编排顺序（如文件、编辑、视图、插入、格式、工具、窗口、帮助）、标准工具栏的图标等都十分贴近 Office，让你一开始就感到亲切。

与 Office 不同的地方有：AutoCAD 的制图区域与状态栏之间有命令行（其实它是一个窗口，所以也可以将它拉到任何你想要的地方，或者让它多显示几行，操作方法就像操作 Windows 的标准窗口一样）。制图区域的右侧可以显示屏幕菜单。屏幕菜单是为照顾老用户而保留的，一些老用户有可能从 DOS 时代就使用 AutoCAD，用屏幕菜单习惯了，现在开始学习 AutoCAD 的人一般不怎么用它，当然你也可以在选项（参数选择）里的显示页中找到打开它的方法。

制图区域是黑色的，一般人感觉到在 AutoCAD 中操作很舒服，这主要就是它的绘图区域是黑色的缘故，当然可以将它改为其他颜色。

1. 绘图区

AutoCAD 界面中最大的空白区域为绘图区，也称为视图窗口，用户只能在绘图区绘制图形。绘图区没有边界，可以利用视图中的缩放、平移命令使绘图区无限增大或缩小。

绘图区左下角两个互相垂直的箭头组成的图形为 UCS 图标，不同的图标表示了不同的空间或观测点。绘图区的右边和下边有两个滚动条，可使视窗上下或左右移动，便于观察。

绘图区的左下部有 3 个标签，即“模型（Model）”、“布局 1（Layout1）”和“布局 2（Layout2）”，它们用于在模型空间和图纸空间之间切换。

当光标移至绘图区域时，便出现了十字光标和拾取框。十字光标和拾取框是绘图的主要工具。

2. 命令窗口

命令窗口由两个部分组成，即命令提示窗口和命令行。而命令提示窗口又包含历史命令的提示信息。

命令行用于显示用户从键盘输入的内容，命令提示窗口中含有 AutoCAD 启动后所用过的全部命令及提示信息。

3. 状态栏

状态栏显示了当前十字光标所在处的三维坐标和 AutoCAD 绘图辅助工具的开关状态，包括“捕捉”、“栅格”、“正交”、“极轴”、“对象捕捉”、“对象追踪”、“线宽”、“模型”等开关按钮。这些开关用于精确绘图中对对象上特定点的捕捉，显示线宽及在模型空间和图纸空间的转换等。通过开关按钮可以随时观察或改变状态。

使用 AutoCAD 和天正建筑软件，建议使用 17 英寸及以上的显示器，分辨率最好在 1024×768 或以上，这样操作区域相对比较大，操作时可以少去很多的平移或缩放操作动作，速度也会大大加快。

2.2 AutoCAD 的菜单

2.2.1 AutoCAD 的菜单项

AutoCAD 的菜单栏分为：

文件、编辑、视图、插入、格式、工具、绘图、标注、修改、窗口、帮助等几个菜单，各版本相差不大。

2.2.2 “文件”菜单

“文件”菜单主要是针对文件的操作，例如文件的新建、打开、修复、保存、输入、输出、查核、打印等。

“发送”或“电子传递”功能可以将当前文件作为邮件的附件发送出去。而“网上发布”则是以 Web 的方式发布到网络上。

在 200X 版中由于可以同时打开多个图形文档，所以在菜单中可以见到有一项“关闭”项，它可以关闭当前的图形文件，而不是退出 AutoCAD。

200X 版中由于改进了打印功能，所以在“文件”菜单中也增加了“页面设置”、“打印机管理”和“打印样式管理”，使用这几个功能能够设置输出打印的页面、打印机及打印的样式。

2.2.3 “编辑”菜单

“编辑”菜单包含标准的剪贴板功能，撤销、重做功能以及全部选定、清除功能，这些都与 Office 的功能相同。

剪贴板的功能有很大的增强。剪切后的粘贴操作很简单，不再像以前版本那样麻烦。输入粘贴命令后，只要点取粘贴的位置就可以完成粘贴操作，而且粘贴出来的图形不再作为图块，这就避免了图块清理及图形图块的清理。根据用户的需要，也可以将剪贴板内容粘贴为图块。命令中还增加了一项非常有用的功能，就是“带基点复制”，这样可以将剪贴板内容准确地粘贴在所需的位置而不必再次移动。查找功能是在当前的图形文件中查找相应的文本内容，从 AutoCAD 的几个版本来看，处理文本的功能逐渐得到了增强，相应的功能也在增多。

2.2.4 “视图”菜单

“视图”菜单主要是对窗口及绘图区域的控制。

视图中的“刷新（Redraw）”功能就是重新刷新图形。而“再生（Regen）”命令是在觉得所显示的图形不够圆滑时使用，系统将会按当前的图形大小调整圆弧的平滑度。 实时平移、实时缩放是在 R14 版之后新增的，是两个非常有用的功能，其中，实时缩放是按住鼠标并向上拖动时图形会放大，按住鼠标并向下拖动时图形会缩小，而左右拖动是无效的。在操作时这两项功能交替使用将大大提高操作的速度（可用右键按出快捷菜单进行转换）。

平移的其他命令现在很少用了，实时平移就足够了。

缩放的其他命令用得最多的有：全图缩放和范围缩放。范围缩放与全图缩放的区别是：范围缩放不管图形界限所设置的范围，它只显示能容纳所有对象的窗口，而全图缩放在所有对象没有超出图形界限时显示图形界限的窗口，而对象超出图形界限时就与范围缩放相同，所以一般还是使用范围缩放为好。

鸟瞰视图在绘制大图形时配合使用更方便，它可以在一个小的窗口中显示整图的内容，可以用窗选某一部分显示。

视口是将窗口分成几部分分别显示图形中的不同部分，可以对激活的视口进行平移、缩放而不影响其他视口中的图形显示。

视图功能是指从不同角度来观看图形，主要用于三维操作，用于平面时可以将图形的不同位置保存为不同的视图名称，通过引用该名称来实现快速地显示出不同的位置。

如果想从不同角度观看三维的图形，就少不了三维动态观察器，它可以实时转动视图从不同方位来观察窗口中的对象。由于它的实时功能，可以看到它转动时的状态和准确地转到所需的方位。

2.2.5　“插入”菜单

“插入”菜单主要是提供将不同的部件插入当前图形中的功能，它可以控制在图形中插入图块（包括图形文件）、外部参照、光栅图像、矢量图像等。

图块与外部参照有何区别呢？插入的图块已成为当前图形的一部分，对图块的更改必须在当前的图形中进行，而外部参照一般情况下只是一个参照图，不能进行编辑，有些像链接。

还要说明一下，外部参照也可以嵌入到当前的图形中成为图形的一部分。在嵌入中有两个选项：插入和嵌入，区别是：插入时外部参照与当前图形的相同图层中的对象合并在一起形成一个层，而嵌入时外部参照中的图层重新命名而独立于当前图形的图层，故而图层数增多。

光栅图像指一般的点阵格式（也就是像素）的图片，如 BMP 格式、JPG 格式、GIF 格式等，矢量图片指的是由图元组成的图片，如 WMf 格式、SAT 格式、3DS 格式、AI 格式等。

布局功能项与以前版本有很大的不同，它是图形在纸张上的编排。在 200X 版中，一个图形可以添加多个不同纸张设置的不同布局，方便了各种不同的需要。

插入超级链接是 200X 版的新功能，用户可以像编辑超文本格式文件一样为对象增加超级链接，以方便图形文件与其他文件甚至网络的联系。

2.2.6　“格式”菜单

“格式”菜单主要是设置图形的格式，包括图层、颜色、线型、线宽、字型、标注样式、打印样式、点样式、复线样式、单位、标高（厚度）、图形界限等。

操作前，一定要设置好各种格式，最好是将设置好格式的空白图形保存为样板图以便于以后的引用，而不必每次新建图形时都要设置。

颜色项是设置当前及新增对象的颜色。线型可设置当前及新增对象的线型，也可以通过该项装载外部的线型。线宽是 2000 版新增的，有默认的线宽、屏幕上是否显示线宽，打印样式也是 2000 版新增的内容，它可为当前及新增的对象设置打印样式。读者也许会觉得设置这些内容很麻烦，可以使用图层。

AutoCAD 中的图层与其他软件的图层有所不同，它没有先后的顺序，它只是将不同的设置保存起来方便调用。将所需的不同样式设置成不同的图层，以后就在不同的图层中绘制对象，得到所需的对象样式。图层设置中可以设置颜色、线型、线宽、打印样式以及一些图层独有的设置（图层的开/关、冻结/解冻、锁定/解锁等功能）。

字型、标注样式、点样式及复线样式是独立于图层的，必须单独设置。

“单位”主要是设置图形中使用的长度及角度的单位及精度。

“图形界限”设置的是图形的范围，如果所画的图形没有超出设置的图形界限，可以使用缩放命令的全图缩放来查看所设置的图形界限的大小。

2.2.7　工具菜单

“工具”菜单主要提供了控制图形的一些工具。

在 AutoCAD 的版本升级中，对文本的操作越来越受到重视，从几个版本中可以看到：从单行文本到段落文本；增加了文本的拼写检查及文本的查找功能；文本可以直接使用 Windows 的.ttf 全真矢量字体等。拼写检查的操作方法与 Office 大致相同。

快速选择的功能确实很强，它可以通过所要选择的对象的共同特征来选择对象，如选择某一图层的对象、选择某一颜色的对象等。

显示顺序可将对象置前或置后，由于 AutoCAD 的对象与 Office 或 CorelDRAW 不同，所以此功能用处不大。

查询功能可查询两点的距离、封闭对象的面积、面域的集中属性（周长、面积、顶点坐标等）、多个对象属性的列表以及对象创建和图形的当前状态。

属性、AutoCAD 设计中心、数据连接是 AutoCAD 200X 新增的功能很强的 3 个项目。①属性可显示绝大多数 AutoCAD 对象（三维图形、复线、组合除外）的属性，并可进行编辑，最大的优点是可对不同对象的同一属性进行编辑；②设计中心能方便图形的管理；③数据连接提供对数据库的操作。这 3 个功能的打开占用了大量的窗口空间，所以一般在必要时才加载。

绘图设置（草图设置）主要是设置对象捕捉、对象跟踪、极向跟踪以及捕捉和栅格功能，它是一种辅助功能，是在以前版本的功能中进行改进，并综合在一个对话框中。

自定义菜单可让用户装载辅助菜单、增减菜单条等，如果自己编写了一些程序并编写了自己的菜单，就可以在这里装载菜单。

选项就是以前版本的参数选择。设置的基础很多，包括各种文件的位置、各显示项目的状态调整、文件保存的格式、打印出图的设置、系统的兼容性问题、用户的行为参数、自动捕捉的显示设置、对象的选择方法以及所有配置内容的保存和恢复等内容。

以上的各菜单是 AutoCAD 的辅助功能，属于设置项，下面介绍绘图、标注、修改这 3 个用于实际绘图工作的菜单。

2.2.8 绘图菜单

绘图菜单中产生的对象（图元）是最基本的、未修改的图元，基本功能可分为以下几类：

- 线的功能：线段、直线、折线（多义线）、多边形、矩形等。
- 弧的功能：圆弧、圆、圆环、云形线（样条线）、椭圆等。
- 块的功能：图块、点、剖面线（阴影线）、边界、面域等。
- 文本功能：单行文本、段落文本。
- 表面功能：多种表面的建立。
- 实体功能：多种实体的建立。

2.2.9 标注菜单

标注也是绘图的一部分，由于它的重要性和与众不同，所以专门为它设置一个菜单，早期的 AutoCAD 版本没有标注功能，只能靠手工增加标注，随着版本升级到 2000 版，标注功能已非常完美了，除了自动产生标注文本外，设置好的标注样式基本不需要修改。

快速标注是 2000 版新增的功能，它可通过选择多个对象一次性产生多个标注对象。

其余的标注功能有：线性标注（即水平向标注、竖直向标注）、对齐标注（各个方向都可以，需要注意的是标注线与两个标注起点平行）、半径标注、直径标注、角度标注、坐标标注、引线标注。

还有几项是对标注操作的一些基本编辑，如标注文本的对齐、旋转，标注的倾斜等。

2.2.10 修改菜单

修改菜单（早期版本分为构图和修改两部分）内容很多，可分为 4 个部分：

第 1 部分是对对象本身属性的修改。除了对各种对象都可通用的“属性”菜单外，对一些特定的对象（如阴影、折线、云形线、复线、特性、文本、外部参照、图块）还增加了特定的编辑方法，方便了操作。

第 2 部分是在保留对象的基础上利用该对象产生新的对象。此类命令包括复制、镜像、偏移、阵列等。

第 3 部分是改变对象某方面的性质或利用辅助的对象改变性质。此类命令有抹除（删除）、移动、旋转、比例、拉伸、加长、修剪、延伸、截断、倒角、圆角等。

第 4 部分是对复杂对象的编辑。此类命令有三维操作中的各种操作、实体编辑中的不同命令以及炸开。炸开是将对象拆散为不同的对象，主要针对图块、标注及折线对象。

2.2.11 窗口菜单

窗口菜单是在 2000 版中新增的，由于 AutoCAD 200X 可同时打开多个图形文件，所以通过窗口菜单项可选择各窗口的排列形式以及选择某个窗口为当前的使用窗口等。

2.2.12 帮助菜单

帮助菜单提供了帮助内容以及 AutoCAD 网络的一些链接，在执行某个命令期间按 F1 键即可得到该命令的有关帮助内容，而无需自己去苦苦查找。

2.3 AutoCAD 绘图命令

利用 AutoCAD 绘图工具可以创建各类对象，包括简单的线、圆、样条曲线、椭圆以及随边界变化而变化的填充区域等。结合实例操作，使读者能熟练掌握绘制和编辑基本图形实体的方法和技巧。

平面图形是由点、直线、圆、圆弧以及其他一些复杂的曲线组成的。

2.3.1 AutoCAD 的坐标系统

1. 笛卡儿坐标系统

AutoCAD 2002 采用三维笛卡儿坐标系统（CCS）不确定点的位置。在屏幕显示状态栏中显示的三维数值即为当前十字光标所处的位置。由于在默认状态下的绘图区窗口中，我们只能看到 xoy 平面，因而只有 x 和 y 的坐标在不断地变化，而 z 轴的坐标值一直为 0。在默认状态下，可以把它看成是一个平面直角坐标系。

在 xoy 平面上绘制、编辑图形时，只需输入 x、y 轴的坐标，z 轴坐标由 AutoCAD 自动赋值为 0。

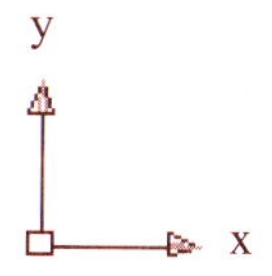

图 2.7 世界坐标系

2. 世界坐标系统

世界坐标系统（WCS）是 AutoCAD 2002 的绘制和编辑图形过程中的基本坐标系统，其坐标原点和方向都不改变，如图 2.7 所示。世界坐标系统的图标上有一个字母“W”。

3. 用户坐标系统

AutoCAD 提供了可变的用户坐标系统（UCS），以方便用户绘图形。在默认状态下，用户坐标系统与世界坐标系统相同，用户可以在绘图过程中根据具体情况来定义 UCS。

单击“视图”→“显示”→“UCS 图标”可以打开和关闭坐标系图标。也可以设置是否显示坐标系原点，还可以设置坐标系图标的样式、大小及颜色。

4. 坐标输入方法

在 AutoCAD 绘图中经常使用平面直角坐标系的绝对坐标、相对坐标，平面极坐标系的绝对极坐标和相对极坐标等方法来确定点的位置。

- 绝对直角坐标

绝对坐标是以原点为基点定位所有的点。输入点的（x，y，z）坐标，在二维图形中，z=0 可以省略。如用户可以在命令行中输入“10，20”（中间用逗号隔开），来定义点在 xy 平面上的位置。

- 相对直角坐标

相对坐标是某点（A）相对于另一特定点（B）的位置，可以用“@x，y”的方式输入相对坐标。如“@10，20”是指该点相对于当前点沿 x 方向移动 10，沿 y 方向移动 20。

- 绝对极坐标

极坐标是通过相对于极点的距离和角度来定义的。绝对极坐标以原点为极点，如输入“10<20”，表示距原点 10，方向为 20°角的点。

- 相对极坐标

相对极坐标是以上一个操作点为极点，如输入“@10<20”，表示该点距上一点的距离为 10，和上一点的连线与 x 轴成 20°角。

2.3.2 AutoCAD 的工具栏

对于工具栏，各版本的内容大致相同，所以对于什么图标对应什么功能，还需要用户在使用中慢慢熟悉。在熟练以后，大部分的菜单内容都可以通过单击图标来执行，但编者提倡使用简化命令从键盘输入。CAD 简化命令可参看第 2 章的最后部分。

2.3.3 绘制直线 L（line）

执行画线命令后，用户可以一次画一条线段，也可以连续画多条线段（各线段是彼此独立的实体）。直线是由起点和终点来确定的，用户可以通过鼠标或键盘来确定起点和终点。

如果要绘制一个闭合的图形，在提示符下直接输入“C”（Close），将最后确定的一点与最初起点的连线形成闭合的折线；输入“U”（Undo），则取消上一步操作。

当用光标指定线的端点时，光标移动时有一条橡皮筋从前一点连到光标位置，如图 2.8 所示。橡皮筋有助于你看清要画的线及其位置。光标移动过程中始终连着橡皮筋，直到选择下一点或终止画线命令。

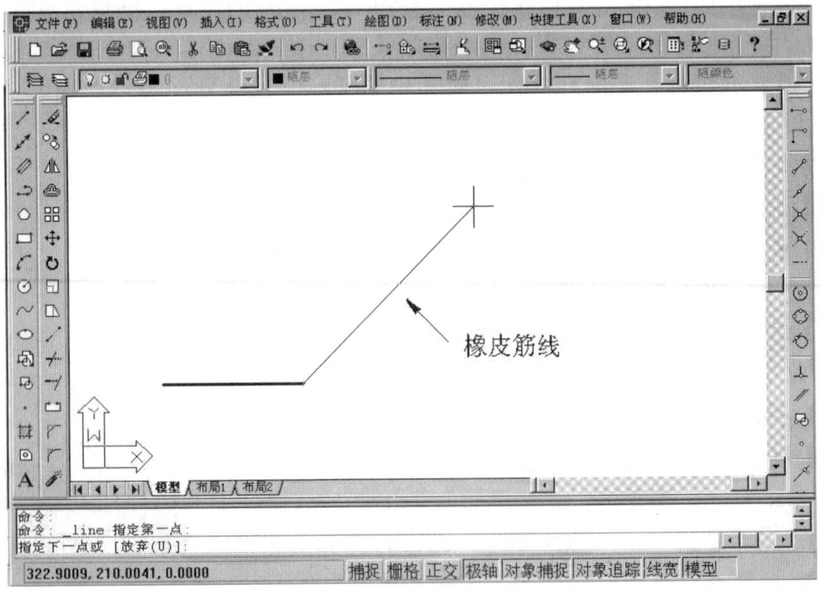

图 2.8 橡皮筋线

需要注意的是，在“指定第一点”提示符后直接按 Enter 健，则 AutoCAD 将上次绘制的直线或圆弧的终点作为当前要绘制直线的起点。在 AutoCAD 绘图中，几乎所有要指定的点都可以使用键盘输入坐标值或用十字光标在屏幕上拾取的方法获得。

操作实例：

绘制四方形。如图 2.9 所示是一个矩形，四条线段首尾相连形成封闭的四边形，其操作如下：

命令: Line	执行 Line 命令
线的起始点:	点取 A 点，如图 2.9 所示
点取 B 点	水平取第 2 点
点取 C 点	向下取第 3 点
点取 D 点	向左取第 4 点
C	D 点与最初起点 A 连线形成闭合

图 2.9　绘制四方形

2.3.4　绘制圆 C（Circle）

圆是工程图形中另一种常见的基本实体。画圆的基本命令是 circle，根据圆心、半径、直径和圆上的点等参数绘制。

在发出 circle 命令后，命令行提示为：

指定圆的圆心或[三点(3P)/两点(2P)/相切、相切、半径(T)]:

用户要根据不同的已知条件，或指定一点确定所绘圆的圆心位置或输入一个选项，用 AutoCAD 所提供的不同方法画圆。

最常见的用法是先单击确定圆心位置，用鼠标拉出半径，在“极轴追踪”打开的情况下，可以直观了解到半径值，再单击左键确定，圆即画出。

Circle 命令绘制圆的方法具体如图 2.10 所示。

方法 1：圆心半径法。用户指定圆心坐标和圆的半径值即可确定一个圆。

方法 2：圆心直径法。与方法 1 类似，指定圆心坐标和圆的直径即可确定一个圆。

方法 3：三点（3P）法。只要用户指定圆上任意三个点即可确定一个圆。

方法 4：两点（2P）法。用户指定圆的任意一条直径的两个端点即可确定一个圆。

方法 5：相切、相切、半径法。用户需要先选择两个与圆相切的图形对象，然后再指定圆的半径，从而确定一个圆。

方法 6：三切法。用户需选择三个与圆相切的图形对象来确定一个圆。

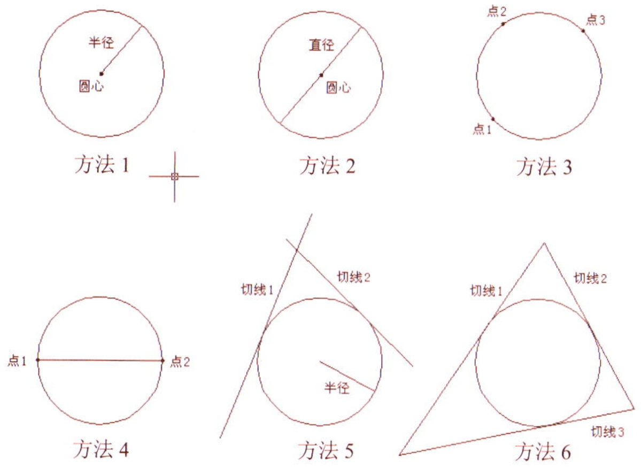

图 2.10　绘制圆的方法示意图

注意

在菜单“绘图”→“圆”中包括了以上 6 种方法的选项。但用户在命令行直接输入 Circle 命令或使用图标时，系统提示：“两点(2P)/三点(3P)/相切-相切-半径(T) /弧线(A)/多次(M)/<圆中心(C)>:”。

提示

在绘图时应根据具体情况进行分析，采用最为便捷、适宜的方法来绘制。

操作实例 1：用切点半径方式画圆（T）。

下拉菜单：[绘图]→[圆]→[相切、相切、半径]（T）

工 具 栏：[绘图]→[圆]

命 令 行：C→T

这种方式适用于需要画两个实体的公切圆的情况。该方式要求用户确定与公切圆相切的两个实体和公切圆的半径。具体操作如下：

1．单击“绘图”→“圆”→“相切、相切、半径”菜单命令。

2．当命令行出现“选取第一切点：”提示符时，输入第一个切点。

3．当命令行出现“选取第二切点：”提示符时，输入第二个切点。

4．当命令行出现“圆半径：”提示符时，输入公切圆的半径。

如图 2.11 所示的圆就是用相切、相切、半径方式画的圆。

命令清单如下：

命令：_circle	
两点(2P)/三点(3P)/相切-相切-半径(T) /弧线(A)	
/多次(M)/<圆中心(C)>: t	以相切-相切-半径方式画公切圆
选取第一切点：	选择第一个实体 A 点
选取第二切点：	选择第二个实体 B 点
圆半径：	输入公切圆的半径

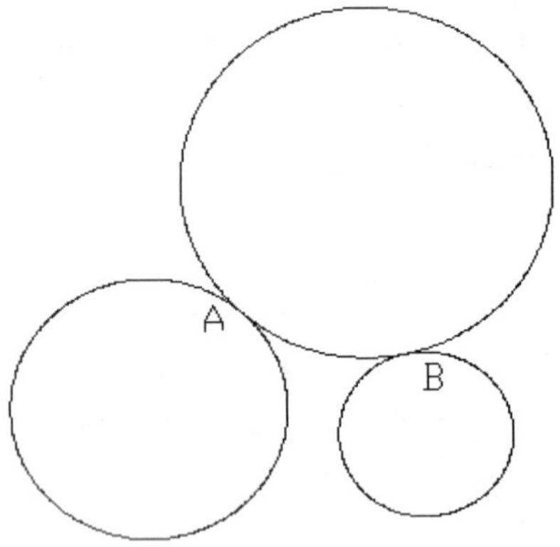

图 2.11　相切、相切、半径方式画的圆

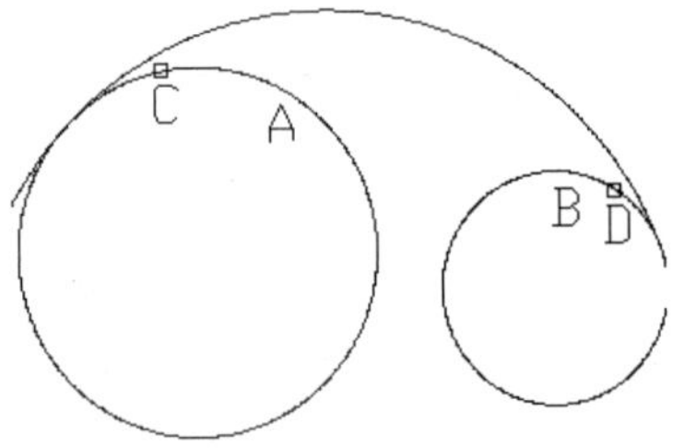

图 2.12　相切、相切、半径方式画内公切圆

上面所作切点是大概位置，在公切圆画出以前，显然不能精确定位，但可大致定位。图 2.11 画的是两圆的外公切圆，如果要画出上述两圆的内公切圆，半径应足够大才能包进去，另外切点位置偏向两边，也就是点的两切点 C、D 均向 AB 之外偏移，A、B 点是外公切圆切点，如图 2.12 所示，C、D 点在 AB 两侧。

切点也只是一个大约的位置，如图 2.12 所示，虽然点击所选的切点在 C、D，但真正的切点位置并不一定在 C、D 点，一般在其附近，另外就是内公切圆的半径要足够大。当然，也可以做成一个是内切，一个是外切，如在图 2.12 中，当把 D 点选在小圆的左下方时，则可做成与小圆外切。

刚才做的公切圆，也可以从下拉菜单的[绘图]→[圆]→[相切、相切、相切]来做，当提示第三个切点时，单击一次后提示：选择点处没有发现切点，再单击就是以此点作为第三个切点了，也可以说是以第三个切点来确定公切圆的大小。

操作实例 2：用三切点方式画圆。

下拉菜单：[绘图]→[圆]→[相切、相切、相切]

当需要画 3 个实体的公切圆时可以采用这种方式。该方式要求用户确定与公切圆相切的 3 个实体。具体操作如下：

单击“绘图”→“圆”→“相切、相切、相切”菜单命令。

当命令行出现“圆上第一点，捕捉到 切点”时，输入第一个切点。

当命令行出现“圆上第二点，捕捉到 切点”时，输入第二个切点。

当命令行出现“圆上第三点，捕捉到 切点”时，输入第三个切点。

如图 2.13 所示的圆就是用切点、切点、切点方式画圆。

命令如下：

单击“绘图”→“圆”→“相切、相切、相切”菜单命令。

圆上第一切点：输入第一个切点 E。

圆上第二切点：输入第二个切点 F。

圆上第三切点：输入第三个切点 G。

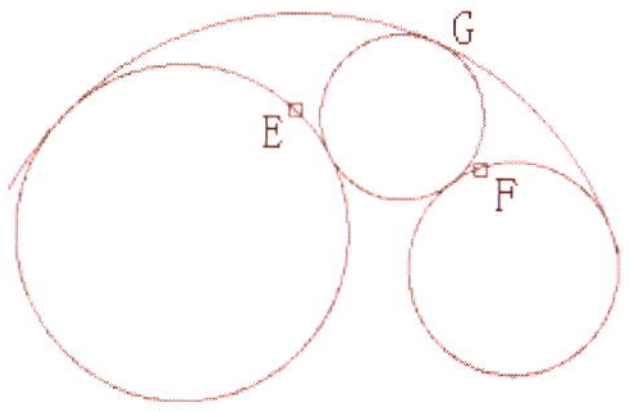

图 2.13 相切、相切、相切方式画圆

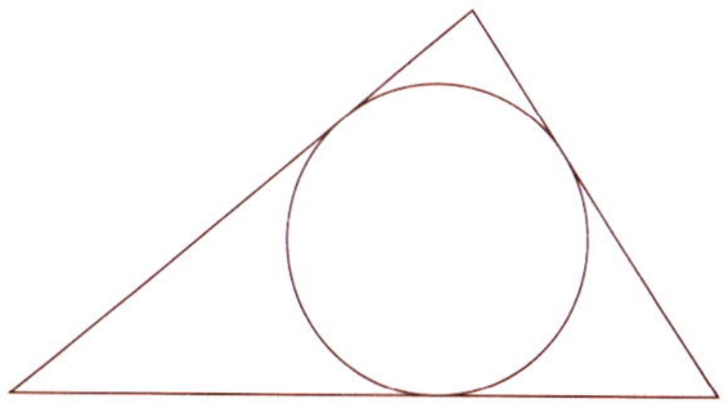

图 2.14 三切点方式作三角形的内公切圆

通过三个切点作圆，也可推广到其他场合，比如做一个三角形的内公切圆，也可采用上面的方法，也就是三切点方式，然后依次选取三角形的三边，公切圆立即做出。这比起用常规方法又快又准确。如图 2.14 所示。

提示

有时做出的圆看起来不圆滑，有人说根本就没有相切，这其实只是一个显示问题。使用 Viewres 命令，将数字调大，则可以使画出的圆更光滑。

2.3.5 绘图命令的使用

1. 命令输入方式

从上面的实例中可以看到，在 CAD 中绘制图形时应先输入相应的命令，如 Line、Circle 等。通常用户可采用如下几种方式来输入命令：

- 使用工具栏上的图标，如 、 等。
- 在命令行直接输入，如 Line、Circle 等命令。
- 使用菜单，如“绘图”→“直线”、“绘图”→“圆”→“圆心，半径”等。

显然，使用菜单不是第一选择，提倡采用在命令行直接输入命令的方式，充分利用左手，这也是熟悉英语的好办法，实际上 CAD 命令也就是相应的英语单词。

只要能使用 Line、Circle 命令，就可以随心所欲地画出各种图形了。

2. 简化命令

CAD 系统为常用命令提供了更为快捷的别名（简化命令），例如 Line 命令的别名为 l，Circle 命令的别名为 c，即命令的第一个字母，这样用户在操作时只需输入一个字符即可激活相应的命令。其他命令别名参见表 2.1。

一个或两个字母的命令最好能记忆下来，直接在键盘输入，可大大提高操作速度。

操作实例：

例：用 PL 命令画箭头，如图 2.17 所示。

命令:pline

多段线起点：点取多段线起点

弧(A)/距离(D)/半宽(H)/宽度(W)/<下一点(N)>:w

起始宽度<0>:50

终止宽度<50>:

弧(A)/距离(D)/半宽(H)/宽度(W)/<下一点(N)>:@150,0

弧(A)/距离(D)/跟踪(F)/半宽(H)/宽度(W)/撤销(U)/<下一(N)>:

命令:pline

回车使用最后点/跟踪(F)/<多段线起点>:

弧(A)/距离(D)/跟踪(F)/半宽(H)/宽度(W)/<下一点(N)>:w

起始宽度 <50>:100

终止宽度<150>:0

弧(A)/距离(D)/跟踪(F)/半宽(H)/宽度(W)/<下一点(N)>:@150,0

弧(A)/距离(D)/跟踪(F)/半宽(H)/宽度(W)/撤销(U)/<下一点(N)>: 回车结束

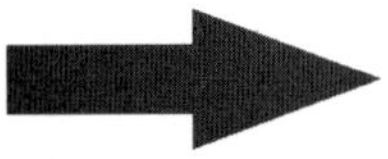

图 2.17 用 PL 画箭头

图 2.18 PL 直线转圆弧

图 2.19 PL 直线转变尖圆弧

上面通过改变宽度做出图形，图 2.18 是以一定宽度画直线后转到圆弧方式，而图 2.19 是在直线段后，重新设定宽度，起始宽度不变，而终止宽度为 0。读者可以举一反三，做出各种图形。

（1）在指定多段线的第三点之后，还将增加一个 Close（闭合）选项，用于在当前位置到多段线起点之间绘制一条直线段以闭合多段线，并结束多段线命令。

（2）多段线（Polyline）是 CAD 中较为重要的一种图形对象。多段线由彼此首尾相连的、可具有不同宽度的直线段或弧线组成，并作为单一对象使用。使用 Rectang、Polygon、Donut 等命令绘制的矩形、正多边形和圆环等均属于多段线对象。

（3）多段线的宽度大于 0 时，要绘制一条闭合的多段线，必须键入闭合选项，才能使其完全封闭；否则，即使起点与终点重合，也会出现缺口。

（4）利用修改工具条的多段线编辑命令 Pedit，可编辑整段多段线及其组成单元；利用分解命令 Explode 可以将多段线变成单独的线或圆弧，利用设置工具条的填充工具可以控制多段线的宽度是以填充或线框方式显示。

2.3.12 绘制圆环 DO（donut）

命令 donut 是 AutoCAD

所提供的绘制圆环的命令。用户绘制时，只需指定圆环的内径和外径等参数，然后连续地选取圆心即可绘制出多个圆环。

发出 donut 命令后，AutoCAD 出现如下的提示：

指定圆环的内径:

指定圆环的外径:

指定圆环的中心点<退出>:

不同的内、外径情况所绘制的圆环如图 2.20 所示。

图 2.20　绘圆环

2.3.13　绘点 PO（point）

在 AutoCAD 中，点作为实体可以以不同的样式在图纸上绘出，用作捕捉和偏移对象的节点或参考点。

通过单击“格式”→“点样式”或在命令行输入 ddptype 可以弹出“点样式”对话框，如图 2.21 所示，在该对话框中可以进行点的样式设置。点的样式设置好以后，接下来就可以绘制点了。

就其本身而言，点并没有多少实际意义，但它是我们绘图中重要辅助工具，尤其是“定数等分”和“定距等分”，相当于手工绘图的分规工具，可对图形对象进行定数等分或定距等分。

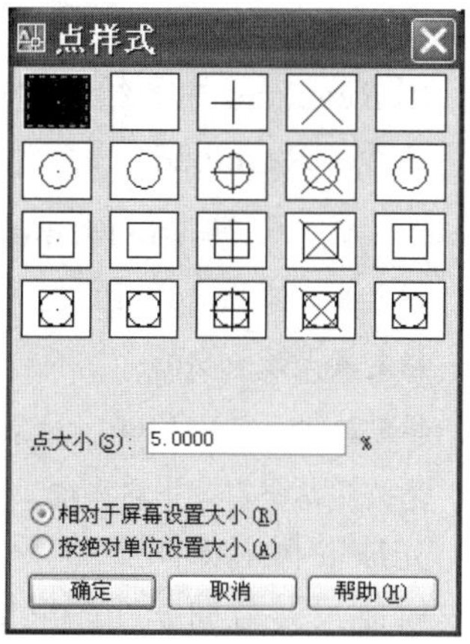

图 2.21　“点样式”对话框

2.3.14　绘制多线 ML（mline）

在 AutoCAD 中，多线是一种多条平行线构成的线型，可以是被填充的实心线也可以是空心的轮廓线，多用于建筑设计施工图中绘制墙体和窗体等。

在绘制多线图形之前，通常要对系统默认的标准样式进行重新设置。单击“格式”→“多线样式”或在命令行中输入 mline 则弹出“多线样式”对话框。

在“多线样式”对话框中，各主要选项的含义如下：

- 加载：弹出“加载多线式样”对话框，从多线线型库中调出多线。
- 添加：将新设定的多线样式添加到线型库中。
- 元素特性：弹出“元素特性”对话框，可以添加、删除线条，控制线条的偏移量、颜色、线型等。
- 多线特性：弹出“多线特性”对话框，设置多线的形态，包括线段连接的显示、起点和端点的封口、角度及背景颜色等。

发出 mline 命令后，AutoCAD 出现如下提示：

指定起点或 [对正(J)/比例(S)/样式(ST)]:

其中各选项的含义如下：

- 对正：设置基准对正位置，包括以下 3 种：
  - 上：以多线的外侧线为基准绘多线。
  - 无：以多线的中心侧线为基准绘多线。
  - 下：以多线的内侧线为基准绘多线。
- 比例：设定多线的比例尺，即两条多线之间的距离大小。
- 样式：输入采用的多线式样名，默认为 Standard。

用定制的多线绘制墙体和窗体，如图 2.22 所示。绘制时分别设置墙体和窗体两种多线。

图 2.22　用定制的多线绘制墙体和窗体

2.3.15　绘制云线 (Revcloud)

云线（Revcloud）命令用于绘制云状或树状物体。在绘制建筑立面图进行艺术造型或绘制云彩、花草、树木等配景时，该命令很有用。

执行云线命令后，系统提示：“指定起点或 [弧长(A)/对象(o)/样式(S)] <对象>:”。

弧长(A)：该命令设置弧线长度,可设成 10～20。

对象(O)：键入字母 O 或回车执行该选项，提示选择对象：可选择一个“云线”，系统提示：“反转方向？是(Y)/否(N)/<否(N)>:” 输入 Y 对其进行反转方向操作，输入 N，则不反转方向。

样式(S)：选择圆弧样式 [普通(N)/手绘(C)] <普通>:

操作实例：

用 Revcloud 命令绘制树冠图形，其具体操作如下：

命令：Revcloud

指定起点或 [弧长(A)/对象(O)] <对象>:　　　　　A

指定最小弧长<15>: 10

指定最大弧长<10>:

指定起点或 [对象(O)] <对象>:　　　　　点击开始点

沿云线路径引导十字光标…　　　　　鼠标在屏幕上画一个三角形

完成的树冠如图 2.23 所示。

绘制反转方向云线图形如图 2.24 所示，其具体操作如下：

指定起点或 [对象(O)] <对象>: 回车

Select entity: 选择树冠

反转方向？是(Y)/否(N)/<否(N)>: y

修订云线完成，结果如图 2.24 所示。

图 2.23　用云线作树冠

图 2.24　云线作反转方向后

提示

（1）云线命令绘制的形体实际上是多段线，可以用多段线编辑（Pedit）命令进行编辑。

（2）云线可绘制凸形的云状物体，如图 2.23 所示，反转方向后成为凹形的云状物体，如图 2.24 所示。

（3）检查或用红线圈阅图形时可以使用云线功能标记，以提高工作效率。

2.3.16　绘制构造线 XL（Xline）

构造线是一种通过一个定点，方向由三维空间指定角度决定，且两端均无终点的直线。由于构造线两端均无终点，所以它们不能用来计算图形大小。

执行 Xline 命令后，AutoCAD 会在命令行中提示：

指定点或 [水平(H)/垂直(V)/角度(A)/二等分(B)/偏移(O)]:

默认的构造线绘制方法是选择构造线上一点，指定线上点后，系统接着提示指定方向，鼠标在屏幕上点取一点或输入坐标后，会生成经过此两点的一条构造线，命令行继续提示方向，再输入点后，该点与第一点又会生成一条构造线，用这种方法可绘制出通过第一点的多条构造线。如果设置好极轴追踪的增量角度，则可非常容易地画出规则散射的一束线，并以第一线为中心。回车结束命令。也可用以下任一方法绘制构造线：

水平(H)：平行于当前 UCS 的 X 轴绘制水平构造线。

竖直(V)：平行于当前 UCS 的 Y 轴绘制垂直构造线。

角度(A)：平行于某一给定角度，绘制构造线。

等分(B)：垂直于已知图元或平分已知图元绘制等分构造线。

偏移(O)：平行于已知图元绘制平行构造线。

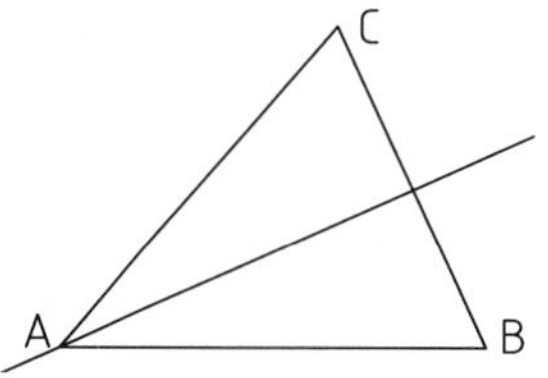

图 2.25　用 Xline 命令绘制三角形的角平分线

操作实例：

用 Xline 命令绘制已知三角形的角平分线，如图 2.25 所示。

其具体操作如下：

命令:Xline	执行 Xline 命令
指定点或 [水平(H)/垂直(V)/角度(A)/二等分(B)/偏移(O)]: B	绘角平分线
指定角的顶点：鼠标捕捉顶点 A	鼠标捕捉顶点 A
指定角的起点：鼠标捕捉起点 B	鼠标捕捉起点 B
指定角的端点：鼠标捕捉终点 C	鼠标捕捉终点 C
指定角的端点:	回车结束命令

提示

（1）构造线通常作为辅助作图线使用。在绘制机械或建筑的三面视图中，常用该命令绘制长对正、宽相等和高平齐的辅助作图线。

（2）构造线仅用于作绘图辅助线时，图形绘制完成后，应记住将其删除，以免影响图形的效果，同时也不会输出到图纸上。

（3）Xline 命令所绘的辅助线可以用 Trim、Rotate 等编辑命令进行编辑。

2.3.17　绘制样条曲线 SPL（Spline）

Spline 命令绘制的样条曲线是由一组点定义的一条光滑曲线。可以用样条曲线生成一些诸如涡轮叶片或飞机翅膀等物体的形状。

执行 Spline 命令后，命令行提示：

指定第一个点或 [对象(O)]: 直接点取一点，系统继续提示：指定下一点:

点取第二点后，系统继续提示：指定下一点或 [闭合(C)/拟合公差(F)] <起点切向>:

依次点取数点，出现一条光滑曲线，回车后命令行提示：

指定起点切向:

然后提示：指定端点切向:。

其中各项说明如下：

闭合(C)：生成一条闭合的样条曲线。

拟合公差(F)：键入曲线的偏差值。值越大，曲线就相对越平滑，但变形也大。

起始切向：给定起始点切线。

端点切向：给定端点切线。

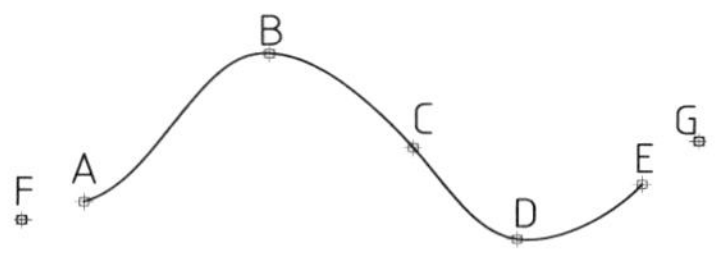

图 2.26　用 Spline 命令绘制流线型样条曲线

操作实例：

用 Spline 命令绘制如图 2.26 所示的流线型样条曲线，

其具体操作如下：

命令:Spline	执行 Spline 命令
指定第一个点：点取点 A	指定样条曲线上的一点
指定下一点:点取点 B	指定样条曲线上的一点
下一点或 [闭合(C)/拟合公差(F)]:点取点 C	指定样条曲线上的一点
下一点或 [闭合(C)/拟合公差(F)]:点取点 D	指定样条曲线上的一点
下一点或 [闭合(C)/拟合公差(F)]:点取点 E	指定样条曲线上的一点
下一点或 [闭合(C)/拟合公差(F)]:	回车
指定起点切向：点取点 F	指定起点的切线方向 AF
指定端点切向：点取点 G	指定终点的切线方向 EG

提示

（1）样条曲线也可以闭合，此时样条曲线的起点和终点在同一点，所以只需要给定一条样条曲线切线。

（2）默认情况下，样条曲线通过所有的控制点。通过指定拟合公差可调整样条曲线与指定点间的距离。例如，当样条曲线的拟合公差为 0 时，样条曲线通过控制点；当拟合公差为 0.01 时，样条曲线通过起始点和终点，与控制点距离在 0.01 以内。

(3)用 Spline 命令可创建 True（真实）Spline 曲线，而用 Pedit 命令中的 Spline 选项只能得到近似的光滑多义线，即 Pline 曲线。

2.3.18 图形填充 H（bhatch）

在建筑制图中有些区域必须用特定的图案来填充，如地面图案、断层面等。AutoCAD 采用 bhatch 命令来进行图样填充。

启动 bhatch 命令后，AutoCAD 将打开“图案填充和渐变色”对话框，如图 2.27 所示，不同的版本，对话框界面稍有差异，内容大体一致。

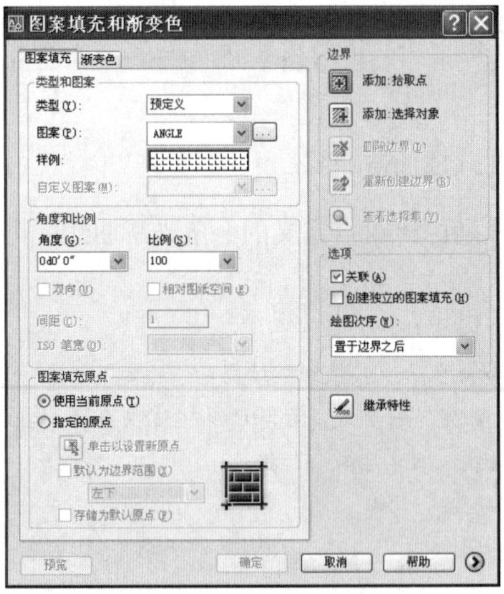

图 2.27 “图案填充和渐变色”对话框

操作实例：

（1）执行 Hatch（H）命令。

（2）在“图案填充”选项卡中，“类型”选择“预定义”；“图案”选择“HLNHER”。

（3）“角度”设为 0，“比例”设为 100。

（4）在“边界”区域中，单击“添加：拾取点”按钮后，在要填充的厨卫间内点击一点来选择填充区域，预览填充结果如图 2.28 所示。

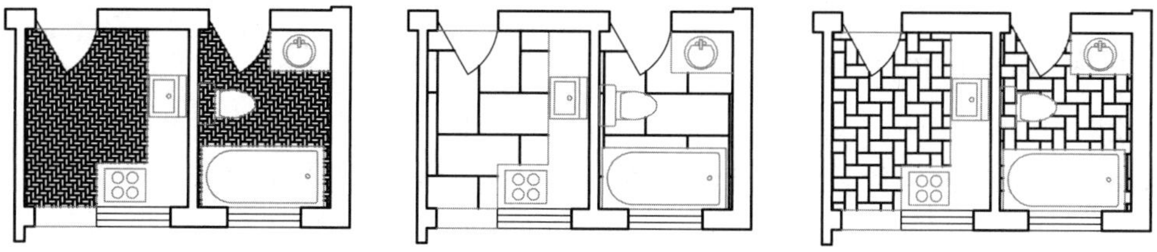

（a）比例太小　　（b）比例太大　　（c）比例合适

图 2.28　预览填充结果

（5）调整填充图案的比例。在图 2.28 中，比例为 1 时出现（a）图的情况，说明比例太小；重新设定比例为“10”，在“边界”区域，再次选择填充区域，出现（b）图的情况，说明比例太大；改变比例，不断重复以上步骤，当比例为 3 时，出现（c）图的情况，说明此比例合适。

（6）“确定”执行填充，厨卫间填充结果如图 2.29 所示。

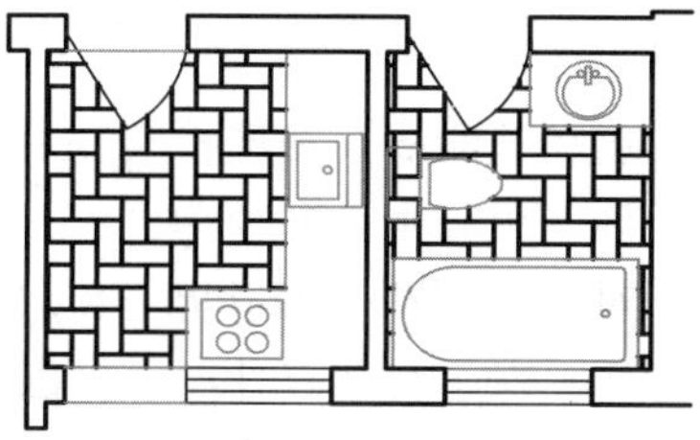

图 2.29　填充结果

（1）图案填充极耗内存，而且会耗用很多绘图时间，有时会出现死机现象。为了提高效率，建议在绘图的最后再加入图案填充，或将图案填充生成在一个单独的图层中，冻结它后再进行后续工作。

（2）区域填充时，所选择的填充边界必须要形成封闭的区域；否则 AutoCAD 会提示警告信息：“选择的区域无效”。

2.4　AutoCAD 的编辑命令

AutoCAD 中二维图形的编辑方法有使用夹点编辑、利用编辑命令编辑和特性编辑等。其中用于修改、编辑图形的绝大多数命令都在左侧的编辑工具栏上，在“修改”菜单中也能找到相对应的菜单命令。

2.4.1　放弃 U（undo）

在绘图过程中，AutoCAD 允许用户使用放弃命令（undo）放弃用户的误操作。放弃命令可以逐步取消本次进入绘图状态后的操作，直至返回到初始状态。这样，用户就可以一步一步地找出错误所在，重新进行编辑修改。

2.4.2　重做 R（redo）

AutoCAD 中重做命令（redo）是用来撤销最近的一次放弃操作，它只能在 U 或 undo 命令后才起作用。

2.4.3　删除和恢复 E（erase）

AutoCAD 的删除命令（erase）可以将图形中不需要的对象实体清除干净。而恢复命令（oops）是用来恢复误删除的实体，使用 oops 命令只能恢复最近一次删除的实体。

2.4.4　复制 CO（copy）

AutoCAD 的复制命令（copy）可以将目标复制到另一位置，以减轻大量的重复劳动。

2.4.5 镜像 MI（mirror）

在实际绘图中经常会遇到一些对称的图形，对于这些图形，我们只需绘制对称图形的对称部分，然后利用 AutoCAD 的图形镜像命令（mirror）将对称的另一部分镜像复制出来。

2.4.6 阵列 AR（array）

在实际绘图中，对于一些呈阵列分布的图形，可以采用多重复制的方法绘制。阵列方式有矩形和环形，矩形阵列是将对象按指定的行数和列数成矩形排列，而环形阵列是将对象按指定的圆心和数目成环形排列。

启动该命令，如选择 R 执行矩形阵列，则还必须输入复制后的目标实体分为几行、几列，行间距、列间距分别是多少。

对于行列距，编者提倡使用拉矩形方式，矩形的宽为列间距，高为行间距，在图上操作时，十分方便。对于某些尺寸要求精确的阵列更能方便地达到要求。

启动该命令，如选择 P 执行环形阵列。在出现“指定填充角度（+为逆时针，−为顺时针）<360>”提示符时，如默认（即 360°）则环形阵列的图形分布在整个圆周上；如用户输入某一角度，正值为按逆时针方向环形阵列在该圆心角所对应的圆周上，负值则为顺时针分布。

图 2.30 显示了环形阵列的旋转复制和平移复制的区别。

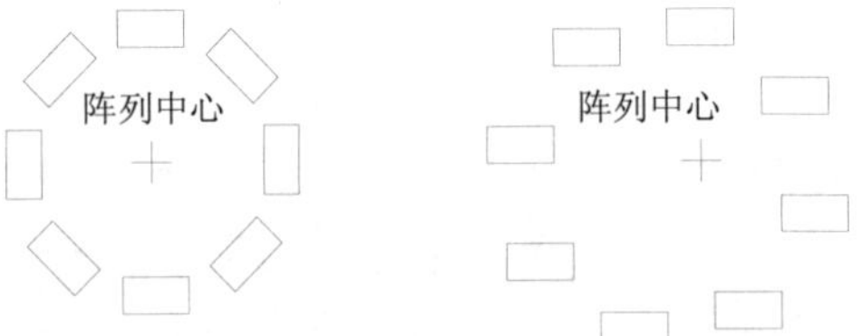

环形阵列旋转复制　　环形阵列平移复制

图 2.30 环形阵列

2.4.7 偏移 O（offset）

偏移命令（offset）是在距现有对象指定的距离处创建与原对象形状相同或形状相似但缩放了的新对象。

2.4.8 移动 M（move）

在手工绘图时，当需要修改或移动图形位置时，必须先把原有图形擦掉，然后在新位置重新画图。AutoCAD 提供了一个更好的解决办法——移动图形对象。利用移动命令（move）可以轻松快捷地选择一个或多个对象，将其从当前位置移动到新位置。

在命令行中输入 move（或 m）并回车。

执行 move 命令时，会有如下的一些提示，其意义为：

- 基点或位移：确定移动基点，即所选的目标从哪点开始移动。
- 指定位移的第二点或<用第一点作位移>：确定移动终点，用户可输入新的一点作为终点，也可以以第一点的坐标值作为相对移动坐标。

2.4.9 旋转 RO（rotate）

AutoCAD 的旋转命令（rotate）可以方便用户将某一对象旋转一个指定角度或参照一个对象进行放置，如图 2.31 所示。

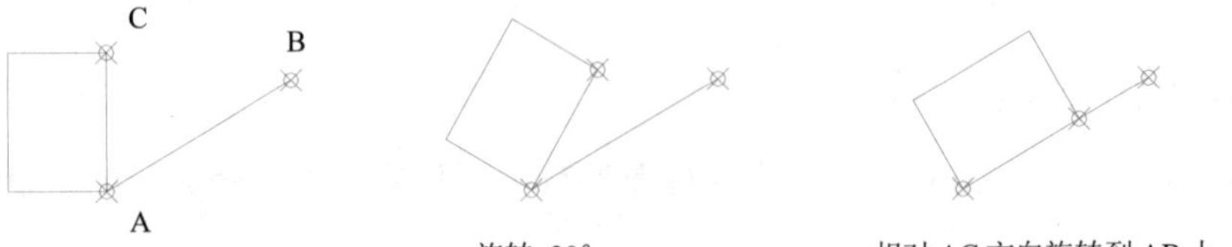

旋转前的位置　　旋转−30°　　相对 AC 方向旋转到 AB 上

图 2.31 旋转示例

2.4.10　比例缩放 SC（scale）

绘制复杂图形，当某一局部的结构表达不清楚时，可以用 AutoCAD 提供的比例缩放命令（scale）画局部放大的图形。当然，也可以缩小某局部图形。

2.4.11　拉伸 S（stretch）

拉伸是一种不定比例的对图形进行缩放的命令。

例：用 stretch 命令将汽车水平拉长成加长汽车，如图 2.32 所示。

（a）　　　　（b）

图 2.32　拉伸示例

操作如下：

命令:S	执行 stretch 命令;
用相交窗口或相交多边形选择对象:点取点 A	指定窗选第一点;
另一角点: 点取点 B	指定窗选第二点;
选择集中的对象:48	提示已选择对象数;
用相交窗口或相交多边形选择对象:	回车结束对象选择;
位移基点: 点取点 C	指定拉伸的基点;
位移第二点:@30,0	键入拉伸的距离。

操作时要以交叉窗口或交叉多边形选择拉伸的对象。

拉伸命令（stretch）可拉伸实体，也可移动实体。这取决于交叉窗口是否包含实体全部。另外，拉伸命令只能拉伸由直线、圆弧（椭圆弧）、实体和多段线等带有端点的图形实体。

2.4.12　拉长 LEN（lengthen）

拉长命令（lengthen）用来修改非封闭的直线长度或圆弧角度。

2.4.13　修剪 TR（trim）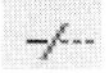

AutoCAD 的修剪命令（trim）是用一条边作为切边修剪其他对象。选择的被剪切对象，其超过指定切边的任何部分都将被剪掉，直线、弧、圆和多段线都可以作切边，如图 2.33 所示。

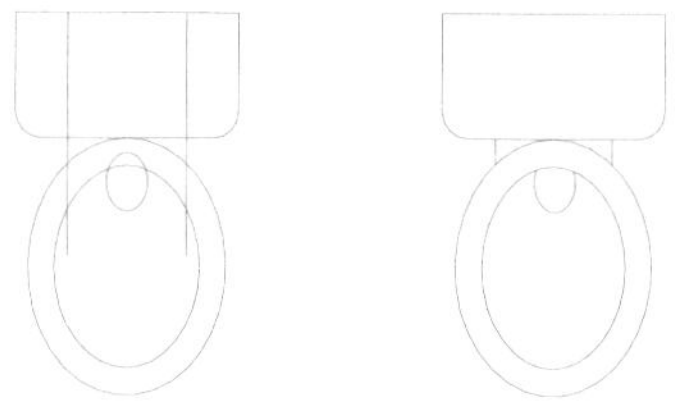

图 2.33　修剪示例

2.4.14　延伸 EX（extend）

AutoCAD 的延伸命令（extend）是用一条边作为延伸边界。延伸对象延伸到此边界为止。直线、弧、圆和多段线都可以作为延伸边界，如图 2.34 所示。

提示选择对象时，先选取边界，选完边界，按空格（即回车）后，才开始选取要延伸的对象。

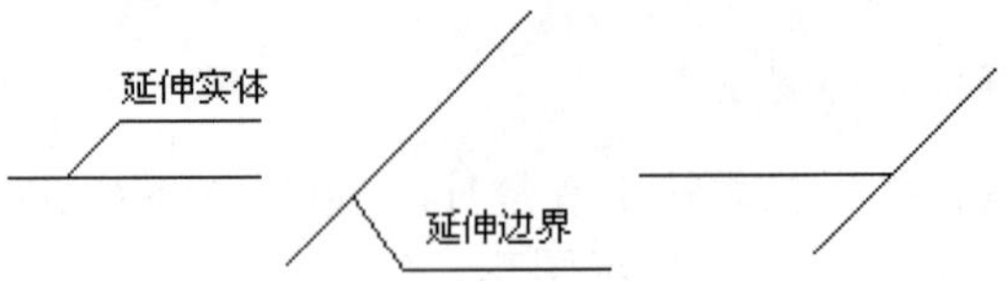

图 2.34　延伸示例

2.4.15　打断 BR（break）

AutoCAD 的打断命令（break）可以将一个实体从某一点断开，也可用于删除直线、圆、弧和多段线等实体的某一部分。

- 选择对象：选择要打断的对象，且拾取该对象的点作为第一个断点。
- 指定第二个打断点或[第一点（F）]：拾取第二个断点；如果输入 F，则重新定义第一断点；如果输入“@”，则表示第二点与第一点相同，即将该对象从此处切断。
- 在打断圆时，所打断的方向为逆时针方向。

2.4.16　倒角 CHA（chamfer）

倒角命令（chamfer）是在两相交的表面间形成一条有角度的边，是工程制图中的一种常见结构。首先要确定倒角距离。

chamfer 命令只对直线、多段线和多边形进行倒角。执行 chamfer 命令后，在命令行的部分提示如下：

- 选择第一条直线：选择倒角的第一条直线。
- 选择第二条直线：选择倒角的第二条直线。
- 距离：设置倒角距离。
- 指定第一个倒角距离和第二个倒角距离。

2.4.17　圆角 F（fillet）

圆角命令（fillet）是用已知的圆弧来连接两实体，使其在两实体之间光滑过渡，如图 2.35 所示。

在圆角操作中，圆角半径决定了圆角弧度的大小，如果圆角半径为 0，AutoCAD 将延伸或修剪所选直线相交，使之形成一直角；若圆角半径过大，则 AutoCAD 有可能无法对两实体进行圆角操作。

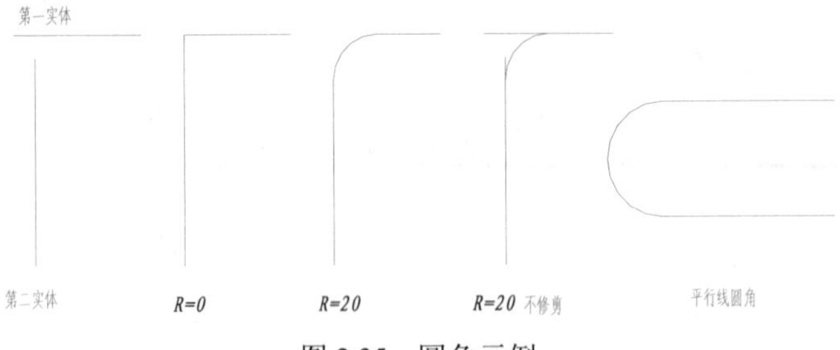

图 2.35　圆角示例

有时两条直线并不相交，也可采用圆角命令使两直线成直角相交，此时只要设定 R=0 即可。此技巧再扩展，使两直线成任一角度相交，均可采用圆角命令来达到。

2.4.18　分解 X（explode）

AutoCAD 的分解命令（explode）是将整体对象，如矩形、多段线、尺寸标注线、图块等分解成多个独立的实体。这些对象一旦分解后便无法复原。

在天正建筑软件中，也经常要用到分解命令，尤其是在尺寸标注和图块分解中，该命令非常有用。

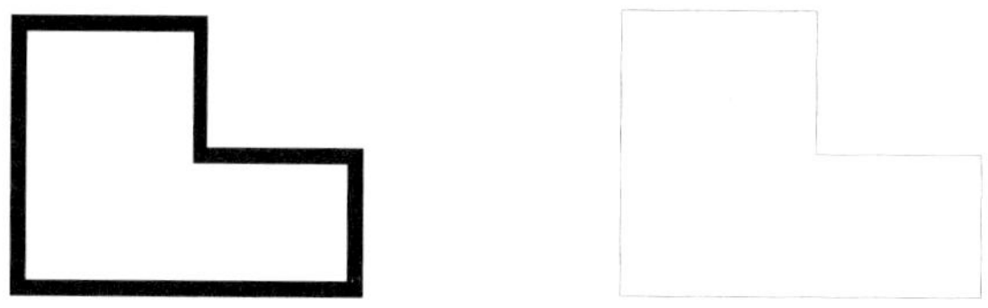

（a）　　　　（b）

图 2.36　分解有宽度的多段线

也有人干脆称之为“炸开”命令，其图标也是形象直观，令人印象深刻。

例：用 explode 命令分解图 2.36 中宽度为数毫米的多段线，结果图（a）分解为图（b）的单线条，图（a）是一个整体，而图（b）已分解为一条条的单线条了。

2.4.19　夹点编辑

夹点是图形对象上可以控制对象位置、大小的关键点。例如，选择一条直线后，直线的端点和中点处显示出若干个小方框，表示打开夹点。当选择一个编组时，编组中每个成员都用其自身的夹点标记。选择一个块或文本则将打开其插入点处的夹点，如图 2.37 所示。

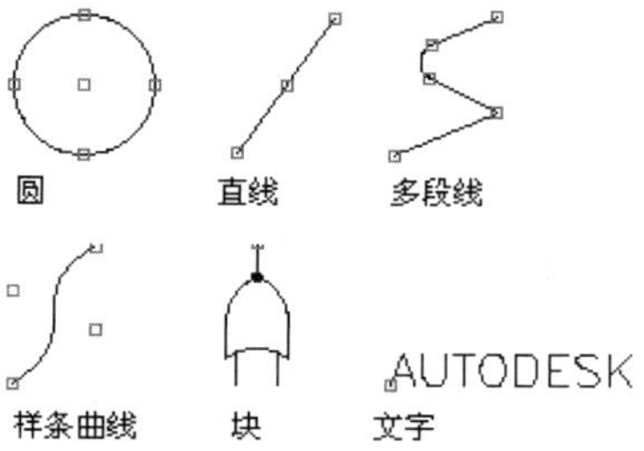

图 2.37　部分常见对象的夹点

夹点的启用、大小、颜色以及选中后的颜色可以通过“工具”→“选项”→“选择”选项卡来设置。

夹点有两种状态：冷态和热态。当选中图形实体后，在实体出现的若干夹点为冷态夹点；若用鼠标单击其上的某个夹点，则将看到该夹点高亮度红色显示，此时的夹点即为热态，该夹点也称为基点。当夹点被激活为热态后，在命令行出现如下提示：

** 拉伸 **　　　// 指定拉伸点或 [基点（B）/复制（C）/放弃（U）/退出（X）]:

这时单击鼠标右键会弹出夹点编辑快捷菜单，用户可以进行 5 种夹点编辑：镜像、移动、旋转、拉伸或缩放。

1. 利用夹点创建镜像

在夹点编辑快捷菜单中选择“镜像”，或者在命令提示符后输入 mirror，则可对实体进行镜像。AutoCAD 的部分提示如下：

指定第二端点，确定镜像轴的第二点，第一点为基点。

基点，确定新基点作为镜像轴的第一点。

复制，镜像保留原对象实体。

2. 利用夹点移动对象

在夹点编辑快捷菜单中选择“移动”，或在命令提示符后输入 move，则可对实体进行移动。有的实体对象夹点中有一个移动夹点，当利用夹点移动对象时，只需选中移动夹点，则所选对象就会和光标一起移动，在目标位置单击鼠标左键即可。

3. 利用夹点旋转对象

在夹点编辑快捷菜单中选择“旋转”，或者在命令提示符后输入 rotate，则可对实体进行旋转。

4. 利用夹点拉伸对象

在夹点编辑快捷菜单中选择“拉伸”，或者在命令提示符后输入 stretch，则可对实体进行拉伸。也可以选取对象的两侧夹点，该夹点随光标一起移动拉伸对象。如果想同时更改多个夹点，用 shift 键配合选择多个夹点，再移动或拉伸。

5. 利用夹点缩放对象

在夹点编辑快捷菜单中选择“缩放”，或者在命令提示符后输入 scale，则以选中基点作为比例

即时捕捉方式的启动只需要在“对象捕捉”工具栏上，任意单击某一按钮。有时在操作中用户需要把某种捕捉变成自动捕捉，这就需要改变自动捕捉的设置。可以在“草图设置”对话框的“对象捕捉”选项卡中进行设置，也可以直接输入命令：OSNAP，弹出如图 2.40 所示的对话框，读者可根据需要进行设置。

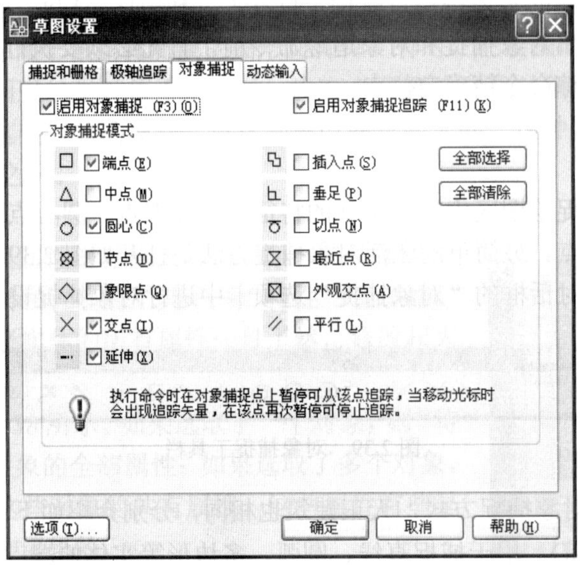

图 2.40　设置自动捕捉

“对象捕捉”有时又称作“目标捕捉”。从命令 OSNAP 看，前面的一个 O，是英语 object 的首字母，object 可译为对象、物体、目标、目的等，而 SNAP 的意思就是捕捉。了解了这些，就更容易理解 OSNAP 命令了。

2.5.3　对象追踪

所谓对象追踪，就是 AutoCAD 可以自动跟踪记忆同一命令操作中光标所经过的捕捉点，从而确定其中某一捕捉点的 x 或 y 坐标，以控制所需要选择的定位点。要使用对象捕捉追踪功能，必须打开一个或多个对象捕捉功能，与其共同使用。

2.6　AutoCAD 的命令及简化

在天正 CAD 软件的使用过程中，常常用到 AutoCAD 的命令，在这里将 AutoCAD 2007 的命令及其简化命令列出，如表 2.1 所示。对简化命令，也可以通过对 acad.pgp 文件的修改来作出个性化的简化。

表 2.1　AutoCAD 命令及简化命令

简化命令	执　行　指　令	命　令　说　明
a	arc	弧
adc	adcenter	AutoCAD 设计中心
aa	area	面积
ar	array	阵列
av	dsviewer	鸟瞰视图
b	block	图块建立

续表

简化命令	执　行　指　令	命　令　说　明
bh	bhatch	绘制剖面线
bo	boundary	封闭边界建立
br	break	断开
c	circle	圆
ch	properties	对象性质修改
cha	chamfer	倒角
co	copy	复制
col	color	颜色设定
cp	copy	复制
d	dimstyle	尺寸型式设定
dal	dimaligned	对齐式线性标注
dan	dimangular	角度标注
dba	dimbaseline	基线式标注
dce	dimcenter	中心标记标注
dco	dimcontinue	连续式标注
ddi	dimdiameter	直径标注
ded	dimedit	尺寸修改
di	dist	求两点间距离
dimali	dimaligned	对齐式线性标注
dimang	dimangular	角度标注
dimbase	dimbaseline	基线式标注
dimcont	dimcontinue	连续式标注
dimdia	dimdiameter	直径标注
dimed	dimedit	尺寸修改
dimlin	dimlinear	线性标注
dimord	dimordinate	坐标式标注
dimover	dimoverride	更新标注变量
dimrad	dimradius	半径标注
dimsty	dimstyle	尺寸型式设定
dimted	dimtedit	尺寸文字对齐控制
div	divide	等分布点
dli	dimlinear	线性标注
do	donut	圆环（甜甜圈）

续表

简化命令	执　行　指　令	命　令　说　明
dor	dimordinate	坐标式标注
dov	dimoverride	更新标注变量
dr	draworder	显示顺序
dra	dimradius	半径标注
ds	dsettings	绘图设定
dst	dimstyle	尺寸型式设定
dt	dtext	写入文字
e	erase	删除对象
ed	ddedit	单行文字修改
el	ellipse	椭圆
ex	extend	延伸
exp	export	输出资料
f	fillet	倒圆角
fi	filter	过滤器
g	group	群组设定
gr	ddgrips	夹点控制设定
h	bhatch	绘制剖面线
he	hatchedit	编修剖面线
i	insert	插入图块
iad	imageadjust	影像调整
iat	imageattach	并入影像
icl	imageclip	截取影像
im	image	贴附影像
imp	import	输入资料
l	line	画线
la	layer	图层控制
le	leader	引导线标注
lead	leader	引导线标注
len	lengthen	长度调整
li	list	查询对象资料
lo	layout	配置设定
ls	list	查询对象资料
lt	linetype	线型加载

续表

简化命令	执 行 指 令	命 令 说 明
lw	lweight	线宽设定
m	move	移动对象
ma	matchprop	对象性质复制
me	measure	量测等距布点
menu	menu	装入菜单文件
mi	mirror	镜像对象
ml	mline	绘制多线
mo	properties	图素性质修改
mt	mtext	多行文字写入
mv	mview	浮动视图
o	offset	偏移复制
op	options	环境选项
os	osnap	对象捕捉设定
p	pan	实时平移
pa	pastespec	选择性贴上
pe	pedit	编辑聚合线
pl	pline	绘制聚合线
po	point	绘制点
pol	polygon	绘制正多边型
pr	options	环境选项
prclose	propertiesclose	关闭像素性质修改方式
props	properties	像素性质修改
pre	preview	输出预视
print	plot	绘图输出
ps	pspace	图纸空间
pu	purge	肃清无用对象 （减肥）
r	redraw	重绘
ra	redrawall	所有视图重绘
re	regen	重生
rea	regenall	所有视图重生
rec	rectangle	绘制矩形
reg	region	2D 面域

续表

简化命令	执 行 指 令	命 令 说 明
ren	rename	更名
rm	ddrmodes	绘图辅助设定
ro	rotate	旋转
s	stretch	拉伸
sc	scale	比例缩放
scr	script	演示脚本文件
se	dsettings	绘图设定
set	setvar	设定变量值
sn	snap	捕捉控制
so	solid	填实三边或四边形
sp	spell	拼字
spe	splinedit	编修样条曲线
spl	spline	样条曲线
st	style	字型设定
t	mtext	多行文字写入
ta	tablet	数字仪设定
ti	tilemode	图纸空间&模型空间切换
to	toolbar	工具列设定
tol	tolerance	公差符号标注
tr	trim	修剪
un	units	单位设定
v	view	视图控制
viewres	viewres	设置视图中对象的分辨率
w	wblock	图块写出
x	explode	分解（炸开）
xa	xattach	贴附外部参考
xb	xbind	并入外部参考
xc	xclip	截取外部参考
xl	xline	构造线
xr	xref	外部参考控制
z	zoom	视图缩放控制

AutoCAD 外部命令如表 2.2 所示。

表 2.2　AutoCAD 200X 外部命令

命　令	执 行 内 容	命 令 说 明
catalog	dir /w	查询目前目录所有的档案
del	del	执行 DOS 删除指令
dir	dir	执行 DOS 查询指令
edit	start edit	执行 DOS 编辑命令 edit
sh	shell	暂时离开 AutoCAD 将控制权交给 DOS
start	start	激活应用程序
type	type	列示档案内容
explorer	start explorer	激活 Windows 下的档案管理员
notepad	start notepad	激活 Windows 下的记事本
pbrush	start pbrush	激活 Windows 下的小画家

熟记以上命令，将会使事半功倍，可最先掌握一个或者两个字母的命令，加粗命令首先要记牢，再逐渐扩展。这也是应用左手操作的机会。

2.7　CAD 命令的热键定义与记忆

表 2.3 热键定义大多与 AutoCAD 定义的相同，天正软件补充了若干热键，以加速常用的操作。只要有 AutoCAD 基础，可很快掌握。

表 2.3　CAD 的热键定义

热　键	热 键 的 含 义
F1	AutoCAD 帮助文件的切换键
F2	屏幕的图形显示与文本显示的切换键
F3	对象捕捉开关
F4	数字化仪
F5	等轴侧平面转换
F6	状态行的绝对坐标与相对坐标的切换键　（坐）
F7	屏幕的栅格点显示状态的切换键　（网）
F8	屏幕的光标正交状态的切换键　（正）
F9	屏幕的光标捕捉（光标模数）的开关键　（捕）
F10	极轴开关
F11	对象追踪的开关键
F12	2006 以上版本 F12 键用于切换动态输入，天正新提供显示墙基线用于捕捉的状态行按钮
Ctrl + ＋	天正屏幕菜单的开关
Ctrl + －	文档标签的开关
Shift + F12	墙和门窗拖动时的模数开关（仅限于 2006 以下平台）
Ctrl + ~	工程管理界面的开关

F6、F7、F8、F9 这几个热键经常使用，简单记忆为：“坐”、“网”、“正”、“捕”。可联想到“守株待兔”。我们比农夫“聪明”点，“坐”在那里，“网”上一张大网，“正”好“捕”捉到兔子。编者 20 世纪 80 年代使用 AutoCAD 2.17 版死记功能键时，突然联想到“守株待兔”，这样记忆下来，一直可用。

本章小结

1．本章讲述了 AutoCAD 的界面，绘图、编辑命令及捕捉工具等内容。对于图层、文字等内容，由于在天正软件中也有相同内容，故不再重复。对于文字标注，天正软件对中文处理得较好，不会出现怪字符等现象，字体大小也适合建筑图，使用者可直接使用，即可达到理想效果。

2．AutoCAD 及天正软件绘图与手工制图最大的区别就是速度快，尤其是其编辑功能强大，修改起来方便，打印出来没有修改的痕迹，工整美观。

3．本教程是实践性很强的课程，学校教学包括课堂讲授和上机实习两个主要环节，这两个环节是相辅相成密不可分的。计算机是必不可少的设备，上机实习是必不可少的环节。

4．建议有条件的学校在专门的机房中开课，采用有关多媒体教学系统，将教师机屏幕发射到各个学生机上的方式，采取教师上一段操作课，然后让学生操作，学生能马上对照教师机刚才的操作步骤，便于理解，容易掌握，学习效率也能大大提高。

5．编者在教学中发现：一般初学者不注意命令栏的提示信息，这是一个通病，你必须时刻注意命令栏的提示信息才能正常操作。你向计算机下达了命令，计算机肯定按要求执行，反过来，计算机也会向你提问，你也要有相应的回答。

6．关于十字光标大小，现在的 AutoCAD 版本一般是按 5%，低版是 100%，对于初学工程制图者，也可考虑将光标大小调整为 100%，这样便于“长对正，高平齐，宽相等”的工程制图基本原则。

7．高版本能够打开低版本的图形，为了方便在任何机器上打开，建议采用低版本格式存盘。在 2007 版操作时，可保存为 2000 版本的图形，便于打开。

8．作业也可以采用样板图。如果读者能自己设计出样板图，保存为 dwt 文件更好。

9．也有学生反映上次作的图形没有了，由于机房中的机器都加装了保护卡，关机之后作的图形也就没有了，所以要及时保存到自己的 U 盘中，或是保存到教师指定的地方，比如学校机房发到 ftp://ctserver 下。

10．AutoCAD 内容很多，也是学习天正软件的必要基础。编者认为如果能将上述各节的内容掌握，下一步学习天正建筑就没有多大问题了。

11．编者强调，要熟练掌握 AutoCAD 的基本绘图编辑命令及工具，这是学好天正软件的基础。为了检验学习掌握的程度，编者给出了一些练习图形，要求学生能作出图形。

12．后面的练习图形，要求学员能作出，先作你认为好作的，大胆是先决条件，不要怕错。对于高校学生，应该下工夫多练习，要求能在短时间内精确绘制出练习图。有些图形有一定的难度，如有钻研精神也能解决。也可向老师或其他人请教，也可参看下一章节中的典型解题实例，编者也曾在有关杂志、网站及博客上对解题有所介绍，可参阅。

练习题

1．想像画：不受限制，充分发挥想象力，比如试画出下面的小猪和熊猫，或者其他你想像的图形。没有要求，只要能作出些图形来，你就有成就感了！

2．作出下面的公切圆。

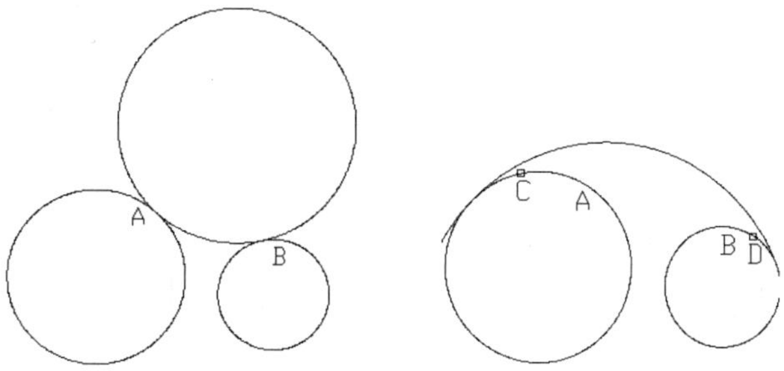

3．绘制出下列图形，不标注尺寸。

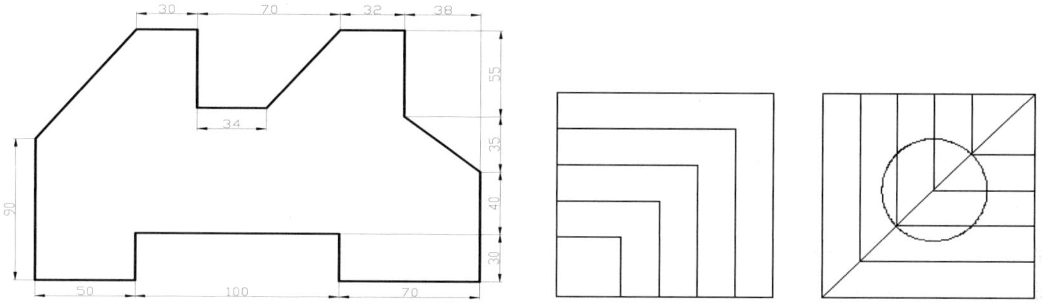

4．画出下列图形，其中 a、b、c、d 四组为一实体的主俯视图，能看出真实形体吗？C 图的主视与俯视完全相同，是一个实体的投影，且有无穷多种解，要动动脑筋！

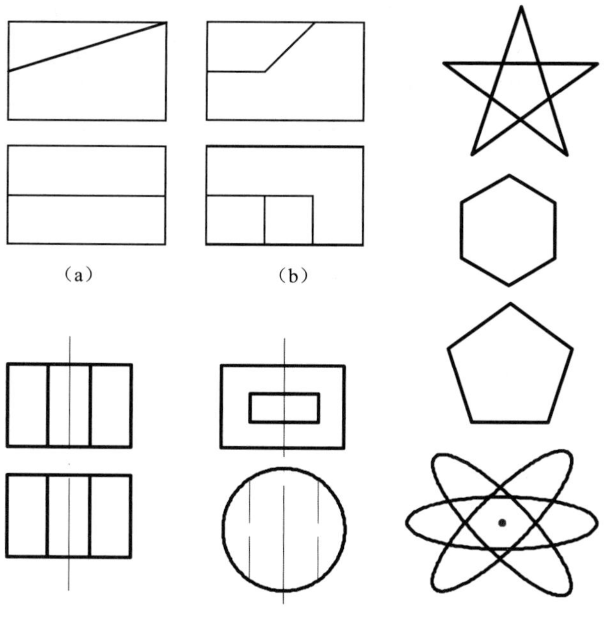

（a）　（b）　（c）　（c）

5．绘制如图所示的图形，分别是半径等于 20 的圆内接正多边形和圆外切正多边形。

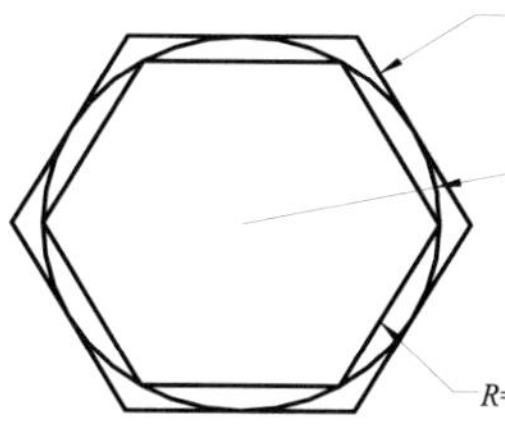

6．画出下列图形的剖面填充。

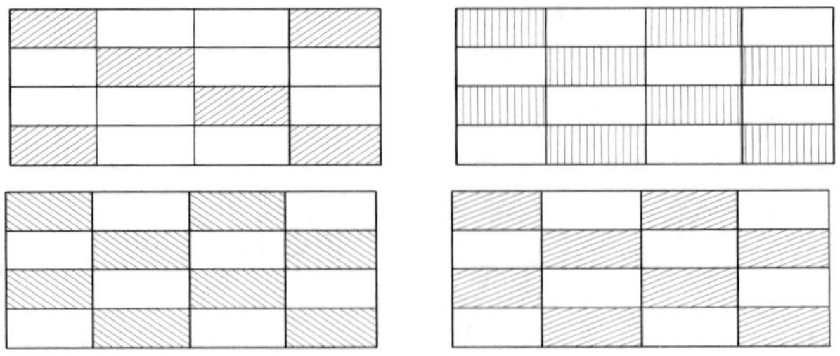

7．画出下面的各个图形。

8．作出如下螺栓连接图。

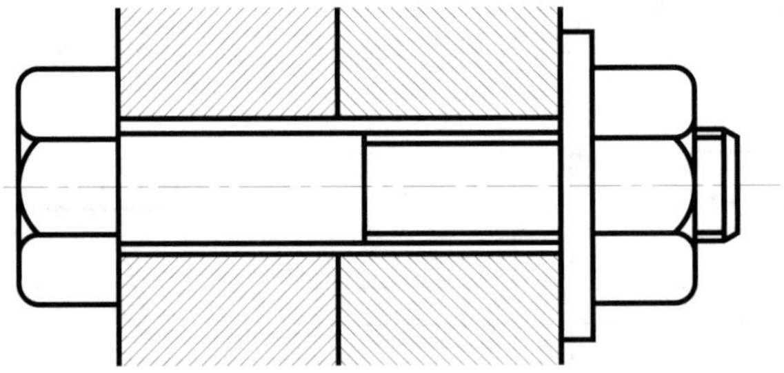

9．作出下列的四组图形，每一组为一实体的三视图，要求图线符合投影图的基本原则，即要求“长对正，高平齐，宽相等”，读者一定能看出真实形体，如果不行，请补习“工程制图”相关知识。

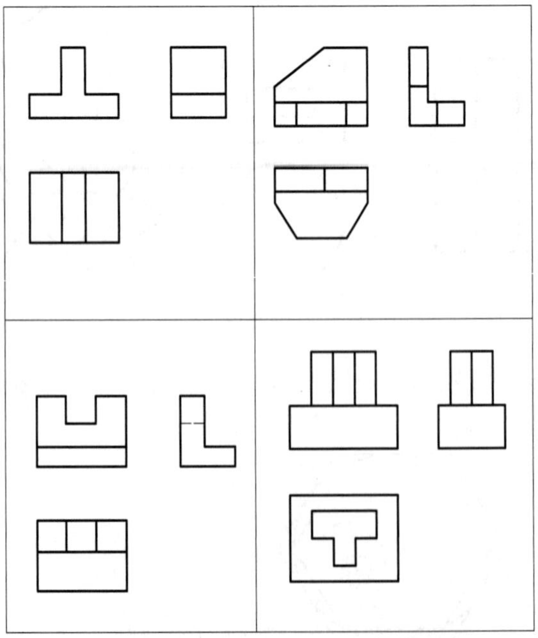

10．利用修剪、阵列等编辑命令画出下列图形。

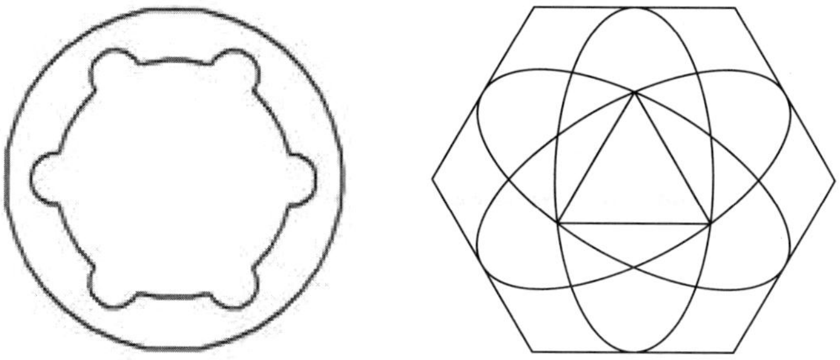

11．利用 PL 等画出下列图形，充分利用修剪、阵列等编辑命令。

12．试画出下列图形。

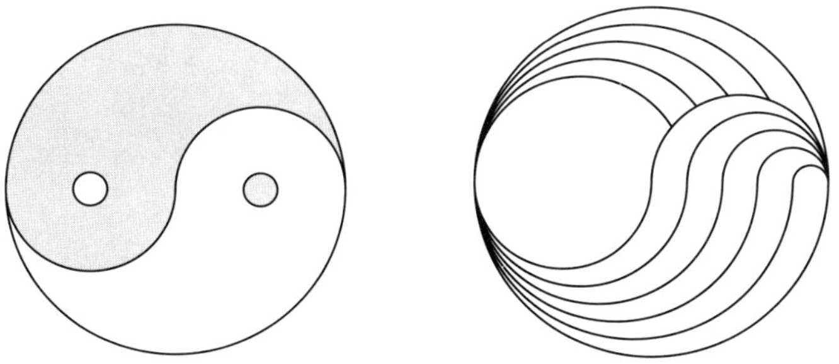

13．先对图形进行观察，找出其规律，再画出下列图形。

14．用几种方法绘制出下面的图形，并比较几种方法的特点。

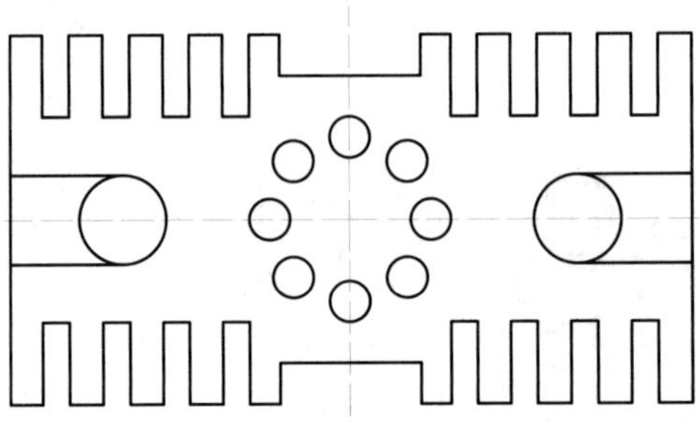

第 3 章 CAD 操作实例

本章要点

- CAD 操作需要注意的问题
- 典型例题

通过前面的学习，读者已经可以用 CAD 作出一些图来了。我们是以 AutoCAD 为基础来讲解的，其实众多的工程 CAD 软件，均有相似之处，只要掌握了一种 CAD 软件，其余各种 CAD 软件也基本上能掌握，比如中望 CAD、清华 PCCAD、北航电子图板、浩辰 CAD、开目 CAD 等，尤其是中望 CAD，其界面、操作习惯和命令方式与 AutoCAD 保持一致，文件格式也可高度兼容。

对于初学者，基本的操作方法是重要的，本章先介绍 CAD 操作需要注意的问题，再通过 CAD 操作实例来具体讲解典型例题，使学习更生动更有趣，把 CAD 基础打牢实，更好地使用建筑 CAD。

3.1 CAD 操作需要注意的问题

3.1.1 工具栏

CAD 具有非常方便的可定制的工具栏，也称工具条，可随用户的习惯喜好配置，随心所欲地放置在屏幕上。编者建议工具栏不要太多，有学生安装好 CAD 软件后，全部保留在桌面上，其实完全没有必要，工具栏过多会妨碍操作。有的学生把工具栏放到屏幕上下方就更不合适了，计算机屏幕与标准图幅相比，其本身就是高度不足，宽度有余，因此，工具栏放到屏幕左右两边更好，并且要少而精。

初学 CAD 的学生一般喜欢用鼠标点选相应的工具图标，就能使用各种命令，确实是相当方便，绘图速度也令自己满意，未经正规培训的自学者，更是以为这样就是标准的操作了，只要多多练习，操作速度就可大大提高。但是，这并不是一种好方法，速度大大提高也只是空想而已，编者在第 1 章中就已经讲到了，真正能使速度大大提高的好的操作习惯是左手键盘，右手鼠标。

在某些外企培训班，开始时教官首先要求的是关闭所有的工具条，严禁使用，而全部使用键盘命令，要求达到的目标是：左手键盘，右手鼠标，眼睛看屏幕。这是最快的操作方式，还有一个好处是能够拥有更大的作图区域。

3.1.2 左手键盘，右手鼠标

键盘操作的标准指法是左手四个指头放在 ASDF 键位上，F 键上突出有一小横杠，左手食指很容易定位，大拇指入在空格键上。其他的一些软件，若左右手并用，右手食指放在 J 键位上，而操作 CAD 软件，右手是控制鼠标。

在计算机操作中，点击回车键的标准指法是右手小拇指，据编者观察，在各种软件操作中，用右手小拇指敲回车的同学少之又少，大多数同学是用食指敲击回车键。

在 CAD 操作中，空格键等同回车键，命令确认要回车，左手大拇指可以轻松地点击空格键来确认命令，而且这是标准操作指法，所以，一定要养成用左手大拇指敲空格键的好习惯。

这里再介绍一下说明道理的例子：删除对象操作，许多初学 CAD 的学生都在使用 Delete 键删除图形中的对象，CAD 删除命令 Erase 的简化命令就是一个 E，所以编者提倡使用快捷命令 E 加空格来删除对象，从数学角度讲也许在这里我们多了一次击键的动作，但看一下在键盘上这几个键的位置就可以做出取舍，如果我们把左手放在标准键位 ASDF 上，删除对象时，左手中指点按 E，左手大拇指空格键即可，非常方便，因为大拇指单击空格是非常容易的事情。而 Delete 键距离左手的标准键位非常远，如果我们采用的方法是用左手或者右手点击这个键再把手复位，这个时间远远大于左手中指单击 E，大拇指再单击空格的时间。

用户可以使用鼠标和键盘来输入 CAD 的命令，熟练地掌握并运用鼠标和键盘，对正确、快速地绘图将大有益处。养成良好的操作习惯，将使你受益一生，再次提倡“左手键盘，右手鼠标”的操作方式，提高效率才能真正有效。

3.1.3 利用样板图

绘新图时，首先要进行一系列的初始化过程，比如设定图幅、选单位制、设置层、线型、颜色、字型等，而用样板图则可省去每次绘新图时的重复操作，磨刀不误砍柴工，要先做好必要的准备，很多重复性的工作则可以预先做好，开始制作新图时拿来就能用。

样板图一般可选 ACAD.DWT 为基础，这是一个公制样板，对其修改，将图幅、图层、颜色、线型，包括栅格、目标捕捉、尺寸标注、文字样式、图形界限等常用参数全部设好,做成你自己实用的各种样板图，存放在 CAD 目录下的 Template 子目录下，建议放到建筑 CAD 安装目录下的 SYS17 子目录下，如果你安装的 AutoCAD 比 2007 版本低，就放到 SYS16 或 SYS15 子目录下。

如有必要，包括本单位各种信息的标题栏等内容全部做在样板图上，可大大提高工作效率。

样板图可根据专业特点、工作要求设置出不同的样板图。利用样板图是一个捷径。

3.1.4 利用夹点编辑功能

直接在编辑处理的对象（如线、弧、圆、多边形等）上单击时，物体上会出现几个蓝色小方框（称为夹点），当点击某一夹点时，此夹点被激活，颜色变为实心红色。同时“Command：”命令下出现**STRETCH(拉伸)**命令状态，连续回车，又可出现**MOVE（移动）**、**ROTATE（旋转）**、**SCALE（比例缩放）**、**MIRROR（镜像）** 4 种状态（或者按 ST、MO、RO、SC、MI），在每种状态下即可执行相应的命令。灵活运用目标捕捉和自动捕捉绘图功能可以大大提高绘图效率及准确性。

3.1.5 使用快捷命令

如果向一个 CAD 绘图员提问这样一个问题：要想提高绘图速度最重要的一点是什么？很多绘图员会回答：尽可能地利用快捷命令。

让我们用实例来说明。如画一条直线有几种方法，许多学生都是用鼠标单击绘图工具栏上的直线按钮，再用鼠标在绘图区域绘制直线。而专业的绘图员或 CAD 高手会用左手在键盘上输入快捷命令“L”，按空格键确认，然后鼠标在绘图区域绘制这条直线。对于 CAD 的初学者，建议在学习 CAD 的初期就尝试着使用快捷命令来绘制你练习用的图形。

也许有的学生会提出在 CAD 的文件夹下查找 acad.pgp 这个文件，修改成自己的喜好的快捷命令，不提倡初学者在开始就采用这种方法。实际上，基础学习的时候，常用的快捷命令是非常简单易记的。

CAD 快捷命令通常是英文的缩写，一般的英语水平都能大部分掌握，比如直线，英语是 LINE，圆是 CIRCLE 等，我们只要敲入 L 就是画直线，敲入 C 就是画圆。

在开始的时候记不住或不知道绘制某种图形的快捷命令是什么，那么可将鼠标移动到绘图工具栏的某种图形按钮上，让鼠标在这个位置停一下，在 CAD 下方的状态栏会出现一行提示：某种操作的英文完整命令。

3.1.6　自我检查和改进

自我检查做进一步的改进。象棋中有一种术语叫做复盘，也称“复局”。指对局完毕后，复演该盘棋的记录，以检查对局中着法的优劣与得失关键。一般用以自学，或请高手给予指导分析。我们在 CAD 的学习中也可以借助这种方法提高。

在一个简单图形的绘制告一段落之后，按 F2 键打开 CAD 文本窗口，一步步审视自己的作图过程：有哪些步骤是可以加以改进的；有哪些步骤是无效的操作，可以利用镜像或者阵列简化的步骤是不是做的复杂化了，还有没有更简单的方法可以做出这个图形……反复多做这样的工作之后，你会发现，这个的过程是一个很好地规范自己的制图习惯的过程，也是一个促使自己思考的过程。这样的“复盘”对于我们在制图过程中找到“捷径”是非常有帮助的。

3.1.7　不断积累

学习本身不可能是个一蹴而就的事情，技巧是可以不断积累的，但积累是没有技巧的，想要成为高手，就必须不断地去学习，去积累，当然更重要的是学着去应用。解决办法是熟记快捷命令，所用的字母都处于键盘的左部，也就是平时打字左手管控的那些键位，这样就可以做到盲打，提高操作速度。

除上面讲到的各点之外，读者还可根据自己的实践、教训、经验，不断总结，不断提高。

3.2　典型例题

3.2.1　作相切圆

作出如图 3.1 所示相切的一圈圆。

1．用点划线作中心线。

2．换实线层，作正八边形，中心位置为点划线交叉处，如图 3.2 所示。

3．作圆，圆心选在正八边形角上，半径为边长的一半，可以单点优先方式，敲入 MID（Middle），在边长的中点处有一三角形，点击此处，画出小圆，如图 3.3 所示。

4．将此小圆作环形阵列，中心选在点划线相交处，八个小圆相切作出，如图 3.1 所示。

n 个小圆相切

推而广之，若是作几个小圆相切，和上面相似，只是把正八边形换成正几边形即可，如图 3.4 所示为 12 个小圆相切。可以试作 7 个、13 个、17 个这些质数正多边形来使多个小圆相切，并作多种变换，包括颜色变换、阵列变换等。

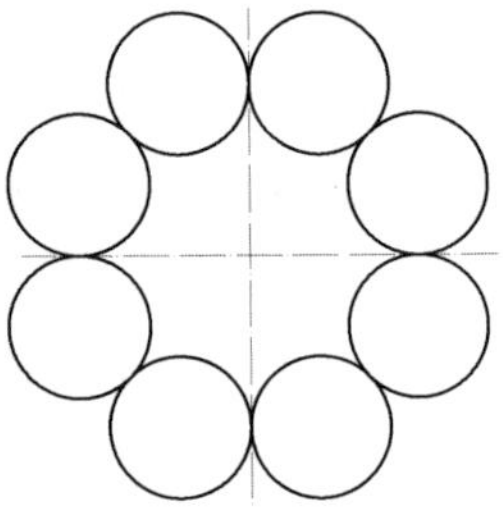

图 3.1　一圈相切圆

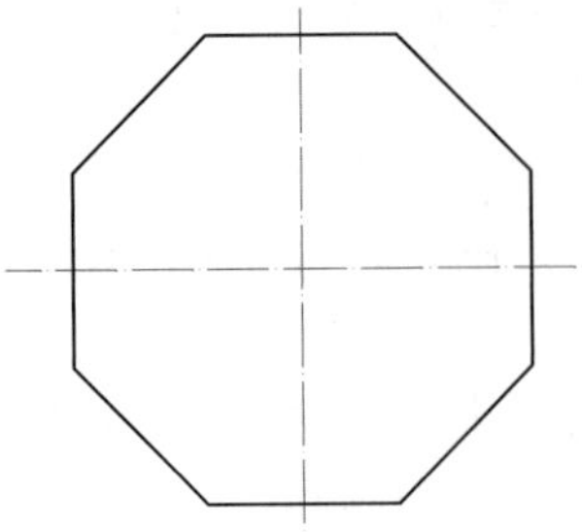

图 3.2　正八边形

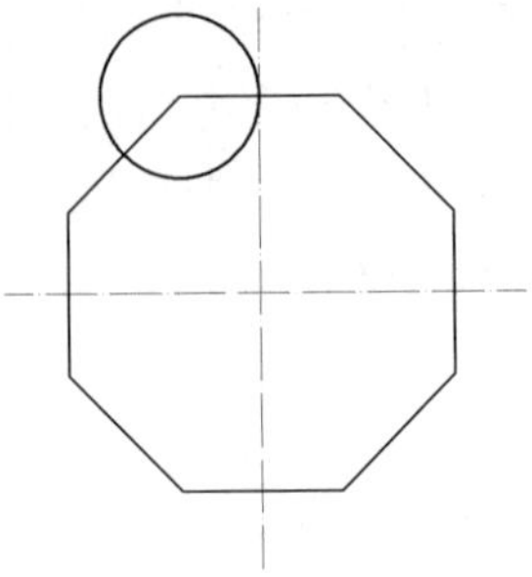

图 3.3　画出一个小圆

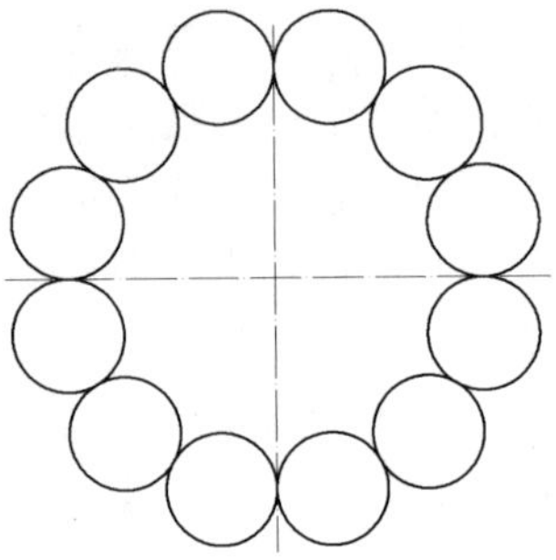

图 3.4　12 个相切的小圆

3.2.2　Solid 命令绘制图形

用 Solid 命令绘制如图 3.5 所示的图形，具体操作如下：

命令：Solid（**SO**）

矩形(R)/正方形(S)/三角形(T)/<平面第一点>:　　点取 A 点

第二点:　　点取 B 点

平面第三点:　　点取 C 点

第四点:　　点取 D 点

平面第三点:

提示

（1）利用设置工具栏的填充工具，可控制平面的显示为填充模式还是线框模式，利用修改工具条的分解工具，可将平面变成对应平面外框的单根线条。

（2）当系统变量 Fillmode 为 0 或 Fill 命令设置为 OFF 时，则不填充区域；当系统变量 Fillmode 为 1 或 Fill 命令设置为 ON 时，则填充区域。

（3）输入点的顺序应按“左、右”、“左、右”、……，依次输入，否则会出现“遗漏”现象，如图 3.5 所示，当然，在某些场合也需要做出这样的图形。Solid 命令是按奇数点连接奇数点，偶数点连接偶数点的规则，只要清楚这一点，就能灵活操作。

（4）当提示第三点和第四点时，如果均点击同一点，则合成一个尖点，如图 3.6 所示 P9 点。

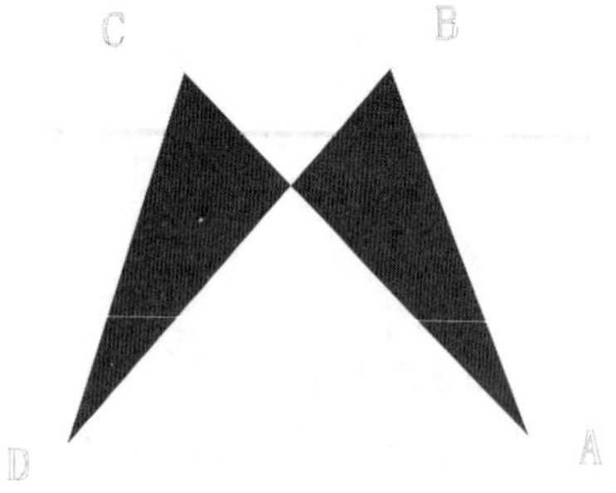

图 3.5　顺着一个方向结果

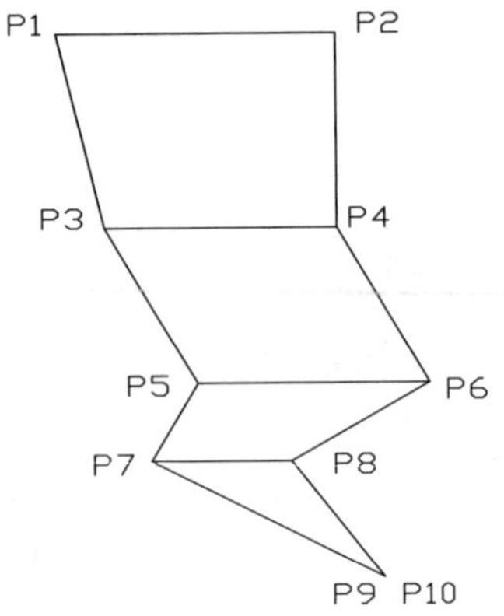

图 3.6　奇偶数分别在一侧

学会用 Solid 命令绘制图形，对于 Autodesk 公司等图标则可顺利作出，可以试一试。

3.2.3　作立体五角星

（1）将图层转换到黄色层，如没有，可新建一个黄色层（可参看图层建立，颜色设置）。

（2）作正五边形，中心最好选在一个确定的位置上，如（150,150），否则中心要画辅助线来求。

（3）用直线命令画出五角星，注意将目标捕捉打开，如图 3.7 所示。

（4）最外面的正五边形已经完成任务，删掉。单击正五边形，用 E 命令，再按空格键即可删除。现在就剩下一个规规矩矩的五角星了，如图 3.7 中间所示。

（5）键入 TR，即修剪命令，用 C 窗口（即鼠标从右到左拉出的交叉窗口）选中五角星，空格，再依次单击中间的线条，中间线条也就很快修剪掉了，一个有边框的五角星就作好了，如图 3.8 所示。

（6）图层一定要转换到黄色层。选择 SOLID 命令作三角块，半个黄色角就作好了，如图 3.9 所示。

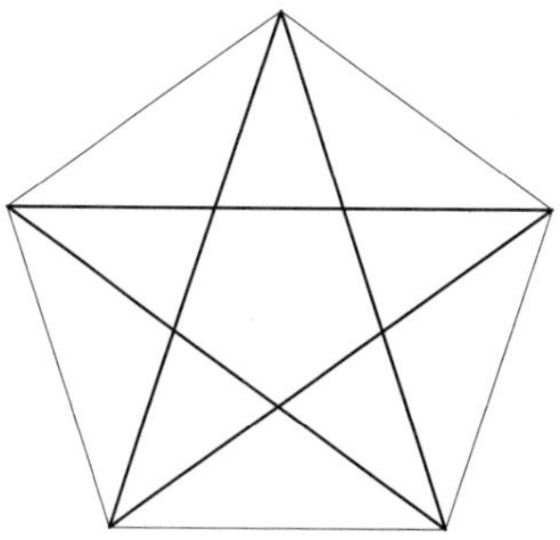

图 3.7　画出五角星

图 3.8　修剪后的五角星

图 3.9　五角星黄色角

（7）在上面作黄色角星的基础上，转换到红色层。选择 SOLID 命令作三角块，半个红色角就作好了，如图 3.10 所示。

（8）作阵列。在“阵列”对话框中选择“环形阵列”，中心点选到五星的中心点，如（150,150），或直接用鼠标点取中心。项目总数填写 5，选择对象，分别选择黄色角和红色角。确定后一个立体的五角星就出现了，如图 3.11 所示。

图 3.10　红黄角五角星

图 3.11　完成立体的五角星

作完之后，请将中心部分放大两次，图中心一放大就可以看出问题来。

3.2.4　绘莲花图案

在 CAD 绘制建筑平面图时经常需要绘制一些物体的平面图，如桌、椅、盆景等，大部分对象都是有专用图库可直接调用。莲花很少遇到，所以大部分库中都没有这个块，我们可以动手绘制一个。其实绘制莲花图案很简单，几个命令就可以实现，最终效果如如 3.12 所示。

图 3.12　莲花图案

下面具体介绍如何绘制。

（1）先绘制一个直径为 100 的圆，使用 CO（复制）命令将该圆向右复制一个，它们的中心距为 70，结果如图 3.13 所示。

（2）使用 L（直线）命令连接两圆的两个交点并修剪，如图 3.14 所示。

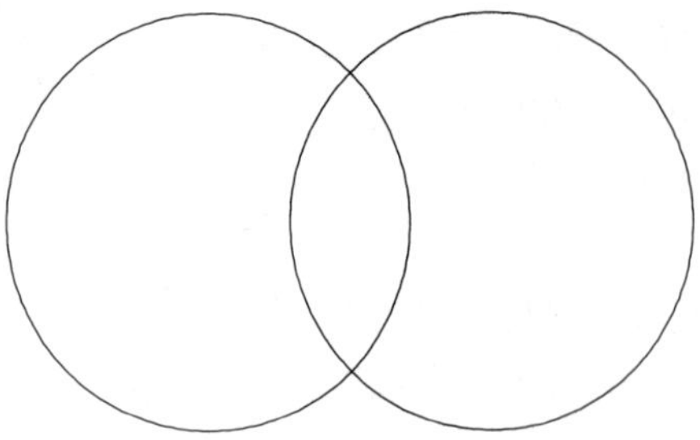

图 3.13　绘制两圆

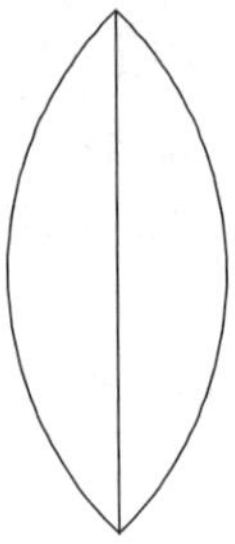

图 3.14　连接交点并修剪

（3）使用 AR（阵列）命令，环形阵列中间的直线，中心点为直线最上方端点，填充角度为 30°，数量为 15，如图 3.15 所示。

（4）修剪线段，并使用 MI（镜像）命令，镜像线段，就画出花瓣了，如图 3.16 所示。

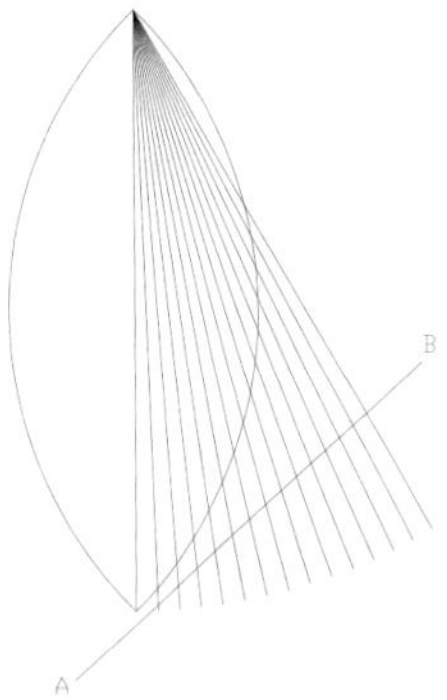

图 3.15　环形阵列

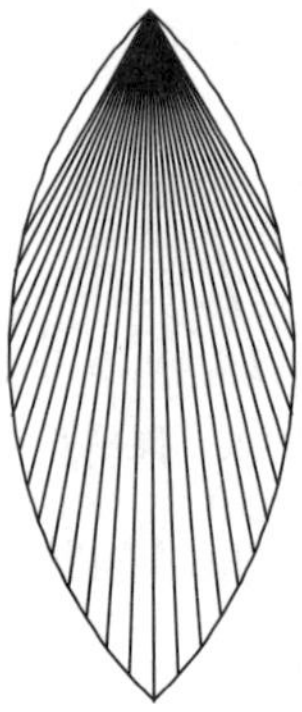

图 3.16　镜像线段

在 CAD 中，当要修剪的对象使用同一条剪切边时，可使用 F 选项，一次性修剪多个对象。在图 3.15 中，要修剪多余的线段，先输入 TR 命令，选择右边圆弧作为剪切边，选择修剪对象时，输入 F+空格，再点取 A 点和 B 点，确认，即可一次性修剪所有多余的边。

（5）再次使用 AR（阵列）命令，环形阵列花瓣，中心点为花瓣最上方顶点，填充角度为 360°，数量为 12，结果如图 3.17 所示。

图 3.18 是在屏幕上选取中任作一线改变颜色线型等变化的结果，读者可自己设计各种方案，变幻出各种图案，也可以将它作为块存入图库中，方便以后调用。

图 3.17　环形阵列花瓣

图 3.18　变化结果

3.2.5　丁字块组合作法

要完成如图 3.19 所示的组合丁字块，对其图形进行分析，可以看出是由丁字块组合成的，而丁字块本身又是由两个相同的矩形块组成，一上一下两个丁字块组成一个单元，该单元阵列成两行三列，再进行拉伸，即可完成此图形。

图 3.19　组合丁字块

具体操作步骤如下：

（1）在粗线层（或用 PL 设定线宽）作一长宽比为 2:1 的矩形，如 100:50。

（2）换到 0 层（或 PL 线宽设为 0）在内部再作一个矩形。如 80:30，如图 3.20 所示。

（3）将两个套在一起的矩形拷贝一个。

（4）设定好对象捕捉方式，OSNAP 中，将中点（MID）选上。

（5）将刚才拷贝的一个图形绕窄边中点旋转 90°，再将其移动到另一个图形的长边中点，这时一个丁字块图形出现了，如图 3.21 所示。

（6）选定丁字块图形，镜像命令，以上边框为镜像线，再作一个丁字块，如图 3.22 左边所示。

图 3.20　作嵌套矩形

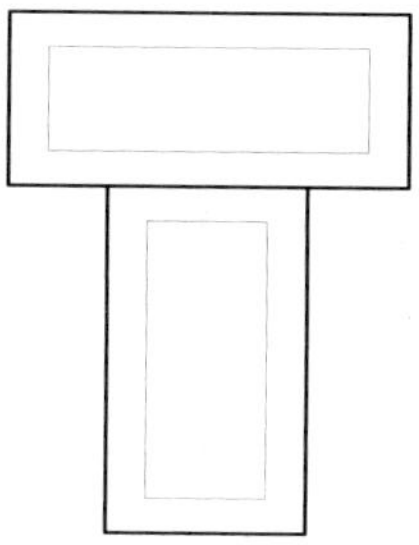

图 3.21　丁字块图形

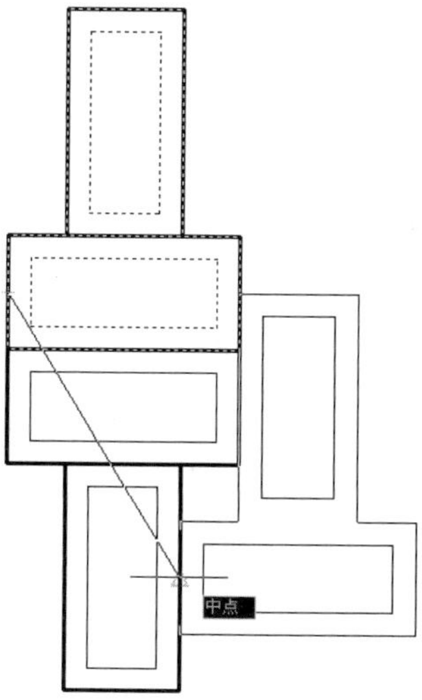

图 3.22　镜像丁字块移动

（7）将上边的丁字块移动，以窄边中点为基点，移动到下边丁字块长边中点上，如图 3.22 右边所示，这一步一定要准确。移动后的结果如图 3.23 所示。

（8）现在是拼在一起的两个丁字块，也是阵列的单元体，以此为基础构件进行阵列。

（9）采用矩形阵列，2 行 3 列，行、列间距均为丁字块的长度，如图 3.24 所示。这里一定要打开对象捕捉才能准确作图。

（10）单元体阵列后，结果如图 3.25 所示，请放大观察，大约有一半的同学会有问题，请自行查找原因。

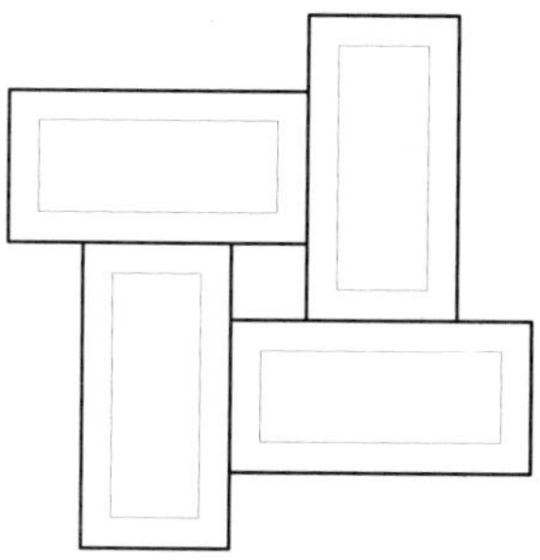

图 3.23 阵列的单元体

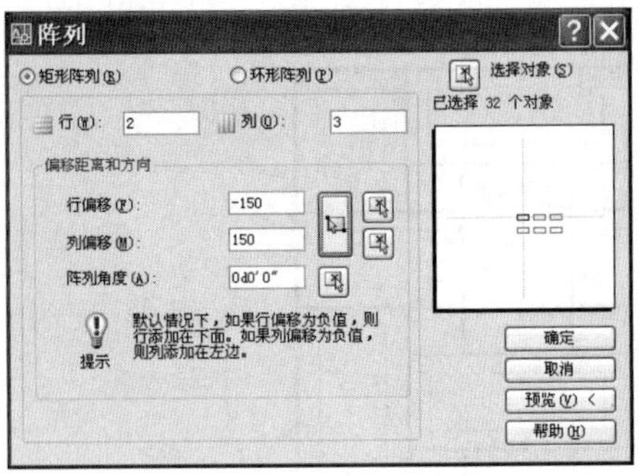

图 3.24 阵列的单元体

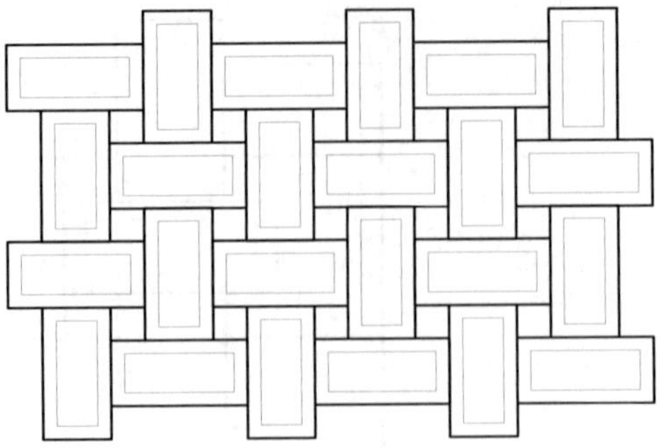

图 3.25 单元体阵列后

（11）现在将左边突出部分压平，用拉伸（**S**）方法向右拉，实际上是压缩。操作时一定用 C 窗，即从右向左选定突出部分，如图 3.26 所示。其余突起部分用同样方法解决。

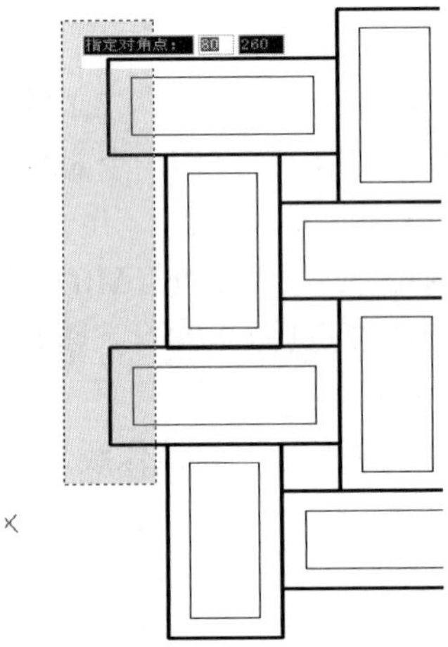

图 3.26 C 窗选定突出部分单元体

（12）同样的方法，将左下角和右上角突出部分压平，达到题目要求的结果，如图 3.19 所示。

此题推广一下，若要作成四周全平的形状，想一想如何更快呢？还可以思考：能采用其他的方法吗？答案是肯定的。

本图小结

本图形可练习学生掌握多种编辑功能，但从教学实践来看，仍有 1/3 的学生作图有问题，一放大就出现缝隙或重叠，上面的任何一步都必须准确，才能完美完成。矩形阵列时，其行偏移和列偏移均为一个丁字块的高度值。

阵列如果是 3 行 2 列，就是立起来的图形，也可以自己作各种变幻，变化出多种图形。

3.2.6 多圆堆栈

如图 3.27 所示的图形可以看成是一堆钢管，如果要做出这样的图形，一般人肯定想到要通过几何计算，将圆的直径求出，显然这是一个比较复杂的过程，而且计算中有开方，计算的结果将出现小数，也给精确作图带来很大的困难。对于这种问题可以采用 CAD 软件的有关命令，尤其是用对齐命令的方法来解决。

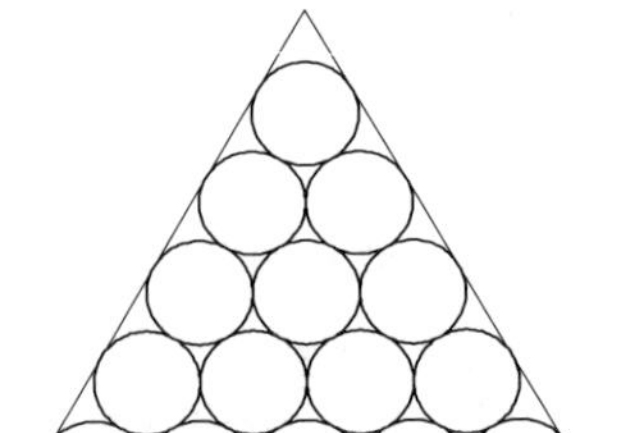

图 3.27 一堆钢管

本图的作法有多种，下面重点介绍一种，其余可以举一反三。

（1）建议打开栅格，打开捕捉。先画一个半径为 10 的圆，取半径为 10 主要是为了方便，如图 3.28 所示。

（2）将圆阵列，1 行 5 列，行距为 0，列距为圆直径 20，效果如图 3.29 所示。

图 3.28　作一个圆

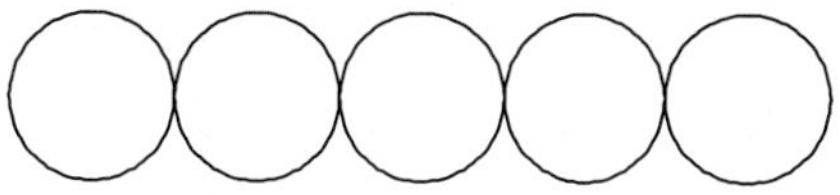

图 3.29　1 行 5 列阵列

（3）画一条 60° 的直线如图 3.30 所示。从左边第一圆心以极坐标方式画出。也可以先设置好 60° 极轴追踪方式来画直线。

（4）再用多重复制或阵列制作出图 3.31 的效果。

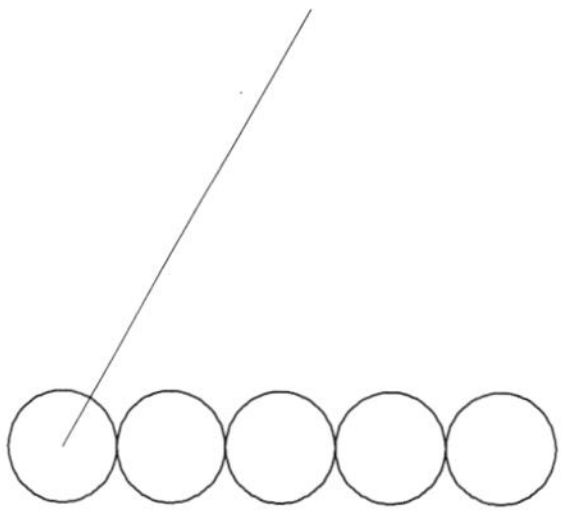

图 3.30　画 60° 直线

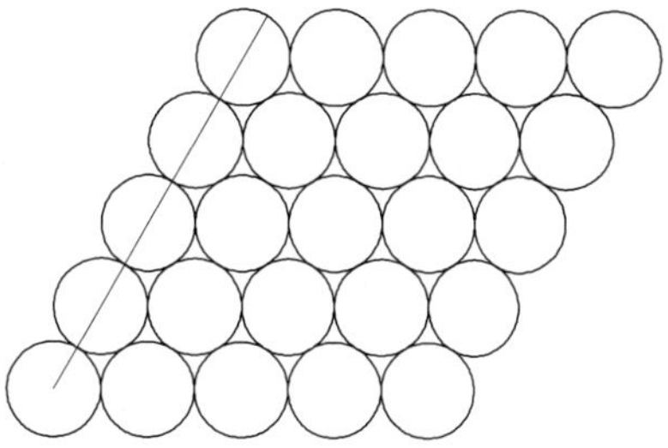

图 3.31　极坐标方式拷贝

在这里，编者试了多种方法，都可执行。但为了精确，推荐用 CO 拷贝，先选中 5 个圆，输入拷贝命令，以相对极坐标方式来定点，基点选左边第一圆心，位移点分别为：@20<60；@40<60；@60<60；@80<60，也就是沿 60° 角方向，每次在右上角间隔 20，这样能保证精确相切。其他作法也可，只是稍不小心就不准确了。

（5）将多余的圆删除，如图 3.32 所示。

（6）在其外面画一条公切线，如图 3.33 左边的公切线，直线命令 L，光标在左下圆外边，敲入 TAN 即捕捉切点，注意当出现图 3.33 左下角所示的“延迟切点”时单击。

（7）将光标移到最上圆左边，敲入 TAN，当出现图 3.34 上面所示的“延迟切点”时单击。

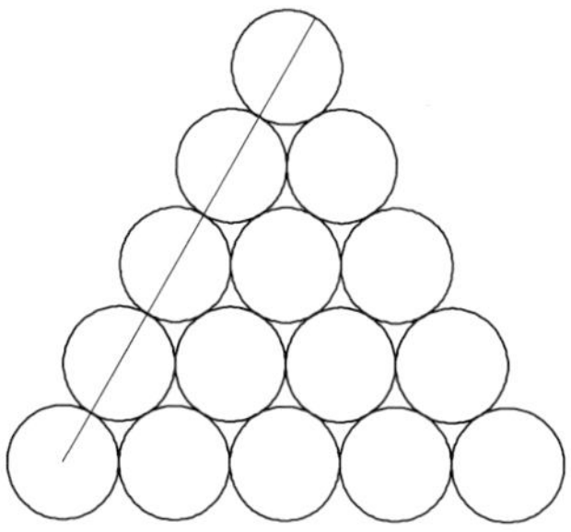

图 3.32　删除多余的圆

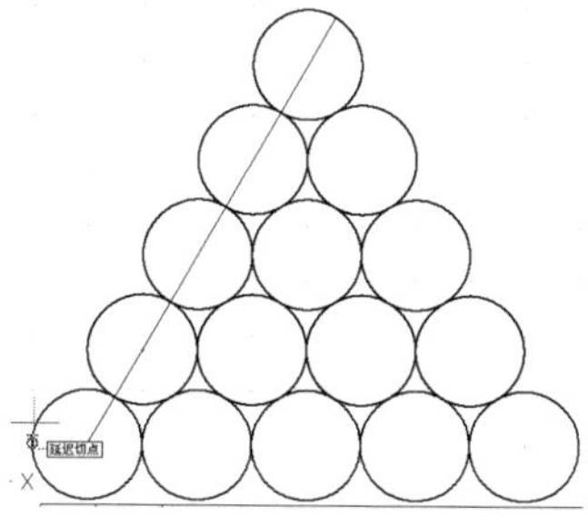

图 3.33　左下角出现“延迟切点”时单击

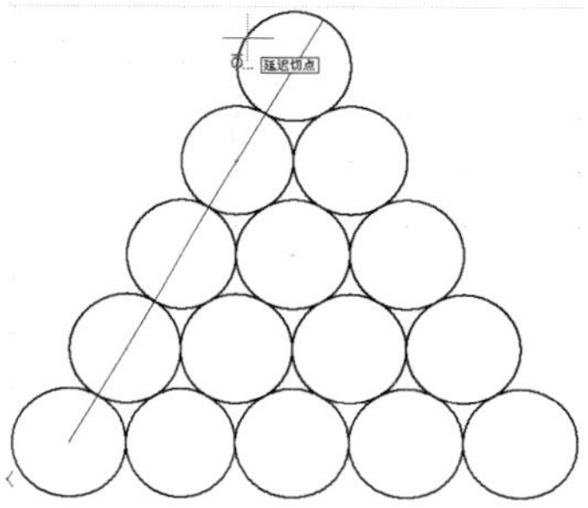

图 3.34　上圆左边出现“延迟切点”时单击

（8）单击后就把最左边的一条公切线画出，如图 3.35 所示。相同方法，画出右边和下边的公切线，如图 3.36 所示。

（9）用圆角命令对刚刚画的三条切线倒圆角，只要先设置倒角半径=0，如图 3.37 所示。

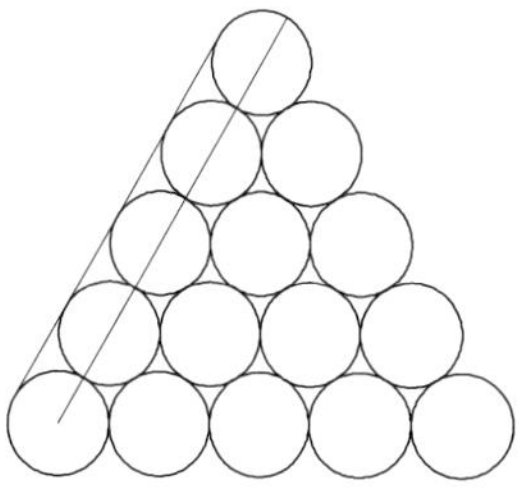

图 3.35　画出最左边的一条公切线

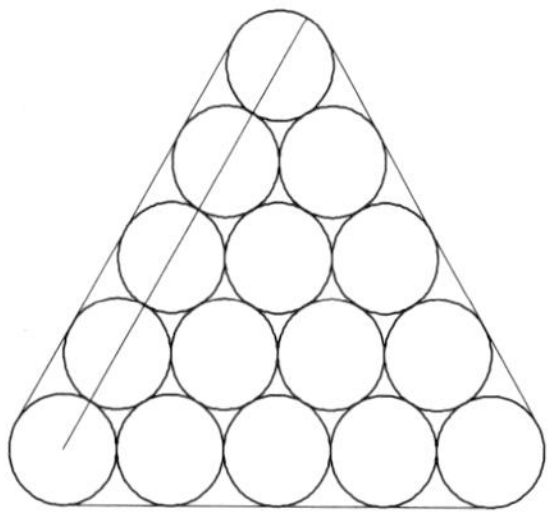

图 3.36　画出右边和下边的公切线

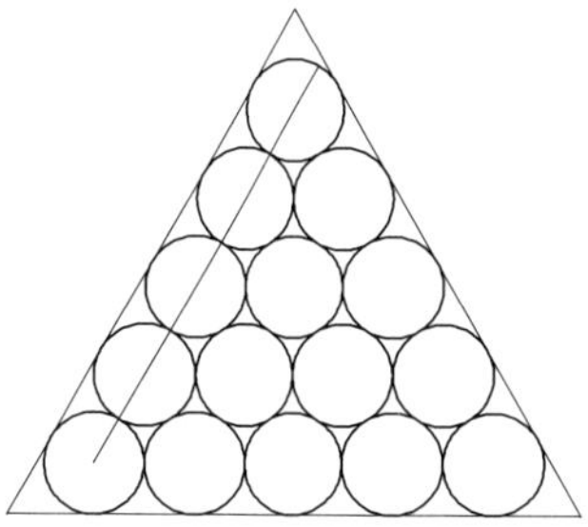

图 3.37　用圆角命令三条切线倒圆角

这主要是想训练对于公切线的画法和倒角半径＝0 的特殊用途，其实也可以用更简便的方法：直接用偏移的方法。具体作法是在上面第（5）步之后，将最外面的三个圆的圆心连接起来，以此等边三角形向外偏移一个半径，也可得到上面的图形。

（10）再画一条长度为 100 的水平线，如图 3.38 所示。

（11）再利用 CAD 对齐命令，将画出来的图都选中，与下面那条直线对齐，如图 3.39 所示。

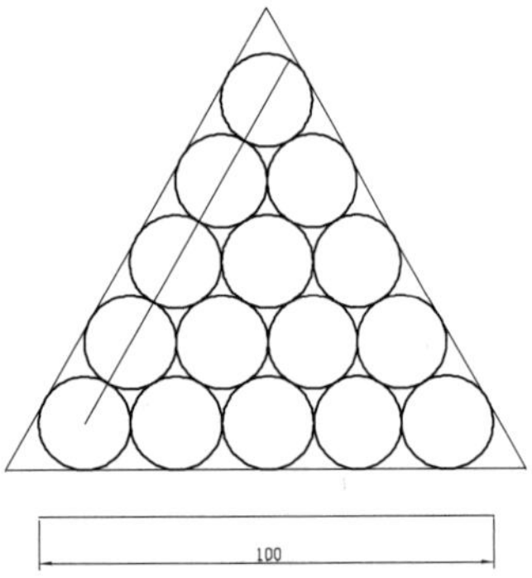

图 3.38 画一条长度为 100 的水平线

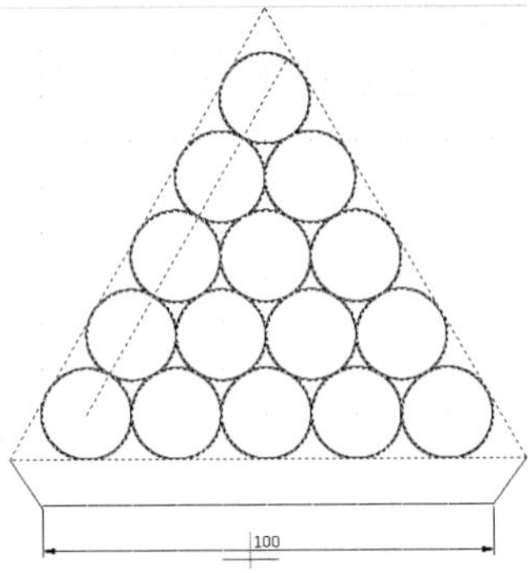

图 3.39 对齐命令

```
ALIGN (AL)
选择对象:                选择全部
指定第一个源点:          三角形左下角
指定第一个目标点:        尺寸标注的左端
指定第二个源点:          三角形右下角
指定第二个目标点:        尺寸标注的右端
指定第三个源点:          回车
基于对齐点缩放对象[是(Y)/否(N)] <否(N)>: y
```

（12）按回车键，得到结果，非常精确，如图 3.40 所示。

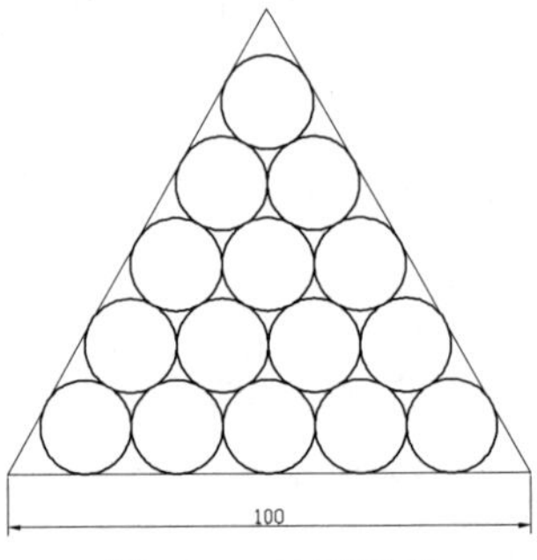

图 3.40 结果图形

在作完之后，大家一定会想：如果不是 100，而是其他数据呢？答案显然是可行的。下面，假设将数据改变为 130，这是一个比较一般的数据了，同样可以精确做出，如图 3.41 所示。

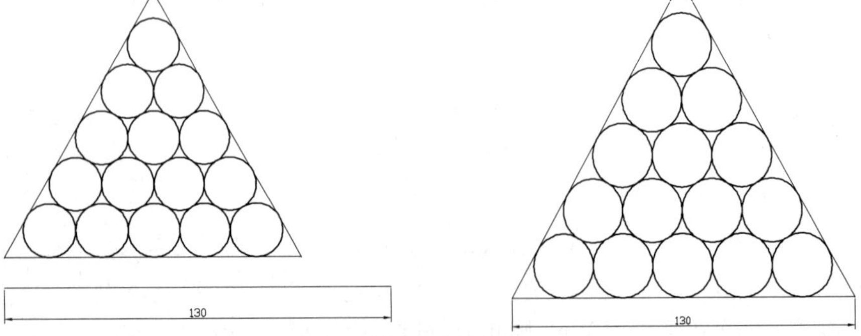

图 3.41 变成其他数据

推而广之，这样的三角堆圆可以做成任意数据的三角形堆栈。

反过来，又再考虑，那不是 5 个圆，而是 10 个或另外数目的圆呢？其实也是可以顺利解决的，读者可以试一下其他数目、其他情况，也可将问题再作进一步的延伸。

这种学习 CAD 的方法，可提高你的兴趣，也会使你的 CAD 知识融会贯通。

3.2.7　渐变色填充实例

（1）绘制一棵树的轮廓,如图 3.42（a）所示。

（2）选择 Bhatch→“渐变色”标签。

（3）选择“双色”，在“选择颜色”对话框中选择“索引颜色”标签，拾取绿和黄。

（4）选择“半球形”，在树冠区域拾取点，预览并右键确认。

（5）回车，重新打开“填充”对话框。选择“单色”，在“选择颜色”对话框中选择“索引颜色”标签，拾取棕色。

（6）选择“反转圆柱形”，在树干区域拾取点，预览并右键确认。

（7）填充之后的图形如图 3.42（b）所示。

（a）　　　　（b）

图 3.42　用“渐变色填充”对图形上色

本章小结

（1）本章除讲述 CAD 的操作外，重要的是怎样利用 CAD 中提供的工具高效地组织、绘制图形，设计不能单凭 CAD 就能完成，最主要的还是要靠你的思维。

（2）CAD 及天正软件绘图与手工制图最大的区别就是速度快，尤其是其编辑功能强大，修改起来方便，打印出来还没有修改的痕迹，工整美观。当今世界，如果不掌握这样的先进技术，就会落后，也就难于在竞争中获胜。

（3）用户可以使用鼠标和键盘来输入 CAD 的命令，熟练地学握和运用鼠标和键盘，对正确、快速地绘图将大有益处。养成良好的操作习惯，将使你受益一生，再一次提倡“左手键盘，右手鼠标”的操作方式，提高效率。

（4）本教程是实践性很强的课程，学校教学包括课堂讲授和上机实习两个主要环节，这两个环节是相辅相成密不可分的。计算机是必不可少的设备，上机实习是必不可少的环节，教师指导学生熟悉 CAD 软件的环境，演练操作步骤和要领。

（5）本章各图都有详细的作图步骤，对于初学者只要根据上面的步骤认真做一遍，再自己独立做一遍，应该很快掌握。至于选图，主要是可以练习绘图编辑命令。

（6）各种 CAD 有共同之处，中望 CAD 是 CAD 正版化的首选解决方案,具有国内领先的稳定性和速度。过去 CAD 软件这个领域基本上被跨国公司所垄断，现在中望 CAD 成为央企正版软件集中采购的推荐产品，将使得国产软件业得到央企这个巨大的内需市场的支持，并打破国外软件垄断的局面，这也是国产 CAD 软件竞争力提高的直接结果。

练习题

1．画出下面的图形，可以自由发挥。

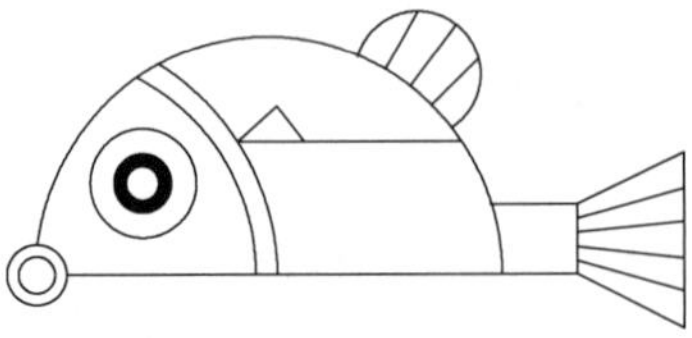

2．作出下列图形，并找一找哪些方法更快、更准确。

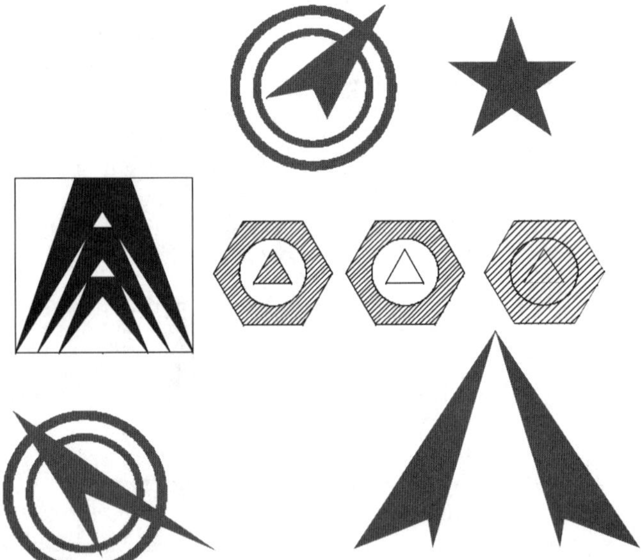

3．作出下面的奥运五环图案（环的颜色分别为蓝、黄、黑、绿、红五色），并环环相扣。

4．作出下面的图形。

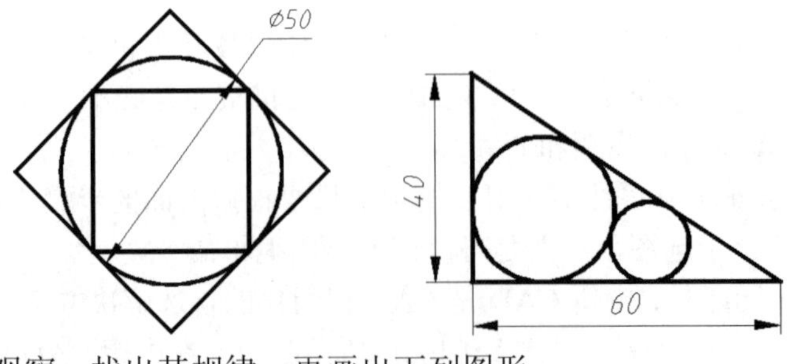

5．先对图形进行观察，找出其规律，再画出下列图形。

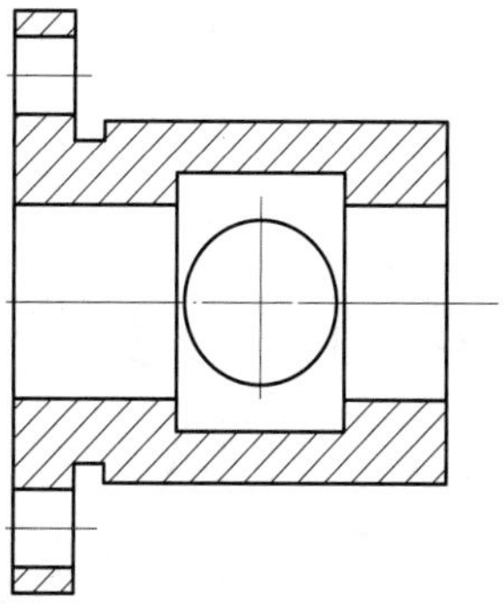

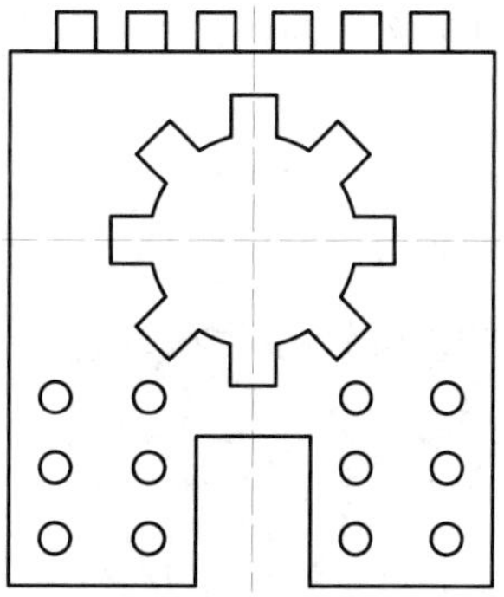

6．作出下列的图形，莲花要充分利用编辑有关功能，或作成彩色。

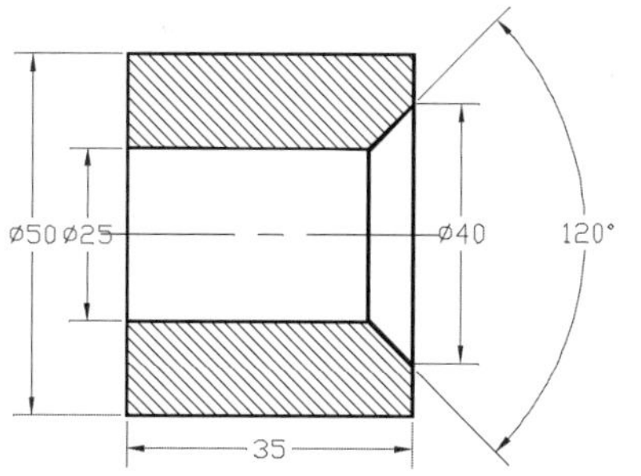

7．先直接用 CAD 作出下面的房屋图，学到建筑 CAD 软件后，再作图对比。

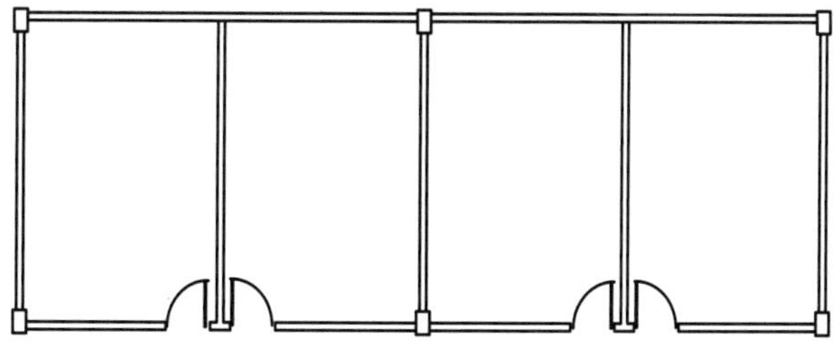

8．作出下面的图形，可以相互讨论，用几种方法绘出，并找出其技巧。

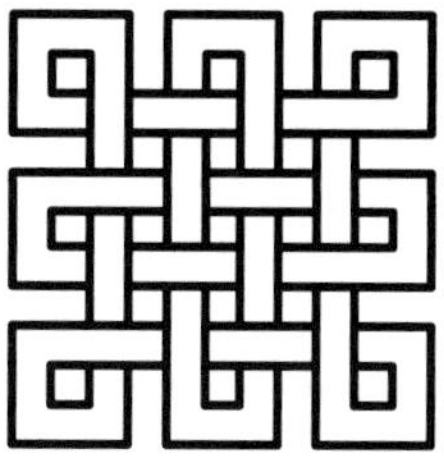

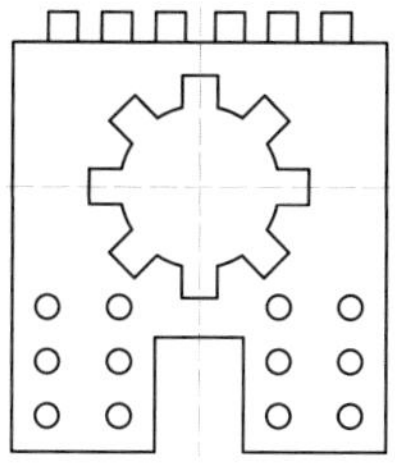

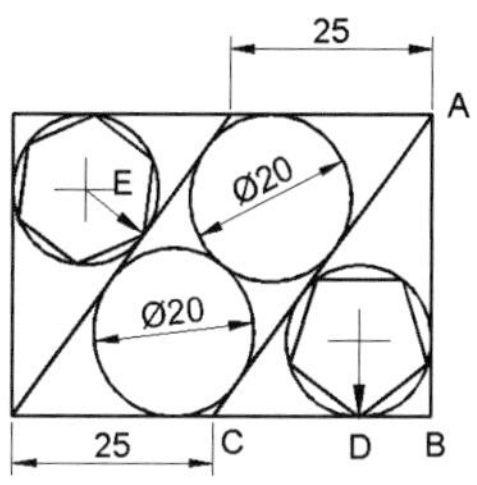

9．作出下面的图形，右图有一定难度。

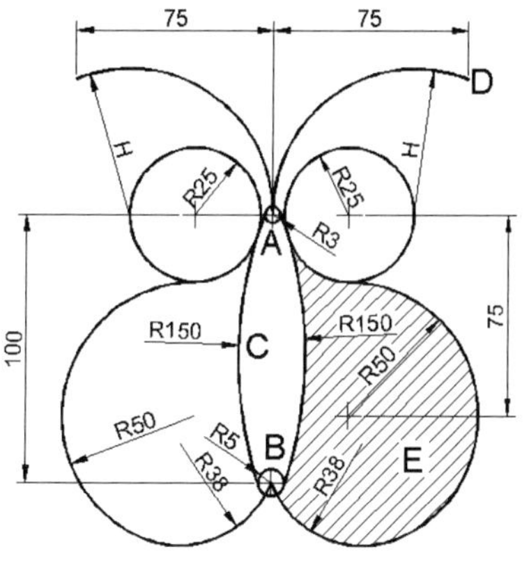

10．用几种方法绘出下面的图形，并比较几种方法的特点，此题有一定难度。

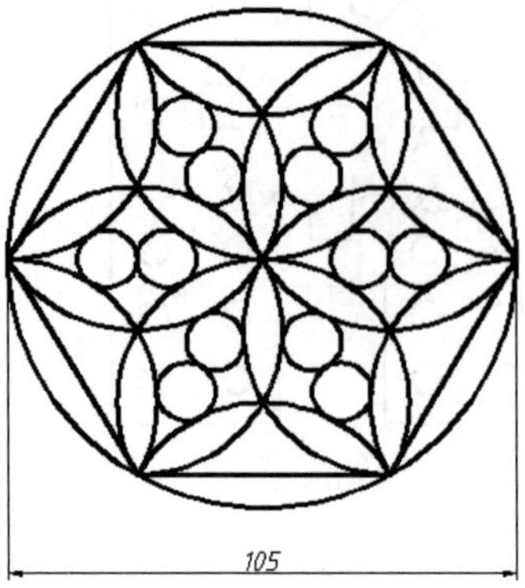

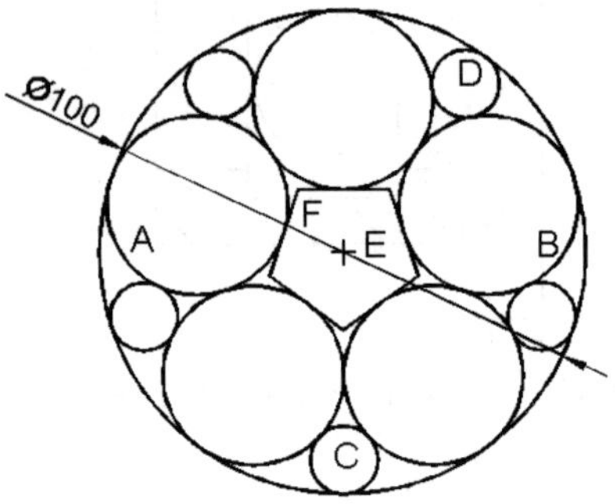

第 4 章

AutoCAD 作建筑图

本章要点

- AutoCAD 作建筑图
- 典型例题

现在我们用 AutoCAD 作建筑图，目前好多小公司，尤其是装修公司，仍采用 AutoCAD 作建筑图，虽然其效率比不上天正建筑等建筑 CAD 软件，但 AutoCAD 容易上手，适应范围广，会用 AutoCAD 人也更多，况且好多人觉得自己能用 AutoCAD 作出建筑图，能完成工作也就行了。

本章介绍 AutoCAD 作建筑图，也提出操作需要注意的问题，并通过操作实例来具体讲解典型例题，使同学们能使用 AutoCAD 作建筑图。

4.1 建筑图环境设置

作建筑图前，应该对作图环境作一系列设置，比如一般工程图样的尺寸是采用箭头来标注，而建筑图则需要以建筑标记即短斜线来标注。

建筑物一般都较大，为了能画在图纸上，通常是采用 1:100 方式。

4.1.1 建筑图形单位

执行“文件”→“新建”命令，通过使用系统自带的样板文件 acad.dwt 新建一个空白文档。执行“格式”→“单位”命令，打开“图形单位”对话框，在“精度”下拉列表中选择“0”选项，因对建筑工程来说，毫米就已经是很精确的单位了，一般情况下，毫米以下的要求是没有实际意义的。

因此我们的精度要求只到毫米，小数点后面就不要求了，如图 4.1 所示，单击“确定”按钮关闭对话框。

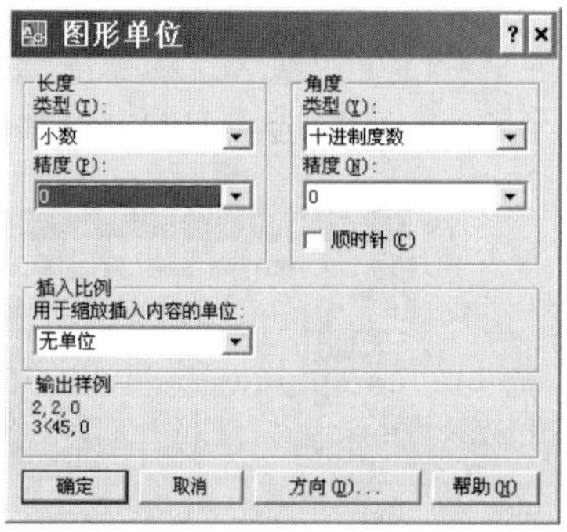

图 4.1 “图形单位”对话框

4.1.2 建筑图图纸

建筑物尺寸都比较大，通过执行“格式”→“图形界限”命令，重新设置图形界限作为建筑绘图区域。比如右上角设为 42000，29700，也就是将 A3 图幅的长和宽分别加上了两个 0，而 A2 图幅的长和宽分别加上了两个 0 后，右上角则为 59400，42000。在图纸上所有的尺寸均为建筑物的真实尺寸。建筑物一般采用比例为 1:100，实际上建筑图纸一般打印在 A3、A2、A1 幅面上，学生作建筑设计，A3 图幅用得最多。

特殊情况下，用户需要使用其他的图形界限作为绘图区域。

4.1.3 建筑标注样式

通过执行“格式”→“标注样式”命令创建新的建筑标注样式，如图 4.2 所示。

基础样式为 ISO-25，现在新建立了建筑标注样式，如图 4.3 所示。

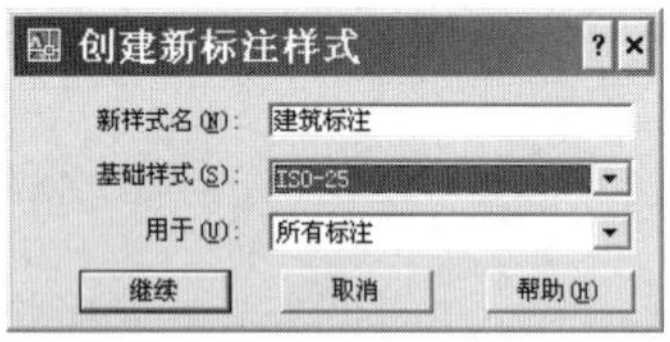

图 4.2 创建新的建筑标注样式

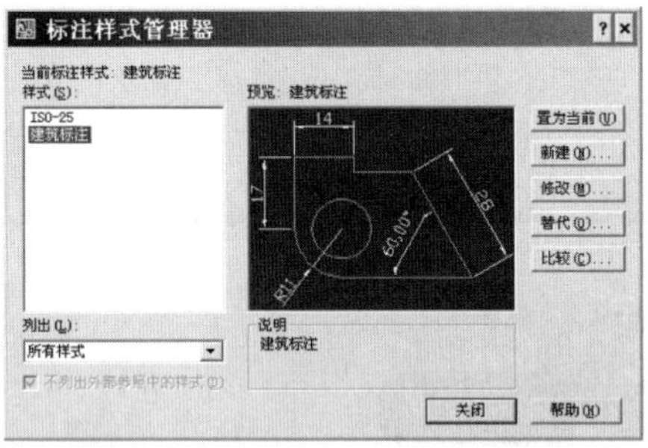

图 4.3 创建建筑标注样式

在“主单位”选项卡中将精度设为 0，如图 4.4 所示。

“直线”选项卡的内容，基线间距设为 8，如图 4.5 所示。

图 4.4 “主单位”选项卡

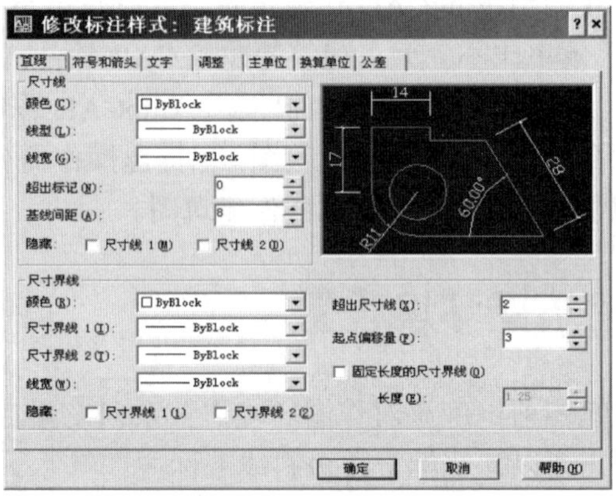

图 4.5 “直线”选项卡

“符号和箭头”选项卡的内容如图 4.6 所示。

“文字”选项卡的内容如图 4.7 所示。

图 4.6 “符号和箭头”选项卡

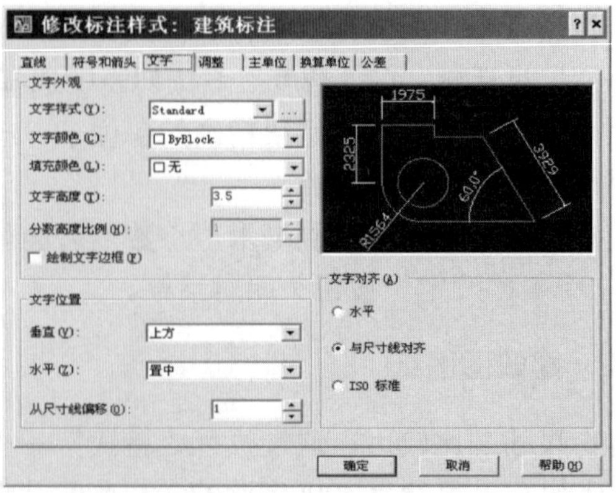

图 4.7 “文字”选项卡

“调整”选项卡的内容如图 4.8 所示。

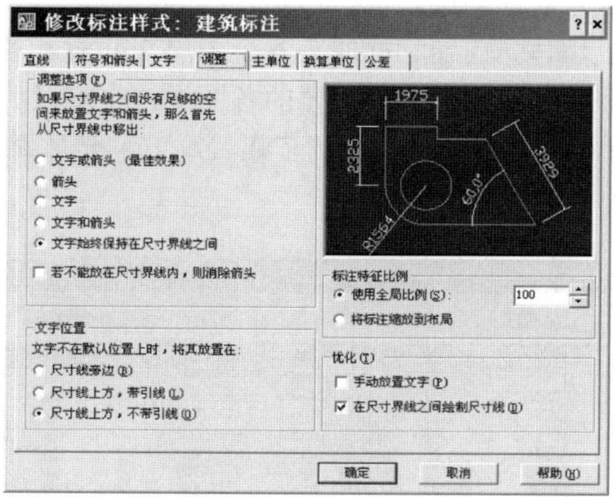

图 4.8　“调整”选项卡

至此，建筑标注样式设置完成，并将**此**建筑标注样式置为当前，如图 4.3 所示。

4.1.4　文字样式

选择“格式”→“文字样式”命令，可以设置新的文字样式，如新设置仿宋字，或其他字体，如图 4.9 所示。

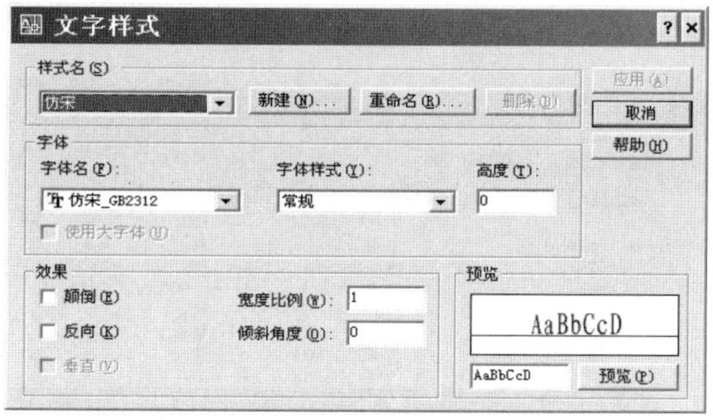

图 4.9　设置新的文字样式

4.1.5　图层

执行 LA 或单击“图层特性管理器”按钮，出现如图 4.10 所示的”图层特性管理器”对话框。

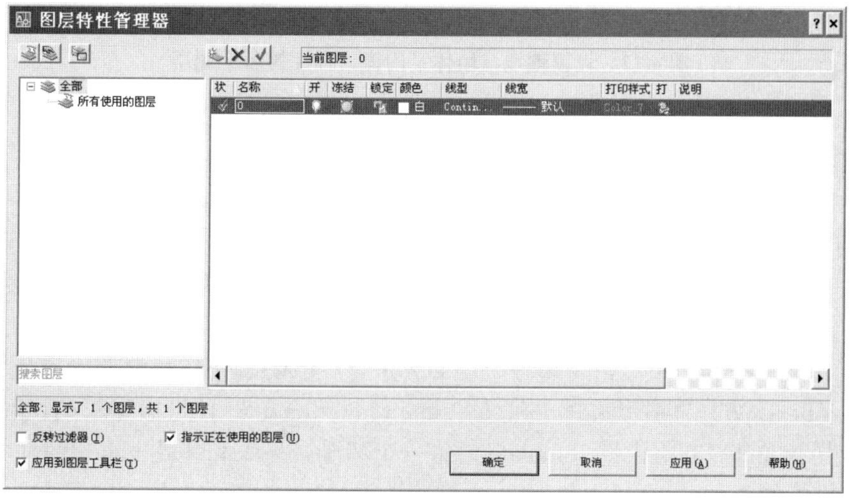

图 4.10　“图层特性管理器”对话框

新建图层，最好是批量创建图层，建议连续单击“新建图层”按钮，就可批量创建，如图 4.11 所示，也可以按 Alt+N 组合键来新建图层。

分别将各层设置为轴线、墙体、门窗、标注等各个图层，并设置各个图层的颜色、线宽等。根据具体的工作环境及设计对象，还可创建其他需要的各图层，也可以另外设置图层的线型，如中心线、虚线等，这里设置了几个图层的线宽，也设置了粗线层，主要是画图框、建筑立面外轮廓线等，如图 4.12 所示。

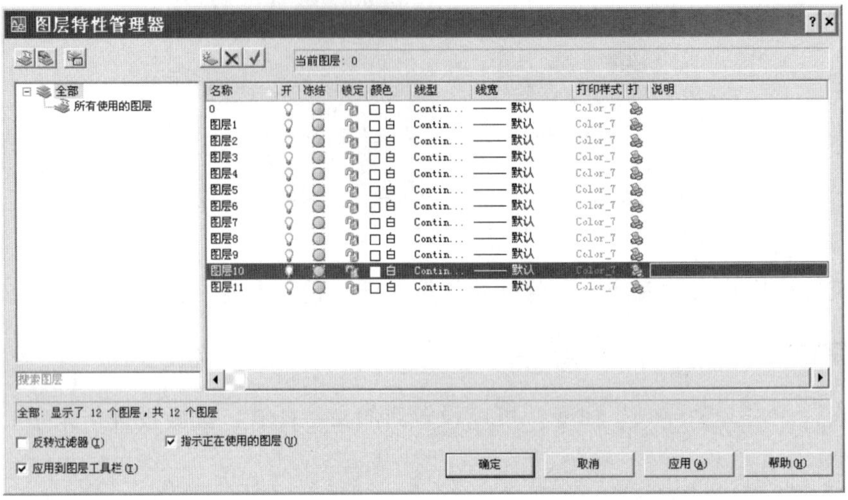

图 4.11　批量建立图层

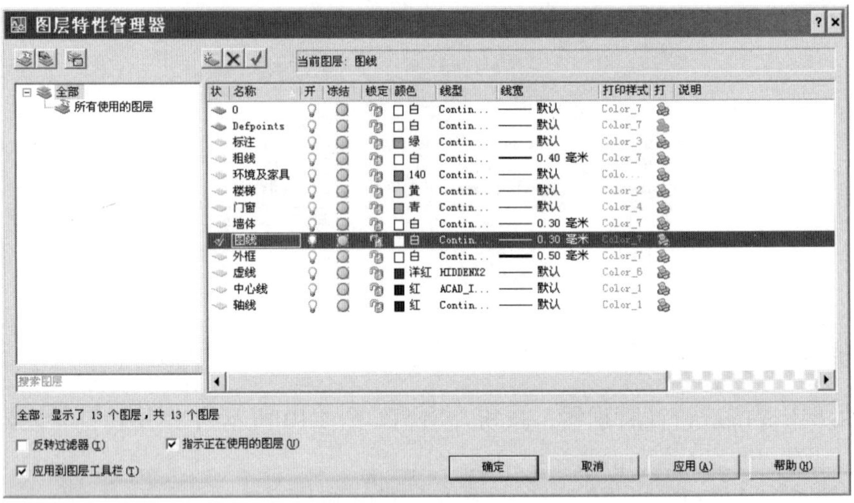

图 4.12　设置轴线、墙体、门窗、标注等各个图层

我们进行一系列的设置过程，编者建议，再将另外的绘图环境设置好：

- 栅格 GRID，设置为 100，有了坐标，作图方便，随时可按 F7 键来开关。
- 捕捉 SNAP，设置为 100，这样作图更准确，随时可按 F9 键来开关。
- 目标对象捕捉 OSNAP，把中点等加选上去。

上面的所有工作完成后，请将这个没有图形的文件存盘，保存为一个建筑样板图，即保存为以 DWT 为后缀的文件，文件名可以自己设定。

提示

平常所作的图形，是保存为以 DWG 为后缀的文件，初学者往往分不清 DWG 与 DWT，DWG 为图形文件，同学们上交的作业一定是上交 DWG 的图形文件。DWT 为样板文件，T 是模板 Template 的第一个字母，样板文件是一系列的环境设置，上面是没有图形的。

从这里开始可以将图形界限重新分别设置，定制出一系列图形样板，比如可以把各种图号的图框、图签、会签栏插入进来，形成:1#建筑.dwt、2#建筑.dwt、3#建筑.dwt 等。

AutoCAD 本身也提供了一大批图形样板，但大多数都不符合中国的制图标准，显然需要进行定制。

AutoCAD 的样板文件夹存放位置不好找，建议将自己作的样板图存放到 CAD 安装目录下。同学们毕业工作后，样板图可根据个人从事专业特点、工作要求设置出不同的样板图。如果必要，包括你的工作单位各种信息的标题栏等内容也可以全部作在样板图上，可大大提高工作效率。

4.2 CAD 作建筑图

4.2.1 建筑图

图 4.13 所示是一个传达室的建筑平面图，我们采用 AutoCAD 方法来作图。

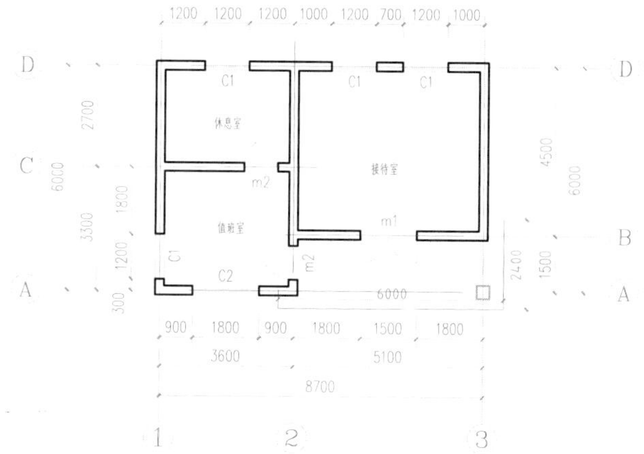

图 4.13　传达室的建筑平面图

4.2.2 作建筑图的轴网

作传达室的轴网，首先将轴线层置为当前层，在左下角分别作出水平和垂直的轴线，如图 4.14 所示。

这里也可理解为我们非常熟悉的 x、y 坐标，x 坐标上的分格，就是建筑物的开间；y 坐标上的分格，就是建筑物的进深，通常讲的下开间、左进深，也就不神秘了。

现以横轴线为基础，执行 offset 向上偏移 1500，得到第二条横轴线，如图 4.15 所示。

再向上偏移 1800，得到第三条横轴线，如图 4.16 所示。

再向上偏移 2700，得到第四条横轴线，如图 4.17 所示。

图 4.14　左下角分别作出水平和垂直的轴线

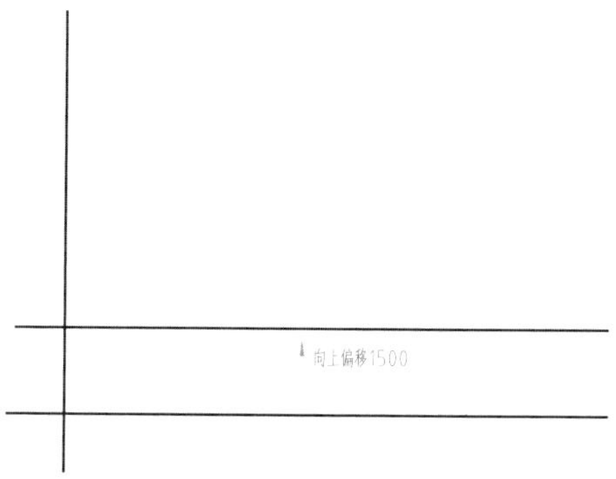

图 4.15　横轴线向上偏移 1500

ML 把内部的隔墙作出，如图 4.27 所示。

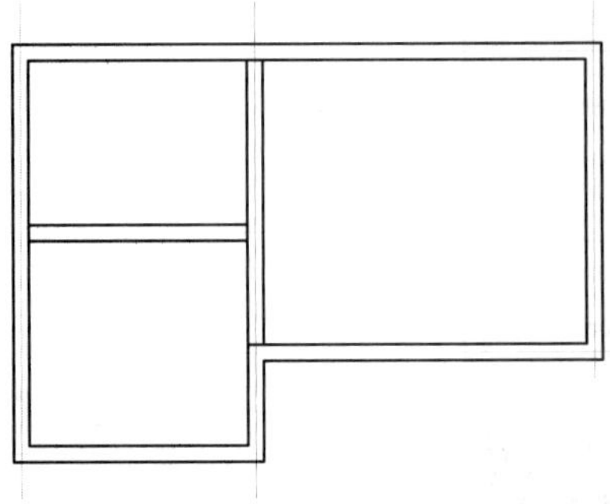

图 4.27　传达室内外墙体

4.2.6　墙体编辑

从图 4.27 可以看出，传达室内外墙体未能接通，有几处 T 形需要打开，这时可下命令 mledit，出现“多线编辑工具”对话框，如图 4.28 所示。也可以选择“修改”→“对象”　→“多线”命令，也会出现同样的结果，编者提倡使用键盘输入命令。

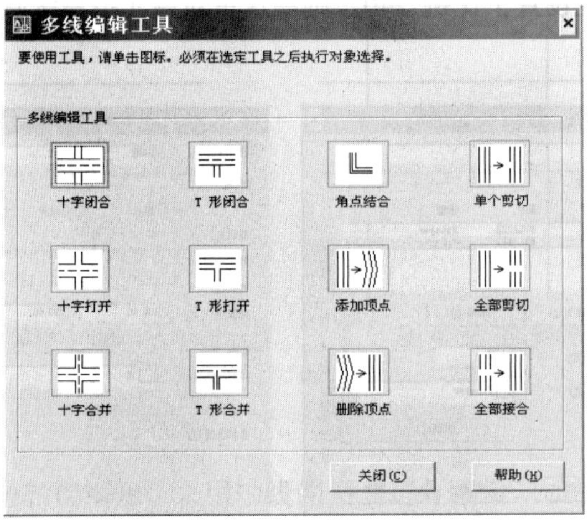

图 4.28　“多线编辑工具”对话框

单击中间的“T 形打开”按钮，分别选取内外墙交接处，打开 T 形，结果如图 4.29 所示。

在左上方开窗洞，具体操作是：对照建筑图，从左边第一竖向轴线向右偏移 1200 作出一条辅助线，以此辅助线再向右偏移 1200 作出另一条辅助线，然后以修剪命令 TR，修剪掉两条辅助线中间的墙线，即开出了窗洞，如图 4.30 所示。

对照建筑图，以同样的操作，开出其余的窗洞，如图 4.31 所示。

图 4.29　内外墙交接好

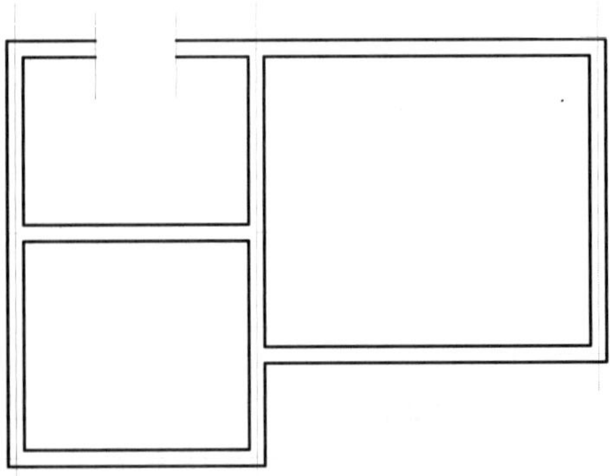

图 4.30　左上方开窗洞

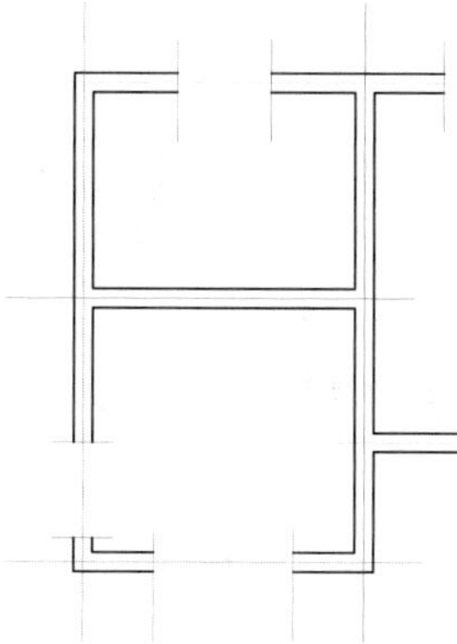

图 4.31　开出其余的窗洞

4.2.7　窗体

下面以四线窗为例，选择“格式”→“多线样式”命令，打开“多线样式”对话框，新建四线窗，与上面所作 24 墙多线样式作法相似，但要注意，与 24 墙多线样式相比，这里是四条线，因此在图元卡中要单击添加按钮，分别添加 40 和-40 两条线，如图 4.32 所示。

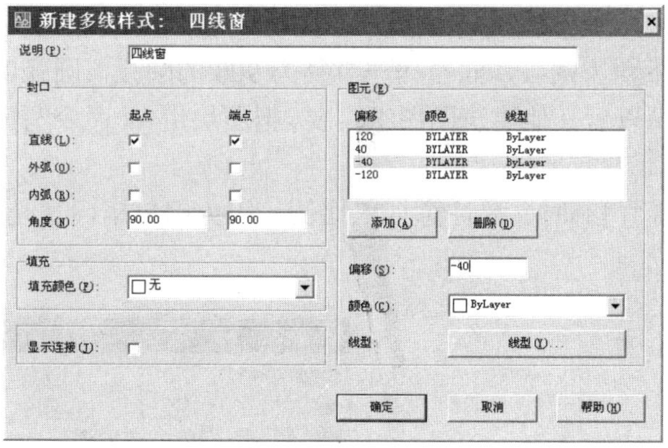

图 4.32　四线窗多线样式

这时已有 24 墙、四线窗等多线样式了，将四线窗置为当前，如图 4.33 所示。

根据需要，还可以设置其他的多线样式，并注意保存设置。

下面用定制的多线绘制窗体，如图 4.34 所示。

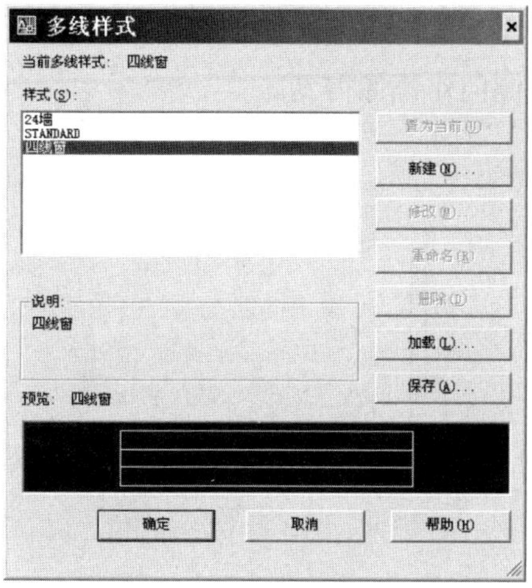

图 4.33　“多线样式”对话框

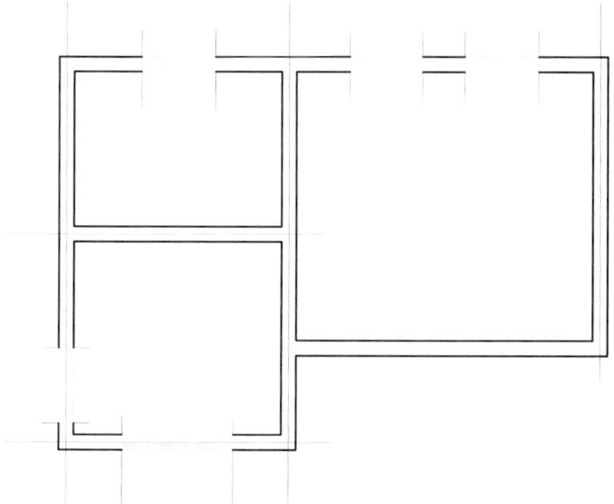

图 4.34　多线绘制窗体

4.2.8 房门

在安装房门前，与安装窗体一样，先要在墙上开门洞，具体操作是：对照建筑图，从下面第一横向轴线向上偏移 300 作出一条辅助线，以此辅助线再向上偏移 900 作出另一条辅助线。用相同的方法，作出大门和中间隔墙门门洞的辅助线，如图 4.35 所示。

然后以修剪命令 TR，修剪掉两条辅助线中间的墙线，即开出了门洞，如图 4.36 所示。

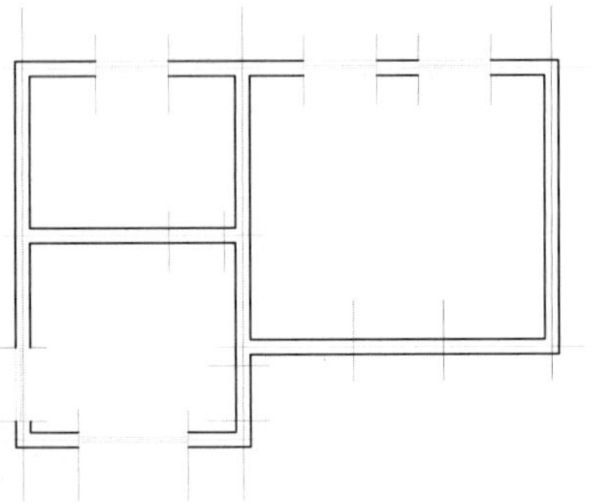

图 4.35 门洞的辅助线

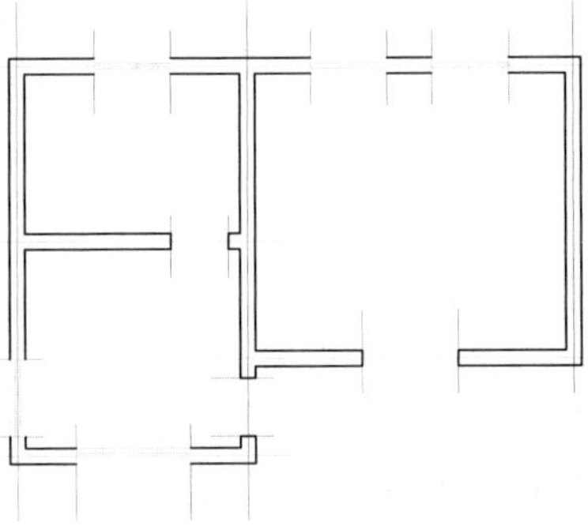

图 4.36 开出了门洞

下面在门洞处加上房门，房门可先作成为一个图块，以 900 房门为例，先作一个宽为 40 高为 900 的矩形，再以矩形右下角为圆心，向左作一半径为 900 的圆弧，圆弧的终点与矩形的下边平齐。把图形建成一个图块，为了以后其他建筑图图纸需要，把图块用 W 命令写成一个永存 900 房门图块，随时插入，如图 4.37 所示。

900 房门图块插入大门门洞时，要注意插入比例，因大门每扇门宽是 750，所以插入比例应为 750/900，如图 4.38 所示。

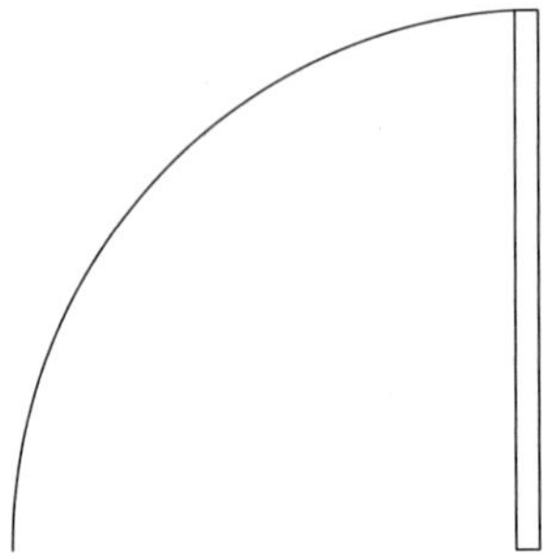

图 4.37 900 房门图块

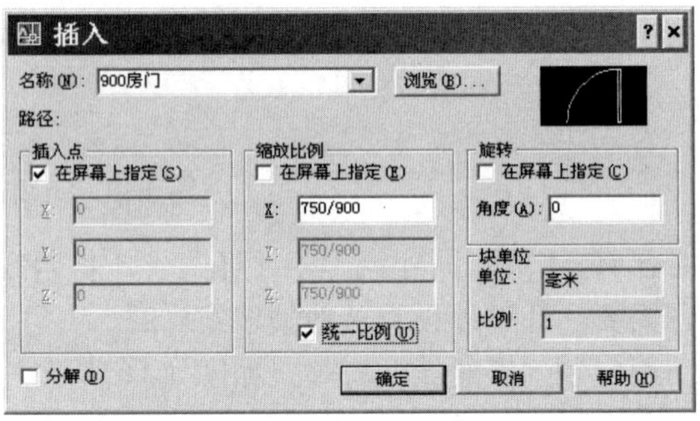

图 4.38 插入大门注意插入比例

房门图块插入大门右侧后，其左侧的一扇门可通过将右侧门作镜像得到。

房门图块插入后如图 4.39 所示。

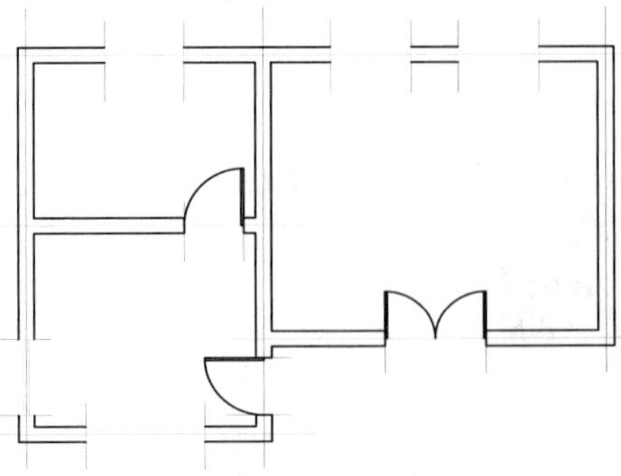

图 4.39 房门图块全部插入

4.2.9　标注

1. 尺寸标注

具体操作是：选线性标注，第一点选取左边第一条竖向轴线，第二点选取左上窗户左边窗沿，第三点选取尺寸标注位置，马上就标出 1200 的尺寸。其余尺寸，选用连续标注，依次点选窗沿边、轴线，就可连续标注建筑物上方的尺寸，如图 4.40 所示。

同样方法在左边标注左方的尺寸，如图 4.41 所示。

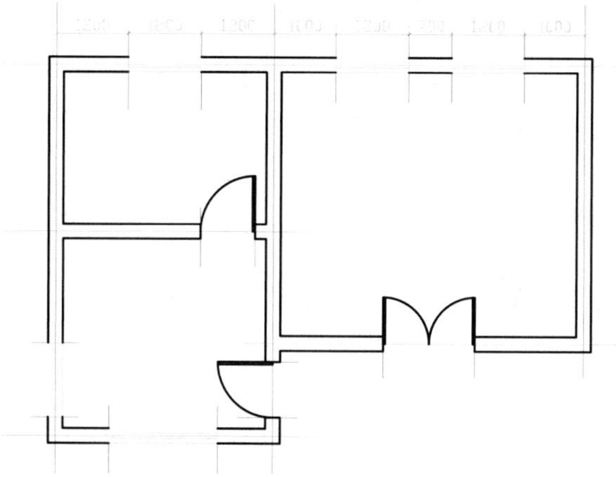

图 4.40　标注上方尺寸

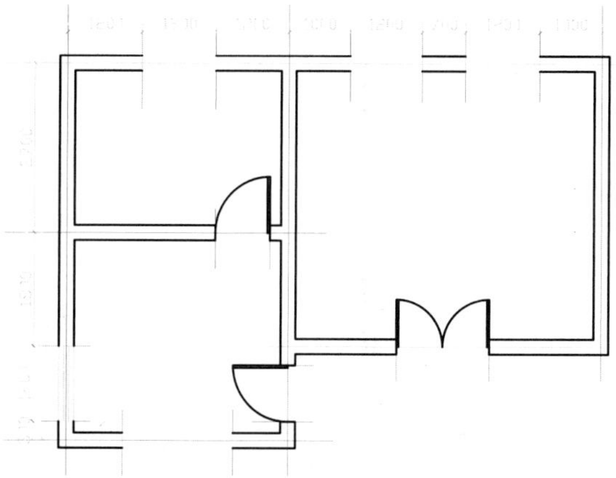

图 4.41　同样方法在左边标注左方的尺寸

2. 轴线标注

具体操作是：在水平方向绘制轴线标注圆圈并填写数字；在竖直方向绘制轴线标注圆圈并填写字母，如图 4.13 所示。当然也可建立动态属性块，调用块插入方式来作轴线标注。

如果是多层建筑，完成一个平面以后拷贝再修改，可以迅速获得其他各层平面图。

4.2.10　立剖面图

立剖面图用粗线作出外轮廓，采用偏移、复制等分别作出立面门窗……剖面图类似。

本章小结

1. 本章介绍用 AutoCAD 作建筑图的方法，首先介绍了建筑图的基本设置，尤其是建筑标注样式的设置、图层的设置，编者提倡同学们各自创建建筑样板文件，即*.dwt 文件，可以大大提高工作效率。

2. 通过一个典型实例，讲述了作建筑图的详细过程，设置好了多线样式，作墙线、窗线就能得心应手，下 ML 命令，以墙体多线样式沿轴线就能作出墙线，以窗体多线样式直接在窗户洞口画多线，就得到了窗户。

3. 有人使用 OFFSET 指令偏移轴线获得墙线，这种方法的优点是便于控制墙体厚度，墙线开洞编辑比较简单，但缺点是获得的墙线在轴线层上，要进行图层更改，图面混乱，工作量大且容易出错。

4. 凡是使用 ML 指令绘制的多条线，全部为同一实体，必须用多线编辑命令方可修改，普通编辑指令无效。

5. 楼梯层 STAIR，绘制时可以使用 ARRAY 或者 OFFSET。

练习题

1．作出下面的建筑图，尺寸可自行修改。

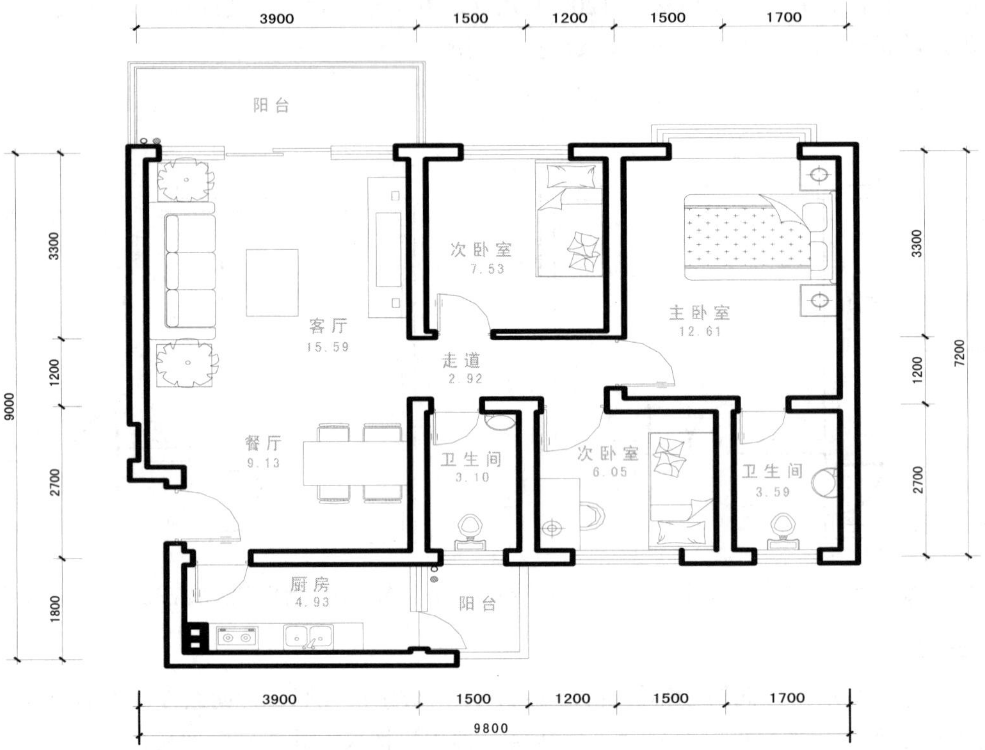

第 5 章

天正建筑软件——轴网与柱

本章要点

- 天正建筑软件
- 轴网的概念
- 创建轴网
- 轴网的标注与编辑
- 轴号的编辑
- 柱子的概念
- 创建柱子
- 柱子的编辑

5.1 轴网的概念

5.1.1 天正建筑软件

天正建筑软件是目前使用最广泛的建筑设计软件，并且是高校土木建筑类学生的必修课，对于工程管理、环境工程、室内设计、园林绿化、工程造价、景观等各专业，也是一门重要的技能课，对于掌握了天正建筑软件的毕业生，往往受到用人单位的青睐。

目前各单位使用的天正建筑软件版本多种多样，本教材以现在使用最普遍的 7.5 版和 8.0 版为主进行讲解，以 TArch7/8 表示，单独特指某一版本时会列出其版本号。

另外，对于 AutoCAD 版本，主要以 2007 为主，即 R17，各学校机房现在也很少装到 2008 版以上，其实 2009 也仍属于 R17 系列，为 17.2。

天正建筑软件 TArch7/8 保留了 AutoCAD 的全部功能。有 AutoCAD 基础是学好天正建筑软件的前提，天正建筑软件的热键大多与 AutoCAD 相同，请牢记。

另外，天正建筑软件命令都是汉语拼音，请见附录 A，如：电梯-DT；散水-SS；坡道-PT，阳台-YT 等，好记，左手输入又快，提倡直接输入。

有关天正建筑软件的安装、天正对象与兼容性等内容，请参阅附录。

5.1.2　轴线系统

轴网是由两组到多组轴线与轴号、尺寸标注组成的平面网格，是建筑物单体平面布置和墙柱构件定位的依据。完整的轴网由轴线、轴号和尺寸标注 3 个相对独立的系统构成。

对于 AutoCAD 的基本图形对象，包括 LINE、ARC、CIRCLE 等，天正软件可将其识别为轴线对象。

天正软件默认轴线的图层是 DOTE，当然，用户也可以通过设置菜单中的“图层管理”命令修改默认的图层标准。

轴线默认使用的线型是细实线，为了绘图过程中方便捕捉，用户在出图前应该用“轴改线型”命令改为规范要求的点划线。

5.1.3　轴号系统

轴号是内部带有比例的自定义专业对象，是按照《房屋建筑制图统一标准》(GB/T 50001—2001）的规定编制的，它默认是在轴线两端成对出现，可以通过对象编辑单独控制个别轴号或其某一端的显示，轴号的大小与编号方式符合现行制图规范要求，保证出图后标号的圆圈直径的大小是 8。不规范字符不得用于轴号的字母，轴号对象预设有用于编辑的夹点，拖动夹点的功能包括轴号偏移、改变引线长度、轴号横向移动等。

5.1.4　尺寸标注系统

尺寸标注系统由自定义尺寸标注对象构成，在标注轴网时自动生成于轴线图层 AXIS 上，除了图层不同外，与其他命令的尺寸标注没有区别。

创建轴网的方法有多种：

- 使用“绘制轴网”命令生成标准的直轴网或弧轴网。
- 根据已有的建筑平面布置图，使用“墙生轴网”命令生成轴网。
- 轴线图层上绘制 line、arc、circle，轴网标注命令识别为轴线。

5.2　创建轴网

5.2.1　绘制直线轴网

直线轴网功能用于生成正交轴网、斜交轴网或单向轴网，在命令“绘制轴网”中的“直线轴网”页面执行，如图 5.1 所示。

图 5.1　直线轴网的图标菜单

菜单命令：轴网柱子→绘制轴网（HZZW）

图标菜单：⌗

点击上面的图标菜单或选择菜单命令的绘制轴网命令后，显示“绘制轴网”对话框，在其中单击“直线轴网”标签，输入开间间距的数据，如图 5.2 所示。

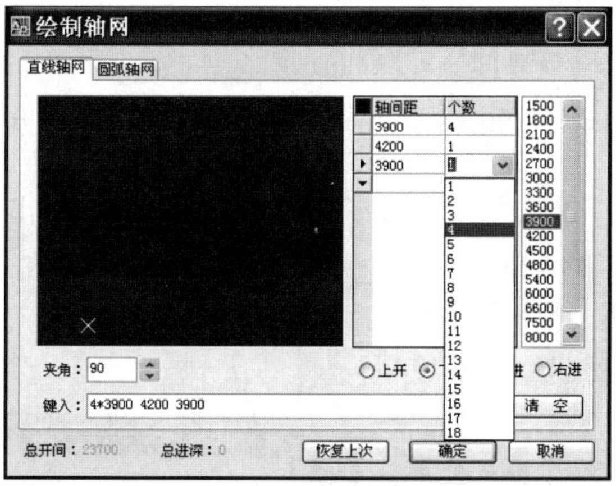

图 5.2　“直线轴网”选项卡

★ 输入轴网数据的方法

（1）直接在“键入”栏内键入轴网数据，每个数据之间用空格或英文逗号隔开，输入完毕后按回车键生效。

（2）在电子表格中键入“轴间距”和“个数”，常用值可直接点取右方数据栏或下拉列表的预设数据。

（3）直接双击右方数据，系统默认个数是 1，如果是多个，可在个数一列中点击向下的箭头，再选取你要的开间个数，如图 5.2 所示。其实这也是大多数人最喜欢的输入轴网数据的方法，因为最方便。

系统默认首先是下开间和左进深，可理解为 x 轴方向和 y 轴方向数据，x 轴在下方，下开间就是在 x 轴方向分隔房间的宽度；而 y 轴在左边，左进深就是在 y 轴方向分配房间的长度，这样就好理解了。

★ 对话框控件的说明

“上开”：在轴网上方进行轴网标注的房间开间尺寸。

“下开”：在轴网下方进行轴网标注的房间开间尺寸。

“左进”：在轴网左侧进行轴网标注的房间进深尺寸。

“右进”：在轴网右侧进行轴网标注的房间进深尺寸。

“个数”和“尺寸”：栏中数据的重复次数，点击右方数值栏或下拉列表获得，也可以键入。

“夹角”：输入开间与进深轴线之间的夹角数据，默认为夹角 90° 的正交轴网。

“轴间距”：开间或进深的尺寸数据，点击右方数值栏或下拉列表获得，也可以键入。

“键入”：键入一组尺寸数据，用空格或英文逗点隔开，按回车键数据输入到电子表格中。

“偏移”：输入数据的辅助工具，在上下开间（左右进深）不同时，输入错开的数值。

“清空”：把某一组开间或者某一组进深数据栏清空，保留其他组的数据。

“恢复上次”：把上次绘制直线轴网的参数恢复到对话框中。

“确定”和“取消”：单击后开始绘制直线轴网并保存数据，取消绘制轴网并放弃输入数据。

右击电子表格中的行首按钮，可以执行新建、插入、删除与复制数据行的操作。

在对话框中输入所有尺寸数据后，单击“确定”按钮，命令行显示：

点取位置或 [转 90 度(A)/左右翻(S)/上下翻(D)/对齐(F)/改转角(R)/改基点(T)]<退出>;

此时可拖动基点插入轴网，直接点取轴网目标位置或按选项提示回应。

在对话框中仅输入单向尺寸数据后，点击“确定”按钮，命令行显示：

单向轴线长度<16200>:

此时给出指示该轴线的长度的两个点或者直接输入该轴线的长度，接着提示：

点取位置或 [转 90 度(A)/左右翻(S)/上下翻(D)/对齐(F)/改转角(R)/改基点(T)]<退出>。

此时可拖动基点插入轴网，直接点取轴网目标位置或按选项提示回应。

> **注意**
>
> 输入的尺寸定位以轴网的左下角轴线交点为基点，多层建筑各平面同号轴线交点位置应一致。

直线轴网设计实例 1：某中学学生宿舍

下开间：4*3900，4200，4*3900，如图 5.3 所示。

左进深：5400，2100，5400，如图 5.4 所示。

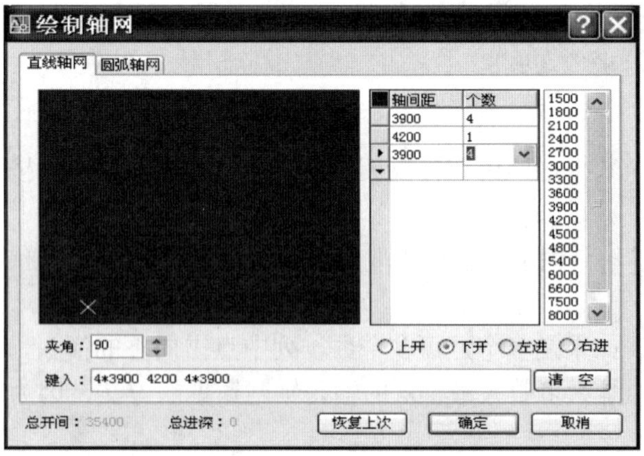

图 5.3　轴网对话框中下开间的输入

图 5.4　轴网对话框中左进深的输入

在【绘制轴网】对话框中，在屏幕上面下开间显示为红线，左进深显示为绿线，检查有无错误，有错可立即修改。单击“确定”按钮之后，变成了一个跟随鼠标的全红线框，如图 5.5 所示，可放到屏幕上适当的位置。

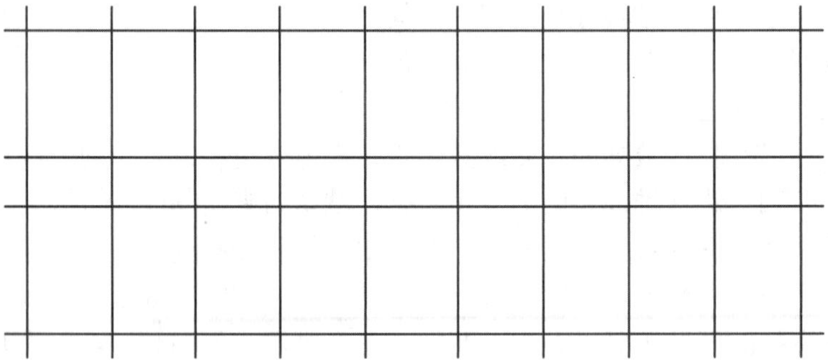

图 5.5　完成后的轴网

★ 实例 2：上下开间左右进深不相同的轴网，数据如表 5.1 所示。

表 5.1　轴网数据举例

下开间	3600，3300，3900
上开间	3000，3900，3900
左进深	3600，2700，2400，2700
右进深	3600，1200，1500，2400，2700

图 5.6 所示为按表 5.1 的数据绘制的轴网。

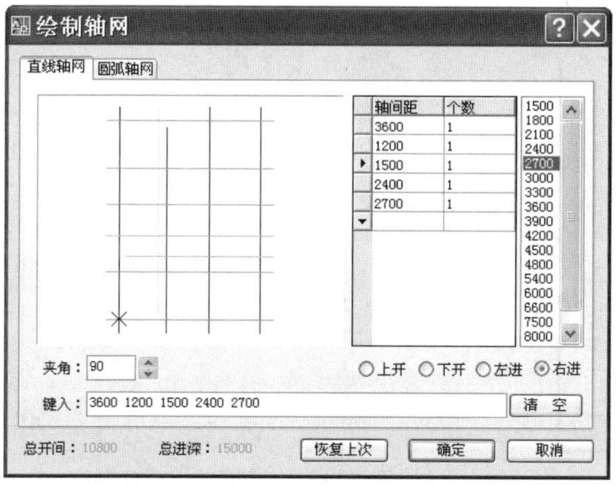

图 5.6　按表 5.1 数据绘制轴网

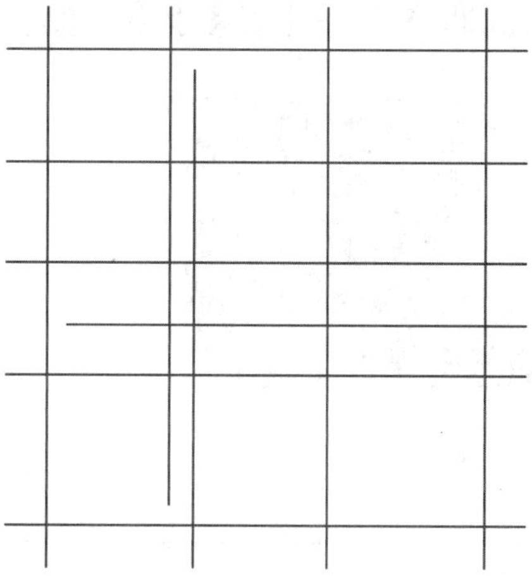

图 5.7　完成表 5.1 轴网数据后的轴网

图 5.7 所示为完成表 5.1 数据绘制后的轴网。

提示：在“绘制轴网”对话框中输入数据，下开间是红色线，上开间是黄色线，左进深是绿色线，右进深是蓝色线。

读者可以把下面的轴网数据在电脑上实作一下，并对照图 5.10 和图 5.11 进行校对。

读者练习轴网数据：

下开间：4500，600，1300，2400。

上开间：600，3900，1900，2400。

左进深：1800，2400，1200。

右进深：1800，2200，1400。

正交直线轴网，夹角为 90º。数据输入后的结果如图 5.8 所示。

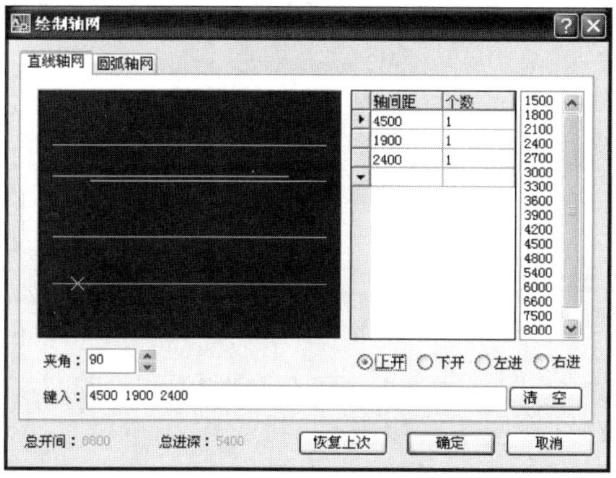

图 5.8　检查轴网数据

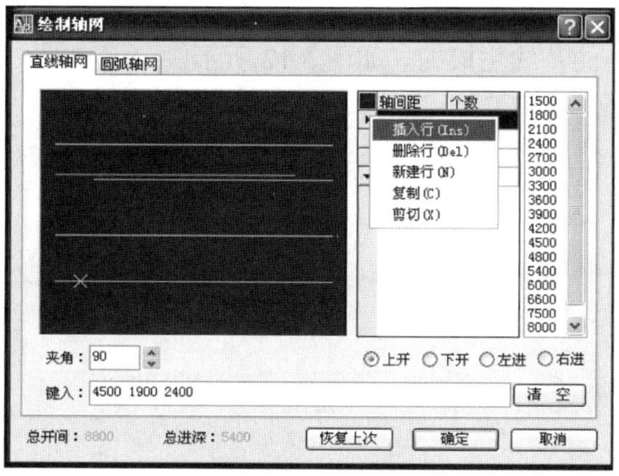

图 5.9　修改轴网数据

当输完之后，如果检查到数据有误，可以随时修改，如刚才的上开间数据不应是 4500，而是还要插入一段墙，也就是说 4500 是错的，而应是 600 和 3900，此时可以右击，弹出如图 5.9 所示的界面，就可插入新数据。如图 5.10 所示界面为修改数据后的界面。

读者要多练习，不要怕错，要掌握好修改错误的方法，初学者有时一个数据错误，就全部推倒，重新将数据一个个地输入，显然效率比较低。

单击“确定”按钮后，放到屏幕后的效果如图 5.11 所示。

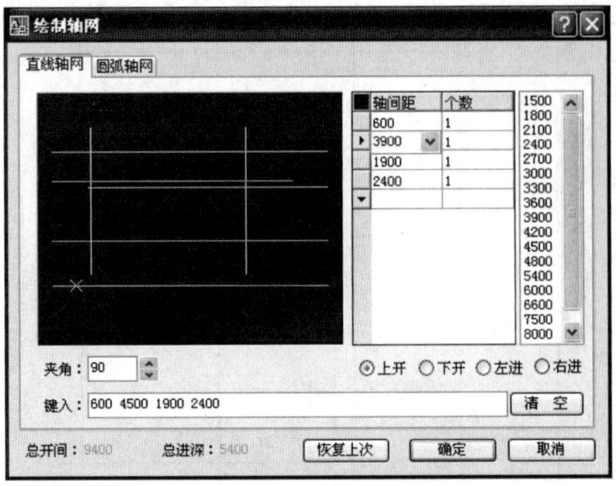

图 5.10 修改后的轴网数据

图 5.11 完成网数据后的轴网

如果上开间与下开间数据相同，右进深与左进深数据相同，只输入一边即可，不必两边都输入。

5.2.2 墙生轴网

在方案设计中建筑师需反复修改平面图，如增加墙体、删除墙体，修改开间、进深数据等，这时用轴线定位就不太方便了，为此天正软件提供了根据墙体生成轴网的功能，建筑师可以在参考栅格点上直接进行设计，待平面方案确定后，再用本命令生成轴网。也可用墙体命令绘制平面草图，然后生成轴网。

菜单命令：轴网柱子→墙生轴网（QSZW）

图标菜单：

点取菜单命令后，命令行提示：

请选择墙体<退出>: 点取要生成轴网的所有墙体或回车退出。

在墙体基线位置上自动生成没有标注轴号和尺寸的轴网。

★ 墙生轴网设计实例

先使用“墙体绘制”命令绘制墙体，执行“墙生轴网”生成轴线，在实例中墙轴线是按墙体绘制中的基线生成的，如图 5.12 所示。

图 5.12 从墙体平面图生成轴网

5.2.3 绘制圆弧轴网

圆弧轴网由一组同心弧线和不过圆心的径向直线组成，常组合其他轴网，端径向轴线由两轴网共用，在命令“绘制轴网”中的“圆弧轴网”页面执行。

菜单命令：轴网柱子→绘制轴网（HZZW）

图标菜单：⌗

单击命令后，显示“绘制轴网”对话框，在其中单击“圆弧轴网”标签，输入进深的对话框如图 5.13 所示。

输入圆心角的对话框显示如图 5.14 所示。

图 5.13　在“圆弧轴网”选项卡中输入进深

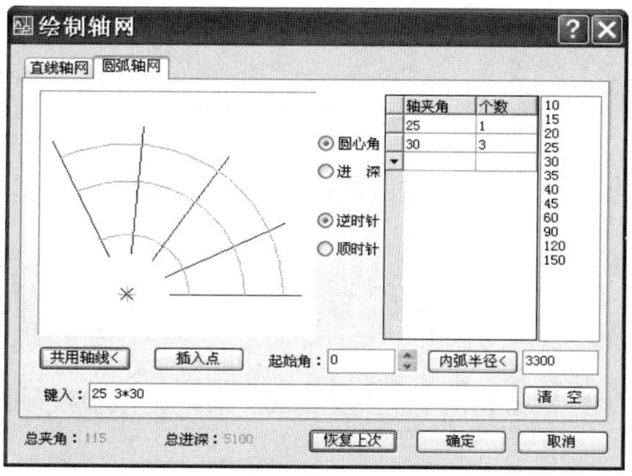

图 5.14　在“圆弧轴网”选项卡中输入夹角

★ 输入轴网数据的方法

（1）直接在“**键入**”栏内键入轴网数据，每个数据之间用空格或英文逗号隔开，输入完毕后按回车键生效。

（2）在电子表格中键入“**轴间距**”/“**轴夹角**”和“**个数**”，常用值可直接点取右方数据栏或下拉列表的预设数据。

★ 对话框控件的说明

进深：在轴网径向，由圆心起算到外圆的轴线尺寸序列，单位 mm。

圆心角：由起始角起算，按旋转方向排列的轴线开间序列，单位（度）。

轴间距：进深的尺寸数据，点击右方数值栏或下拉列表获得，也可以键入。

轴夹角：开间轴线之间的夹角数据，常用数据从下拉列表获得，也可以键入。

个数：栏中数据的重复次数，单击右方数值栏或下拉列表获得，也可以键入。

内弧半径：从圆心起算的最内侧环向轴线半径，可从图上取两点获得，也可以为 0。

起始角：x 轴正方向到起始径向轴线的夹角（按旋转方向定）。

逆时针：径向轴线的旋转方向。

顺时针：同上。

共用轴线：在与其他轴网共用一根径向轴线时，从图上指定该径向轴线不再重复绘出，点取时通过拖动圆轴网确定与其他轴网连接的方向。

键入：键入一组尺寸数据，用空格或英文逗点隔开，回车后输到电子表格中。

插入点：单击插入点按钮，可改变默认的轴网插入基点位置。

清空：把某一组圆心角或者某一组进深数据栏清空，保留其他数据。

恢复上次：把上次绘制圆弧轴网的参数恢复到对话框中。

确定/取消：单击后开始绘制圆弧轴网并保存数据，取消绘制轴网并放弃输入数据。

在对话框中输入所有尺寸数据后，单击“确定”按钮，命令行显示：

点取位置或 [转 90 度(A)/左右翻(S)/上下翻(D)/对齐(F)/改转角(R)/改基点(T)]<退出>。

此时可拖动基点插入轴网，直接点取轴网目标位置或按选项提示回应，弧轴网的实例如图 5.15 所示。

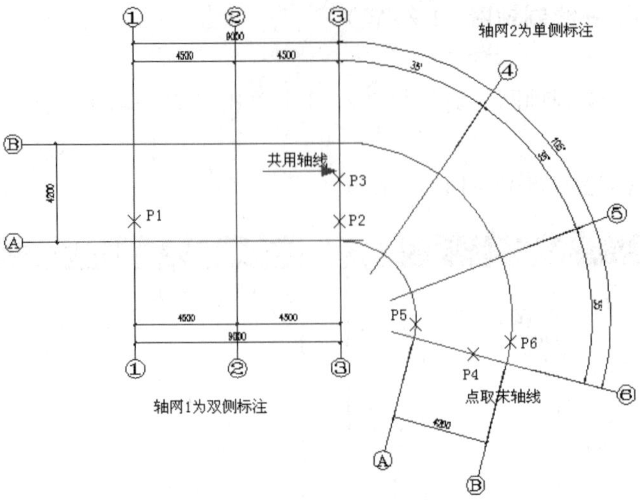

图 5.15　弧轴网实例

* 圆心角的总夹角为 360° 时，生成弧线轴网的特例“圆轴网”。

5.3　轴网标注与编辑

轴网的标注包括轴号标注和尺寸标注，轴号可按规范要求用数字、大写字母、小写字母、双字母、双字母间隔连字符等方式标注，可适应各种复杂分区轴网，系统按照《房屋建筑制图统一标准》7.0.4 条的规定，字母 I、O、Z 不用于轴号，在排序时会自动跳过这些字母。

尽管轴网标注命令能一次完成轴号和尺寸的标注，但轴号和尺寸标注二者属独立存在的不同对象，不能联动编辑，用户修改轴网时应注意自行处理。

5.3.1　两点轴标

菜单命令：轴网柱子→两点轴标（LDZB）

图标菜单：

本命令对始末轴线间的一组平行轴线（直线轴网与圆弧轴网的进深）或者径向轴线（圆弧轴线的圆心角）进行轴号和尺寸标注。

单击两点轴标菜单命令后，首先显示无模式对话框，如图 5.16 所示。

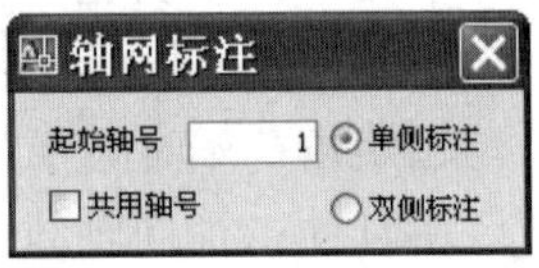

图 5.16　“轴网标注”对话框

提示在命令行点取要标注的始末轴线，以下标注直线轴网，在单侧标注的情况下，选择轴线的哪一侧就标在哪一侧。

请选择起始轴线<退出>：选择一个轴网某开间（进深）一侧的起始轴线 P1 点。

请选择终止轴线<退出>：选择一个轴网某开间（进深）同侧的末轴线 P2 点。

按照《房屋建筑制图统一标准》，本命令支持类似 1-1、A-1 的轴号分区标注与 AA、A1 这样的双字母标注；在对话框中默认起始轴号为 1 和 A，按方向自动标注，也可在标注中删除对话框中的默认轴号，标注空白轴号的轴网，用于方案等场合。

★ 对话框控件的说明

起始轴号：希望起始轴号不是默认值 1 或者 A 时，在此处输入自定义的起始轴号，可以使用字母和数字组合轴号。

共用轴号：勾选后表示起始轴号由所选择的已有轴号后继数字或字母决定。

单侧标注：表示在当前选择一侧的开间（进深）标注轴号和尺寸。

双侧标注：表示在两侧的开间（进深）均标注轴号和尺寸。

★ 直线与圆弧轴网的组合标注实例

以图 5.15 绘制与直线轴网连接的圆弧轴网为实例，绘制圆弧轴网时在“绘制轴网”的圆弧轴网选项卡中单击“共用轴线<”按钮，进入图形中点取直线轴网的右侧垂直轴线作为共用轴线，绘制完成圆弧轴网。

然后执行“两点轴标”命令标注直线轴网的开间和进深（过程忽略），然后按回车键继续标注弧轴网：

勾选复选框“共用轴号”，单击“单侧标注”单选按钮，如图 5.17 所示，首先进行开间标注，命令行提示：

请选择起始轴线<退出>：选择弧轴网共用轴线(轴号 3)作为起始轴线 P3；

请选择终止轴线<退出>：选择弧轴网末轴线 6 作为终止轴线 P4；

是否为按逆时针方向排序编号？（Y/N） [Y]：回车默认逆时针，完成轴号 4-6 的标注。

接着即可进行弧轴网的进深标注，重复命令，显示轴网标注对话框，在其中起始轴号栏中键入 A，如图 5.18 所示。

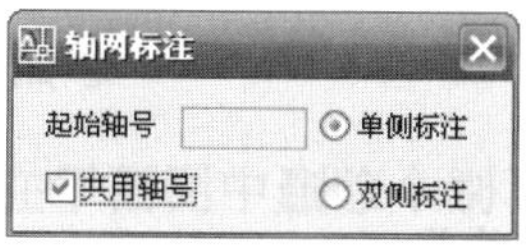

图 5.17　设置轴网标注选项

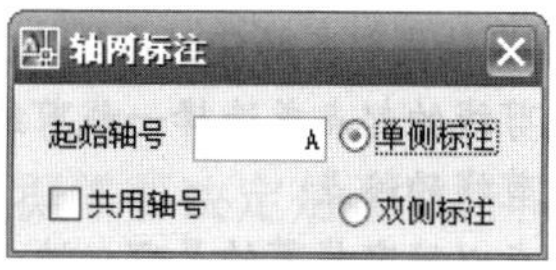

图 5.18　起始轴号键入 A

同时命令行提示：

请选择起始轴线<退出>：选择弧轴网外圈轴线作为起始轴线 P5；

请选择终止轴线<退出>：选择弧轴网内圈轴线作为终止轴线 P6。

即可完成进深轴线的标注。

5.3.2　逐点轴标

菜单命令：轴网柱子→逐点轴标（ZDZB）

图标菜单：

本命令只对单个轴线标注轴号，轴号独立生成，不与已经存在的轴号系统和尺寸系统发生关联。不适用于一般的平面图轴网，常用于立面与剖面、详图等个别单独的轴线标注。单击逐点轴标菜单命令后，命令交互如下：

点取待标注的轴线<退出>：点取要标注的某根轴线或回车退出。

请输入轴号<空号>：输入轴号编号或回车，标注一个空轴号。

按回车键即标注选中的轴线，命令行会继续显示以上提示，可对多个轴线进行标注。

5.3.3　添加轴线

菜单命令：轴网柱子→添加轴线（TJZX）

图标菜单：

本命令应在“两点轴标”命令完成后执行，功能是参考某一根已经存在的轴线，在其任意一侧添加一根新轴线，同时根据用户的选择赋予新的轴号，把新轴线和轴号一起融入到存在的参考轴号系统中，本命令同时取代 6.5 版本的“添加径轴”命令。

单击“添加轴线”菜单命令后，对于直线轴网，命令行提示：

选择参考轴线 <退出>：　　点取要添加轴线相邻，距离已知的轴线作为参考轴线；

新增轴线是否为附加轴线?(Y/N) [N]:

回应 Y，添加的轴线作为参考轴线的附加轴线，按规范要求标出附加轴号，如 1/1、2/1 等。

回应 N，添加的轴线作为一根主轴线插入到指定的位置，标出主轴号，其后轴号自动重排。

偏移方向<退出>：　　在参考轴线两侧中，单击添加轴线的一侧；

意形状柱子和其他闭合线通过布尔运算获得。

插入图中的柱子，用户如需要移动和修改，可充分利用夹点功能和其他编辑功能。对于标准柱的批量修改，可以使用“替换”的方式，柱同样可采用 AutoCAD 的编辑命令进行修改，修改后相应墙段会自动更新。此外，柱、墙可同时用夹点拖动编辑。

5.5.1 柱子的夹点定义

TArch7/8 扩充修改了柱子的夹点定义与功能，每一个夹点都可以拖动改变柱子的尺寸或者位置，如矩形柱的边中夹点用于拖动调整柱子的侧边、对角夹点改变柱子的大小、中心夹点改变柱子的转角或移动柱子，圆柱的边夹点用于改变柱子的半径、中心夹点移动柱子。柱子的夹点定义如图 5.19 所示。

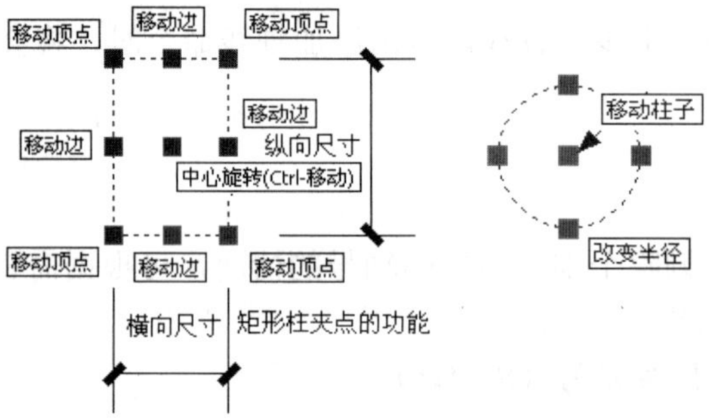

图 5.19 柱子的夹点定义

5.5.2 柱子与墙的连接方式

在 TArch7/8 中柱子的材料决定了柱与墙体的连接方式，图 5.20 所示是不同材质墙柱连接关系的示意图，标准填充模式与详图填充模式的切换由“选项->天正加粗填充”中用户设定的比例自动控制。

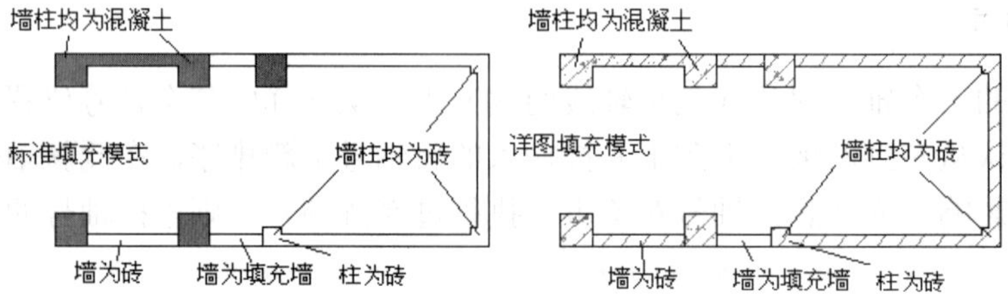

图 5.20 柱子和墙的连接

5.5.3 柱子的新增特性

自动裁剪特性：楼梯、坡道、台阶、阳台、散水、屋顶等对象可以自动被柱子裁剪。

矮柱特性：矮柱表示在平面图假定水平剖切线以下的可见柱，在平面图中这种柱不被加粗和填充，此特性在柱特性表中设置。

柱填充颜色：新增柱子填充特性，柱子的填充不再单独受各对象的填充图层控制，而是优先由选项中的材料颜色控制，更加合理、方便。

5.6 创建柱子

5.6.1 标准柱

在轴线的交点或任何位置插入矩形柱、圆柱或正多边形柱，后者包括常用的三、五、六、八、十二边形断面。在非轴线交点插入柱子时，基准方向总是沿着当前坐标系的方向，如果当前坐标系是 UCS，柱子的基准方向为 UCS 的 x 轴方向，不必另行设置。

菜单命令：轴网柱子→标准柱（BZZ）

图标菜单：

创建标准柱的步骤如下：

（1）设置柱的参数，包括截面类型、截面尺寸和材料，或者从构件库取得以前入库的柱。

（2）单击下面的工具栏图标，选择柱子的定位方式。

（3）根据不同的定位方式回应相应的命令行输入。

（4）重复步骤（1）～（3）或回车结束标准柱的创建。以下是具体的交互过程：

选择菜单命令后，显示“标准柱”对话框，如图 5.21～图 5.23 所示。

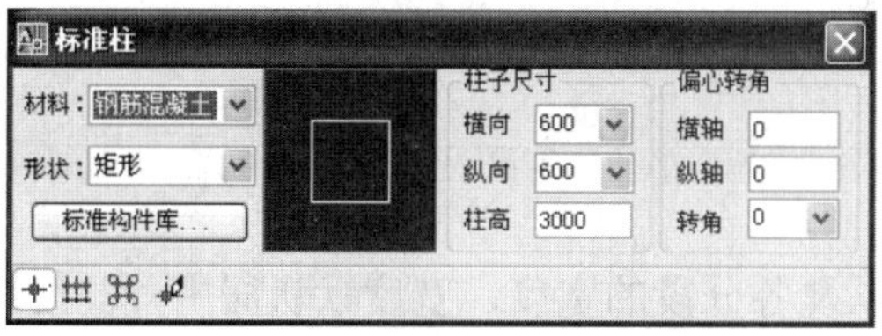

图 5.21　“标准柱”方柱对话框

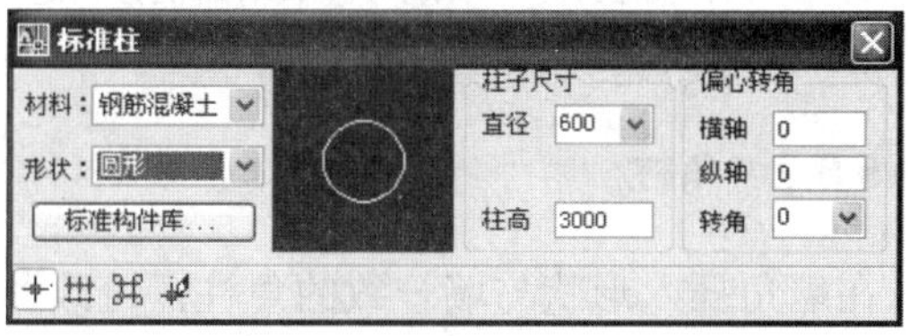

图 5.22　“标准柱”圆柱对话框

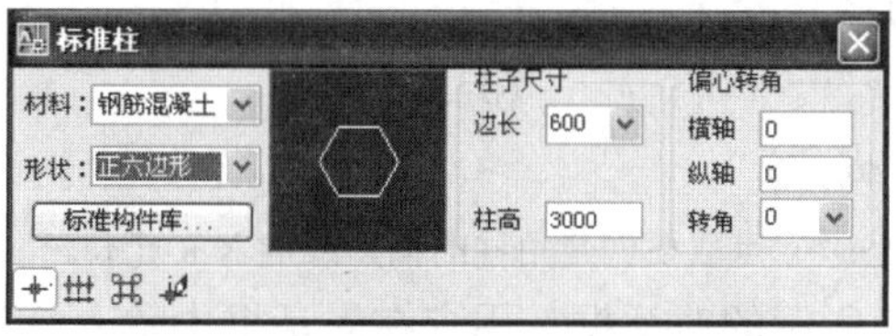

图 5.23　“标准柱”多边形柱对话框

★ **对话框控件的说明**

“柱子尺寸”：其中的参数因柱子形状而略有差异，如图 5.21～图 5.23 所示。

“偏心转角”：其中旋转角度在矩形轴网中以 x 轴为基准线；在弧形、圆形轴网中以环向弧线为基准线，以逆时针为正，顺时针为负自动设置。

“材料”：由下拉列表选择材料，柱子与墙之间的连接形式以两者的材料决定，目前包括砖、石材、钢筋混凝土或金属，默认为钢筋混凝土。

“形状”：设定柱截面类型，列表框中有矩形、圆形和正多边形等柱截面，选择任一种类型成为选定类型。

“标准构件库”：从柱构件库中取得预定义柱的尺寸和样式，柱构件库如图 5.24 所示。

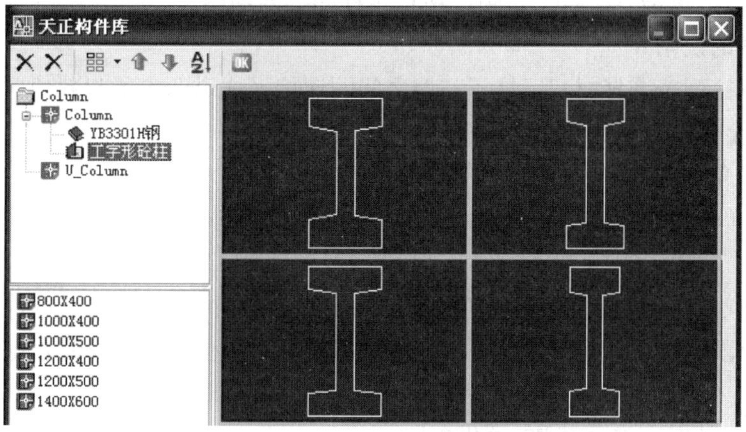

图 5.24　构件库的柱库

“点选插入”：优先捕捉轴线交点插柱，如未捕捉到轴线交点，则在点取位置插柱。

“沿轴线布置”：在选定的轴线与其他轴线的交点处插柱。

“矩形区域布置”：在指定的矩形区域内，所有的轴线交点处插柱。

“替换已插入柱”：以当前参数柱子替换图上的已有柱，可以单个替换或者以窗选成批替换。

在对话框中输入所有尺寸数据后，单击“点选插入”按钮，命令行显示：

点取柱子的插入位置<退出>或 [参考点(R)]<退出>:　在任意位置取点插入；

在对话框中输入所有尺寸数据后，单击“沿轴线布置”按钮，命令行显示：

请选择一轴线<退出>: 选取要标注的轴线插入；

在对话框中输入所有尺寸数据后，单击“矩形区域布置”按钮，命令行显示：

第一个角点<退出>:　取矩形区域对角两点框选范围第一点；

另一个角点<退出>:　第二点。

5.6.2　角柱

在墙角插入形状与墙一致的角柱，可改各段长度以及各分段的宽度，宽度默认居中，高度为当前层高。生成的角柱与标准柱类似，每一边都有可调整长度和宽度的夹点，可以方便地按要求修改。

菜单命令：轴网柱子→角柱（JZ）

图标菜单：

点取菜单命令后，命令行提示：

请选取墙角或 [参考点(R)]<退出>: 点取要创建角柱的墙角或键入 R 定位。

选取墙角后显示如图 5.25 所示的对话框，用户在对话框中输入合适的参数。

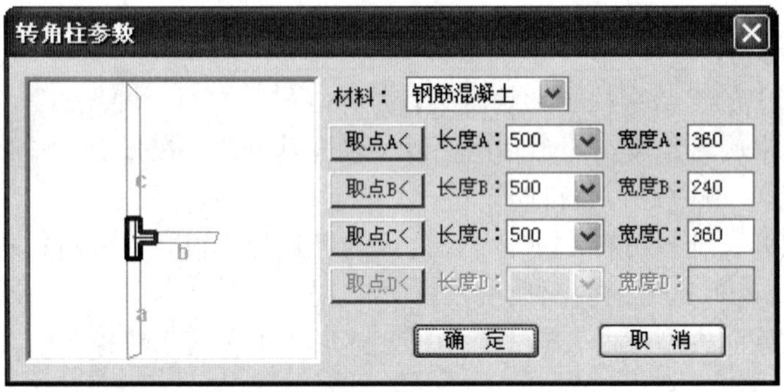

图 5.25　“转角柱参数”对话框

参数输入完毕后，单击“确定”按钮，所选角柱即插入图中。

★ 对话框控件的说明

“材料”：由下拉列表选择材料，柱子与墙之间的连接形式以两者的材料决定，目前包括砖、石材、钢筋混凝土或金属，默认为钢筋混凝土。

“长度”：输入角柱各分段长度。

“取点 X<”：单击“取点 X<”按钮，可通过墙上取点得到真实长度，命令行提示：

请点取一点或 [参考点(R)]<退出>:

用户应依照“取点 X<”按钮的颜色从对应的墙上给出角柱端点。

“宽度”：各分段宽度默认等于墙宽，改变柱宽后默认对中变化，要求偏心变化在完成后以夹点修改。

如偏心变宽可通过夹点拖动调整，如图 5.26 所示。

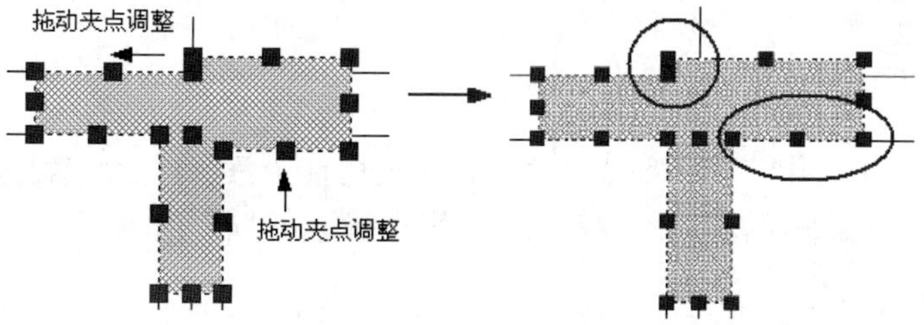

图 5.26　角柱的夹点编辑

5.6.3　构造柱

本命令在墙角交点处或墙体内插入构造柱，依照所选择的墙角形状为基准，输入构造柱的具体尺寸，指出对齐方向，默认为钢筋混凝土材质，仅生成二维对象。

菜单命令：轴网柱子→构造柱（GZZ）

图标菜单：

点取菜单命令后，命令行提示：

请选取墙角或 [参考点(R)]<退出>: 点取要创建构造柱的墙角或墙中任意位置。

也可键入 R 定位，随即显示如图 5.27 所示的对话框，在其中输入参数，选择对齐边。

参数输入完毕后，单击“确定”按钮，所选构造柱即插入图中；如修改长度与宽度可通过夹点拖动调整。

★ 对话框控件的说明

“A-C 尺寸”：沿着 A-C 方向的构造柱尺寸，在 TArch 7.5 中尺寸数据可超过墙厚。

“B-D 尺寸”：沿着 B-D 方向的构造柱尺寸。

“A/C 与 B/D”：对齐边的互锁按钮，用于对齐柱子到墙的两边。

如果构造柱超出墙边，请使用夹点拉伸或移动，参见实例如图 5.28 所示。

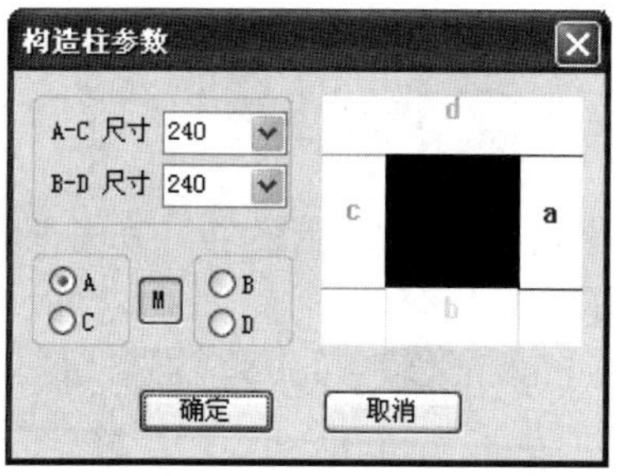

图 5.27　“构造柱参数”对话框

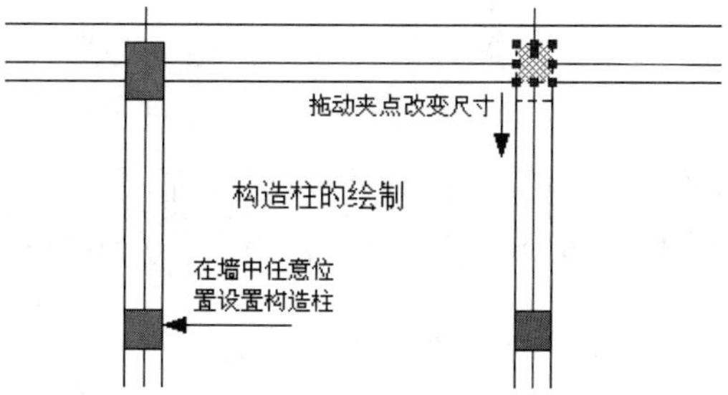

图 5.28　构造柱实例

5.6.4　异形柱

本命令把闭合的多段线（Pline）定义的柱断面转为表示异形柱的柱对象，为了解决目前在墙端不能使用“墙体造型”的问题，还可把异形柱材质设置为墙的材质，使得柱子和墙融合为一体，用于墙端部的墙体造型。

菜单命令：轴网柱子→异形柱

图标菜单：

点取菜单命令后，命令行提示：

请选择封闭的多段线<退出>:　　　　点取要创建柱子断面的多段线；

柱子材料: [砖(0)/石材(1)/钢筋混凝土(2)/金属(3)]<2>:　　默认回车选择钢筋混凝土材质。

命令即以点取的多段线和选择的材质，以当前的层高为默认高度创建新的柱子对象。

5.7 柱子的编辑

已经插入图中的柱子，用户如需要成批修改，可使用柱子替换功能或者特性编辑功能，当需要个别修改时应充分利用夹点编辑和对象编辑功能，夹点编辑在“柱子的创建”一节中已有详细描述。

5.7.1 柱子的替换

菜单命令：轴网柱子→标准柱(BZZ)

图标菜单：

输入新的柱子数据，然后单击柱子下方工具栏的替换图标，如图 5.29 所示。

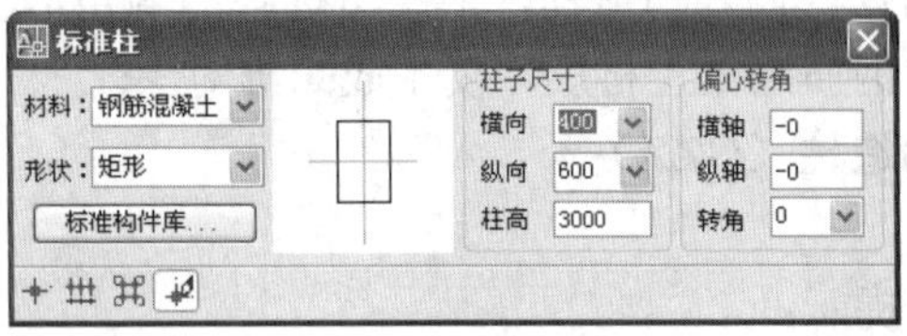

图 5.29 替换标准柱

同时命令行显示：

选择被替换的柱子：用两点框选多个要替换的柱子区域或选取要替换的个别柱子均可。

5.7.2 柱子的对象编辑

双击要替换的柱子，即可显示出对象编辑对话框，与标准柱对话框类似，如图 5.30 所示。

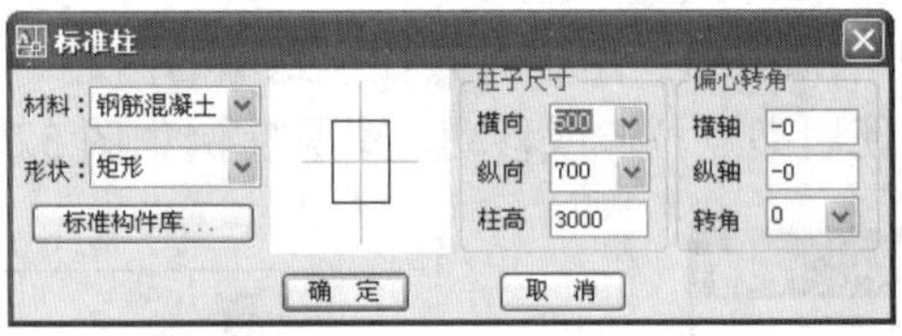

图 5.30 柱对象编辑

修改参数后，单击“确定”按钮即可更新所选的柱子，但对象编辑只能逐个对象进行修改，如果要一次修改多个柱子，就应使用下面介绍的特性编辑功能了。

5.7.3 柱子的特性编辑

在 TArch7/8 中完善了柱子对象特性的描述，通过 AutoCAD 的对象特性表，可以方便地修改柱对象的多项专业特性，而且便于成批修改参数，具体方法如下：

（1）用如天正“对象选择”等方法，选取要修改特性的多个柱子对象。

（2）按 Ctrl+1，激活特性编辑功能，使 AutoCAD 显示柱子的特性表。

（3）在特性表中修改柱子参数，然后各柱子自动更新，如图 5.31 所示。

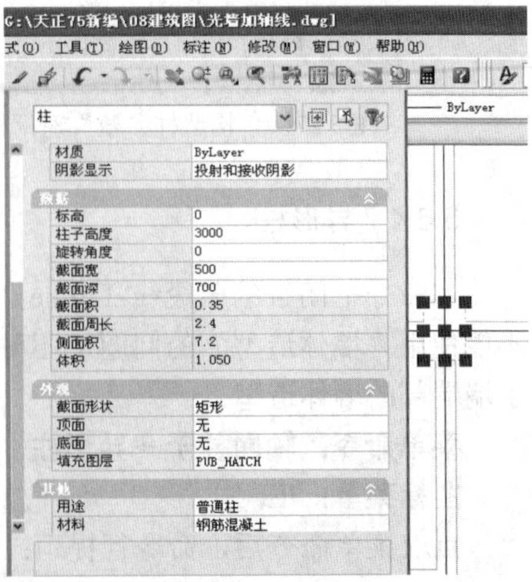

图 5.31 柱子的特性编辑

5.7.4 柱齐墙边

本命令将柱子边与指定墙边对齐，可一次选多个柱子一起完成墙边对齐，条件是各柱对齐墙边的方式一致。

菜单命令：柱子→柱齐墙边（ZQQB）

图标菜单： 

单击菜单“柱齐墙边”命令，命令行显示：

请点取墙边<退出>：取作为柱子对齐基准的墙边；

选择对齐方式相同的多个柱子<退出>：选择多个柱子；

选择对齐方式相同的多个柱子<退出>：回车结束选择；

请点取柱边<退出>:点取这些柱子的对齐边；

请点取墙边<退出>:重选作为柱子对齐基准的其他墙边或者回车退出命令。

效果如图 5.32 所示。

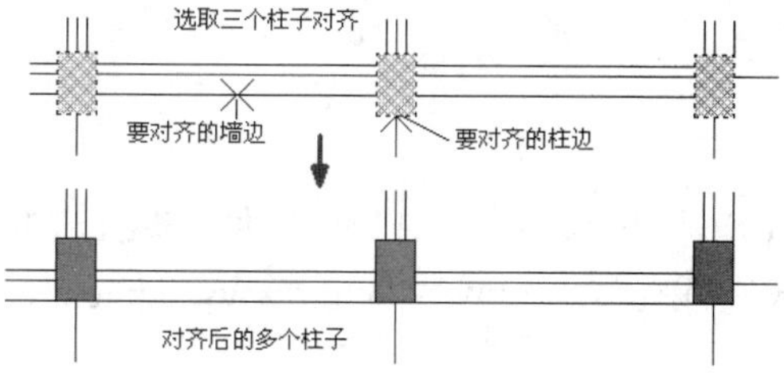

图 5.32　柱子对齐墙边

本章小结

1．介绍天正建筑软件，天正建筑软件高效的折叠式菜单系统可减少鼠标的点击次数，减少查找命令的时间，新设计的彩色图标令设计人赏心悦目。

2．先进的用户交互界面，包括注释对象（包括表格、标注、文字等）的在位编辑以及对象定位的动态输入，并可在多平台实现。

3．高效的对象选择预览技术使光标经过对象时即可亮显对象，右击选取相关快捷菜单，而不必事先选择对象。

4．原来天正老版本的使用者要注意差异：从 TArch7 开始天正软件强调了工程管理的概念，这是要重新学习的内容。另外新版 TArch7/8 显示天正菜单的开关键为∧+，而原先版本是∧+F12，这点请勿必记牢，尤其是一直喜欢用老版本的读者。

5．本章介绍了直线轴网和圆弧轴网的创建方法，轴网的标注与编辑，也介绍了直线轴网与圆弧轴网的规范标注与编辑方法。轴号的编辑，介绍了直线轴网与圆弧轴网的轴号对象编辑的方法。

6．本章介绍了柱子对象的特点与使用方法，介绍标准柱、角柱和构造柱的创建方法，介绍柱子的位置编辑和形状编辑方法。

7．轴网建立是建筑的基础，轴网数据的输入方法很多，也很灵活。理解建筑术语（参看基础知识一章的有关内容）很重要。

8．一般初学者在输入数据时是点取一个数据后，再单击“添加”按钮，编者建议直接双击开间或进深数据，效率可大大提高。

9．一般情况下，都是下开间和左进深，可理解为 x 轴方向和 y 轴方向数据。

10．轴网标注，效率高且整齐美观，标注与天正建筑软件 3.X 的点取不一样，如水平标注，天正建筑软件新版本是点取开间轴线，习惯了天正建筑软件 3.X 的读者要注意。据了解，设计院的工程师们比较偏爱天正建筑软件 3.X。

11．轴网编辑方便灵活，尤其是对不规则建筑，轴线裁剪等非常有用，点取矩形对角线上的两点，即可轻松裁剪掉矩形内的轴网。对个别轴网亦可通过夹点进行编辑。

12．轴线默认使用的线型是细实线，这是为了绘图过程中方便捕捉，用户在出图前应该用“轴改线型”命令改为规范要求的点划线。

13．天正尺寸有时需要作适当的修改或调整，如把尺寸标注移动，移动前先打散，就可执行了。尺寸数字高度的修改，可用 dimtxt 改变字高。

14．柱子比较简单，易出的问题是柱子插入后偏心。移动也容易，但要灵活应用目标捕捉才能有理想的结果。

15．天正软件增强的布尔运算功能，解决了散水、柱子、楼板、线脚等对象之间的剪裁遮挡处理，增强的柱子对象提供边夹点拖动功能，修改快捷，支持与平板和楼梯等对象之间的自动剪裁。

16．“逐点轴标”命令用于对单个轴线标注轴号，轴号独立存在，不与已存在的轴号系统和尺寸系统发生关联。因此，该命令不适用于一般的平面图轴网，常用于立面与剖面、详图等单独的轴线进行标注。

练习题

1．安装 AutoCAD 200X，安装天正建筑软件 TArch7/8，也可到天正公司网站 http://www.tangent.com.cn 下载进行安装。到网站 http://www.tangent.com.cn 去浏览，收集建筑有关资料，参加有关的论坛讨论。

2．未上网的读者，可向老师、同事、朋友请教，并设法获取天正建筑软件，安装到计算机上练习。

3．利用天正建筑软件 TArch7/8 自带的帮助文件进行学习，帮助文档的内容很全面。

4．练习作轴网：下开间 3*3600；4200；3*3600，左进深 4200；2100；4200。

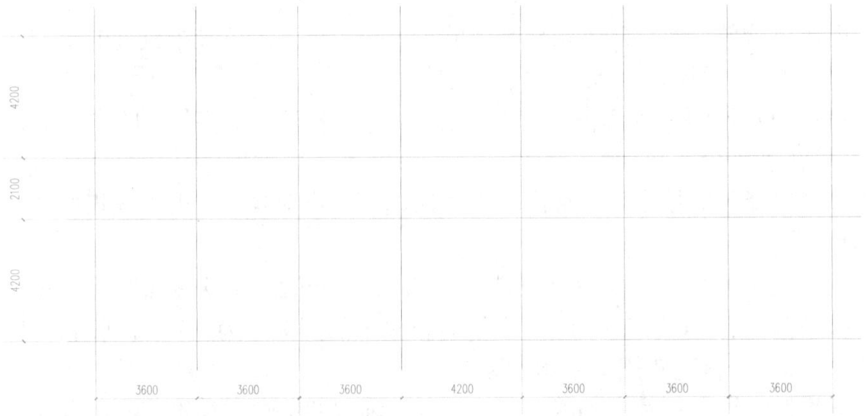

5．练习作轴网：下开间：3600，3300，3900 上开间：3000，3900，3900；
左进深：3600，2700，2400，2700；右进深：3600，1200，1500，2400，2700。

6．练习自己设计的轴网，轴网数据由自己来设计，出了问题也不是坏事，相反可以吸取经验。

7．收集有关建筑图纸，作出相应的轴网，各种建筑都实践一下。

8．将作出的轴网进行轴网裁剪，将那些没有墙体的轴网全部裁剪掉，注意留出线头，操作时请将对象捕捉关闭，并可局部放大操作。

9．试插入各种柱子，并使用柱子替换功能或柱子编辑功能进行编辑。

10．收集有关信息，参加房交会、房博会，了解房地产市场，收集各房地产公司的宣传材料，特别是房屋建筑图，研究、分析、对比，提出你自己的看法，试作出相应的轴网。

11．参见后面各章练习题中的建筑图，作出各个建筑图的轴网。

12．采取轴网裁剪方式裁剪轴网，再用其他的方法裁剪轴网，对比几种方法的差异。

第 6 章 墙体

本章要点

- 墙体的概念
- 墙体的创建
- 墙体的编辑
- 墙体立面工具
- 内外识别工具

6.1 墙体的概念

墙体是天正建筑软件中的核心对象，它是模拟实际墙体的专业特性构建的，因此，可实现墙角的自动修剪、墙体之间按材料特性连接、与柱子和门窗互相关联等智能特性，并且墙体是建筑房间的划分依据，理解墙对象的概念非常重要。

墙对象不仅包含位置、高度、厚度这样的几何信息，还包括墙类型、材料、内外墙这样的内在属性。

一个墙对象是柱间或墙角间具有相同特性的一段直墙或弧墙单元，墙对象与柱子围合而成的区域就是房间，墙对象中的“虚墙”作为逻辑构件，围合建筑中挑空的楼板边界与功能划分的边界（如同一空间内餐厅与客厅的划分），可以查询得到各自的房间面积数据。

6.1.1 墙基线的概念

墙基线是墙体的定位线，通常位于墙体内部并与轴线重合，墙体的两条边线就是依据基线按左右宽度确定的。墙基线同时也是墙内门窗测量的基准，如墙体长度指该墙体基线的长度，弧窗宽度指弧窗在墙基线位置上的宽度。

注意

墙基线只是一个逻辑概念，出图时不会打印到图纸上。

6.1.2　墙体用途与特性

天正建筑软件定义的墙体按用途分为以下几类，可由对象编辑改变，如图 6.1 所示：

- 一般墙：包括建筑物的内外墙，参与按材料的加粗和填充；
- 虚墙：用于空间的逻辑分隔，以便于计算房间面积；
- 卫生隔断：卫生间洁具隔断用的墙体或隔板，不参与加粗填充与房间面积计算；
- 矮墙：表示在水平剖切线以下的可见墙如女儿墙，不会参与加粗和填充。矮墙的优先级低于其他所有类型的墙，矮墙之间的优先级由墙高决定，不受墙体材料控制。

对一般墙还以内外特性分为内墙和外墙两类，内外墙在图形表示上是相同的。

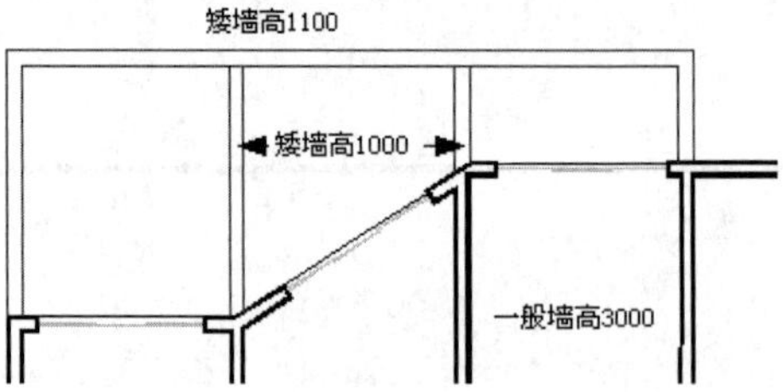

图 6.1　矮墙与普通墙

6.1.3　墙体材料系列

墙体的材料类型用于控制墙体的二维平面图效果。相同材料的墙体在二维平面图上墙角连通一体，系统约定按优先级高的墙体打断优先级低的墙体的预设规律处理墙角清理。优先级由高到低的材料依次为钢筋混凝土墙、石墙、砖墙、填充墙、示意幕墙和轻质隔墙，它们之间的连接关系如图 6.2 所示。

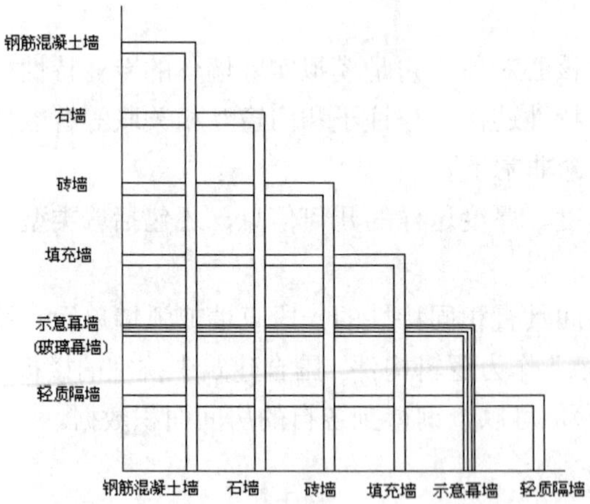

图 6.2　墙材料系列的优先关系

6.1.4　玻璃幕墙与示意幕墙的关系

使用“绘制墙体”命令，在对话框中选择“玻璃幕墙”材料创建的是玻璃幕墙对象，它的三维表示由玻璃、竖挺和横框等构件表示，可以通过对象编辑详细设置，图层设于专门的幕墙图层 CURTWALL，通过对象编辑界面可对组成玻璃幕墙的构件进行编辑，创建“隐框”或“明框”幕墙，适用于三维建模。

选择其他材料创建的是墙对象，双击对象编辑可以把材料改为“示意幕墙”而非“玻璃幕墙”，“示意幕墙”的三维表示简单，它的图层依然是墙层 WALL，颜色不变，但用户可以修改其图层与颜色。

此外，玻璃幕墙的二维平面表示有两种级别，在当前比例小于 1:100（例如 1:150）时由于线条太密而使用 3 线表示，而在当前比例大于或等于 1:100 时使用四线表示，如图 6.3 所示。而普通墙改为示意幕墙后均使用四线表示，与当前比例无关。

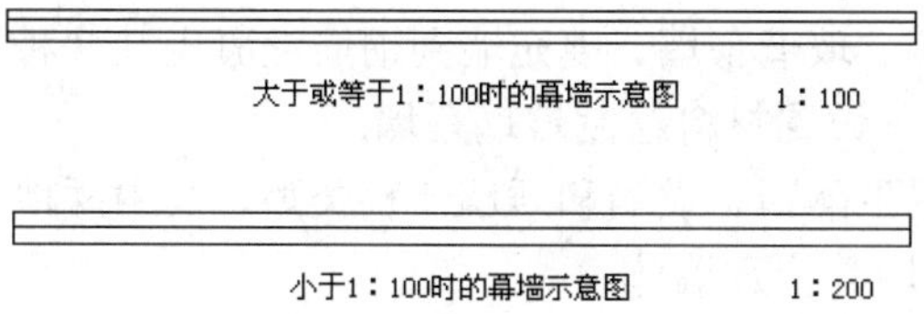

图 6.3　玻璃幕墙的示意图

6.2　墙体的创建

墙体可使用“绘制墙体”命令创建或由“单线变墙”命令从直线、圆弧或轴网转换，下面介绍这两种创建墙体的方法。墙体的底标高为当前标高（Elevation），墙高默认为楼层层高。墙体的底标高和墙高可在墙体创建后用“改高度”命令进行修改，当墙高给定为 0 时，墙体在三维视图下不生成三维视图。

TArch 7/8 支持圆墙的绘制，圆墙可由两段同心圆弧墙拼接而成。

6.2.1　绘制墙体

本命令启动名为“绘制墙体”的非模式对话框，其中可以设定墙体参数，不必关闭对话框即可直接使用“直墙”、“弧墙”和“矩形布置”3 种方式绘制墙体对象，墙线相交处自动处理，墙宽随时定义、墙高随时改变，在绘制过程中墙端点可以回退，用户使用过的墙厚参数在数据文件中按不同材料分别保存。

- 为了准确地定位墙体端点位置，天正软件内部提供了对已有墙基线、轴线和柱子的自动捕捉功能。必要时可以将天正软件内含的自动捕捉功能关闭，然后按 F3 键打开 AutoCAD 的捕捉功能。
- TArch7/8 为 2004 以上平台用户提供了动态墙体绘制功能，按下状态行 DYN 按钮，启动动态距离和角度提示，按 Tab 键可切换参数栏，在位输入距离和角度数据。

菜单命令：墙体→绘制墙体（HZQT）

图标菜单：

在如图 6.4 所示的对话框中选取要绘制墙体的左右墙宽组数据，选择一个合适的墙基线方向，然后单击下面的工具栏图标，在“直墙”、“弧墙”、“矩形绘墙”3 种绘制方式中选择一种，进入绘图区绘制墙体。

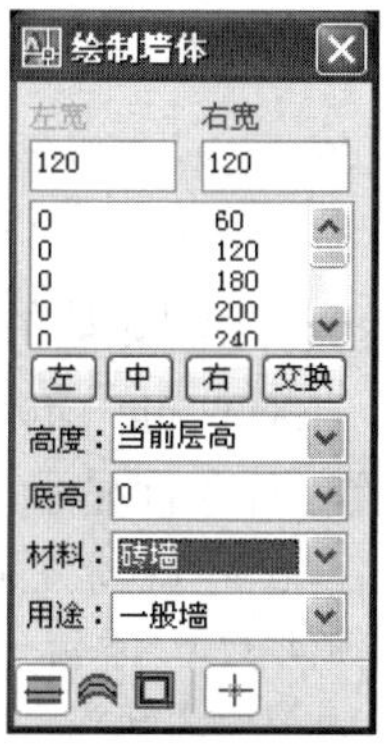

图 6.4　绘制墙体对话框

对话框控件的说明：

“墙宽参数”：包括左宽、右宽两个参数，其中墙体的左、右宽度，指沿墙体定位点顺序，基线左侧和右侧部分的宽度，对于矩形布置方式，则分别对应基线内侧宽度和基线外侧的宽度，对话框相应提示改为内宽、外宽。其中左宽（内宽）、右宽（外宽）都可以是正数，也可以是负数，也可以为 0。

“墙宽组”：在数据列表预设有常用的墙宽参数，每一种材料都有各自常用的墙宽组系列供选用，用户新的墙宽组定义使用后会自动添加进列表中，用户选择其中的某组数据，按 Del 键可删除当前这个墙宽组。

“墙基线”：基线位置设左、中、右、交换共 4 种控制，左、右是计算当前墙体总宽后，全部左偏或右偏的设置，例如当前墙宽组为 120、240，按左按钮后即可改为 360、0；中是当前墙体总宽居中设置，上例单击中按钮后即可改为 180、180；交换就是把当前左右墙厚交换方向，把上例数据改为 240、120。

“高度/底高”：高度是墙高，从墙底到墙顶计算的高度，底高是墙底标高，从本图零标高（Z=0）到墙底的高度。

“材料”：包括从轻质隔墙、玻璃幕墙、填充墙到钢筋混凝土共 8 种材质，按材质的密度预设了不同材质之间的遮挡关系，通过设置材料绘制玻璃幕墙。

“用途”：包括一般墙、卫生隔断、虚墙和矮墙 4 种类型，其中矮墙是新添加的类型，具有不加粗、不填充的特性，表示女儿墙等特殊墙体。

TArch 7/8 版本新增线图案墙的绘制功能，通过在“选项”→“天正加粗填充”页面中定义线图案类型的详图填充，可绘制出以符合国标材料图例图案填充的墙对象，用于表达普通图案填充无法表示的空心砖、细木工板、保温层等墙体，主墙与线图案墙分两次绘制贴到一起表示复合墙，注意线图案墙的基线设置在主墙一侧，在对象特性表里面可以设置墙填充的图层，绘制效果如图 6.5 所示。

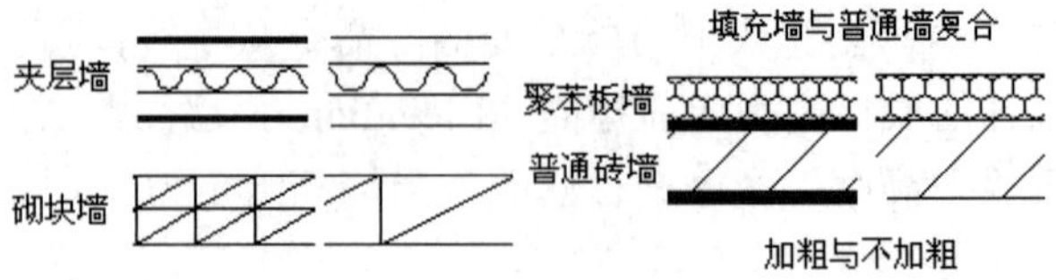

图 6.5　线图案墙绘制实例

★ 绘制直墙的命令交互

在对话框中输入所有尺寸数据后，单击“绘制直墙”工具栏图标，命令行显示：

起点或 [参考点（R）]<退出>:

画直墙的操作类似于 LINE 命令，可连续输入直墙下一点，或以空回车结束绘制。

直墙下一点或 [弧墙（A）/矩形画墙（R）/闭合（C）/回退（U）]<另一段>: 连续绘制墙线;

直墙下一点或 [弧墙（A）/矩形画墙（R）/闭合（C）/回退（U）]<另一段>: 右击停止绘制;

起点或 [参考点（R）]<退出>: 右击退出命令。

绘制直墙的实例如图 6.6 所示。

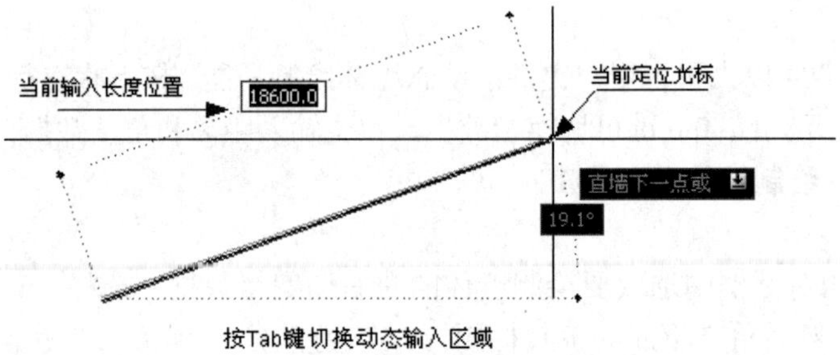

图 6.6　墙体动态输入方法

★ 绘制弧墙的命令交互

在对话框中输入所有尺寸数据后，单击“绘制弧墙”工具栏图标，命令行显示：

起点或 [参考点（R）]<退出>:　　给出弧墙起点;

弧墙终点<取消>:　　给出弧墙终点;

点取弧上任意点或 [半径（R）]<取消>:　　输入弧墙基线任意一点或键入 R 指定半径。

绘制完一段弧墙后，自动切换到直墙状态，右击退出命令，实例如图 6.7 所示。

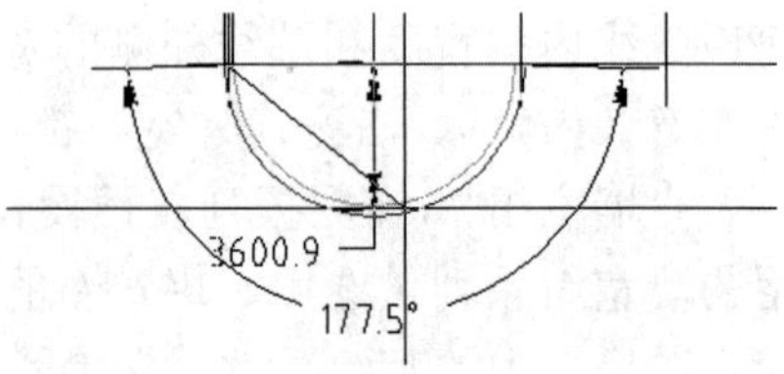

图 6.7　弧墙绘制方法

6.2.2　等分加墙

用于在已有的大房间按等分的原则划分出多个小房间。将一段墙在纵向等分，垂直方向加入新墙体，同时新墙体延伸到给定边界。本命令有 3 种相关墙体参与操作过程，有参照墙体、边界墙体和生成的新墙体。

菜单命令：墙体→等分加墙（DFJQ）

图标菜单：

点取菜单命令后，命令行提示：

选择等分所参照的墙段<退出>:　　选择要准备等分的墙段。随即显示“等分加墙”对话框，如图 6.8 所示。

选择作为另一边界的墙段<退出>:　选择与要准备等分的墙段相对的墙段为边界绘图。

等分加墙的应用实例

在图 6.9 中选取下方的水平墙段等分添加 4 段厚为 240 的内墙。

图 6.8　“等分加墙”对话框

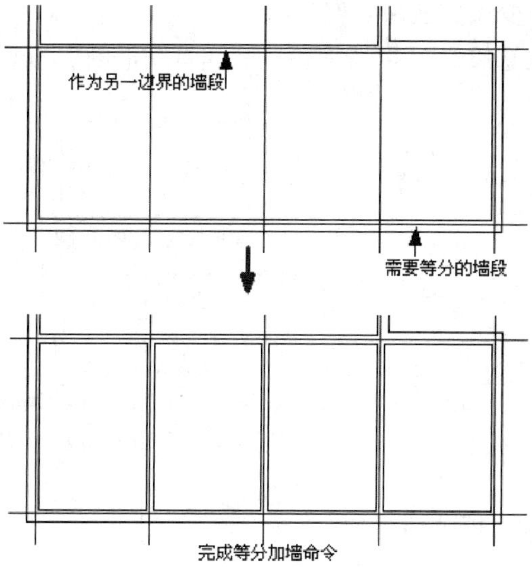

图 6.9　等分加墙实例

6.2.3　单线变墙

本命令有两个功能：一是将 LINE、ARC 绘制的单线转为天正墙体对象，并删除选中的单线，生成墙体的基线与对应的单线相重合。二是在基于设计好的轴网创建墙体，然后进行编辑，创建墙体后仍保留轴线，智能判断清除轴线的伸出部分，可以自动识别新旧两种多段线，便于生成椭圆墙。

菜单命令：墙体→单线变墙（DXBQ）

图标菜单：

点取菜单命令后，显示对话框如图 6.10 所示。

当前需要基于轴网创建墙体，即勾选“轴线生墙”复选框，此时只选取轴线图层的对象，命令行提示如下：

选择要变成墙体的直线、圆弧、圆或多段线: 指定两个对角点指定框选范围;

选择要变成墙体的直线、圆弧、圆或多段线: 回车退出选取，创建墙体。

如果没有勾选“轴线生墙”复选框，此时可选取任意图层对象，命令提示相同，根据直线的类型和闭合情况决定是否按外墙处理。

轴线生墙的应用实例

在图 6.11 中选取下方的轴网，创建 360 厚外墙，240 厚内墙的墙体。

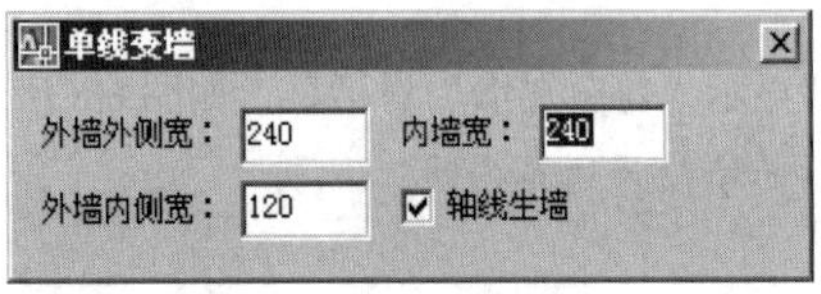

图 6.10 “单线变墙”对话框

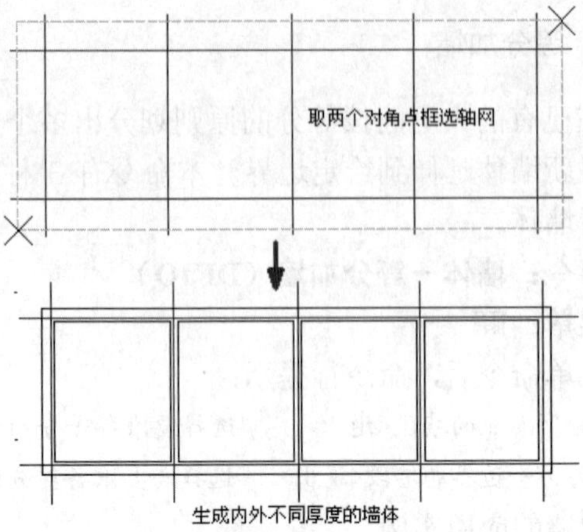

图 6.11 轴线变墙

单线变墙的应用实例

在图 6.12 中选取普通多段线和直线，创建 360 厚外墙，240 厚内墙的墙体。

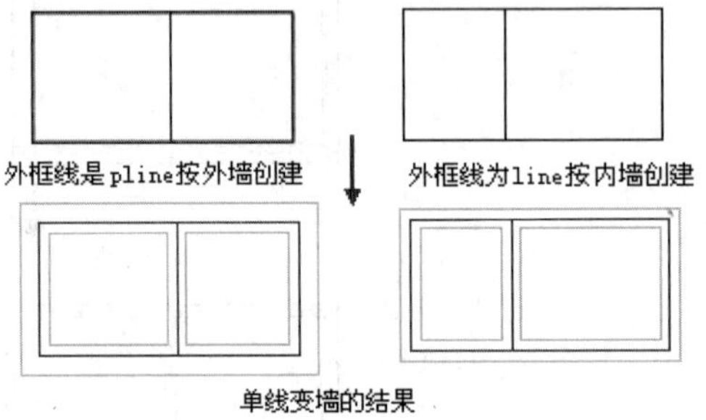

图 6.12 单线变墙实例

6.2.4 墙体造型

本命令根据指定多段线外框生成与墙关联的造型，常见的墙体造型是墙垛、壁炉、烟道一类与墙砌筑在一起，平面图与墙连通的建筑构造，墙体造型的高度与其关联的墙高一致，但是可以双击加以修改。墙体造型可以用于墙体端部（墙角或墙柱连接处），包括跨过两个墙体端部的情况，除了正常的外凸造型外还提供了向内开洞的“内凹造型”（仅用于平面）。

菜单命令：墙体→墙体造型（QTZX）

图标菜单： 

点取菜单命令后，命令行提示：

选择 [外凸造型（T）/内凹造型（A）]<外凸造型>: 回车默认采用外凸造型;

墙体造型轮廓起点或 [点取图中曲线（P）/点取参考点（R）]<退出>:

绘制墙体造型的轮廓线第一点或点取已有的闭合多段线作轮廓线;

直段下一点或 [弧段（A）/回退（U）]<结束>: 造型轮廓线的第二点;

直段下一点或 [弧段（A）/回退（U）]<结束>: 造型轮廓线的第三点;

直段下一点或 [弧段（A）/回退（U）]<结束>: 造型轮廓线的第四点;

直段下一点或 [弧段（A）/回退（U）]<结束>: 右击回车结束命令，命令绘制出矩形的墙体造型。

内凹的墙体造型还可用于不规则断面门窗洞口的设计（目前仅用于二维），外凸造型可用于墙体改变厚度后出现缺口的补齐。

墙体造型的应用实例

在图 6.13 中，绘制的是复杂的别墅墙体，交接处线脚无法用普通墙连接，使用了墙体造型辅助完成。

注意 7.0 以上版本已经取消“更新造型”命令，兼用“修墙角”命令代替更新墙体造型的工作，在修改墙体造型的夹点、对造型进行复制、移动后，墙体造型与墙体关系需要重新建立，此时应执行“修墙角”命令。删除墙体造型只要使用 Erase 命令，选择造型对象即可，用框选窗口可选择到 TArch7/8 版本的内凹造型。

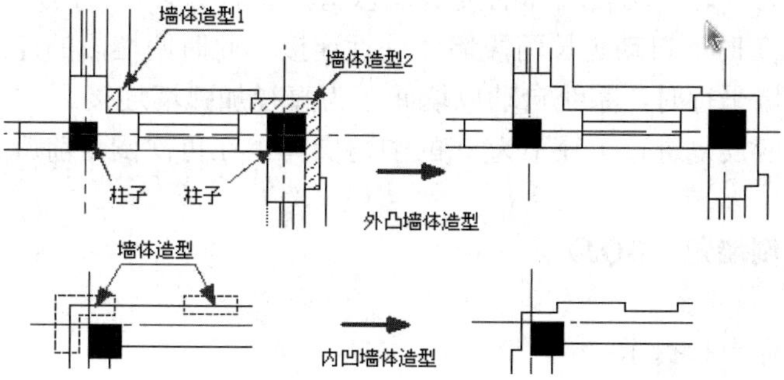

图 6.13 墙体造型的活用

6.2.5 净距偏移

本命令功能类似 AutoCAD 的 Offset（偏移）命令，可以用于室内设计中，以测绘净距建立墙体平面图的场合，命令自动处理墙端交接，但不处理由于多处净距偏移引起的墙体交叉，如有墙体交叉，请使用“修墙角”命令自行处理。

菜单命令：墙体→净距偏移（JJPY）

图标菜单：

点取菜单命令后，命令行提示：

输入偏移距离<3000>: 键入两墙之间偏移的净距;

请点取墙体一侧<退出>: 点取指定要生成新墙的位置;

请点取墙体一侧<退出>: 回车结束选择，绘制新墙。

本命令可用于室内设计中以测绘建立墙体平面图的场合，命令自动清理墙端，但不清理多处净距偏移引起的墙体交叉，请使用“修墙角”命令处理，实例如图 6.14 所示。

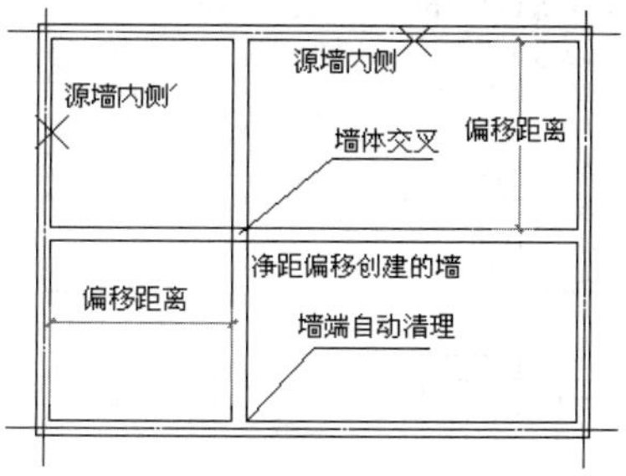

图 6.14 净距偏移

6.3 墙体的编辑

墙体对象支持 AutoCAD 的通用编辑命令，可使用包括偏移（Offset）、修剪（Trim）、延伸（Extend）等命令进行修改，对墙体执行以上操作时均不必显示墙基线。

此外可直接使用删除（Erase）、移动（Move）和复制（Copy）命令进行多个墙段的编辑操作。TArch 7/8 也有专用编辑命令对墙体进行专业意义的编辑，简单的参数编辑只需要双击墙体即可进入对象编辑对话框，拖动墙体的不同夹点可改变长度与位置。

6.3.1 倒墙角

本命令功能与 AutoCAD 的倒角（Fillet）命令相似，专门用于处理两段不平行的墙体的端头交角，使两段墙以指定倒角半径进行连接，需注意如下几点：

- 当倒角半径不为 0 时，两段墙体的类型、总宽和左右宽必须相同，否则无法进行。
- 当倒角半径为 0 时，自动延长两段墙体进行连接，此时两墙段的厚度和材料可以不同，当参与倒角两段墙平行时，系统自动以墙间距为直径加弧墙连接。
- 在同一位置不应反复进行半径不为 0 的倒角操作，在再次倒角前应先把上次倒角时创建的圆弧墙删除。

菜单命令：墙体→倒墙角（DQJ）

图标菜单：

点取菜单命令后，命令行提示：

选择第一段墙或 [设圆角半径(当前=300)(R)]<退出>:　选择倒角的第一段墙体，或输入 R 设定倒角半径；

请输入圆角半径<300>: 500　键入倒角的半径如 500 ；

选择要倒角的另一墙体：选择倒角的第二段墙体，命令立即完成。

6.3.2 修墙角

本命令提供对属性完全相同的墙体相交处的清理功能，当用户使用 AutoCAD 的某些编辑命令，或者夹点拖动对墙体进行操作后，墙体相交处有时会出现未按要求打断的情况，采用本命令框选墙角可以轻松处理，本命令也可以更新墙体、墙体造型、柱子以及维护各种自动裁剪关系，如柱子裁剪楼梯，凸窗一侧撞墙情况，如图 6.15 所示。

菜单命令：墙体→修墙角（XQJ）

图标菜单：

点取菜单命令后，命令行提示：

请点取第一个角点：框选需要处理的墙体交角或柱子、墙体造型，输入第一点；

请点取另一个角点：点取第二点。

注意

本命令已经取代 6.X 版本中的“更新造型”命令，复制、移动或修改墙体造型后，请执行本命令更新墙体造型。

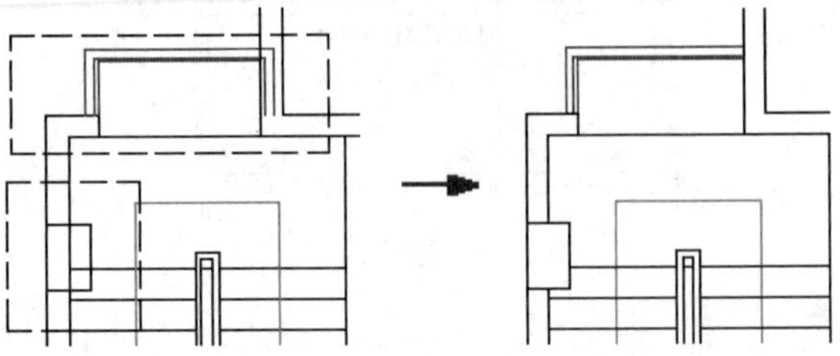

图 6.15　墙体自动遮挡凸窗功能

6.3.3 基线对齐

本命令用于纠正以下两种情况的墙线错误：①由于基线不对齐或不精确对齐而导致墙体显示或搜索房间出错；②由于短墙存在而造成墙体显示不正确的情况下去除短墙并连接剩余墙体。

菜单命令：墙体→基线对齐（JXDQ）

图标菜单：

点取菜单命令后，命令行提示：

请点取墙基线的新端点或新连接点或 [参考点(R)]<退出>:　点取作为对齐点的一个基线端点，不应选取端点外的位置；

请选择墙体（注意:相连墙体的基线会自动联动!）<退出>:　选择要对齐该基线端点的墙体对象；

请选择墙体（注意:相连墙体的基线会自动联动!）<退出>:　继续选择后回车退出；

请点取墙基线的新端点或新连接点或 [参考点(R)]<退出>:　点取其他基线交点作对齐点。

基线对齐实例如图 6.16 所示，共需要进行两次基线对齐操作：

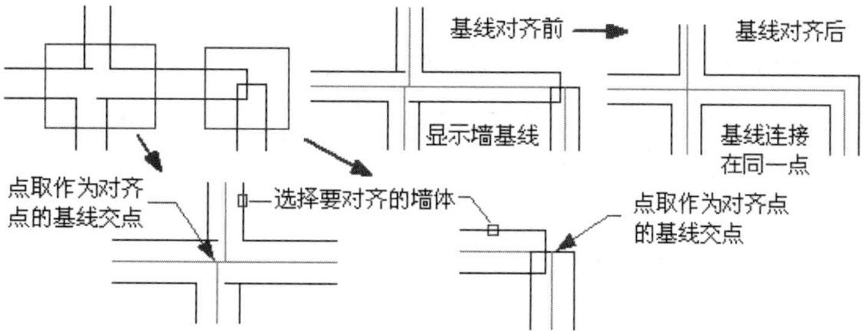

图 6.16　墙体基线对齐实例

6.3.4　墙保温层

本命令可在图中已有的墙段上加入或删除保温层线，遇到门该线自动打断，遇到窗自动把窗厚度增加。

菜单命令：墙体→墙保温层（QBWC）

图标菜单：

点取菜单命令后，命令行提示：

指定墙体保温的一侧或[外墙内侧（I）/外墙外侧（E）/消保温层（D）/保温层厚（当前=80）（T）]<退出>: 点取墙做保温的一侧，每次处理一个墙段；

指定墙体保温的一侧或[外墙内侧（I）/外墙外侧（E）/消保温层（D）/保温层厚（当前=80）（T）]<退出>: 回车退出命令。

默认方式为逐段点取，输入 I 或 E，则提示选择外墙（系统自动排除内墙），对选中外墙的内侧或外侧加保温层线。运行本命令前，应已做过内外墙的识别操作。输入 T 可以改变保温层厚度，键入 D 删除指定位置的保温层，取代以前的【消保温层】命令。

6.3.5　边线对齐

本命令用来对齐墙边，并维持基线不变，边线偏移到给定的位置。换句话说，就是维持基线位置和总宽不变，通过修改左右宽度达到边线与给定位置对齐的目的。通常用于处理墙体与某些特定位置的对齐，特别是和柱子的边线对齐。墙体与柱子的关系并非都是中线对中线，要把墙边与柱边对齐，无非两个途径：直接用基线对齐柱边绘制，或者先不考虑对齐，而是快速地沿轴线绘制墙体，待绘制完毕后用本命令处理。后者可以把同一延长线方向上的多个墙段一次取齐，推荐使用。

菜单命令：墙体→边线对齐（BXDQ）

图标菜单：

点取菜单命令后，命令行提示：

请点取墙边应通过的点：　取墙体边线通过的一点；

选择墙体：　选中墙体边线改为通过指定点。

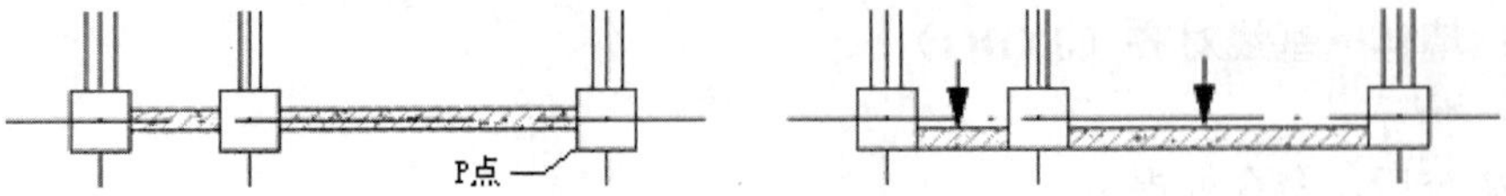

图 6.17　墙体对齐移动

墙体移动后，墙端与其他构件的连接在命令结束后自动处理，图 6.17 中的左右两个图形分别为墙体执行“边线对齐”命令前后的示意图，图中 P 点为指定的墙边线通过点，右图中的墙体外皮已移到与柱边齐平的位置。事实上本命令并没有改变墙体的位置（即基线的位置），而是改变基线到两边线的距离（即左、右墙宽）。

6.3.6　墙齐屋顶

本命令用来向上延伸墙体，使原来水平的墙顶成为与单坡和双坡屋顶一致的斜面，使用本命令前，人字屋顶对象（单坡或双坡）要已在墙平面对应的位置上绘制完成，屋顶与山墙的竖向关系应经过合理调整；本命令暂时不支持圆弧墙。

菜单命令：墙体→墙齐屋顶（QQWD）

图标菜单：

点取菜单命令后，命令行提示：

请选择人字屋顶: 在平面图上选择人字屋顶;
请选择墙:　　　选择一侧山墙;
请选择墙:　　　选择另一侧山墙;
请选择墙:　　　回车结束选择，完成墙体对齐。

此时在平面图中没有变化，但是在轴测图和立面视图中可见山墙延伸到坡顶的效果，如图 6.18 所示。

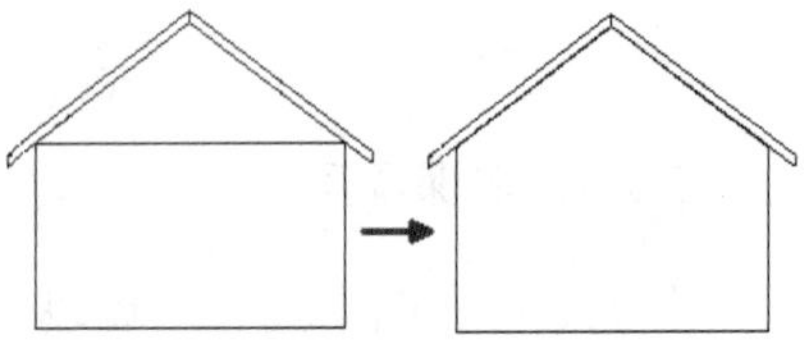

图 6.18　墙齐屋顶实例

6.3.7　普通墙的对象编辑

双击墙体，显示对话框如图 6.19 左图所示。

在对象编辑中提供了分段编辑功能，可断开墙段进行局部修改，勾选“分段编辑”复选框后，“选择墙段<”按钮可选（如图 6.19 右图所示），单击该按钮，进入绘图区选择两个定义墙段的点，然后定义新的墙参数，例如把局部墙的材料改为“钢筋混凝土”，单击“确定”按钮退出对话框，随即更新墙体。

图 6.19　墙体编辑对话框

命令交互过程如下：

选择起点<退出>: 点取要分段编辑的墙段起点;

选择终点<退出>: 点取要分段编辑的墙段终点，自动返回对话框。

返回后可以从列表中选择不同的几何参数或者材料参数对墙段进行修改。

本命令应注意以下几点：

（1）如果参数没有改变，墙段不会断开。

（2）改变墙宽后会在平面图形成缺口，可通过墙体外凸造型补齐，如图 6.20 所示。

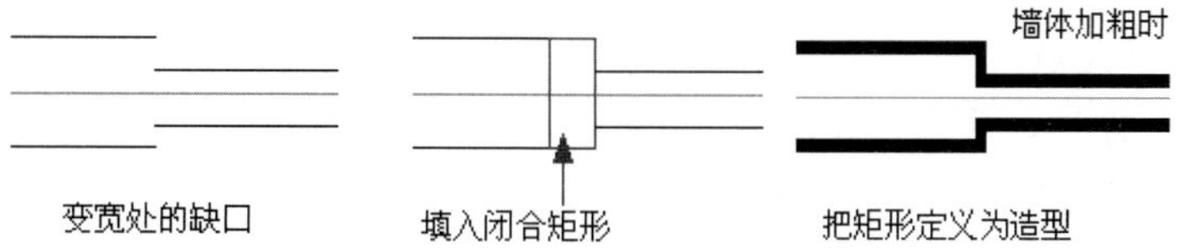

图 6.20　墙体造型补齐实例

（3）普通墙对象编辑修改材料不能改为带详细构造显示的玻璃幕墙，只能修改为平面的示意幕墙。

6.3.8　墙的反向编辑

从 TArch 7 开始提供的曲线编辑“反向”命令可用于墙体，可将墙对象的起点和终点反向，也就是翻转了墙的生成方向，同时相应调整了墙的左右宽，因此边界不会发生变化。

选择要反向的墙体，单击右键菜单的曲线编辑子菜单下的“反向”命令执行。

6.3.9　玻璃幕墙的编辑

TArch 7/8 版本适合设计院当前大多数的幕墙绘图习惯，它取消了“玻璃幕墙”命令，恢复了 TArch5 中选择墙体的材料为玻璃幕墙的定义方式，幕墙默认三维模式下按“详细”构造显示，平面模式下按“示意”构造显示，通过对象编辑可修改幕墙分格的形式与参数，如图 6.21 所示。

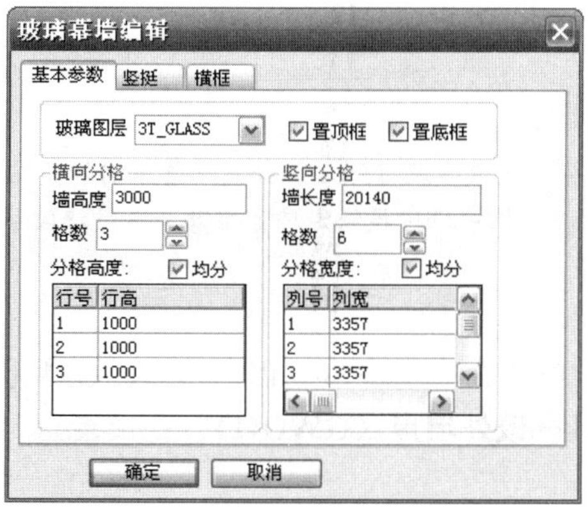

图 6.21　“玻璃幕墙编辑”对话框

通过 Ctrl+1 组合键进入特性编辑，可以设置玻璃幕墙的“外观->平面显示->”为“示意”或“详图”。

★ 对话框控件的说明

“玻璃图层”：确定玻璃幕墙放置的图层，如果准备渲染请单独置于一层中，以便附给材质。

“横向分格”：高度方向分格设计。默认的高度为创建墙体时的原高度，可以输入新高度，如果均分，系统自动算出分格距离；不均分，先确定格数，再从序号 1 开始顺序填写各个分格距离。按 Del 键可删除当前墙宽列表。

“竖向分格”：水平方向分格设计，操作程序同“横向分格”一样。

竖挺/横框

“图层”：确定竖挺或者横框放置的图层，如果进行渲染请单独置于一层中，以方便附材质。

“截面宽”/“截面长”：竖挺或横框的截面尺寸。

“垂直/水平隐框幕墙”：勾选此项，竖挺或横框向内退到玻璃后面。如果不选择此项，分别按“对齐位置”和“偏移距离”进行设置。

“玻璃偏移”/“横框偏移”：定义本幕墙玻璃/横框与基准线之间的偏移，默认玻璃/横框在基准线上，偏移为 0。

“基线位置”：选下拉列表中预定义的墙基线位置，默认为竖挺中心。

本命令应注意以下几点：

（1）幕墙和墙重叠时，幕墙可在墙内绘制，通过对象编辑修改墙高与墙底高，表达幕墙不落地或不通高的情况。

（2）幕墙与普通墙类似，可以在其中插入门窗，幕墙中常常要求插入上悬窗用于通风。

玻璃幕墙的三维显示模式如图 6.22 所示。

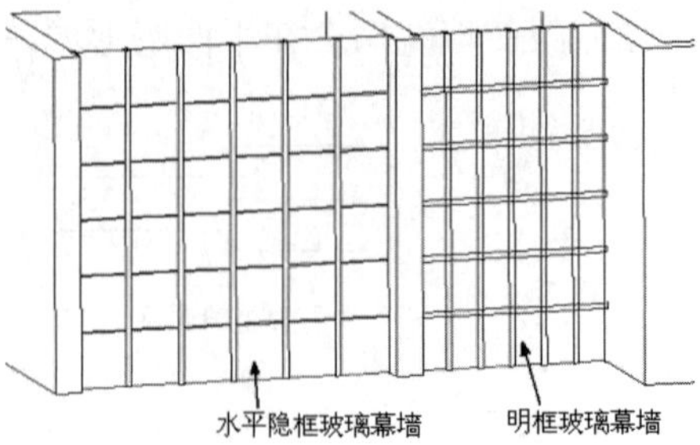

图 6.22　玻璃幕墙的三维显示模式

6.4　墙体编辑工具

墙体在创建后，可以双击对本墙段的对象进行编辑修改，但对于多个墙段的编辑，使用下面的墙体编辑工具更有效。

6.4.1　改墙厚

单段修改墙厚使用“对象编辑”命令即可，本命令按照墙基线居中的规则批量修改多段墙体的厚度，但不适合修改偏心墙。

菜单命令：墙体→墙体工具→改墙厚（GQH）

图标菜单：

点取菜单命令后，命令行提示：

请选择墙体：　　选择要修改的一段或多段墙体，选择完毕选中墙体亮显。

新的墙宽<120>:　　输入新墙宽值，选中墙段按给定墙宽修改，并对墙段和其他构件的连接处进行处理。

6.4.2　改外墙厚

用于整体修改外墙厚度，执行本命令前应事先识别外墙，否则无法找到外墙进行处理。

菜单命令：墙体→墙体工具→改外墙厚（GWQH）

图标菜单：

点取菜单命令后，命令行提示：

请选择外墙：　光标框选所有墙体，只有外墙亮显；

内侧宽<120>:　输入外墙基线到外墙内侧边线的距离；

外侧宽<240>:　输入外墙基线到外墙外侧边线的距离。

交互完毕按新墙宽参数修改外墙，并对外墙与其他构件的连接进行处理。

6.4.3　改高度

本命令可对选中的柱、墙体及其造型的高度和底标高成批进行修改，是调整这些构件竖向位置的主要手段。修改底标高时，门窗底的标高可以和柱、墙联动进行修改。

菜单命令：墙体→墙体工具→改高度（GGD）

图标菜单：

点取菜单命令后，命令行提示：

选择墙体、柱子或墙体造型：选择需要修改的建筑对象；

新的高度<3000>:　输入新的对象高度；

新的标高<0>:　　输入新的对象底面标高（相对于本层楼面的标高）；

是否维持窗墙底部间距不变？（Y/N）[N]：输入 Y 或 N，认定门窗底标高是否同时修改。

回应完毕选中的柱、墙体及造型的高度和底标高按给定值修改。如果墙底标高不变，窗墙底部间距不论输入 Y 或 N 都没有关系，但如果墙底标高改变了，就会影响窗台的高度，比如底标高原来是 0，新的底标高是-300，以 Y 响应时各窗的窗台相对墙底标高而言高度维持不变，但从立面图看就是窗台随墙下降了 300；如以 N 响应，则窗台高度相对于底标高间距就作了改变，而从立面图看窗台却没有下降，如图 6.23 所示。

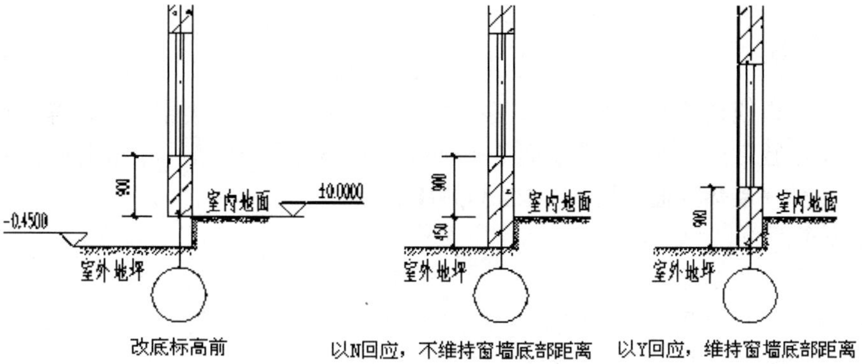

图 6.23　改墙的底标高示意

6.4.4　改外墙高

本命令与“改高度”命令类似，只是仅对外墙有效。运行本命令前，应已作过内外墙的识别操作。

菜单命令：墙体→墙体工具→改外墙高（GWQG）

图标菜单：

此命令通常用在无地下室的首层平面，把外墙从室内标高延伸到室外标高。

6.4.5　平行生线

本命令类似 Offset，生成一条与墙线（分侧）平行的曲线，也可以用于柱子，生成与柱子周边平行的一圈粉刷线。

菜单命令：墙体→墙体工具→平行生线（PXSX）

图标菜单：

点取菜单命令后，命令行提示：

请点取墙体一侧<退出>：点取墙体的内皮或外皮；

输入偏移距离<100>：输入墙皮到线的净距。

本命令可以用来生成依靠墙边或柱边定位的辅助线，如粉刷线、勒脚线等，如图 6.24 所示为以本命令生成外墙勒脚的情况。

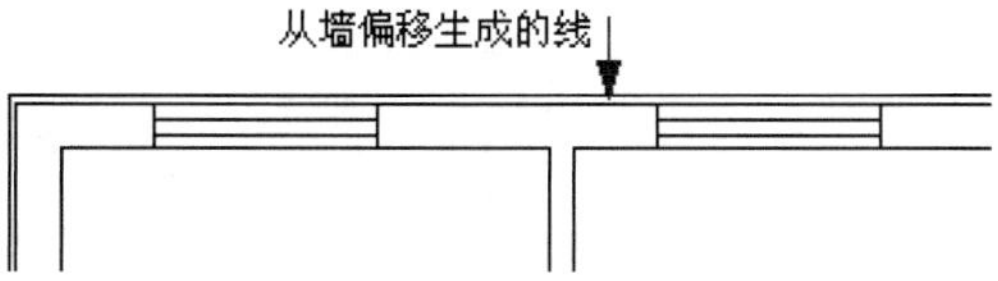

图 6.24　平行生线实例

6.4.6　墙端封口

本命令改变墙体对象自由端的二维显示形式，使用本命令可以使其封闭和开口两种形式互相转换。本命令不影响墙体的三维效果，对已经与其他墙相接的墙端不起作用。

菜单命令：墙体→墙体工具→墙端封口（QDFK）

图标菜单：

点取菜单命令后，命令行提示：

选择墙体：选择要改变端头形状的墙段；

选择墙体：回车退出命令。

示例如图 6.25 所示。

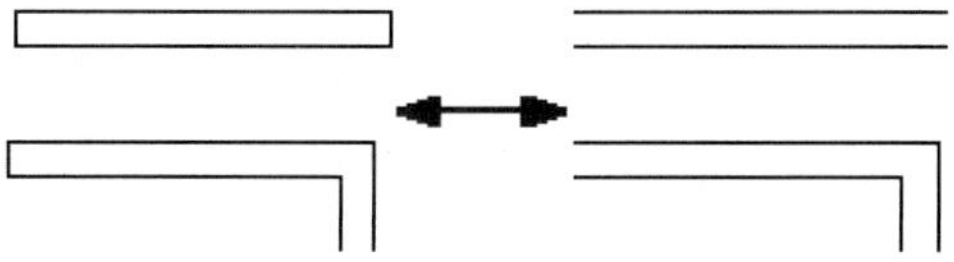

图 6.25　墙端封口实例

6.5 墙体立面工具

墙体立面工具不是在立面施工图上执行的命令，而是在平面图绘制时，为立面或三维建模做准备而编制的几个墙体立面设计命令。

6.5.1 墙面 UCS

为了构造异型洞口或构造异型墙立面，必须在墙体立面上定位和绘制图元，需要把 UCS 设置到墙面上，本命令临时定义一个基于所选墙面（分侧）的 UCS 用户坐标系，在指定视口转为立面显示。

菜单命令：墙体→墙体立面→墙面 UCS（QMUCS）

图标菜单：

选择菜单命令后，命令行显示：

请点取墙体一侧<退出>：点取墙体的外皮；

如果图中有多个视口，则命令行接着提示：

点取要设置坐标系的视口<当前>：点取视口内一点。

本命令自动把当前视图置为平行于坐标系的视图。

6.5.2 异形立面

本命令通过对矩形立面墙的适当剪裁构造不规则立面形状的特殊墙体，如创建双坡或单坡山墙与坡屋顶底面相交。

菜单命令：墙体→墙体立面→异形立面（YXLM）

图标菜单：

选择菜单命令后，命令行提示：

选择定制墙立面的形状的不闭合多段线<退出>：　在立面视口中点取范围线；

选择墙体：在平面或轴测图视口中选取要改为异型立面的墙体，可多选。

选中墙体随即根据边界线变为不规则立面形状或者更新为新的立面形状；命令结束后作为边界的多段线仍保留以备再用。

如图 6.26 所示为本命令构造山墙的两种情况。

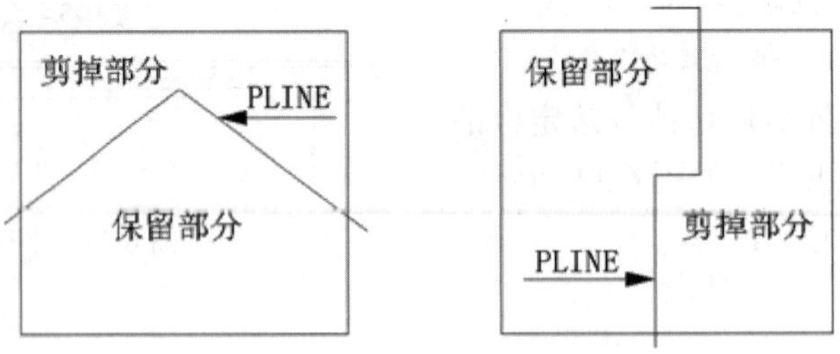

图 6.26　异形立面实例

★ 异型立面命令的要点

（1）异型立面的剪裁边界依据墙面上绘制的多段线（Pline）表述，如果想构造后保留矩形墙体的下部，多段线从墙两端一边入一边出即可；如果想构造后保留左部或右部，则在墙顶端的多段线端头指向保留部分的方向，如图 6.26 右图所示。

（2）墙体变为异型立面后，夹点拖动等编辑功能将失效。异型立面墙体生成后如果接续墙端继续画新墙，异型墙体能够保持原状，如果新墙与异型墙有交角，则异型墙体恢复原来的形状。

（3）运行本命令前，应先用“墙面 UCS”临时定义一个基于所选墙面的 UCS，以便在墙体立面上绘制异型立面墙边界线，为便于操作可将屏幕置为多视口配置，立面视口中用多段线（Pline）命令绘制异型立面墙剪裁边界线，其中多段线的首段和末段不能是弧段。

6.5.3　矩形立面

本命令是异形立面的逆命令，可将异型立面墙恢复为标准的矩形立面墙。

菜单命令：墙体→墙体立面→矩形立面（JXLM）

图标菜单：

选择菜单命令后，命令行提示：

选择墙体：选取要恢复的异形立面墙体（允许多选）。

命令把所选中的异型立面墙恢复为标准的矩形立面墙。

6.6　内外识别工具

6.6.1　识别内外

自动识别内、外墙并同时设置墙体的内外特征，节能设计中要使用外墙的内外特征。

菜单命令：墙体→识别内外→识别内外（SBNW）

图标菜单：

点取菜单命令后，命令行提示：

请选择一栋建筑物的所有墙体：　　选择构成建筑物的墙体。

回车后系统自动判断所选墙体的内、外墙特性，并用红色虚线亮显外墙外边线，用重画（Redraw）命令可消除亮显虚线，如果存在天井或庭院时，外墙的包线是多个封闭区域，要结合“指定外墙”命令进行处理。

6.6.2　指定内墙

用手工选取方式将选中的墙体置为内墙，内墙在三维组合时不参与建模，可以减少三维渲染模型的大小与内存开销。

菜单命令：墙体→识别内外→指定内墙（ZDNQ）

图标菜单：

点取菜单命令后，命令行提示：

选择墙体：由用户自己选取属于内墙的墙体；

选择墙体：以回车结束墙体选取。

6.6.3　指定外墙

本命令将选中的普通墙体内外特性置为外墙，除了把墙指定为外墙外，还能指定墙体的内外特性用于节能计算，也可以把选中的玻璃幕墙两侧翻转，适用于设置了隐框（或框料尺寸不对称）的幕墙，调整幕墙本身的内外朝向。在做节能设计时必须先执行“识别内外”命令，如果识别不成功，需要使用本命令指定。

菜单命令：墙体→识别内外→指定外墙（ZDWQ）

图标菜单：

点取菜单命令后，命令行提示：

请点取墙体外皮：逐段点取外墙的外皮一侧或幕墙框料边线，选中墙体外边线亮显。

6.6.4 加亮外墙

本命令可将当前图中所有外墙的外边线用红色虚线亮显，以便用户了解哪些墙是外墙，哪一侧是外侧。用重画（Redraw）命令可消除亮显虚线。

菜单命令：墙体→识别内外→加亮外墙（JLWQ）

图标菜单：

点取菜单命令后命令随即执行，无命令行提示。

本章小结

1．本章介绍了墙体对象的特点，与其他对象的连接关系，以及墙体材料、类型与优先级关系。墙体的创建，墙体可以由绘制墙体命令直接创建，可以绘制直墙或弧墙，或由单线和轴网转换而来，同时完成二维以及三维的表示，还可以从天正老版本转化而成。

2．本章讲述的墙体，一般的二四墙，左右墙宽均为 120，基线居中。若是厚墙，就有几种情况了，三七墙作外墙比较多。无论如何，互相连接的墙体应使它们的基线准确交接。

3．绘制墙体的方式类似于 line 画线，非常方便，也有闭合（C）/回退（U）等选项，更有转绘圆弧墙等功能。利用单线变墙效率最高，注意默认的内外墙厚不同，外墙外侧宽 240。当然也可根据设计进行修改。

4．墙体的编辑：介绍各种编辑墙体的方法，包括 AutoCAD 命令直接编辑、对象编辑、对象特性编辑，单墙段的修改使用“对象编辑”，平面的修改可使用夹点拖动和 AutoCAD 通用编辑命令。

5．墙体编辑工具：三维墙体参数编辑功能，用于生成三维模型、日照节能模型、立剖面图。墙体立面工具，介绍三维视图有关的墙体立面编辑方法，用于创建异型门窗洞口与非矩形的立面墙体。内外识别工具：介绍识别墙体内墙与外墙外皮的方法，提供自动识别与交互识别命令，用于保温与节能等。

6．墙体是建筑中最基本最重要的构件，TArch7/8 的墙体是具有几何和物理意义的天正自定义建筑对象，而不是两条（或一组）零散的线。支持对象编辑特性，可以使用夹点以及对话框对墙体对象进行修改。

7．当前最新的 TArch7/8 版软件中，墙、柱、造型、窗、切割线等具有智能特性(自动连接、打断、裁剪)的天正对象支持块编辑与块内自动更新。

8．TArch7/8 版支持墙角处墙体造型的绘制，同时提供内凹墙体造型功能，用于平面图中绘制凹槽、壁龛等部位；TArch7/8 版新增线图案填充墙的绘制，直接绘制合乎规范图例的空心砖、保温层、夹心墙。

9．上网访问天正公司主页 http://www.tangent.com.cn ，还可以登录国内著名的 ABBS 建筑论坛 http://www.abbs.com.cn，在其中的天正软件特约论坛上发帖，详细描述你遇到的天正软件问题，很快会得到来自专家和同行的帮助。

10．墙体作出之后，此时可以进行三维观察，方法是单击“视图（V）”→“视觉样式（S）”→“概念（C）”，再单击“视图（V）”→“动态观察（B）”→“自由动态观察（F）”来上下左右观察，可清楚地看到作出的三维立体建筑，这时主要是查看墙体是否合适。

返回平面视图的方法：单击“视图（V）”→“三维视图（D）”→“俯视（T）”，也可选择“三维视图（D）”→“平面视图（P）”→“世界 UCS（W）”。 返回二维线框：单击“视图（V）”→“视觉样式（S）”→“二维线框（2）”。

练习题

1. 将第 5 章画出的轴网以“单线变墙”方法生成墙体。
2. 以做出的轴网为参照，用“绘制墙体”的方法绘出墙体。
3. 收集各房地产公司的宣传材料，特别是房屋建筑图，试做出相应的轴网和墙体。
4. 分别做出下面建筑图的轴网和墙，门窗、楼梯等可先不作，轴网数据可以自己修改。

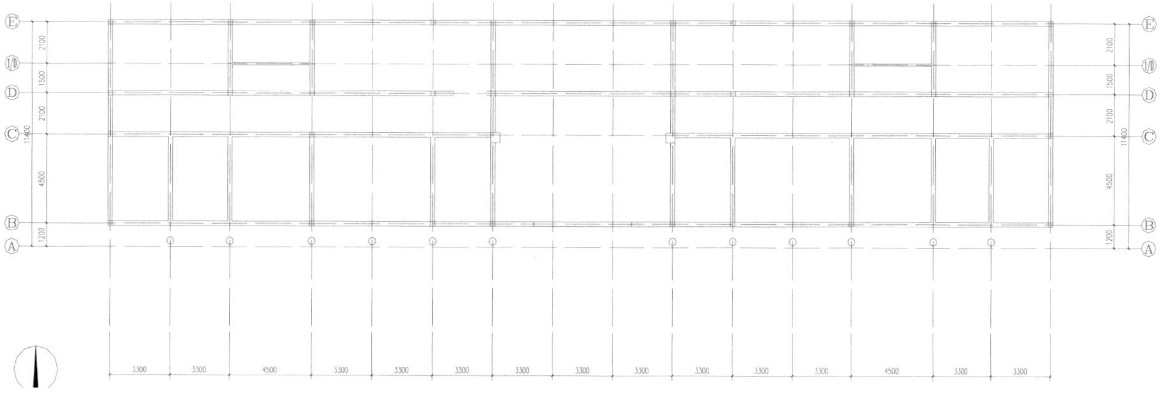

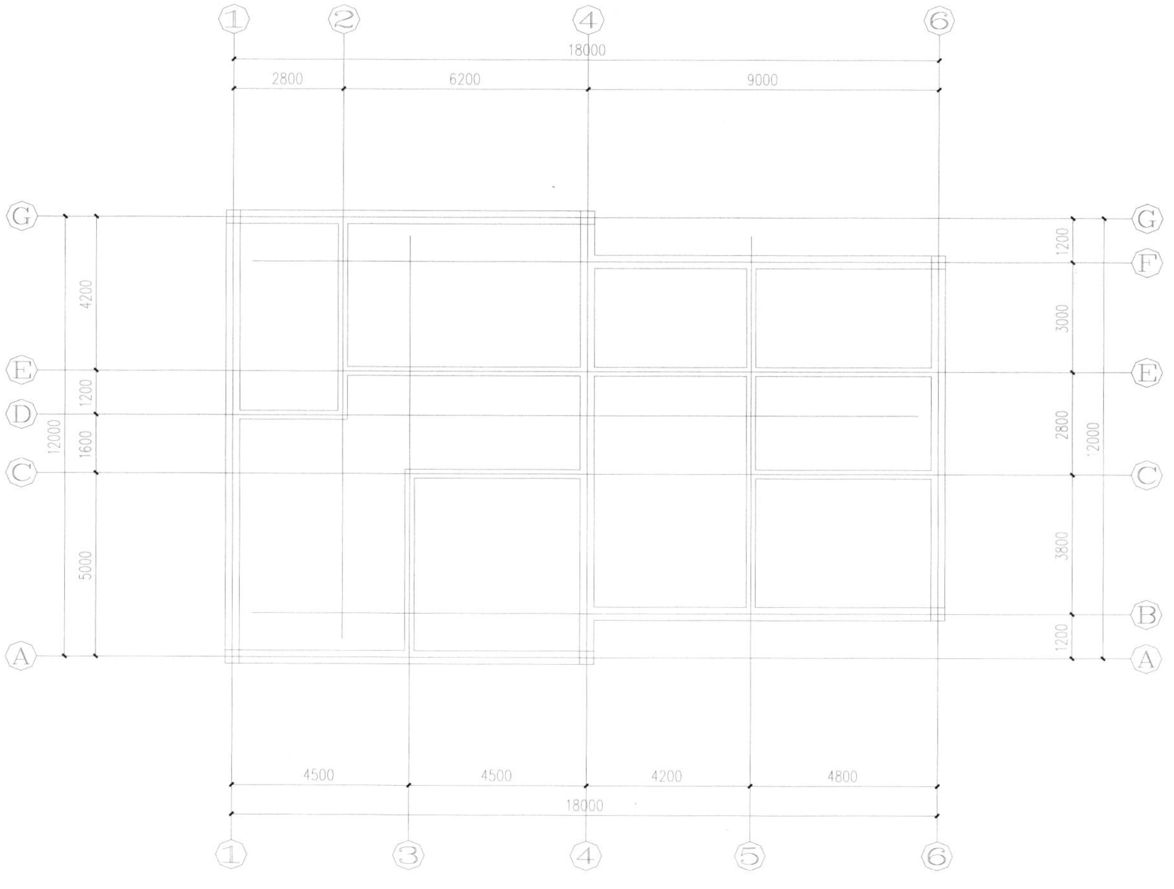

首层平面图　1:100

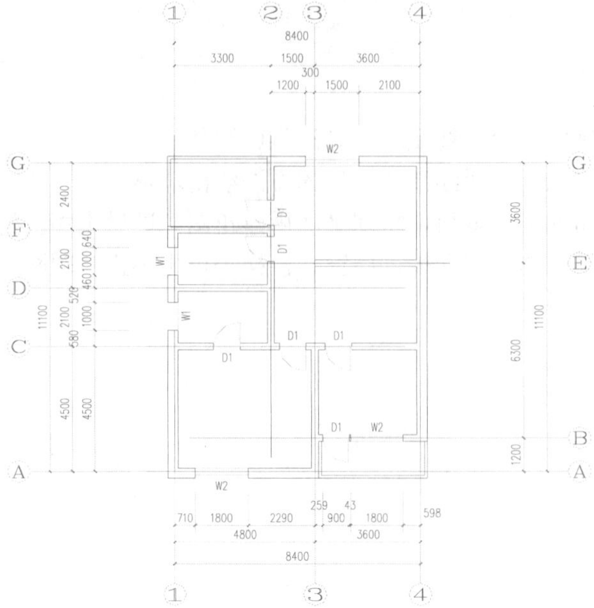
8400
3300 1500 3600
300
1200 1500 2100
W2
W1
D1
W2
4800 3600
8400
11100
6300
3600

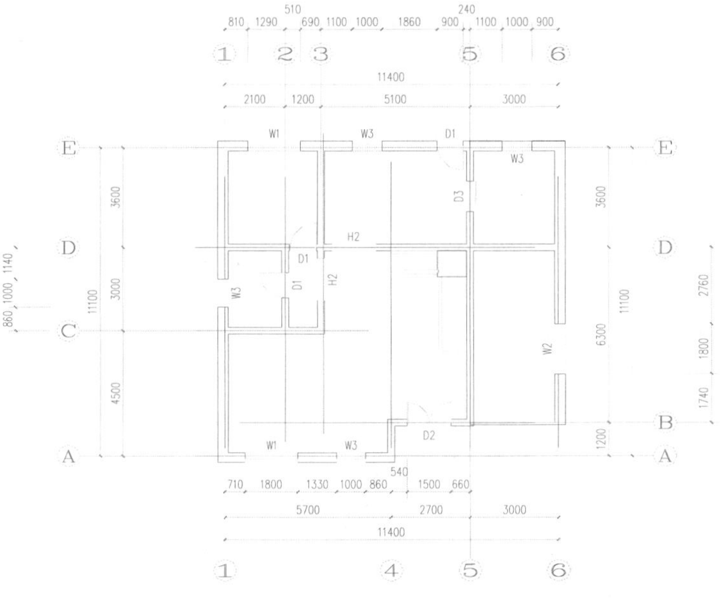
11400
2100 1200 5100 3000
W1 W3 D1
W3
D3
H2
D1
H2
W2
D2
5700 2700 3000
11400
11100
6300
3600

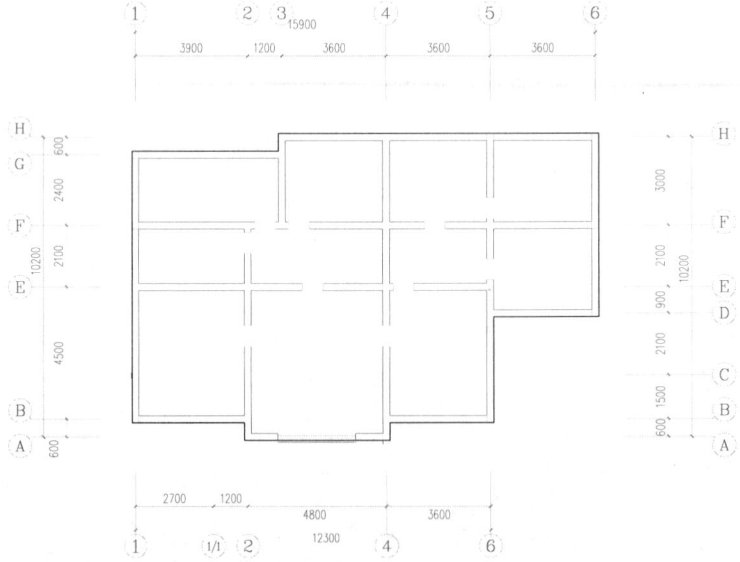
15900
3900 1200 3600 3600 3600
10200
2700 1200
4800 3600
12300

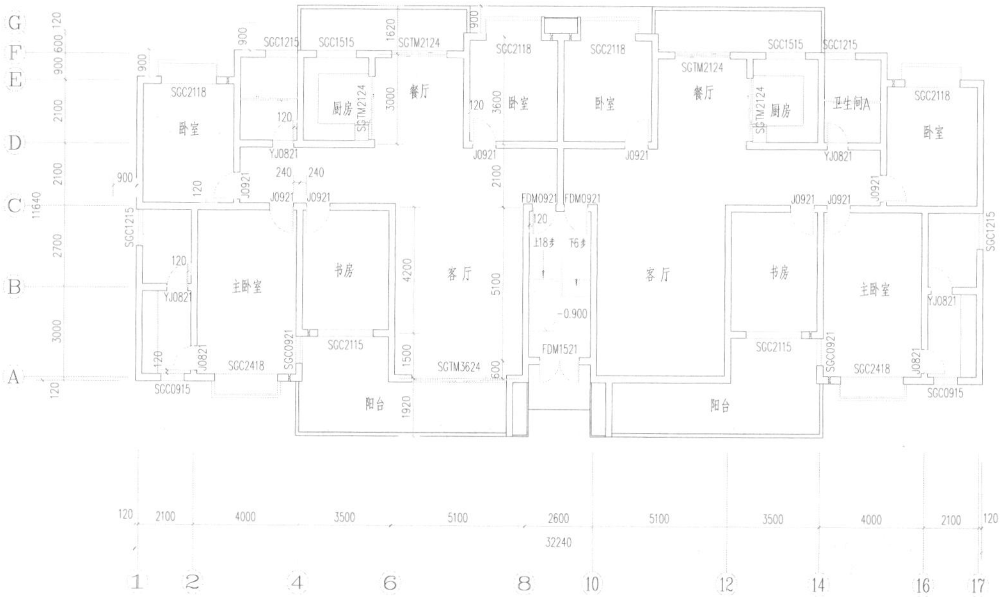

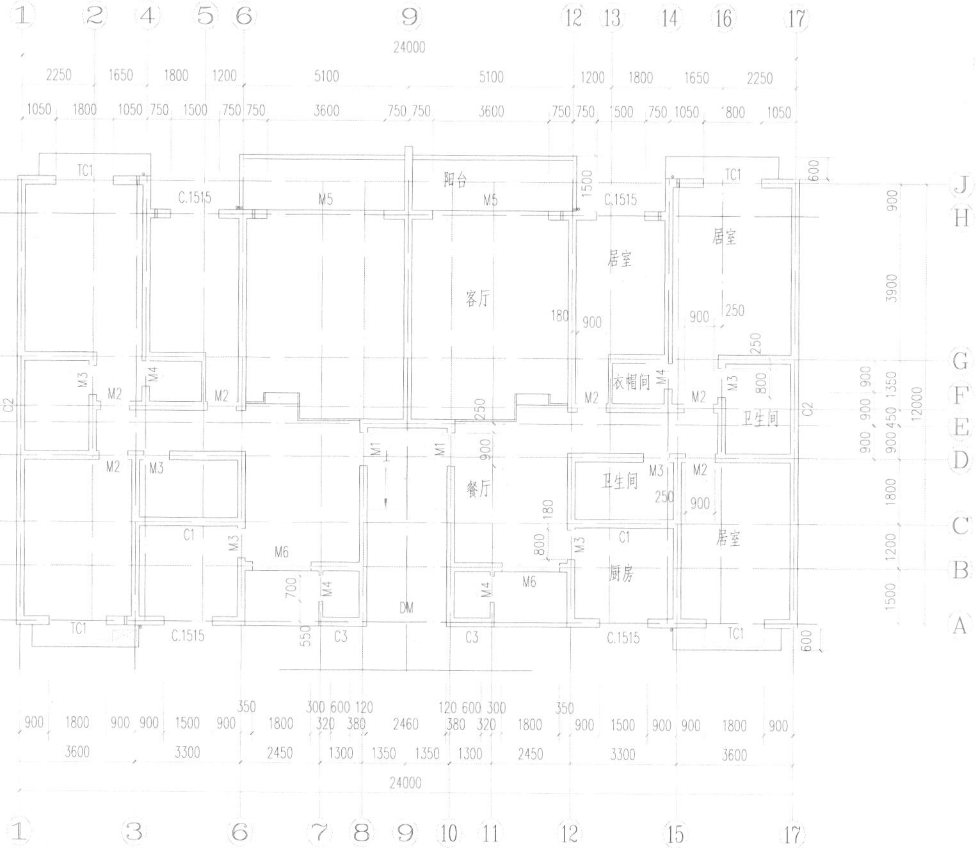

第 7 章

门窗

本章要点

- 门窗的概念
- 门窗的创建
- 门窗的编辑
- 门窗编号与门窗表
- 门窗工具
- 门窗库

7.1 门窗的概念

天正建筑软件中的门窗是一种附属于墙体并需要在墙上开启洞口、带有编号的 AutoCAD 自定义对象，它包括通透的和不通透的墙洞在内；门窗和墙体建立了智能联动关系，门窗插入墙体后，墙体的外观几何尺寸不变，但墙体对象的粉刷面积、开洞面积已经立刻更新以备查询。

门窗和其他自定义对象一样可以用 AutoCAD 的命令和夹点编辑修改，并可通过电子表格检查和统计整个工程的门窗编号。

门窗对象附属在墙对象之上，离开墙体的门窗就将失去意义。

门窗创建对话框中提供了输入门窗的所有需要的参数，包括编号、几何尺寸和定位参考距离，如果把门窗高的参数改为 0，系统在三维下不开该门窗。

与天正老版本相比，TArch7/8 版本对门窗对象有了较大的改进：

- 新增组合门窗对象。组合门窗采用先单个绘制然后再组合的绘制方式，多个普通门窗可组合为组合门窗。可分解为子门窗修改、替换后重新组合。
- 新增带形窗对象，使带形窗成为一个整体，便于门窗统计。此外转角窗和带形窗通过特性表还可以设为转角洞口样式。
- 对于推拉门等对象宽度与墙厚有关的门样式，以前只能当作窗插入，影响门窗统计，在 TArch7/8 中可以按门插入，系统自动处理对象宽度。
- 凸窗的绘制支持两侧是选择玻璃还是挡板，同时也解决了凸窗侧面碰墙、柱时，凸窗侧面应被遮挡的问题。
- 普通门窗在特性表中可以选择编号是否隐藏的特性，实现指定部分门窗的编号的隐藏。

- 新提供构件库可以解决门窗图块无法带参数保存的问题，在门窗对话框中有构件库图标调出其中的门窗构件。
- 新提供门窗自动编号。在门窗对话框的编号列表中可选自动编号，自动按洞口尺寸编号。

7.1.1 普通门

二维视图和三维视图都用图块来表示，可以从门窗图库中分别挑选门窗的二维形式和三维形式，其合理性由用户自己来掌握。普通门的参数如图 7.1 所示，其中门槛高指门的下边缘到所在的墙底标高的距离，通常就是离本层地面的距离，工具栏右边第一个图标是新增的构件库。

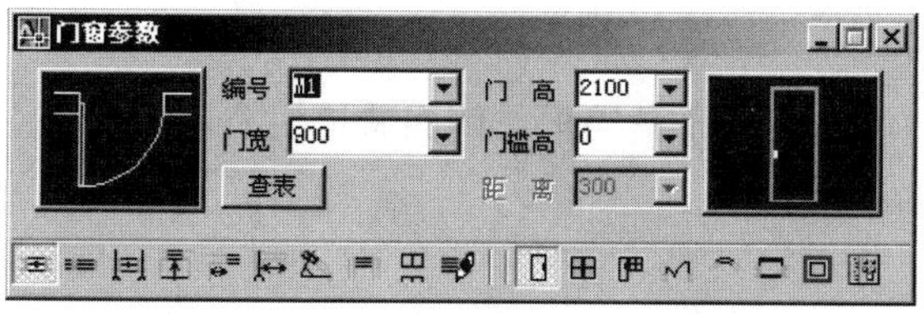

图 7.1 普通门参数

7.1.2 普通窗

普通窗的特性和普通门类似，其参数如图 7.2 所示，比普通门多了一个“高窗”复选框控件，勾选后按规范图例以虚线表示高窗。

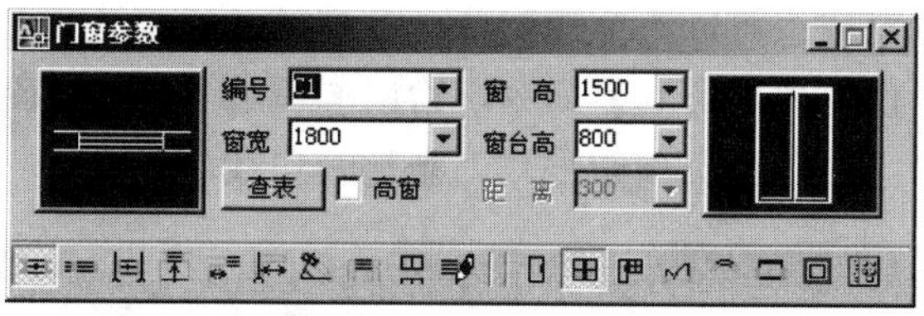

图 7.2 普通窗参数

7.1.3 弧窗

安装在弧墙上、与弧墙具有相同的曲率半径的弧形玻璃称为弧窗。二维用 3 线或 4 线表示，默认的三维为一弧形玻璃加四周边框，弧窗的参数如图 7.3 所示。用户可以用【窗棂展开】与【窗棂映射】命令来添加更多的窗棂分格。

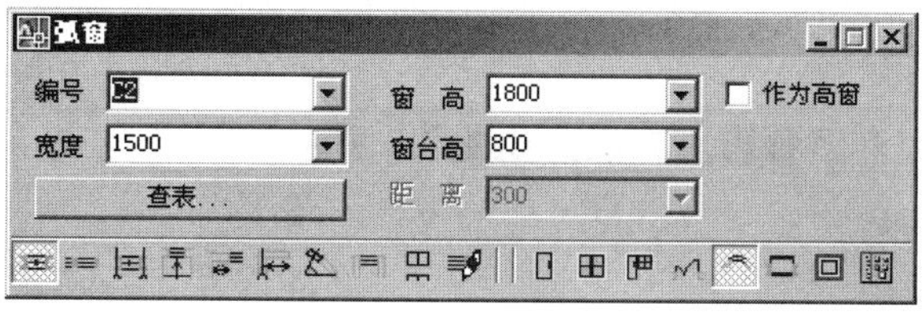

图 7.3 弧窗参数

7.1.4 凸窗

凸窗即外飘窗，这种凸窗由于可增加有效使用面积而又不占用房间本身的面积，近年来很流行，编者现在看到好多楼盘都采用了飘窗设计。如果将窗台高度降低，窗台面上铺装木地板或石材，平常可当坐椅使用，晚间也可当床，尤其是像重庆这样的“火炉”城市，窗口有风，夏日凉快。

当然这种凸窗的安全措施也要完善，凸窗结构必须牢固可靠，窗下部的玻璃也应采用高强度玻璃，以确保安全。

另外，所谓的“无烟灶台”实际上也是凸窗结构，这种无烟灶台的确有利烟气外排，但增大了厨房的有效面积。

对于楼板挑出的落地凸窗，实际上平面图应该使用带形窗来实现，即创建凸窗前添加若干段墙体，然后在这些墙体上布置带窗，这样才能正确地计算房间面积，凸窗参数对话框如图 7.4 所示。

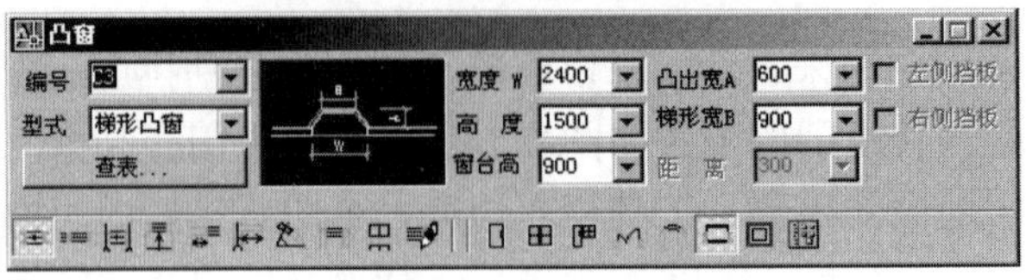

图 7.4　凸窗参数

矩形凸窗还可以设置两侧是玻璃还是挡板，侧面碰墙时自动被剪裁，获得正确的平面图效果，各种凸窗类型如图 7.5 所示。

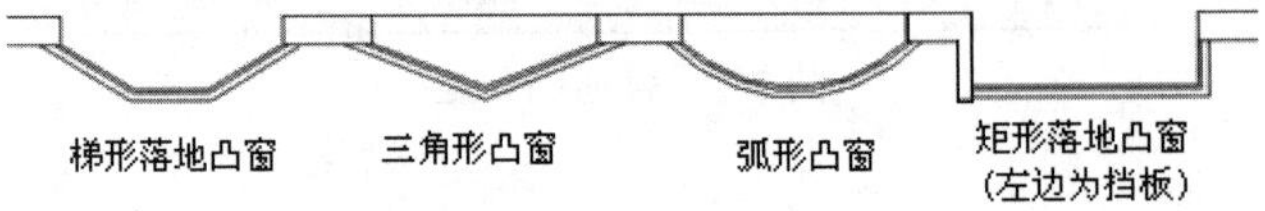

图 7.5　凸窗类型

7.1.5　矩形洞

墙上的矩形空洞，可以穿透也可以不穿透墙体，有多种二维形式可选，界面如图 7.6 所示。对于不穿透墙体的洞口，只能使用【异形洞】命令，给出洞口进入墙体的深度。

矩形洞口与普通门一样，可以在上图的形式上添加门口线。

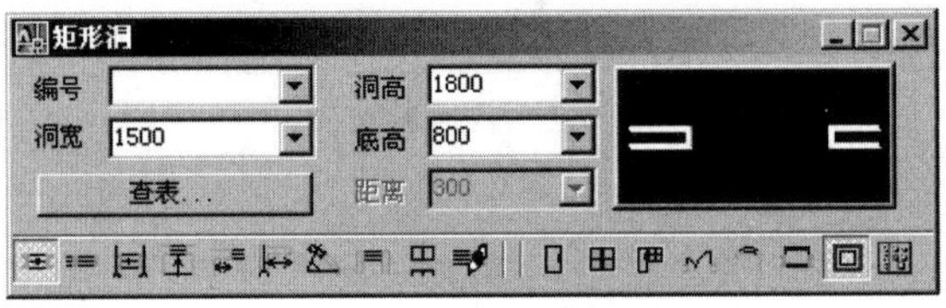

图 7.6　矩形洞参数

7.1.6　异型洞

先在墙面 UCS 上绘制轮廓线（要求先通过【墙面 UCS】命令转坐标系），然后转成洞口，异形洞参数对话框如图 7.7 所示。

平面图与矩形洞一样，有多种表示方法，如图 7.8 所示。

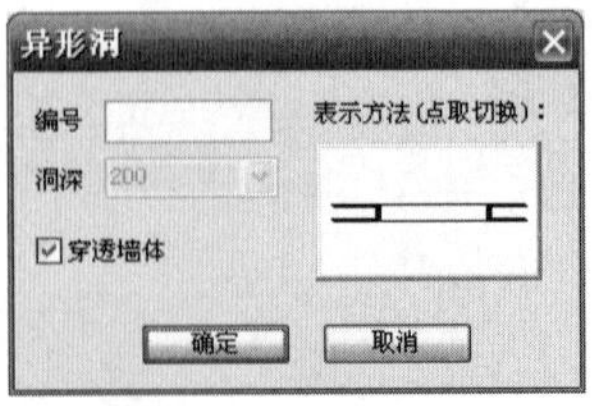

图 7.7　异形洞参数

图 7.8　异形洞类型

7.1.7　门联窗

门联窗是一个门和一个窗的组合，在门窗表中作为单个门窗进行统计，缺点是门的平面图例固定为单扇平开门，在 TArch 7/8 中提供组合门窗可代替多扇的门联窗、组合门等，如图 7.9 所示。

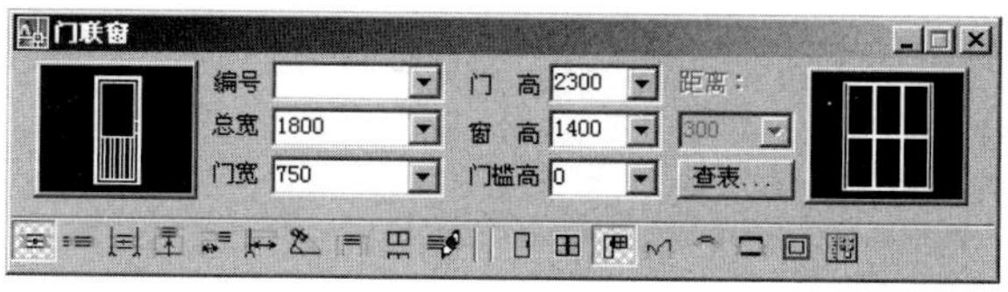

图 7.9　门联窗参数

7.1.8　子母门

子母门是两个平开门的组合，在门窗表中作为单个门窗进行统计，缺点同上，优点是参数定义比较简单，如图 7.10 所示。

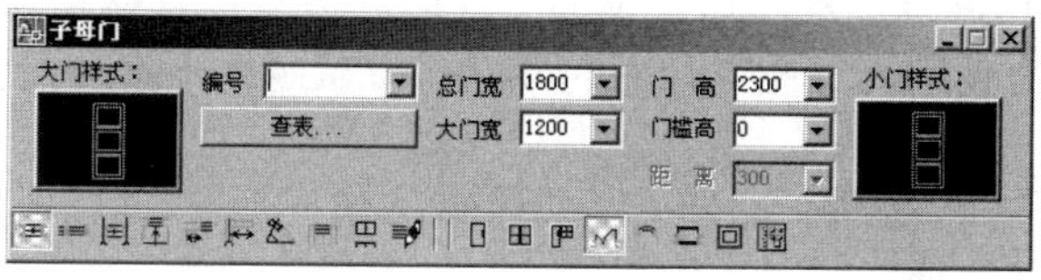

图 7.10　子母门参数

7.1.9　组合门窗

组合门窗就是把已经插入的两个以上的普通门和（或）窗的组合作为单个门窗对象来统计，优点是组合门窗各个成员的平面和立面都可以由用户独立控制。

7.1.10　转角窗

转角窗就是跨越两段相邻转角墙体的普通窗或凸窗。二维用三线或四线表示（当前比例小于 1:100 时按三线表示），三维视图有窗框和玻璃，可在特性栏设置为转角洞口，转角凸窗还有窗楣和窗台板，侧面碰墙时自动剪裁，获得正确的平面图效果。

7.1.11　带形窗

带形窗是跨越多段墙体的多扇普通窗的组合，各扇窗共享一个编号，它没有凸窗特性，其他和转角窗相同。

7.1.12　门窗编号

门窗编号用来标识尺寸相同、材料与工艺相同的门窗，门窗编号是对象的文字属性，在插入门窗时键入创建或【门窗编号】命令自动生成，可通过在位编辑修改。

系统在插门窗或修改编号时在同一 DWG 范围内检查同一编号的门窗洞口尺寸和外观应相同，【门窗检查】命令可检查同一工程中门窗编号是否满足这一规定。

初学者常常忽略门窗编号，也有对同一门窗编号而后来又给出了不同的参数，导致经常插入门窗出错的问题，建议采用自动编号，可以清楚地看到门窗的宽高尺寸。

7.1.13　高窗和上层窗

高窗和上层窗是门窗的一个属性，二者都是指位于平面图默认剖切平面以上的窗户。二者的区别是高窗用虚线表示二维视图，而上层窗没有二维视图，只提供门窗编号，表示该处存在另一扇（等宽）窗；但存在三维视图，用于生成立面和剖面图中的窗，如图 7.11 所示。

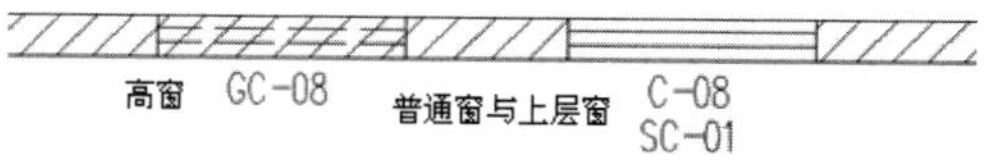

图 7.11　高窗与上层窗

天正建筑中的平面门窗是基于图块插入的，但是它们与普通图块的构造方法不同，需要使用专门的图块入库工具。

7.2 门窗的创建

门窗是天正建筑软件中的核心对象之一，类型和形式非常丰富，然而大部分门窗都使用矩形的标准洞口，并且在一段墙或多段相邻墙内连续插入，规律十分明显。创建这类门窗，就是要在墙上确定门窗的位置。

TArch 提供了多种定位方式，以便用户快速在墙内确定门窗的位置，新增动态输入方式，在拖动定位门窗的过程中按 Tab 键可切换门窗定位的当前距离参数，键盘直接输入数据进行定位，适用于各种门窗定位方式中混合使用，如图 7.12 所示为在 AutoCAD 下拖动门窗的情况。

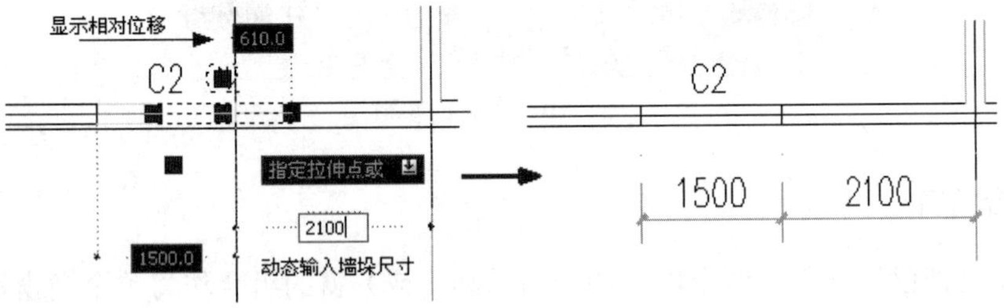

图 7.12 拖动门窗夹点动态输入定位

7.2.1 门窗

普通门、普通窗、弧窗、凸窗和矩形洞等的定位方式基本相同，因此用本命令即可创建这些门窗类型。在 7.1 节已经介绍了各种门窗的特点，本小节以普通门为例，对门窗的创建方法作深入的介绍。

门窗参数对话框下有一工具栏，分隔条左边是定位模式图标，右边是门窗类型图标，对话框上是待创建门窗的参数，由于门窗界面是无模式对话框，单击工具栏图标选择门窗类型以及定位模式后，即可按命令行提示进行交互插入门窗。

注意

在弧墙上使用普通门窗插入时，如门窗的宽度大，弧墙的曲率半径小，这时插入失败，可改用弧窗类型。

TArch 7/8 版本新增了【构件库】，其中可以保存已经设置参数的门窗对象，在门窗对话框中最右边的图标是打开构件库，从库中获得入库的门窗，高宽按构件库保存的参数，窗台和门槛高按当前值不变。

菜单命令：门窗→门窗(MC)

图标菜单：

点取命令后，显示如图 7.13 所示的对话框，以下按工具栏的门窗定位方式从左到右依次介绍。

图 7.13 门窗对话框

1. 自由插入

可在墙段的任意位置插入，速度快但不易准确定位，通常用在方案设计阶段。以墙中线为分界内外移动光标，可控制内外开启方向，按 Shift 键控制左右开启方向，点击墙体后，门窗的位置和开启方向就完全确定了，单击工具栏如图 7.14 所示。

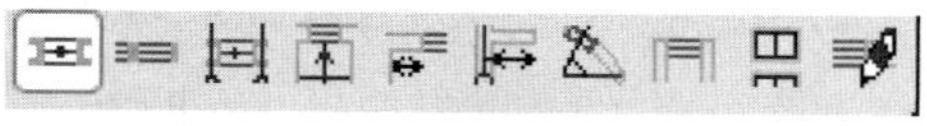

图 7.14　自由插入门窗

命令行提示：

点取门窗插入位置(Shift-左右开)：点取要插入门窗的墙体即可插入门窗，按 Shift 键改变开向。

2. 顺序插入

点取位置较近的墙边端点或基线端为起点，按给定距离插入选定的门窗。此后顺着前进方向连续插入，插入过程中可以改变门窗类型和参数。在弧墙顺序插入时，门窗按照墙基线弧长进行定位，单击工具栏如图 7.15 所示。

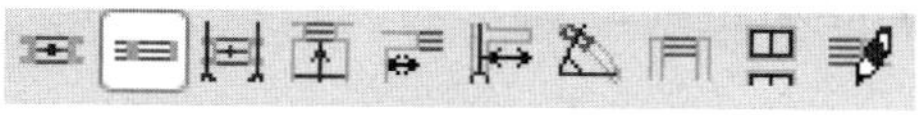

图 7.15　顺序插入门窗

命令行提示：

点取墙体<退出>：点取要插入门窗的墙线；

输入从基点到门窗侧边的距离<退出>：键入起点到第一个门窗边的距离；

输入从基点到门窗侧边的距离或 [左右翻转(S)/内外翻转(D)]<退出>： 键入到前一个门窗边的距离。

3. 轴线等分插入

将一个或多个门窗等分插入到两根轴线间的墙段等分线中间，如果墙段内没有轴线，则该侧按墙段基线等分插入。

命令行提示：

点取门窗大致的位置和开向(Shift－左右开)<退出>:

在插入门窗的墙段上任取一点，该点相邻的轴线亮显。

指定参考轴线(S)/输入门窗个数(1～3)<1>: 3 表示键入插入门窗的个数为 3。

括号中给出按当前轴线间距和门窗宽度计算可以插入的个数范围，结果如图 7.16 所示；键入 S 可跳过亮显轴线，选取其他轴线作为等分的依据（要求仍在同一个墙段内）。

图 7.16　轴线等分插入门窗实例

4. 墙段等分插入

与轴线等分插入相似，本命令在一个墙段上按墙体较短的一侧边线，插入若干个门窗，按墙段等分使各门窗之间墙垛的长度相等。

命令行提示：

点取门窗大致的位置和开向(Shift－左右开)<退出>:在插入门窗的墙段上单击；

门窗个数(1～3)<1>: 3 表示键入插入门窗的个数为 3，括号中给出按当前墙段与门窗宽计算的可用范围。

上述命令行交互的实例如图 7.17 所示。

图 7.17　墙段等分插入门窗实例

5. 垛宽定距插入

系统选取距鼠标点取位置最近的墙边线顶点作为参考点，按指定垛宽距离插入门窗。本命令特别适合插室内门，实例设置垛宽为 240，在靠近墙角左侧插入门，如图 7.18 所示。

命令行提示：

点取门窗大致的位置和开向(Shift－左右开)<退出>: 点取参考垛宽一侧的墙段插入门窗。

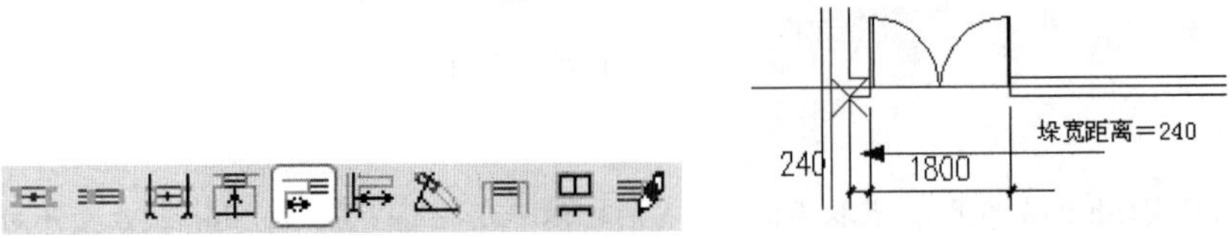

图 7.18　垛宽定距插入门窗实例

6. 轴线定距插入

与垛宽定距插入相似，系统自动搜索距离点取位置最近的轴线的交点，将该点作为参考位置按预定距离插入门窗，实例如图 7.19 所示。

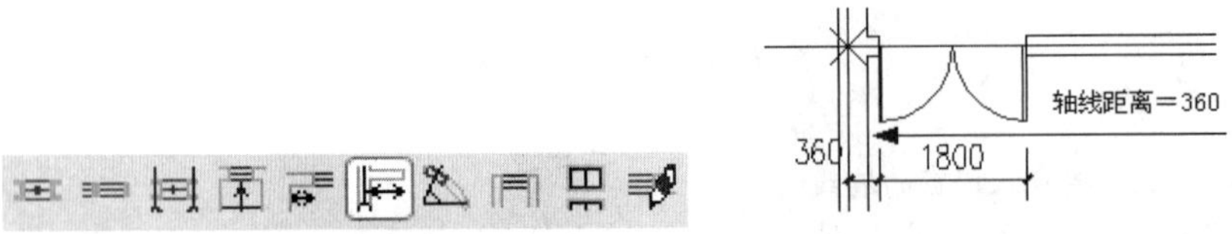

图 7.19　轴线定距插入门窗实例

7. 按角度定位插入

本命令专用于弧墙插入门窗，按给定角度在弧墙上插入门窗，如图 7.20 所示。

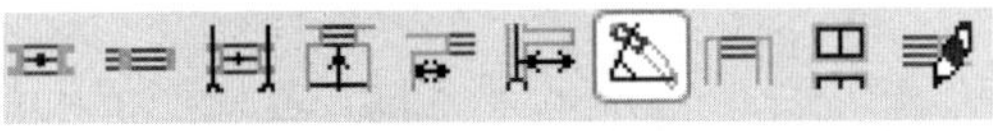

图 7.20　角度定位插入

命令行提示：

点取弧墙<退出>:　点取弧线墙段门窗中心的角度<退出>: 键入需插入门窗的角度值。

8. 满墙插入

门窗在门窗宽度方向上完全充满一段墙，使用这种方式时，门窗宽度参数由系统自动确定，如图 7.21 所示。

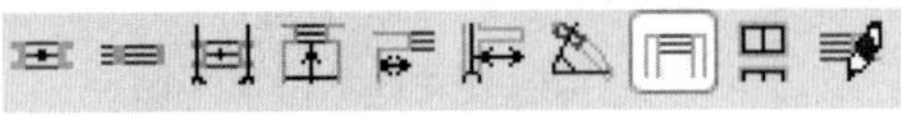

图 7.21　满墙插入

命令行提示：

点取门窗大致的位置和开向(Shift－左右开)<退出>:点取墙段，按 Enter 键结束。

9. 插入上层门窗

在同一个墙体已有的门窗上方再加一个宽度相同、高度不同的窗，这种情况常常出现在高大的厂房外墙中，如图 7.22 所示。

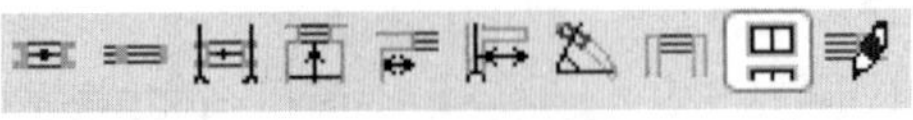

图 7.22　插入上层门窗

先单击“插入上层门窗”图标，然后输入上层窗的编号、窗高和上下层窗间的距离。使用本方式时，注意尺寸参数中上层窗的顶标高不能超过墙顶高。

10. 门窗替换

用于批量修改门窗，包括门窗类型之间的转换。用对话框内的当前参数作为目标参数，替换图中已经插入的门窗。单击“替换”图标，对话框右侧出现参数过滤开关。如果不打算改变某一参数，可去除该参数开关的勾选项，对话框中该参数按原图保持不变，如图 7.23 所示。例如将门改为窗要求宽度不变，应将宽度开关的勾选去除。

图 7.23 门窗替换

7.2.2 组合门窗

本命令不会直接插入一个组合门窗，而是把使用【门窗】命令插入的多个门窗组合为一个整体的“组合门窗”，组合后的门窗按一个门窗编号进行统计，如图 7.24 所示。

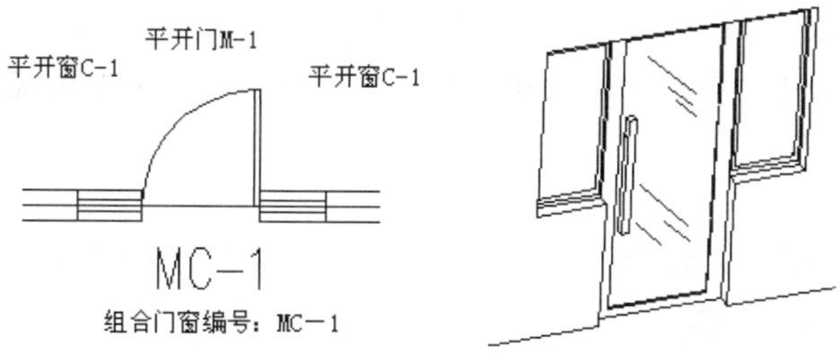

图 7.24 组合门窗实例

菜单命令：门窗→组合门窗（ZHMC）

图标菜单：

点取命令后，命令行提示：

选择需要组合的门窗和编号文字：选择要组合的第 1 个门窗；
选择需要组合的门窗和编号文字：选择要组合的第 2 个门窗；
选择需要组合的门窗和编号文字：选择要组合的第 3 个门窗；
选择需要组合的门窗和编号文字：回车结束选择；
输入编号:MC-1 键入组合门窗编号，更新这些门窗为组合门窗。

组合门窗命令不会自动对各子门窗的高度进行对齐，修改组合门窗时临时分解为子门窗，修改后重新进行组合。本命令用于绘制复杂的门联窗与子母门，简单的情况可直接绘制，不必使用组合门窗命令。

7.2.3 带形窗

本命令创建窗台高与窗高相同，沿墙连续的带形窗对象，按一个门窗编号进行统计，带形窗转角可以被柱子、墙体造型遮挡。

菜单命令：门窗→带形窗（DXC）

图标菜单：

点取命令后，显示对话框如图 7.25 所示。

在其中输入带形窗参数，命令行提示：

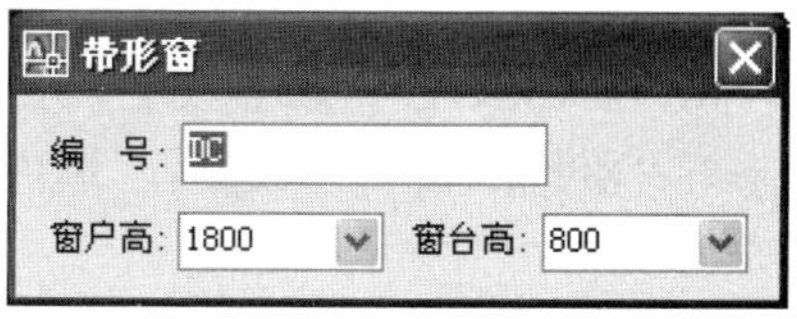

图 7.25 “带形窗”对话框

起始点或 [参考点(R)]<退出>: 在带形窗开始墙段点取准确的起始位置;

终止点或 [参考点(R)]<退出>: 在带形窗结束墙段点取准确的结束位置;

选择带形窗经过的墙: 选择带形窗经过多个墙段;

选择带形窗经过的墙: 回车结束命令。

绘制带形窗如图 7.26 所示。

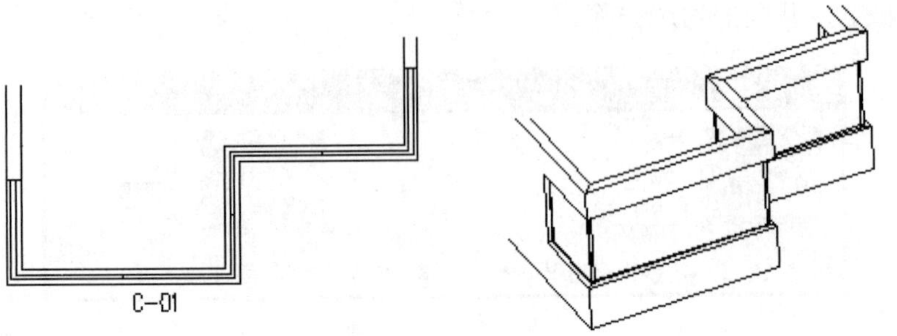

图 7.26　带形窗实例

注意

1. 如果在带形窗经过的路径存在相交的内墙，应把它们的材料级别设置得比带形窗所在墙低，才能正确表示窗墙相交。
2. 带形窗本身不能被 Stretch(拉伸)命令拉伸，否则会消失。
3. 玻璃分格的三维效果请使用【窗棂展开】与【窗棂映射】命令处理。
4. 带形窗暂时还不能设置为洞口。
5. 柱子可以在转角处遮挡带形窗，其他位置应采用先插入柱子的方法。

7.2.4　转角窗

本命令创建在墙角两侧插入窗台高、窗高相同、长度可选的两段带形窗，它包括普通角窗与角凸窗两种形式，按一个门窗编号进行统计。

点取命令后，显示对话框，在对话框中按设计要求选择转角窗的三种类型：角窗、角凸窗与落地的角凸窗，如 7.27 所示。

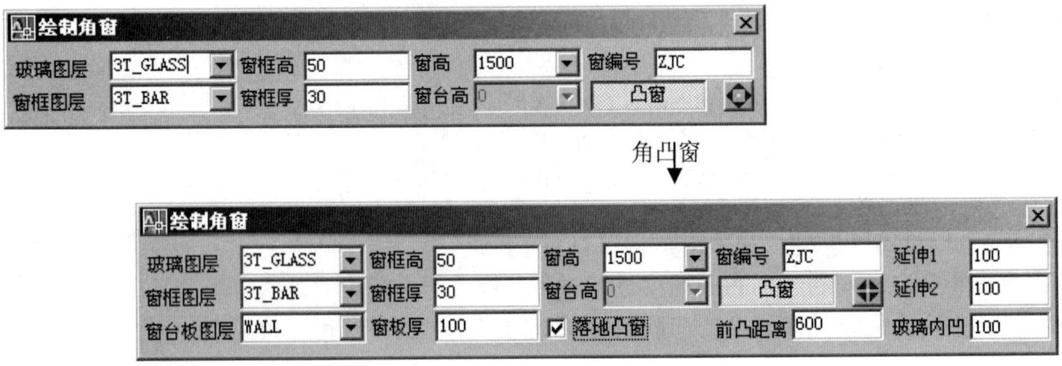

图 7.27　转角窗对话框

★对话框控件的说明

“玻璃内凹”：窗玻璃到窗台外缘的退入距离。

“延伸 1” / “延伸 2”：窗台板与檐口板分别在两侧延伸出窗洞口外的距离。

“前凸长度”：凸窗窗台凸出于墙面外的距离。

“落地凸窗”：勾选后，墙内侧不画窗台线。

注意

1. 默认不按下“凸窗”按钮，就是普通角窗，窗随墙布置。
2. 按下“凸窗”按钮，不勾选“落地凸窗”，就是普通的角凸窗。
3. 按下“凸窗”按钮，再勾选“落地凸窗”，就是落地的角凸窗。

如上选择转角窗类型后，在对话框中输入其他转角窗参数，命令行提示：

请选取墙内角<退出>：点取转角窗所在墙内角，窗长从内角起算；

转角距离 1<1000>：　2000 当前墙段变虚，输入从内角计算的窗长；

转角距离 2<1000>：　1200 另一墙段变虚，输入从内角计算的窗长。

注意

在侧面碰墙、碰柱时角凸窗的侧面玻璃会自动被墙或柱对象遮挡，如图 7.28 所示；特性表中可设置转角窗“作为洞口”处理；玻璃分格的三维效果请使用【窗棂展开】与【窗棂映射】命令处理。请选取墙内角<退出>：执行本命令绘制转角窗，回车退出命令。

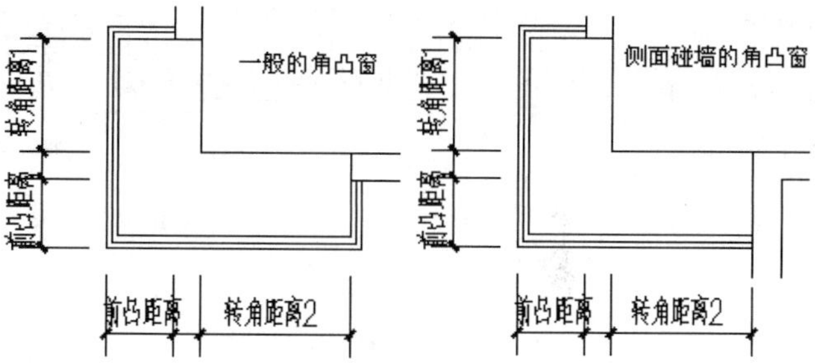

图 7.28　转角窗实例

7.2.5　异形洞

本命令在墙面上按给定的闭合 PLINE 轮廓线生成任意形状的洞口，平面图例与矩形洞相同。建议先将屏幕设为两个或更多视口，分别显示平面和正立面，然后用“墙面 UCS”命令把墙面转为立面 UCS，在立面用闭合多段线画出洞口轮廓线，最后使用本命令创建异型洞。

菜单命令：门窗→异形洞（YXD）

图标菜单：

点取命令后，命令行提示：

请点取墙体一侧：点取平面视图中开洞墙段，当洞口不穿透墙体时，点取开口一侧。

选择墙面上的多段线作为洞口轮廓线：光标移至对应立面视口中，点取洞口轮廓线。

“异形洞”对话框如图 7.29 所示。

在其中单击点取切换表示洞口的图例，输入洞深参数，或者勾选“穿透墙体”后，单击“确定”按钮完成异形洞的绘制。

如洞深小于墙厚，在墙面上构造凹龛，可以选择如下两种平面表示方式，异形洞支持墙线加粗，如图 7.30 所示。

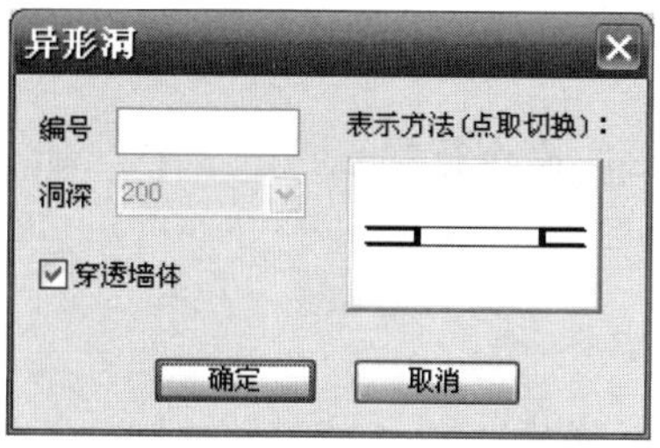

图 7.29　“异形洞”对话框

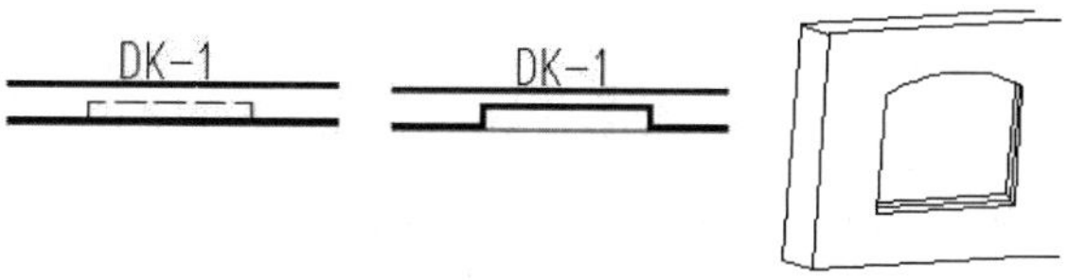

图 7.30　异形洞实例

7.3 门窗的编辑

最简单的门窗编辑方法是选取门窗可以激活门窗夹点，拖动夹点进行夹点编辑不必使用任何命令，批量翻转门窗可使用专门的门窗翻转命令处理。

7.3.1 门窗的夹点编辑

普通门、普通窗都有若干个预设好的夹点，拖动夹点时门窗对象会按预设的行为作出动作，熟练操纵夹点进行编辑是用户应该掌握的高效编辑手段，夹点编辑的缺点是一次只能对一个对象操作，而不能一次更新多个对象，为此系统提供了各种门窗编辑命令。

门窗对象提供的编辑夹点功能如图 7.31～图 7.33 所示，其中部分夹点用 Ctrl 键来切换功能。

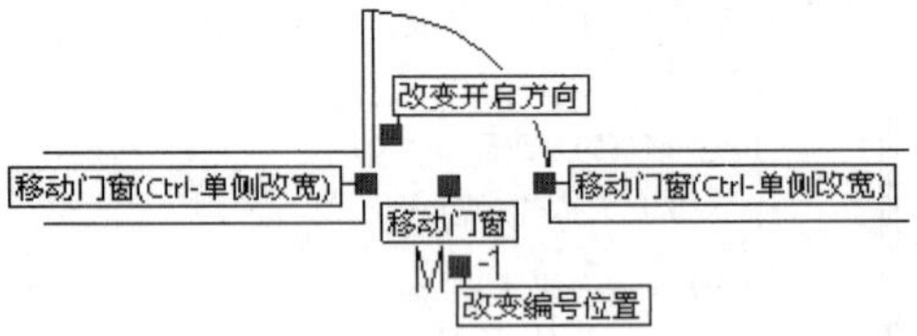

图 7.31　普通门的夹点功能

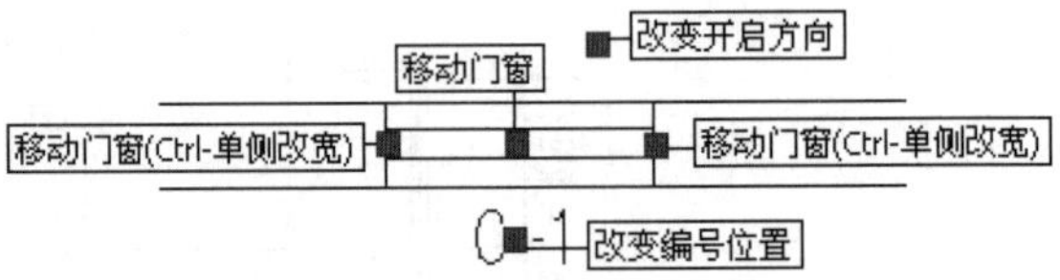

图 7.32　普通窗的夹点功能

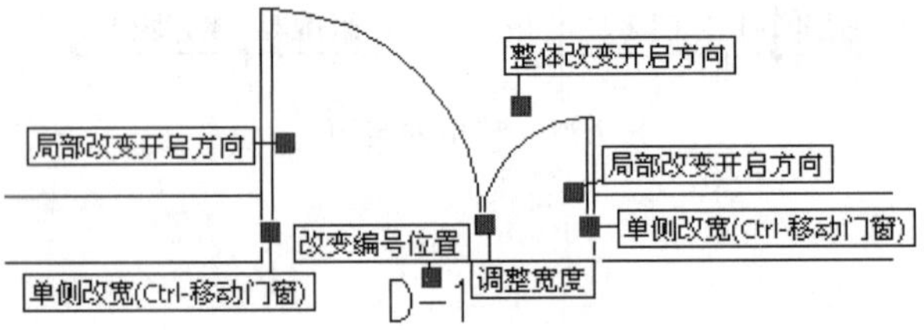

图 7.33　组合门窗的夹点功能

7.3.2 对象编辑与特性编辑

双击门窗对象即可进入“对象编辑”命令对门窗进行参数修改，选择门窗对象右击菜单可以选择“对象编辑”或者“特性编辑”，虽然两者都可以用于修改门窗属性，但是相对而言“对象编辑”启动了创建门窗的对话框，如图 7.34 所示。参数比较直观，而且可以替换门窗的外观样式。

门窗对象编辑对话框与插入对话框类似，只是没有了插入或替换的一排图标，并增加了“单侧改宽”的复选框。

图 7.34　门窗的对象编辑界面

勾选“单侧改宽”复选框，输入新宽度，单击“确定”按钮后，命令行提示：

点取发生变化的一侧：用户在改变宽度的一侧给点

还有其他 X 个相同编号的门窗也同时参与修改?(Y/N) [Y]:

如果要所有相同门窗都一起修改，就回应 Y，否则回应 N。

以 Y 回应后，系统会逐一提示用户对每一个门窗点取变化侧，此时应根据拖引线的指示，平移到该门窗位置点取变化侧。

特性编辑可以批量修改门窗的参数，并且可以控制一些其他途径无法修改的细节参数。如门口线、编号的文字样式和内部图层等。

注意

如果希望新门窗宽度是对称变化的，不要勾选“单侧改宽”复选框。

7.3.3　内外翻转

选择需要内外翻转的门窗，统一以墙中为轴线进行翻转，适用于一次处理多个门窗的情况，方向总是与原来相反。

菜单命令：门窗→内外翻转（NWFZ）

图标菜单：

点取命令后，命令行提示：

选择待翻转的门窗：选择各个要求翻转的门窗；

选择待翻转的门窗：回车结束选择后对门窗进行翻转。

7.3.4　左右翻转

选择需要左右翻转的门窗，统一以门窗中垂线为轴线进行翻转，适用于一次处理多个门窗的情况，方向总是与原来相反。

菜单命令：门窗→左右翻转（ZYFZ）

图标菜单：

点取命令后，命令行提示：

选择待翻转的门窗：选择各个要求翻转的门窗；

选择待翻转的门窗：回车结束选择后对门窗进行翻转。

7.4　门窗编号与窗表

TArch 7/8 版门窗对象的改进完善了转角窗、带形窗对象的门窗编号功能，使得这些门窗对象的编号能自动纳入门窗表统计范围；新增的“组合门窗”命令解决了复杂的门联窗和子母门的门窗编号问题；而墙厚有关的推拉门（密闭门）插入方法的改进，使得这类门得以按门插入，为门窗统计提供了方便。

7.4.1　门窗编号

本命令生成或者修改门窗编号，根据普通门窗的门洞尺寸大小编号，可以删除（隐去）已经编号的门窗，转角窗和带形窗按默认规则编号，TArch 7/8 版本新增自动编号 S 选项，可以不需要样板门窗，键入 S 直接按照洞口尺寸自动编号。

如果改编号的范围内门窗还没有编号，会出现选择要修改编号的样板门窗的提示，本命令每一次执行只能对同一种门窗进行编号，因此只能选择一个门窗作为样板，多选后会要求逐个确认，对与这个门窗参数相同的编为同一个号，如果以前这些门窗有过编号，即使用删除编号，也会提供默认的门窗编号值。

菜单命令：门窗→门窗编号（MCBH）

图标菜单：

点取命令后，命令行提示如下：

1. 对没有编号的门窗自动编号

请选择需要改编号的门窗的范围：用 AutoCAD 的任何选择方式选取门窗编号范围；

请选择需要改编号的门窗的范围：回车结束选择。

请选择需要修改编号的样板门窗或[自动编号(S)]:

指定某一个门窗作为样板门窗，与其同尺寸和类型的门窗编号相同或键入 S 自动编号，样板门窗与其同尺寸和类型的门窗编号相同。

请输入新的门窗编号（删除名称请输入 NULL）<M1521>:

根据门窗洞口尺寸自动按默认规则编号，也可以输入其他编号，如 M1。

2. 对已经编号的门窗重新编号

请选择需要改编号的门窗的范围：用 AutoCAD 的任何选择方式选取门窗编号范围

请选择需要改编号的门窗的范围：回车结束选择

请输入新的门窗编号(删除编号请输入 NULL)<M1521>:

根据原有门窗编号作为默认值，输入新编号或者 NULL 删除原有编号。

注意

转角窗的默认编号规则为 ZJC1、ZJC2…，带形窗为 DC1、DC2…由用户根据具体情况自行修改。

7.4.2 门窗检查

本命令显示门窗参数电子表格，检查当前图中已插入的门窗数据是否合理。

菜单命令：门窗→门窗检查（MCJC）

图标菜单：

点取命令后，显示对话框如图 7.35 所示。

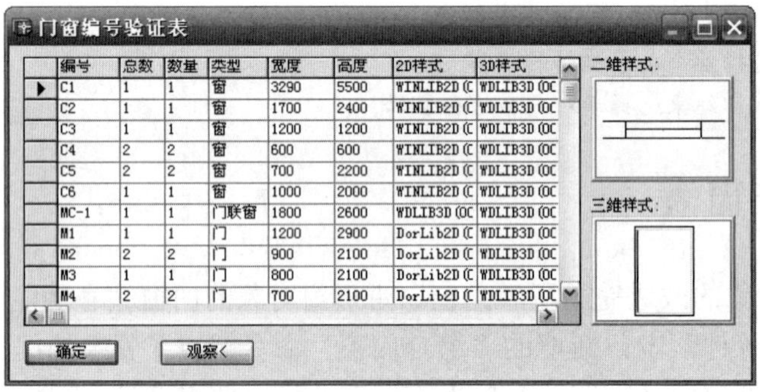

图 7.35　门窗检查对话框

★对话框控件的说明

“编号”：显示图纸中已有门窗的编号，没有编号的门窗此项空白。

“数量”：同类型门窗数量。

“类型”：已有门窗类型名称。

“宽度”/“高度”：门窗洞口的宽度尺寸与高度尺寸。

“2D 样式”/“3D 样式”：门窗的二维与三维样式名称，右侧可以预览。

“观察<”：将选中的门窗在当前图中依次显示出来，便于用户查看。

在对话框中点取“观察<”按钮后，如该门窗在本图，随即进入命令行提示：

观察编号为 C1 的门窗 [列表查询(L)/返回(X)] <下一个>: 回车或键入 X 返回对话框。

键入 L 可以列表显示当前门窗（已经用虚线框住）的参数，回车即显示同一编号门窗在图中另一个的位置。键入 X 即返回对话框中，选取其他编号的门窗。

在实际作图中，门窗编号修改比较频繁，同时由于数量较多，难免有修改不到的，本命令的功能既是出于此种考虑，不但可以对已有门窗进行统计，更能将图中数据冲突的门窗一一显示出来，还可以预览门窗的二维和三维样式。

注意

1. 若单击“观察<”不能把指定门窗显示出来，则该门窗在工程其他 DWG 文件中。
2. 本命令执行前先执行【工程管理】命令，创建各楼层平面图的工程。

7.4.3　门窗表

本命令统计本图中使用的门窗参数，检查后生成传统样式门窗表或者符合国标《建筑工程设计文件编制深度规定》样式的门窗表。

菜单命令：门窗→门窗表(MCB)

图标菜单：

点取命令后，命令行提示：

请选择当前层门窗：全选图形或框选需统计的部分楼层平面图。

系统首先对门窗编号进行检查并报告有冲突的门窗编号，然后弹出如图 7.36 所示的“表格内容”对话框，在其中选择不同的表示方式，如图 7.37 所示。

★传统样式门窗表实例（图 7.36）

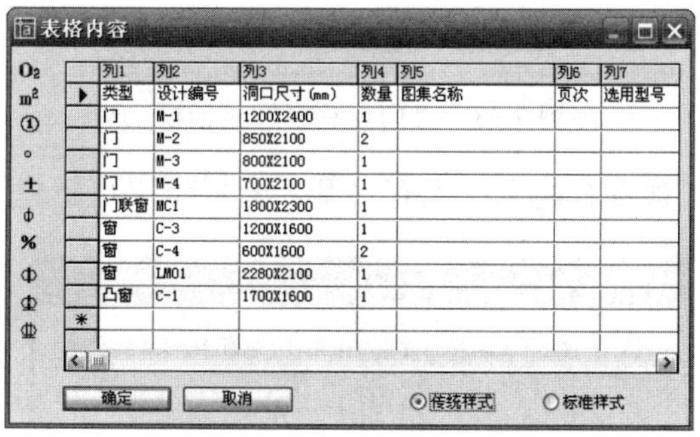

图 7.36　传统样式门窗表对话框

★规范样式门窗表实例

选中某行右击行首箭头，显示快捷菜单进行门窗表的编辑，如图 7.37 所示。用户可在表格中输入其他内容，完毕后单击“确定”按钮，插入门窗表：

门窗表位置(左上角点)或 [参考点(R)]<退出>: 点取表格在图上的插入位置。

- 如果门窗中有数据冲突的，程序则自动将冲突的门窗按尺寸大小归到相应的门窗类型中，同时在命令行提示参数不同的门窗编号。
- 如果对生成的表格宽高及标题不满意，可以通过表格的编辑命令，或者双击表格内容进入在位编辑，直接进行修改。

图 7.37　标准样式门窗表对话框

7.4.4 门窗总表

本命令用于统计本工程中多个平面图使用的门窗编号，检查后生成门窗总表，可由用户在当前图上指定各楼层平面所属的门窗，适用于在一个 dwg 图形文件上存放多楼层平面图的情况。

菜单命令：门窗→门窗总表（MCZB）

图标菜单：

点取命令后，在当前工程打开的情况下，对话框内已经读入当前工程的各平面图的层门窗数据，通过选中行与列右击显示快捷菜单进行表格编辑，如图 7.38 所示为选中门窗总表的一列进行编辑的情况。

图 7.38 “门窗总表”对话框

点取命令后，如果当前工程没有建立或没有打开，会提示用户新建工程，如图 7.39 所示。

图 7.39 “新建工程警告”对话框

新建工程的步骤请参阅“天正工程管理”一节，“门窗总表”对话框的内容与“门窗表”基本相同，用户同样可以选择“传统样式”或者规范的“标准样式”，然后对门窗表的内容进行编辑修改。完毕后单击“确定”按钮，插入门窗总表：

统计标准层 XXXX 的门窗表…

……

门窗表位置(左上角点)或 [参考点(R)]<退出>: 点取表格在图上的插入位置。

本命令同样有检查门窗并报告错误的功能，输出时按照国标门窗表的要求，数量为 0 的在表格中以空格表示。

门窗总表中门窗的先后顺序，在 TArch 7/8 中以门优先，未来的版本中将提供用户一个系统变量来设置默认排序方式。

7.5 门窗工具

7.5.1 编号复位

本命令把门窗编号恢复到默认位置，特别适用于解决门窗“改变编号位置”夹点与其他夹点重合，而使两者无法分开的问题。

菜单命令：门窗工具→编号复位（BHFW）

图标菜单：

点取命令后，命令行提示：

选择名称待复位的门窗：点选或窗选门窗；

选择名称待复位的门窗：以回车退出命令。

7.5.2　编号后缀

本命令把选定的一批门窗编号添加指定的后缀，适用于对称的门窗在编号后增加“反”缀号的情况，添加后缀的门窗与原门窗独立编号。

菜单命令：门窗→编号后缀（BHHZ）

图标菜单：

点取命令后，命令行提示：

选择需要在编号后加缀的窗：点选或窗选门窗；

选择需要在编号后加缀的窗：继续选取或以回车退出选择；

请输入需要加的门窗编号后缀<反>：键入新编号后缀或者回车增加“反”后缀。

7.5.3　门窗套

本命令在门窗两侧加墙垛，三维显示为四周加全门窗框套，其中可单击选项删除添加的门窗套。

菜单命令：门窗→门窗套（MCT）

图标菜单：

点取命令后，显示对话框如图 7.40 所示。

在无模式对话框中默认的操作是“加门窗套”，可以切换为“消门窗套”，在设置“伸出墙长度”和“门窗套宽度”参数后，移动光标进入绘图区，命令行交互如下：

请选择外墙上的门窗：选择要加门窗套的门窗；

请选择外墙上的门窗：回车结束选择。

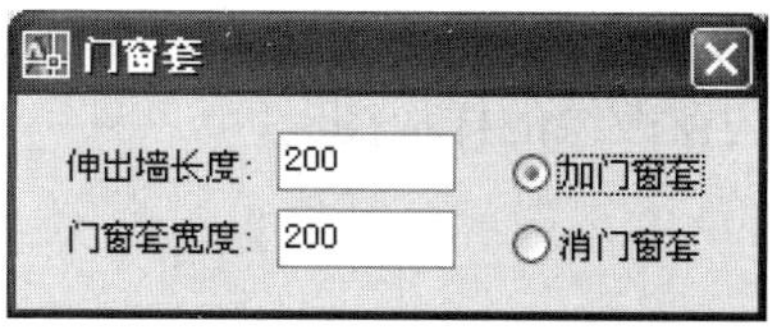

图 7.40　“门窗套”对话框

图 7.41　门窗套实例

门窗套是门窗对象的附属特性，可通过特性栏设置“门窗套”的有无和参数；门窗套在加粗墙线和图案填充时与墙一致，如图 7.41 所示；室内设计的门窗套线是附加装饰物，由专门的【加装饰套】命令完成。

7.5.4　门口线

本命令在平面图上指定的一个或多个门的某一侧添加门口线，表示门槛或者门两侧地面标高不同，门口线是门的对象属性之一，因此门口线会自动随门移动。

菜单命令：门窗→门口线（MKX）

图标菜单：

点取命令后，命令行提示：

选择要加减门口线的门窗：以 AutoCAD 选择方式选取要加门口线的门；

选择要加减门口线的门窗：回车退出选择；

请点取门口线所在的一侧<退出>：一次选择墙体一侧,回车执行命令。

表示门槛时门口两侧都要加门口线，这时需要重复执行本命令，对已有门口线一侧执行本命令，即可清除本侧的门口线，实例如图 7.42 所示。

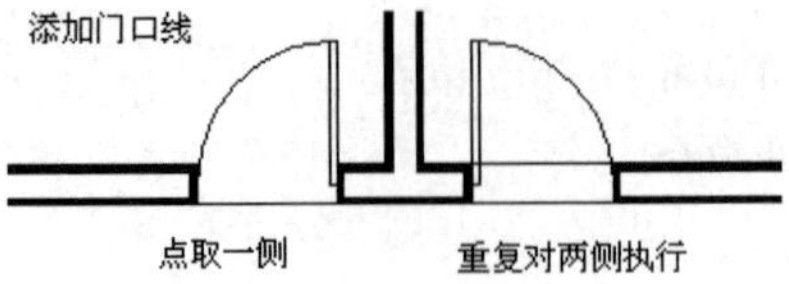

图 7.42 门口线实例

7.6 门窗库

7.6.1 平面门窗图块的概念

天正建筑从第一个版本开始，平面门窗图块的定义就与普通的图块不同，具有如下特点：

- 门窗图块基点与门窗洞的中心对齐。
- 门窗图块是 1×1 的单位图块，用在门窗对象时按实际尺寸放大。
- 门窗对象用宽度作为图块的 x 方向的比例，按不同用途选择宽度或墙厚作为图块的 y 方向的比例。

y 方向放大比例与门窗图块入库类型有关，窗和推拉门、密闭门的 y 方向和墙厚有关，用墙厚作为图块 y 缩放比例；平开门的 y 方向与墙厚无关，用门窗宽度作为图块 y 缩放比例。

为方便门窗的制作，系统提供了【门窗原型】命令和【门窗入库】命令，在二维门窗入库时，系统自动把门窗原型转化为单位门窗图块，特别注意的是用户制作平面门窗时，应按同一类型门窗进行制作，例如应以原有的推拉门作为原型制作新的推拉门，而不能跨类型进行制作，但与二维门窗库的位置无关。

7.6.2 门窗原型

根据当前视图状态，构造门窗制作的环境，轴测视图构建的是三维门窗环境，否则是平面门窗环境，在其中把用户指定的门窗分解为基本对象，作为新门窗改绘的样板图。

菜单命令：门窗→门窗库→门窗原型（MCYX）

图标菜单：

点取命令后，命令行提示：

选择图中的门窗：选取图上打算作为门窗图块样板的门窗(不要选加门窗套的门窗)。

如果点取的视图是二维，则进入二维门窗原型，点取的视图是三维，则进入三维门窗原型，如图 7.43 所示。

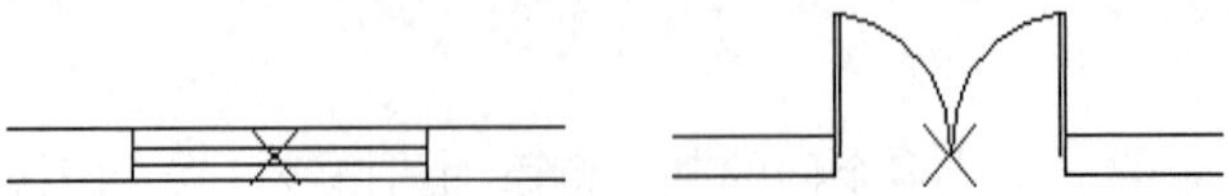

图 7.43　窗与门的二维门窗原型

二维门窗原型：如图，选中的门（或窗）被水平地放置在一个墙洞中。还有一个用红色“×”表示的基点，门窗尺寸与样式完全与用户所选择的一致，但此时门（窗）不再是图块，而是由 LINE（直线）、ARC（弧线）、CIRCLE（圆）、PLINE（多段线）等容易编辑的图元组成，用户用上述图元可在墙洞之间绘制自己的门窗。

三维门窗原型：系统将提问是否按照三维图块的原始尺寸构造原型。如果按照原始尺寸构造原型，能够维持该三维图块的原始模样。否则门窗原型的尺寸采用插入后的尺寸，并且门窗图块全部分解为 3DFACE。对于非矩形立面的门窗，需要在_TCH_BOUNDARY 图层上用闭合 Pline 描述出立面边界。

门窗原型放置在单独的临时文档窗口中，直到“**门窗入库**”或放弃制作门窗，此期间用户不可以切换文档，放弃入库时关闭原型的文档窗口即可。

7.6.3　门窗入库

本命令用于将门窗制作环境中制作好的平面或三维门窗加入到用户门窗库中，新加入的图块处于未命名状态，应打开图库管理系统，从二维或三维门窗库中找到该图块，并及时对图块命名。系统能自动识别当前用户的门窗原型环境，平面门入库到 U_DORLIB2D 中，平面窗入库到 U_WINLIB2D 中，三维门窗入库到 U_WDLIB3D 中，以此类推。

菜单命令：门窗→门窗库→门窗入库（MCRK）

图标菜单：

点取菜单命令后没有交互提示，系统把当前临时文档窗口关闭，显示新门窗入库后的门窗图库对话框，如图 7.44 所示。

用户入库的门窗图块被临时命名为“新名字”，可双击对该图块进行重命名，拖动该图块到合适的门窗类别中。

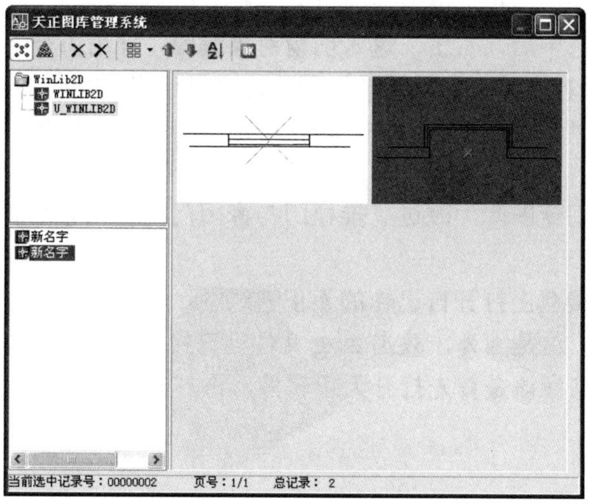

图 7.44　门入库的实例

> **注意**　平开门的二维开启方向和三维开启方向是由门窗图块制作入库时的方向决定的，为了保证开启方向的一致性，入库时门的开启方向（开启线与门拉手）要全部统一为左边。

本章小结

1．本章介绍门窗的概念，介绍天正自定义门窗对象的特点与墙对象的联动关系。门窗的创建。

2．天正门窗分普通门窗与特殊门窗两类，为自定义门窗对象，新增了组合门窗，实现墙柱对平面门窗的遮挡，解决凸窗碰墙问题。

3．门窗的编辑介绍了门窗对象的夹点行为与门窗对象的批量编辑方法。门窗编号与门窗表“门窗编号”命令可对门窗自动编号，“门窗总表”命令可从一个 DWG 图形中的多个平面图中提取各楼层的门窗编号，创建整个工程的门窗总表。

4. 天正的门窗工具用于门窗的图例修改与外观修饰，添加门口线、门窗套、装饰门窗套等附属特性。

5. 门窗库：以天正提供的门窗原型环境，利用已有门窗为原型进行非标准门窗图块的制作和门窗库的管理。

6. 除了使用命令修改门窗的方向与附加窗套外，特别介绍了门窗对象的夹点行为特征与右键激活的门窗编辑对象方法。也举例说明了如何进行不同门窗类型之间的替换。

7. 门、窗和墙洞是室内外空间的过渡部分，是组成建筑物的重要构件，在天正 TArch7/8 中门窗（洞）也是一种自定义对象，和墙体建立了智能联动关系。门窗（洞）插入墙体后，墙体的外观几何尺寸不变，但墙体对象的粉刷面积、开洞面积已经立刻更新以备查询，为未来工程量统计接口作了准备。

8. 门窗（洞）和其他自定义对象一样可以用 AutoCAD 的命令和夹点编辑修改，可以通过电子表格进行统计。天正备有专用的图块库，如果图库中的门窗块不能满足需要，用户还可以自己制作门窗图块，用户可以将外来图块输入天正图库。

9. 本章讲述了各种类门窗，其实在实际工程中，使用最多的依然是普通门和普通窗，窗的插入方式按中心插入较多，而门插入方式有多种。

10. 对于较繁杂的多层建筑，门窗类型和数量都较多，此时可借助门窗检查功能，通过门窗编号验证表检查，便于及时查错及修改，也利于工程方面的统计。

11. 门窗编辑方便，翻转容易，也可利用门窗专业夹点进行编辑。

12. 对象编辑：门窗选中后，右击，进入门窗对象编辑，非常方便。此外，也可在选定一类门窗后，单击 AutoCAD 工具栏上的“对象特性”图标，可显示出有关门窗的电子表格，使用方便。

13. 天正软件新增了“组合门窗”命令，轻松解决复杂门窗的拼接组合问题，新增凸窗的侧面碰墙遮挡处理。

14. 天正软件更新的门窗图库，改进了推拉门与密闭门的插入方法和以前作为窗插入的编号统计问题。

15. 好多学生喜欢直接双击打开自己作的天正建筑图，当屏幕上没有出现天正菜单，就会问：“怎么没有天正菜单了？”这是因为，双击 dwg 文件是直接用 Auto CAD 打开此类文件，当然就没有天正菜单了。正确的方法应该是首先打开天正软件，再打开天正作的建筑图形。

练习题

1. 对照教材上关于门窗插入的各种方式插入门窗，对于门窗插入的各种方式进行分析比较，总结其各自的特点及适应场合。多作上机验证。

2. 对已做出的门窗进行内外翻转、左右翻转、替换等编辑操作。完成第 6 章的门窗。

3. 画出下面各图的门窗，对门窗进行编辑、替换，并进行门窗编号、门窗检查、造门窗表。

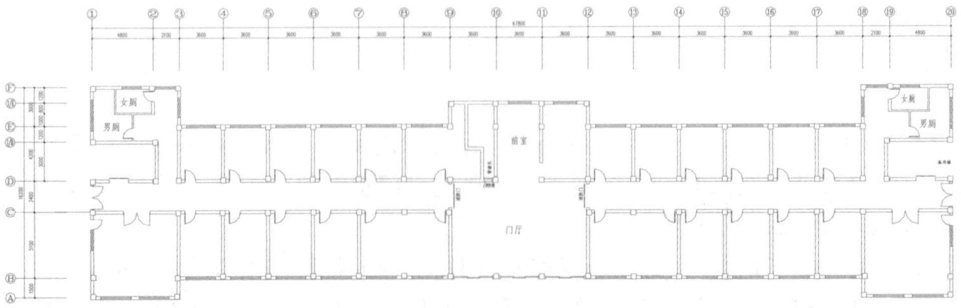

练习图 1

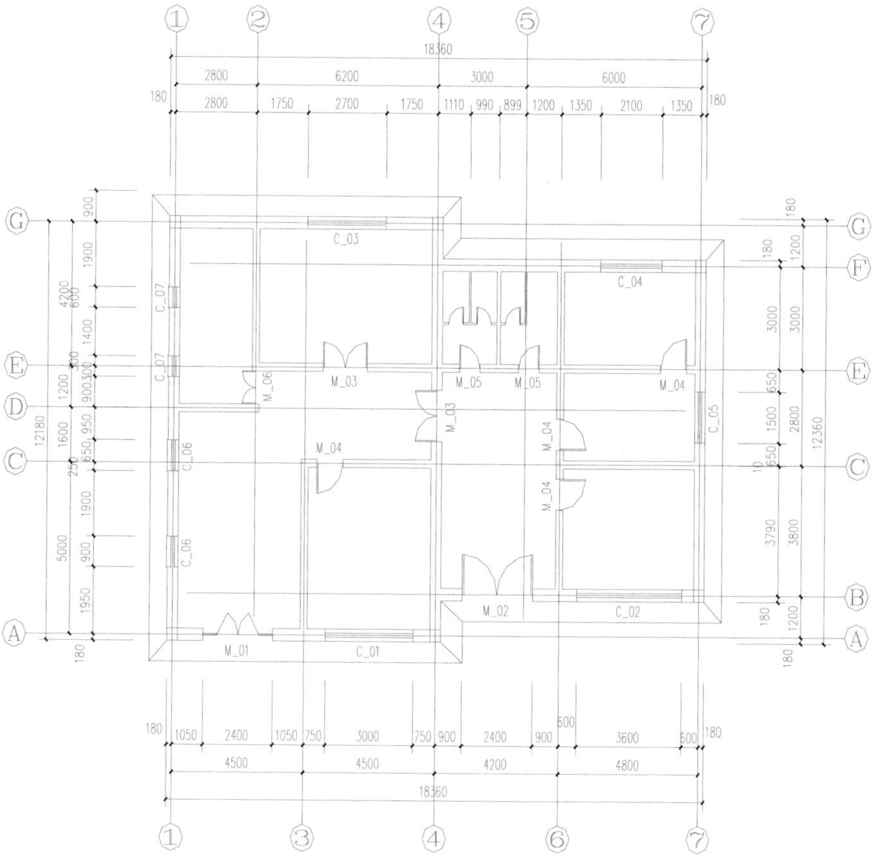
C_03
C_04
C_07
C_07
M_06
M_03
M_05
M_05
M_04
M_03
M_04
C_05
C_06
M_04
M_04
C_06
M_02
C_02
M_01
C_01

练习图 2

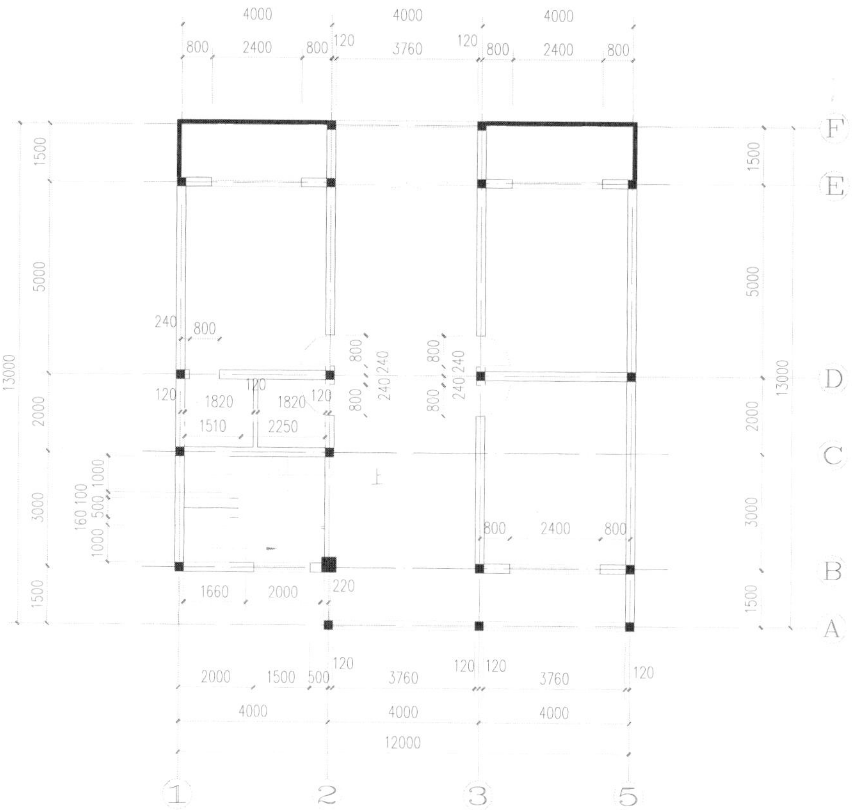

练习图 3

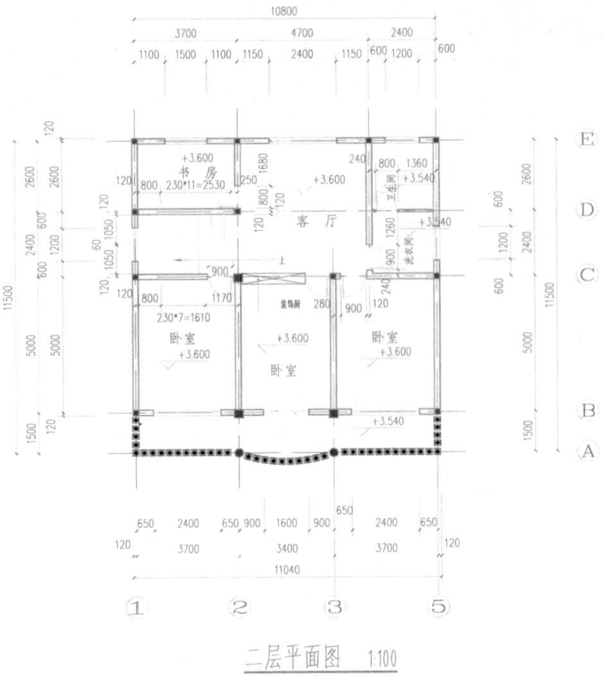

练习图 4

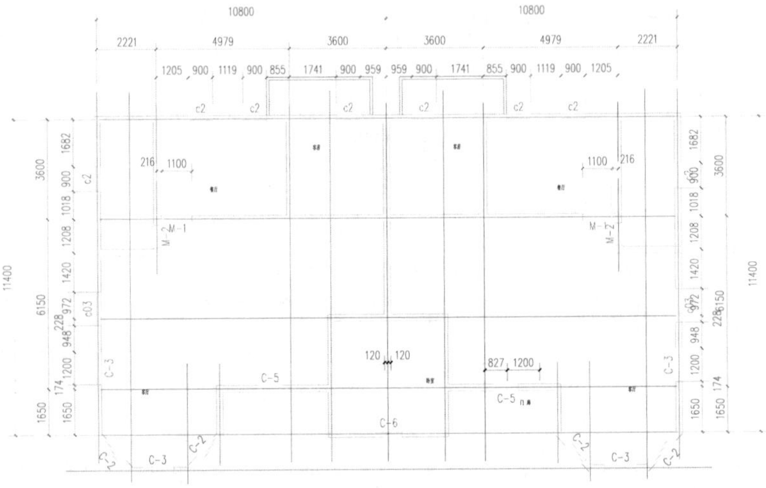

练习图 5

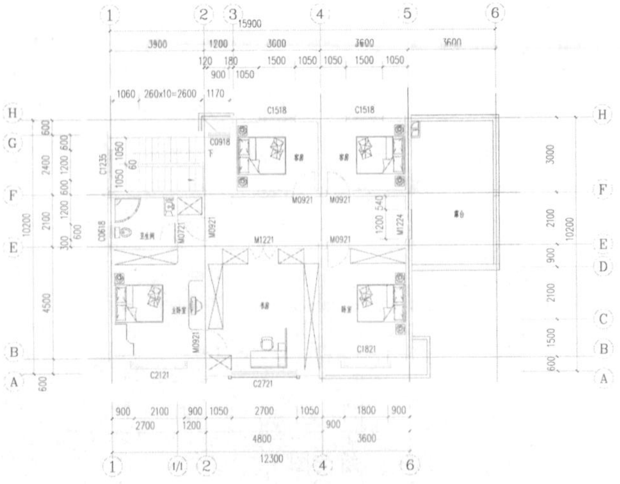

练习图 6

第 8 章

楼梯及室内外设施

本章要点

- 各种楼梯的创建
- 楼梯扶手与栏杆
- 其他设施的创建

8.1　各种楼梯的创建

TArch 7/8 提供了由自定义对象建立的基本梯段对象，包括直线、圆弧与任意梯段、由梯段组成了常用的双跑楼梯对象、多跑楼梯对象，考虑了楼梯对象在二维与三维视口下的不同可视特性。双跑楼梯具有梯段方便地改为坡道、标准平台改为圆弧休息平台等灵活可变特性，各种楼梯与柱子在平面相交时，楼梯可以被柱子自动剪裁；双跑楼梯的上下行方向标识符号可以自动绘制。

8.1.1　直线梯段

本命令在对话框中输入梯段参数绘制直线梯段，本命令可以单独使用或用于组合复杂楼梯与坡道。

菜单命令：楼梯其他→直线梯段（ZXTD）

图标菜单：

点取命令后，显示对话框如图 8.1 所示。

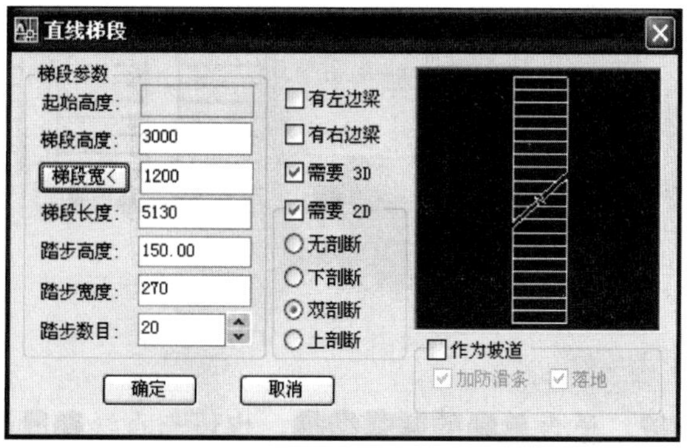

图 8.1　“直线梯段”对话框

★ **对话框控件的说明**

[梯段宽<]：梯段宽度，该项为按钮项，可在图中点取两点获得梯段宽。

[梯段长度]：直段楼梯的踏步宽度×(踏步数目－1)=平面投影的梯段长度。

[梯段高度]：直段楼梯的总高，始终等于踏步高度的总和，如果梯段高度被改变，自动按当前踏步高调整踏步数，最后根据新的踏步数重新计算踏步高。

[踏步高度]：输入一个概略的踏步高设计初值，由楼梯高度推算出最接近初值的设计值。由于踏步数目是整数，梯段高度是一个给定的整数，因此踏步高度并非总是整数。用户给定一个概略的目标值后，系统经过计算确定踏步高的精确值。

[踏步数目]：该项可直接输入或者步进调整，由梯段高和踏步高概略值推算取整获得，同时修正踏步高，也可改变踏步数，与梯段高一起推算踏步高。

[踏步宽度]：楼梯段的每一个踏步板的宽度。

[需要 2D/3D]：用来控制梯段的二维视图和三维视图，某些梯段只需要二维视图，某些梯段则只需要三维。

[作为坡道]：勾选此复选框，踏步作防滑条间距，楼梯段按坡道生成。有“加防滑条”和“落地”复选框。

单击“确定”按钮，命令行提示：

点取位置或 [转 90 度(A)/左右翻(S)/上下翻(D)/对齐(F)/改转角(R)/改基点(T)]<退出>:

点取梯段的插入位置和转角插入梯段。

直线梯段为自定义构件对象，因此具有夹点编辑特征，同时可用对象编辑重新设定参数。

★ 梯段夹点的功能说明

[改梯段宽]：梯段被选中后亮显，点取两侧中央夹点即可拖移该梯段改变宽度。

[移动梯段]：在显示的夹点中，居于梯段四个角点的夹点为移动梯段，点取 4 个中任意一个夹点，即表示以该夹点为基点移动梯段。

[改剖切位置]：在带有剖切线的梯段上，在剖切线的两端还有两个夹点为改剖切位置，可拖移该夹点改变剖切线的角度和位置。

注意

1. 作为坡道时，防滑条的稀密靠楼梯踏步表示，事先要选好踏步数量。
2. 坡道的长度可由梯段长度直接给出，但会被踏步数与踏步宽少量调整。
3. 剖切线在“天正基本设定”中有“单剖断”和“双剖断”样式可选。

直线梯段的各种绘图实例如图 8.2 所示。

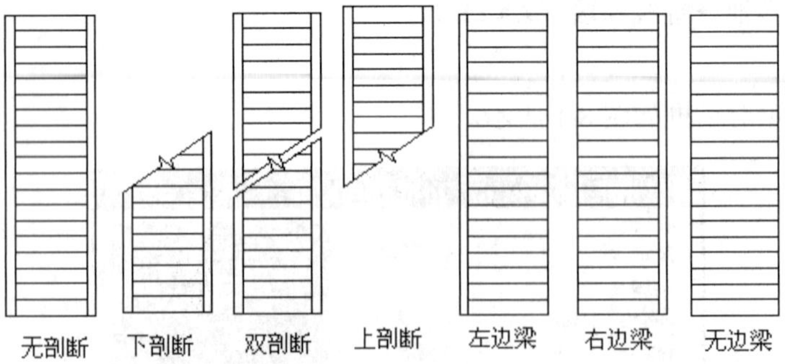

图 8.2 直线梯段的实例

8.1.2 圆弧梯段

本命令创建单段弧线梯段，适合单独的圆弧楼梯，也可与直线梯段组合创建复杂楼梯和坡道，如大堂的螺旋楼梯与入口的坡道。

菜单命令：楼梯其他→圆弧梯段（YHTD）

图标菜单：

点取命令后，对话框显示如图 8.3 所示。

在对话框中输入楼梯的参数，可根据右侧的动态显示窗口，确定楼梯参数是否符合要求。对话框中的选项与【直线梯段】类似，可以参照上一节的描述。

单击“确定”按钮，命令行提示：

点取位置或 [转 90 度(A)/左右翻(S)/上下翻(D)/对齐(F)/改转角(R)/改基点(T)]<退出>；

点取梯段的插入位置和转角插入圆弧梯段。

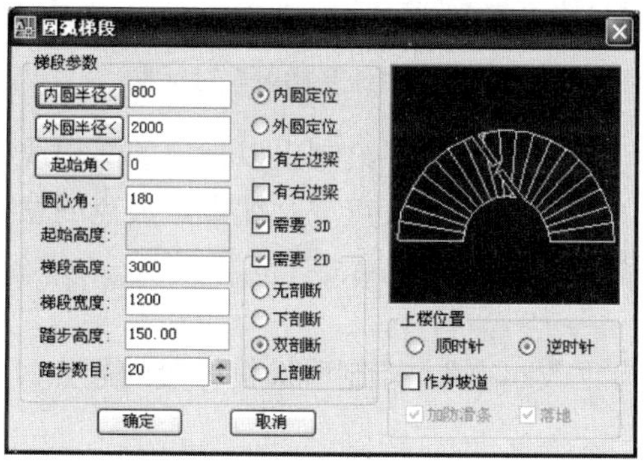

图 8.3　“圆弧梯段”对话框

圆弧梯段为自定义对象，可以通过拖动夹点进行编辑，夹点的意义如图 8.4 所示，也可以双击楼梯进入对象编辑重新设定参数。

★ 梯段夹点的功能说明

[改内径]：梯段被选中后亮显，同时显示 7 个夹点，如果该圆弧梯段带有剖断，在剖断的两端还会显示两个夹点。在梯段内圆中间的夹点为改内径，如图 8.4 右图中部所示。点取该夹点，即可拖移该梯段的内圆改变其半径。

[改外径]：在梯段外圆中间的夹点为改外径。点取该夹点，即可拖移该梯段的外圆改变其半径，如图 8.4 右图上部所示。

[移动梯段]：拖动 5 个夹点中的任意一个，即可以该夹点为基点移动梯段。

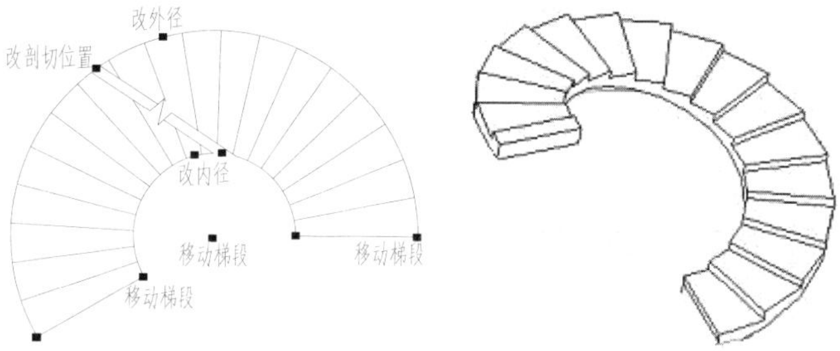

图 8.4　圆弧梯段的实例

8.1.3　任意梯段

本命令以用户预先绘制的直线或弧线作为梯段两侧边界，在对话框中输入踏步参数，创建形状多变的梯段，除了两个边线为直线或弧线外，其余参数与直线梯段相同。

菜单命令：楼梯其他→任意梯段（RYTD）

图标菜单：

点取命令后，命令行提示：

请点取梯段左侧边线(LINE/ARC)：点取一根 LINE 线；

请点取梯段右侧边线(LINE/ARC): 点取另一根 LINE 线。

点取后屏幕弹出如图 8.5 所示的“任意梯段”对话框，其中选项与直梯段基本相同。

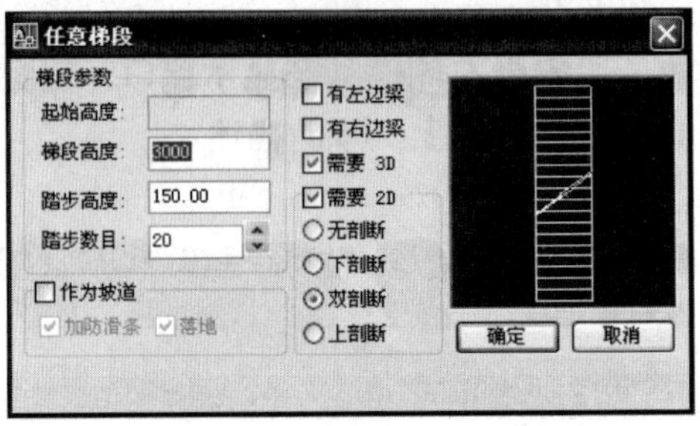

图 8.5 “任意梯段”对话框

输入相应参数后，单击“确定”按钮，即绘制出以指定的两根线为边线的梯段。

任意梯段为自定义对象，可以通过拖动夹点进行编辑，夹点的意义如图 8.6 所示，也可以双击楼梯进入对象编辑重新设定参数。

★ 梯段夹点的功能说明

[改起点]：起始点的夹点为“改起点”。控制所选侧梯段的起点。如两边同时改变起点可改变梯段的长度。

[改终点]：终止点的夹点为“改终点”，控制所选侧梯段的终点。如两边同时改变终点可改变梯段的长度。

[改圆弧/平移边线]：中间的夹点为“平移边线”或者“改圆弧”，按边线类型而定，控制梯段的宽度或者圆弧的半径。

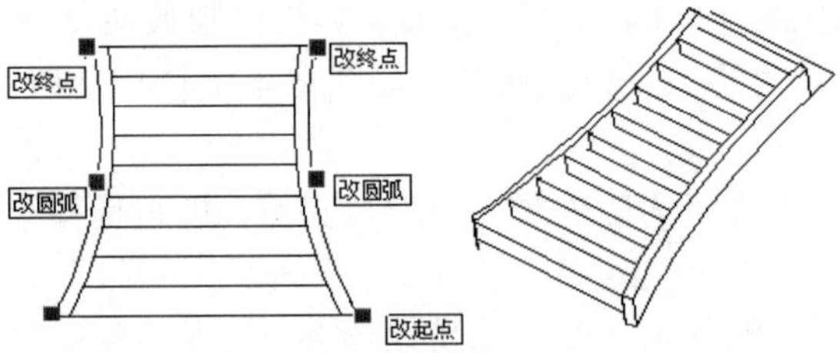

图 8.6 任意梯段的实例

8.1.4 双跑楼梯

双跑楼梯是最常见的楼梯形式，由两跑直线梯段、一个休息平台、一个或两个扶手和一组或两组栏杆构成的自定义对象，具有二维视图和三维视图。双跑楼梯可分解（EXPLODE）为基本构件即直线梯段、平板和扶手栏杆等，注意楼梯方向线是与楼梯相互独立的箭头引注对象。双跑楼梯对象内包括常见的构件组合形式变化，如是否设置两侧扶手、梯段边梁、休息平台是半圆形或矩形等，尽量满足建筑的个性化要求。

菜单命令：楼梯其他→双跑楼梯

图标菜单：

点取命令后，显示对话框如图 8.7 所示，其中控件的说明如下：

★ 对话框的控件说明

[楼梯高度]：双跑楼梯的总高，默认为当前楼层高度，对相邻楼层高度不等时应按实际情况调整。

[梯间宽<]：双跑楼梯的总宽。单击按钮可从平面图中直接读取楼梯间净宽作为双跑楼梯总宽。

[井宽]：默认取 100 为井宽，修改梯间宽时，井宽不变，但梯段宽和井宽两个数值互相关联。

[踏步总数]：默认踏步总数 20，是双跑楼梯的关键参数。

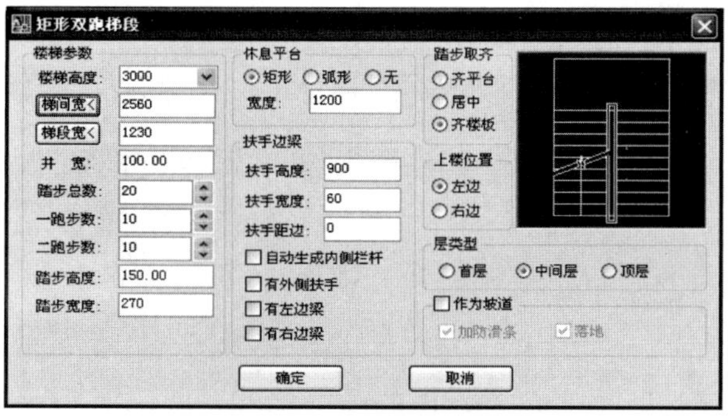

图 8.7　“矩形双跑梯段”对话框

[一跑步数]：以踏步总数推算一跑与二跑步数，总数为奇数时先增一跑步数。

[二跑步数]：二跑步数默认与一跑步数相同，两者都允许用户修改。

[踏步高度]：踏步高度。用户可先输入大约的初始值，由楼梯高度与踏步数推算出最接近初值的设计值，推算出的踏步高有均分的舍入误差。

[休息平台]：有矩形、弧形、无三种选项，在非矩形休息平台时，可以选无平台，以便自己用平板功能设计休息平台。

[平台宽度]：按建筑设计规范，休息平台的宽度应大于梯段宽度，在选弧形休息平台时应修改宽度值，最小值不能为零。

[踏步取齐]：当一跑步数与二跑步数不等时，两梯段的长度不一样，因此有两梯段的对齐要求，由设计人选择。

[扶手宽高]：默认值分别为 900 高，60×100 的扶手断面尺寸。

[扶手距边]：在 1:100 图上一般取 0，在 1:50 详图上应标以实际值。

[有外侧扶手]：在外侧添加扶手，但不会生成外侧栏杆，在室外楼梯时需要单独添加。

[有内侧栏杆]：勾选此复选框，命令自动生成默认的矩形截面竖栏杆。

[层类型]：在平面图中按楼层分为 3 种类型绘制：①首层只给出一跑的下剖断；②中间层的一跑是双剖断；③顶层的一跑无剖断。

[作为坡道]：勾选此复选框，楼梯段按坡道生成。

注意

1. 勾选“作为坡道”前要求楼梯的两跑步数相等，否则坡长不能准确定义。
2. 坡道的防滑条的间距用步数来设置，在勾选“作为坡道”前要设好。

在确定楼梯参数和类型后，单击“确定”按钮，命令行提示：

点取位置或 [转 90 度(A)/左右翻(S)/上下翻(D)/对齐(F)/改转角(R)/改基点(T)]<退出>:

键入关键字改变选项，给点插入楼梯。

点取插入点后在平面图中插入双跑楼梯。注意对于三维视图，不同楼层特性的扶手是不一样的，其中顶层楼梯实际上只有扶手，而没有梯段。

双跑楼梯为自定义对象，可以通过拖动夹点进行编辑，夹点的意义如图 8.8 所示，也可以双击楼梯进入对象编辑重新设定参数。

★ 梯段夹点的功能说明

[改梯段宽度]：该夹点用于改变楼梯双侧的净梯段宽，同时改变楼梯间的宽度，但不改变楼梯总宽。

[改楼梯间宽度]：该夹点用于改变楼梯间的宽度和楼梯总宽，但不改变梯段的宽度。

[移动剖切位置]：该夹点用于拖动改变剖切线位置，剖切线两侧夹点分别拖动改变。

[改休息平台尺寸]：该夹点用于改变休息平台的宽度和楼梯总长，但不改变楼梯的总宽。

[移动楼梯]：该夹点用于改变楼梯位置，夹点位于楼梯休息平台两个角点。

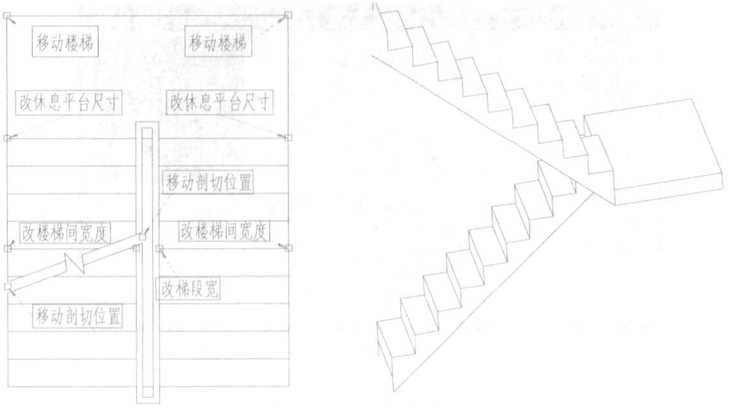

图 8.8　双跑楼梯的实例

8.1.5　多跑楼梯

本命令创建由梯段开始且以梯段结束、梯段和休息平台交替布置、各梯段方向自由的多跑楼梯，要点是先在对话框中确定“基线在左”或“基线在右”的绘制方向，7.5 版本新增在绘制梯段过程中实时显示当前梯段步数、已绘制步数以及总步数的功能，便于设计中决定梯段起止位置，绘图交互中的热键切换基线路径左右侧的命令选项，便于绘制休息平台间走向左右改变的 Z 型楼梯。

菜单命令：楼梯其他→多跑楼梯（DPLT）

图标菜单：

点取命令后，显示对话框如图 8.9 所示。

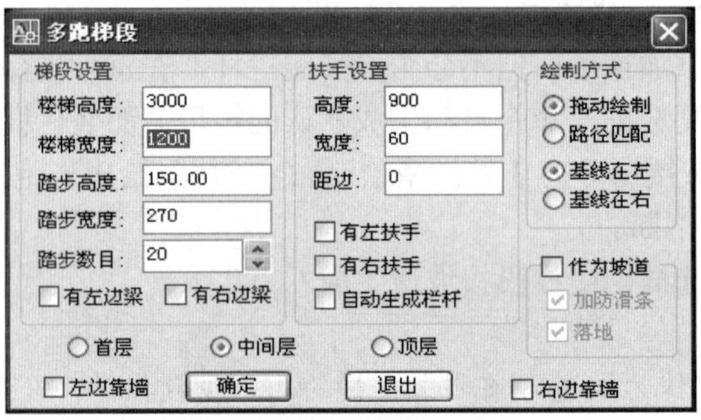

图 8.9　“多跑梯段”对话框

★对话框的控件说明

[拖动绘制]：暂时进入图形中量取楼梯间净宽作为双跑楼梯总宽。

[路径匹配]：楼梯按已有多段线路径作为基线绘制，不作拖动绘制。

[基线在左]：拖动绘制时是以基线为标准的，这时楼梯画在基线右边。

[基线在右]：拖动绘制时是以基线为标准的，这时楼梯画在基线左边。

[左边靠墙]：按上楼方向，左边不画出边线。

[右边靠墙]：按上楼方向，右边不画出边线。

参见如图 8.10 所示的工程实例，设置“基线在右”，楼梯宽度为 1820，确定楼梯参数和类型后，单击“确定”按钮后，命令行提示：

起点<退出>:　在辅助线处点取首梯段起点 P1 位置；

输入下一点或 [路径切换到左侧(Q)]<退出>:

　　在井道转角处点取首梯段终点 P2(此时过梯段终点但仍是 6 步)；

输入下一点或 [路径切换到左侧(Q)/撤销上一点(U)]<退出>:

　　拖动楼梯转角后在辅助线处点取第二梯段起点 P3；

输入下一点或 [路径切换到左侧(Q)/撤销上一点(U)]<退出>:
在井道转角处点取第二梯段终点 P4(此时过梯段终点但仍是 7 步);
输入下一点或 [路径切换到左侧(Q)/撤销上一点(U)]<退出>:
拖动楼梯转角后在辅助线处点取第三梯段起点 P5;
输入下一点或 [路径切换到左侧(Q)/撤销上一点(U)]<退出>:
点取第三梯段终点 P6(此时过梯段终点但仍是 6 步);
输入下一点或 [路径切换到左侧(Q)/撤销上一点(U)]<退出>:
拖动楼梯转角后在辅助线处点取第四梯段起点 P7;
输入下一点或 [路径切换到左侧(Q)/撤销上一点(U)]<退出>:
点取第四梯段终点 P8(此时过梯段终点但仍是 7 步)。

★ 多跑楼梯工程实例

按“基线在右”设置后的绘图过程如图 8.10 所示，预先应按各梯段相对井道居中排列做出起步点辅助线。

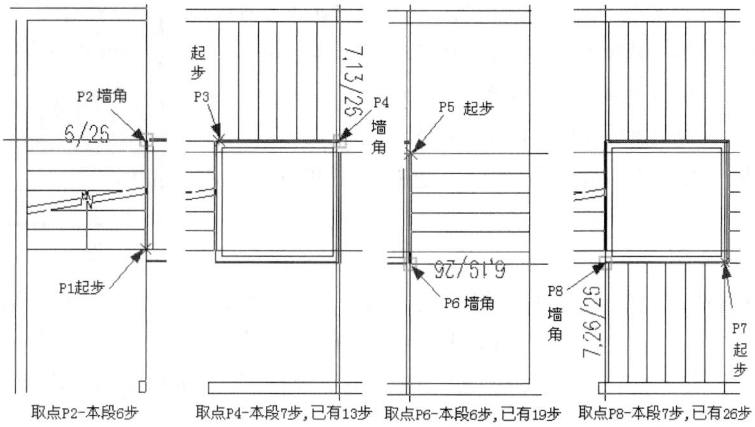

图 8.10　多跑楼梯工程实例说明

多跑楼梯由给定的基线来生成，基线就是多跑楼梯左侧或右侧的边界线。基线可以事先绘制好，也可以交互确定，但不要求基线与实际边界完全等长，按照基线交互点取顶点，当步数足够时结束绘制，基线的顶点数目为偶数，即梯段数目的两倍。

多跑楼梯的休息平台是自动确定的，休息平台的宽度与梯段宽度相同，休息平台的形状由相交的基线决定，默认的剖切线位于第一跑，可拖动改为其他位置。多跑楼梯所能绘制的楼梯类型如图 8.11 所示。图 8.11 右图为选路径匹配，基线在左时的转角楼梯生成，注意即使 P2、P3 应重合但绘图时也要分开绘制。

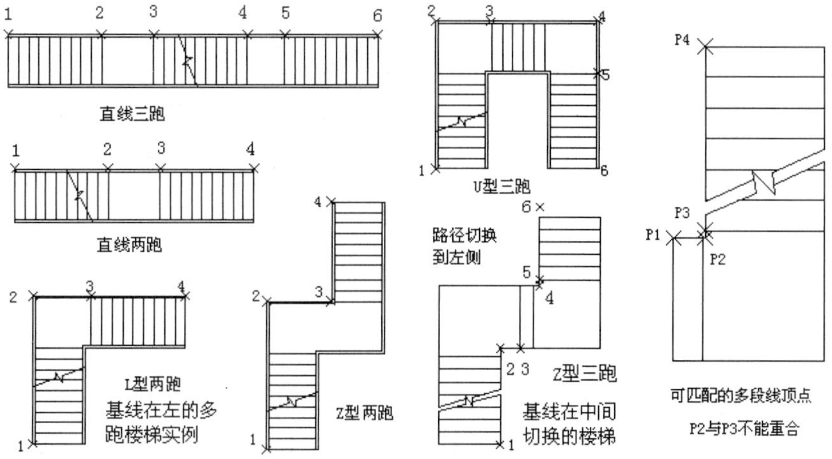

图 8.11　多跑梯段类型实例

8.2 楼梯扶手与栏杆

扶手作为与梯段配合的构件，与梯段和台阶产生关联。放置在梯段上的扶手，可以遮挡梯段，也可以被梯段的剖切线剖断，通过连接扶手命令把不同分段的扶手连接起来。

8.2.1 添加扶手

本命令以楼梯段或沿上楼方向的 PLINE 路径为基线，生成楼梯扶手，本命令可自动识别楼梯段和台阶，但是不识别组合后的多跑楼梯与双跑楼梯。

菜单命令：楼梯其他→添加扶手（TJFS）

图标菜单：

点取命令后，命令行提示：

请选择梯段或作为路径的曲线(线/弧/圆/多段线)：选取梯段或已有曲线。

扶手宽度<60>:100　　键入新值或回车接受默认值；

扶手顶面高度<900>:　　键入新值或回车接受默认值；

扶手距边<0>:　　键入新值或回车接受默认值。

双击创建的扶手，可进入“扶手”对话框进行扶手的编辑，如图 8.12 所示。

图 8.12 “扶手”对话框

★ 对话框的控件说明

[形状]：扶手的形状可选矩形、圆形和栏板 3 种，在“尺寸”下面分别输入适当的尺寸。

[对齐]：仅对 PLINE、LINE、ARC 和 CIRCLE 作为基线时起作用。PLINE 和 LINE 用作基线时，以绘制时取点方向为基准方向；对于 ARC 和 CIRCLE 内侧为左，外侧为右；而楼梯段用作基线时对齐默认为对中，为与其他扶手连接，往往需要改为一致的对齐方向。

[加顶点]/[删顶点]/[改顶点]：可通过单击“加顶点<”和“删顶点<”按钮增加或删除扶手顶点，通过单击“改顶点<”进入图形中修改扶手各段高度，命令行提示如下：

选取顶点：　光标移到扶手上，程序自动显示顶点位置；

改夹角[A]/点取[P]/顶点标高<0>：　输入顶点标高值或者键入 P 取对象标高。

扶手的对象编辑应当在多视图（平面视图和三维视图）环境中进行，如图 8.13 所示为在任意梯段绘制的曲边楼梯上添加的扶手实例。

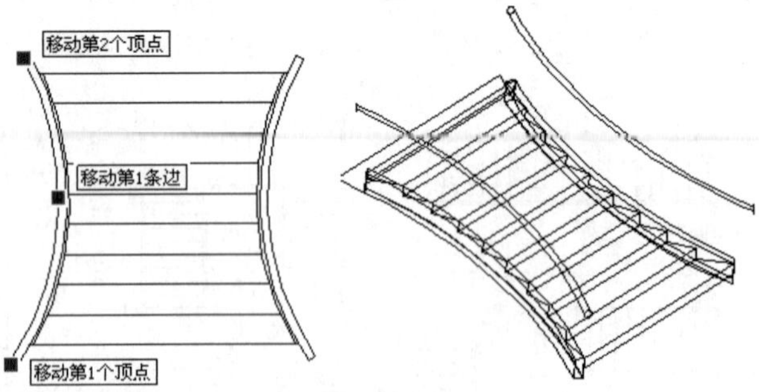

图 8.13　添加扶手的实例

8.2.2 连接扶手

本命令把未连接的扶手彼此连接起来，如果准备连接的两段扶手的样式不同，连接后的样式以第一段为准；连接顺序要求是前一段扶手的末端连接下一段扶手的始端，梯段的扶手则按上行方向为正向，需要从低到高顺序选择扶手的连接，接头之间应留出空隙，不能相接和重叠。

菜单命令：楼梯其他→连接扶手（LJFS）

图标菜单：

点取命令后，命令行提示：

选择待连接的扶手(注意与顶点顺序一致)：选取待连接的第一段扶手；

选择待连接的扶手(注意与顶点顺序一致)：选取待连接的第二段扶手。

回车后两段楼梯扶手被连接起来了，图 8.14 为扶手连接的实例。

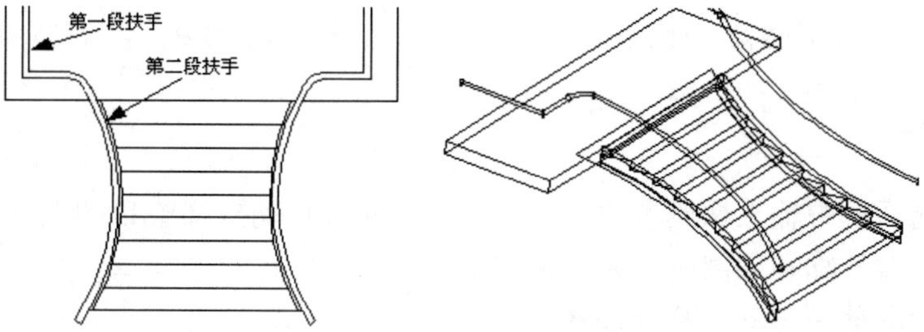

图 8.14　连接扶手的实例

8.2.3　楼梯栏杆的创建

在 TArch 7.5 中“双跑楼梯”对话框有自动添加竖栏杆的设置，但其他楼梯则仅可创建扶手或者栏杆与扶手都没有，此时可先按上述方法创建扶手，然后使用“三维建模”下“造型对象”菜单的【路径排列】命令来绘制栏杆。

由于栏杆在施工平面图中不必表示，主要用于三维建模和立剖面图，在平面图中没有显示栏杆时，注意选择视图类型。

操作步骤如下：

（1）先用“三维建模”菜单下“造型对象”子菜单的【栏杆库】命令选择栏杆的造型效果。

（2）在平面图中插入合适的栏杆单元（也可用其他三维造型方法创建栏杆单元）。

（3）使用“三维建模”菜单下“造型对象”子菜单的【路径排列】命令来构造楼梯栏杆。

8.3　其他设施的创建

8.3.1　电梯

本命令创建的电梯图形包括轿厢、平衡块和电梯门，其中轿厢和平衡块是二维线对象，电梯门是天正门窗对象；绘制条件是每一个电梯周围已经由天正墙体创建了封闭房间作为电梯井，如要求电梯井贯通多个电梯，请临时加虚墙分隔。

菜单命令：楼梯其他→电梯（DT）

图标菜单：

点取命令后，显示“电梯参数”对话框，如图 8.15 所示。

在该对话框中可以设定电梯类型、载重量、门形式、门宽、轿厢宽、轿厢深等参数。其中电梯类别有客梯、住宅梯、医院梯、货梯 4 种，每种电梯形式均有已设定好的不同的设计参数，输入参数后按命令行提示执行命令，不必关闭对话框。

请给出电梯间的一个角点或 [参考点(R)]<退出>：点取第一角点；

再给出上一角点的对角点：点取第二角点；

请点取开电梯门的墙线<退出>：点取开门墙线，开双门时可多选，如图 8.16 右侧电梯；

请点取平衡块的所在的一侧<退出>：点取平衡块所在的一侧的墙体后回车开始绘制。

电梯绘制实例如图 8.16 所示。

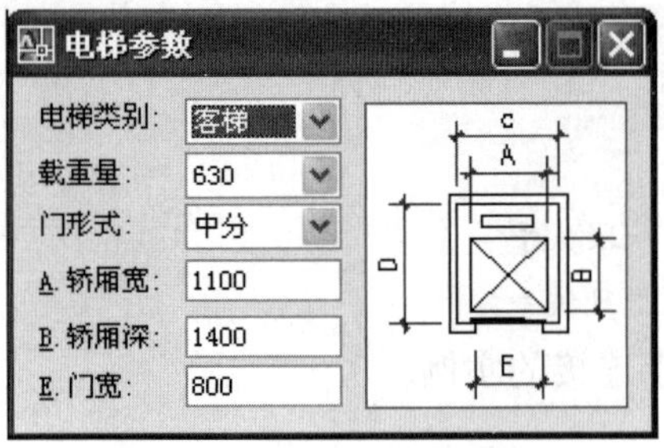

图 8.15 “电梯参数”对话框

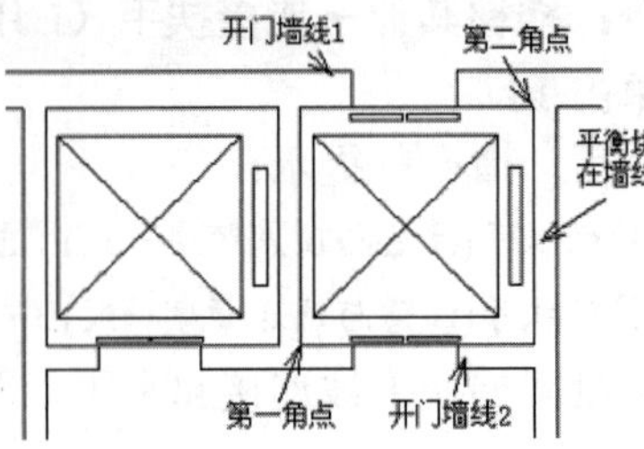

图 8.16 电梯的实例

8.3.2 自动扶梯

本命令通过在对话框中输入梯段参数，绘制单台或双台自动扶梯或自动人行步道（坡道），本命令只创建二维图形，对三维和立剖面生成不起作用。

菜单命令：楼梯其他→自动扶梯（ZDFT）

图标菜单： 

点取命令后，显示“自动扶梯参数”对话框，如图 8.17 所示。

★ 对话框的控件说明

[倾斜角]：自动扶梯的倾斜角度有 27.3°、30°、35°三种。

[梯级宽度]：扶梯梯阶的宽度随厂家型号不同而异。

[楼层高度]：自动扶梯的设计高度。

[单排]/[双排]：可选择绘制单台或双台连排的自动扶梯。

在对话框中调整各参数，单击“确定”按钮后，命令行提示：

请给出自动扶梯的插入点 <退出>：点取自动扶梯的插入点后，系统即将自动扶梯插入图中。

自动扶梯绘制实例如图 8.18 所示。

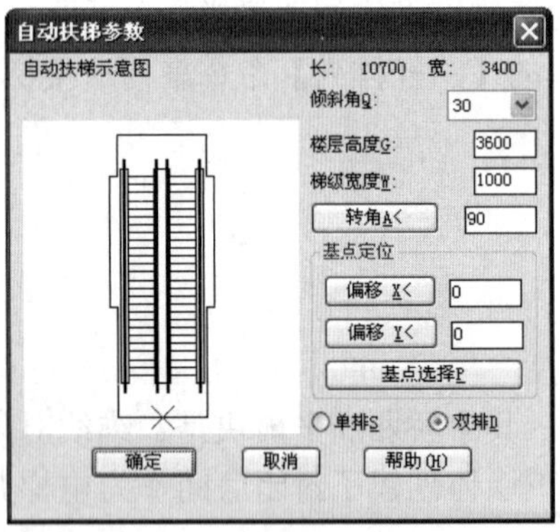

图 8.17 “自动扶梯参数”对话框

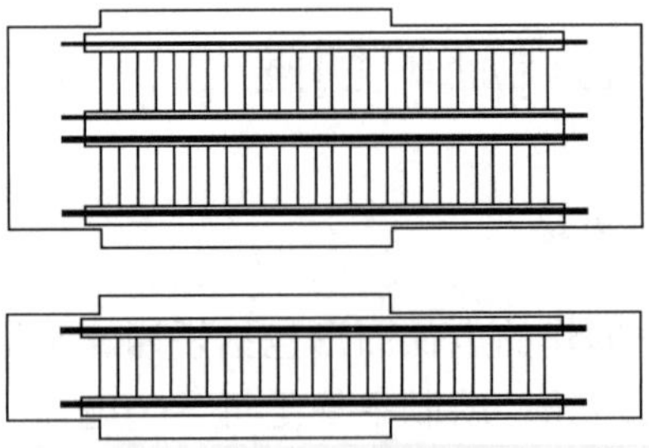

图 8.18 自动扶梯实例

8.3.3 阳台

本命令以几种预定样式绘制阳台，或选择预先绘制好的路径转成阳台，以任意绘制方式创建阳台；一层的阳台可以自动遮挡散水，阳台对象可以被柱子局部遮挡。

菜单命令：楼梯其他→阳台（YT）

图标菜单： 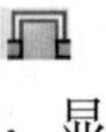

点取命令后，显示“绘制阳台”对话框，如图 8.19 所示。

工具栏从左到右分别为：凹阳台、矩形阳台、阴角阳台、偏移生成、任意绘制与选择已有路径绘制共 6 种阳台绘制方式，勾选“阳台梁高”后，输入阳台梁高度可创建梁式阳台。

图 8.19　“绘制阳台”对话框

★ 阳台创建的工程实例

1. 阴角阳台绘制

点取菜单命令，在对话框中修改阳台参数，单击阴角阳台图标后，命令行提示：

阳台起点<退出>:　　给出外墙阴角点，沿着阳台长度方向拖动；

阳台终点或[翻转到另一侧(F)]: F 看到此时阳台在室内一侧显示，键入热键 F 翻转阳台；

阳台终点或 [翻转到另一侧(F)]: 3000 键入阳台长度值或者鼠标给出阳台终点位置；

阳台起点<退出>:　　回车退出命令或者绘制其他阳台。

绘图过程与结果如图 8.20 所示。

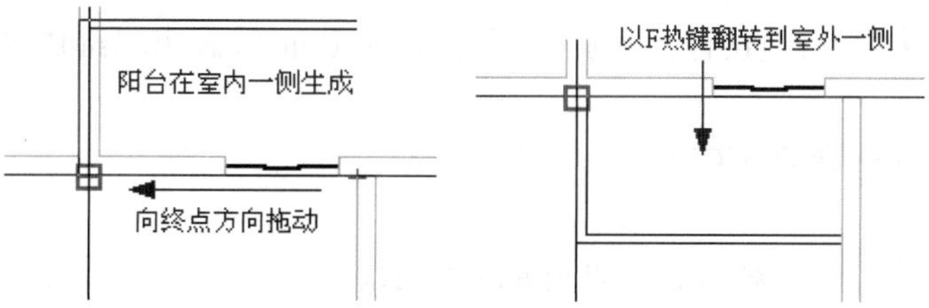

图 8.20　阴角阳台实例

2. 任意绘制

点取菜单命令，在对话框中修改阳台参数，单击任意绘制图标后，命令行提示：

阳台起点<退出>: 点取阳台侧栏板与墙外皮交点作为阳台起点

直段下一点 [弧段(A)/回退(U)]<结束>:　点取阳台经过的外墙角点；

......

最后点取侧栏板与墙外皮的交点作为阳台终点，回车结束，命令行继续提示：

请选择邻接的墙(或门窗)和柱:　　回车或选取与阳台连接的墙或窗完成绘制；

如空回车则接着出现下一行：

是否认为两端点接邻一段直墙?(Y/N) [Y]:　　回车接受或键入 N 取消命令。

绘图过程与结果如图 8.21 所示。

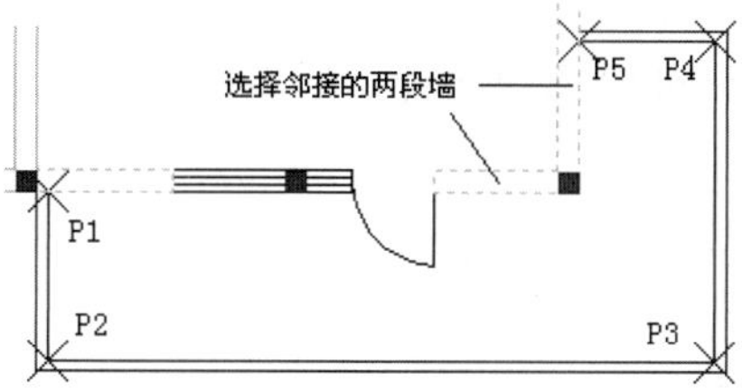

图 8.21　任意绘制阳台实例

3. 选择已有路径绘制

点取菜单命令，在对话框中修改阳台参数，单击选择已有路径图标后，命令行提示：

选择一曲线(LINE/ARC/PLINE):<退出> 选取已有的一段路径曲线；

如果 PLINE 不封闭，则类似于直接绘制的情况，需要搜索沿着建筑结构的边界。

选择所邻接的墙(或窗)柱: 回车或选取与阳台连接的墙或窗；

如果 PLINE 封闭，则要用户指出不创建栏板的部分线段，提示：

请点取接墙的边：点取与墙边重合的边。

绘图过程与结果如图 8.22 所示。

复杂的栏杆阳台可先以本命令创建阳台基本结构然后添加栏杆；简单的雨篷也可以通过阳台命令生成，双击阳台对象进入“阳台”对话框修改参数，单击“确定”按钮更新，如图 8.23 所示。

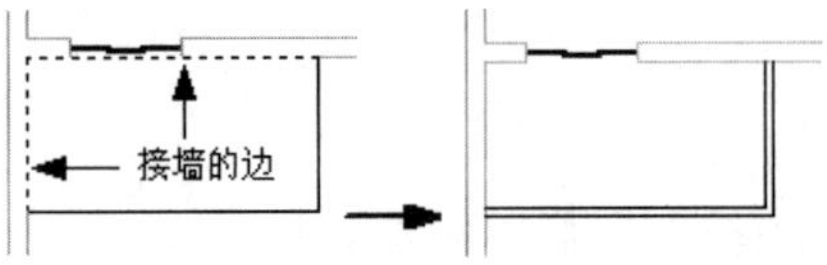

图 8.22 已有路径绘制阳台

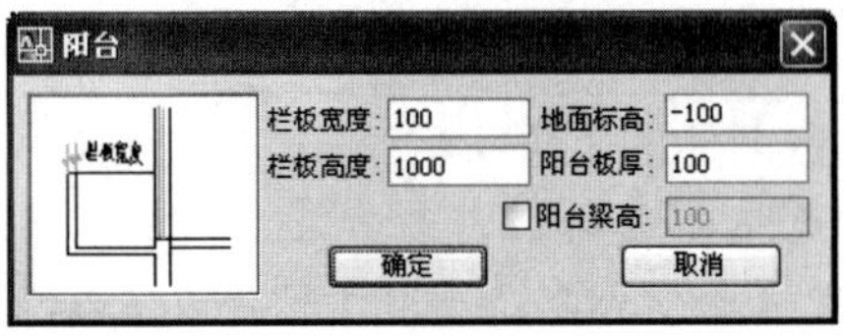

图 8.23 “阳台”对话框

8.3.4 台阶

本命令直接绘制矩形单面台阶、矩形三面台阶、阴角台阶、沿墙偏移等预定样式的台阶，或把预先绘制好的 PLINE 转成台阶、直接绘制平台创建台阶，如平台不能由本命令创建，应下降一个踏步高绘制下一级台阶作为平台；直台阶两侧需要单独补充 Line 线画出二维边界；台阶可以自动遮挡之前绘制的散水。

菜单命令：楼梯其他→台阶（TJ）

图标菜单：

点取命令后，显示“台阶”对话框，如图 8.24 所示。

图 8.24 “台阶”对话框

工具栏从左到右分别为绘制方式、楼梯类型、基面定义三个区域，可组合成满足工程需要的各种台阶类型：

（1）绘制方式包括：矩形单面台阶、矩形三面台阶、矩形阴角台阶、弧形台阶、沿墙偏移绘制、选择已有路径绘制和任意绘制共 7 种绘制方式。

（2）楼梯类型分为普通台阶与下沉式台阶两种，前者用于门口高于地坪的情况，后者用于门口低于地坪的情况。

（3）基面定义可以是平台面和外轮廓面两种，后者多用于下沉式台阶。

★ 对话框的控件说明

对话框控件的参数意义如图 8.25 所示。

台阶预定义的样式还包括如图 8.26 所示的类型。

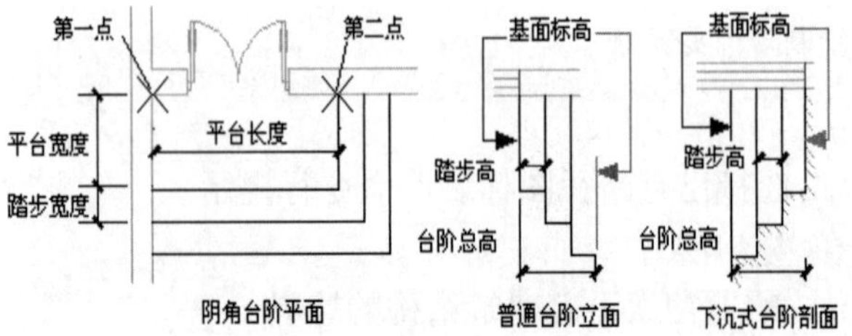

图 8.25 台阶控件的意义

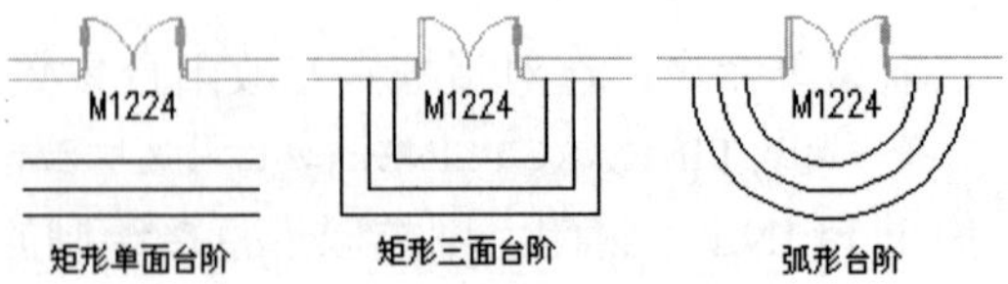

图 8.26 预定义台阶类型

★ 台阶创建的实例

（1）沿墙偏移绘制，以墙体为路径基线偏移给定宽度绘制，对话框如图 8.27 所示。

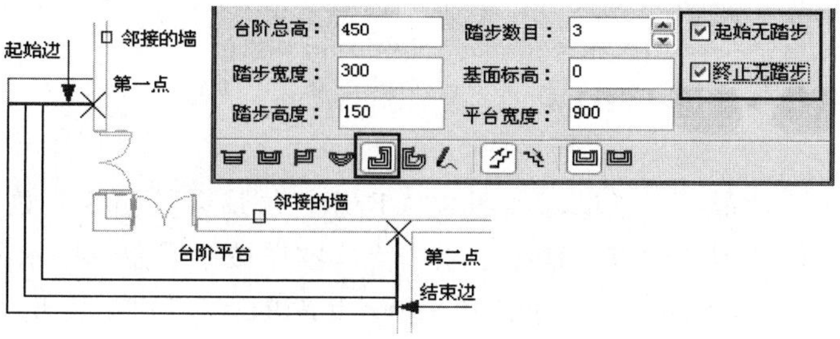

图 8.27　沿墙偏移绘制台阶

命令行提示：

第一点<退出>: 在起始边墙体相接处给一点；

第二点<退出>: 在结束边墙体相接处给一点；

请选择邻接的墙(或门窗): 选择台阶经过的所有墙体，回车开始绘制台阶。

（2）选择已有路径绘制，即把已有的 PLINE 线定义为平台绘制，命令行提示：

台阶平台轮廓线的起点或 [点取图中曲线(P)/点取参考点(R)]<退出>:P

选择一曲线(LINE/ARC/PLINE):　选取图上已有的多段线或直线、圆弧；

请点取没有踏步的边:　点取平台内侧不要踏步的边；

......

请点取没有踏步的边:　回车结束，显示台阶对话框。

在该对话框中输入修改台阶有关数据，单击“确定”按钮生成台阶，如图 8.28 所示。

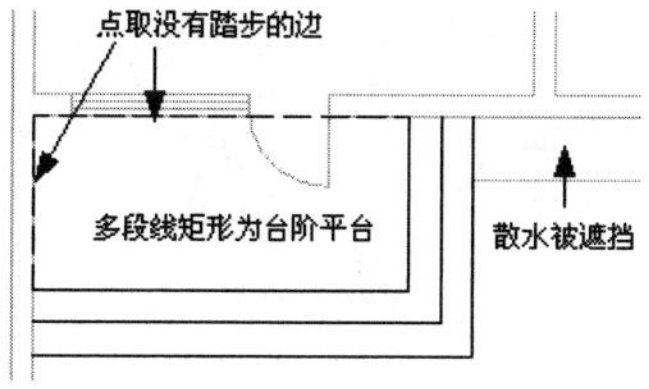

图 8.28　沿已有路径生成台阶

（3）任意绘制，默认定义一个区域作为平台绘制，命令行提示：

台阶平台轮廓线的起点或 [点取图中曲线(P)/点取参考点(R)]<退出>:　给点 P1 绘制台阶平台

直段下一点 [弧段(A)/回退(U)] <结束>:　直接点取各顶点绘制台阶平台 P2-P5

......

直段下一点 [弧段(A)/回退(U)] <结束>:　回车结束绘制；

请选择邻接的墙(或门窗)和柱:　点取邻接墙，在此共两段（如图 8.29 所示）。

请点取没有踏步的边:　虚线显示该边已选，回车绘制台阶（如图 8.29 所示）。

“台阶”对话框如图 8.30 所示，双击台阶即可显示，在对话框中输入修改台阶有关数据，单击“确定”按钮更新台阶。

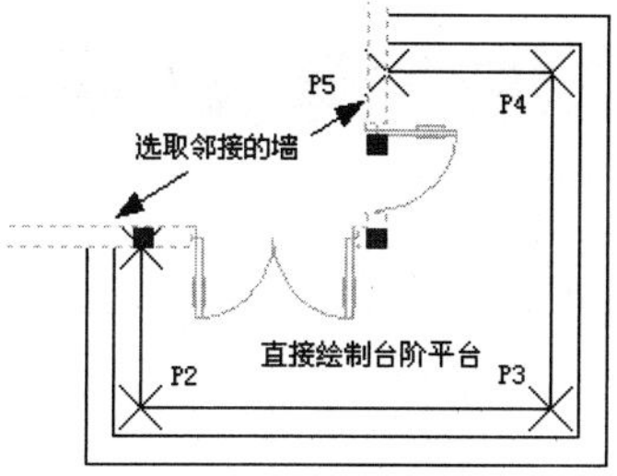

图 8.29　直接绘制台阶

图 8.30　“台阶”对话框

8.3.5 坡道

本命令通过参数构造单跑的入口坡道，多跑、曲边与圆弧坡道由各楼梯命令中“作为坡道”选项创建。

菜单命令：楼梯其他→坡道（PD）

图标菜单：

点取命令后，显示“坡道”对话框，如图 8.31 所示，坡道参数如图 8.32 所示。

在该对话框中输入修改坡道的有关数据，单击“确定”按钮后命令提示如下：

点取位置或 [转 90 度(A)/左右翻(S)/上下翻(D)/对齐(F)/改转角(R)/改基点(T)]<退出>: 系统即将坡道插入图中，其他选项设置与楼梯类似。

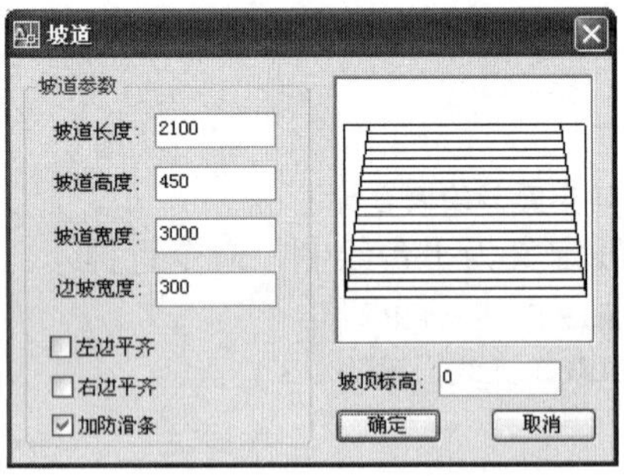

图 8.31 “坡道”对话框

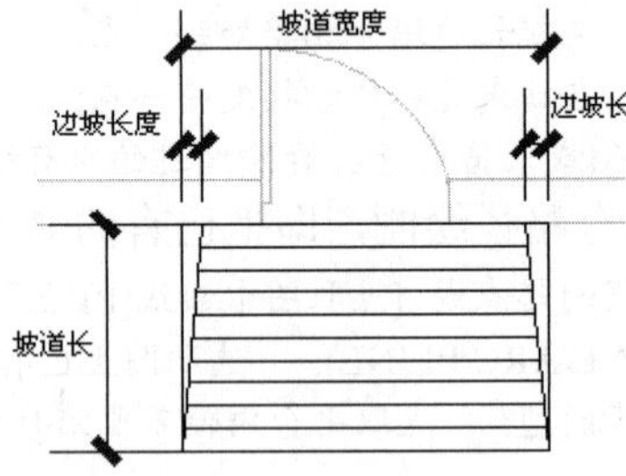

图 8.32 坡道参数

坡道共有如下变化形式，插入点在坡道上边中点处，如图 8.33 所示。

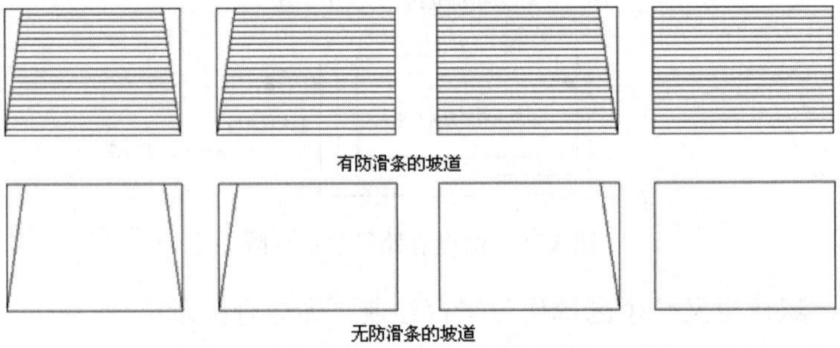

图 8.33 各种坡道类型

8.3.6 散水

本命令通过自动搜索外墙线绘制散水，在 TArch 7 开始把原有的【二维散水】和【三维散水】、【内外高差】命令合并为【散水】命令，散水对象自动被凸窗、柱子等对象裁剪，也可以通过对象编辑添加和删除顶点，可以满足绕壁柱、绕落地阳台等各种变化。

菜单命令：楼梯其他→散水（SS）

图标菜单：

点取命令后，显示“散水”对话框，如图 8.34 所示。

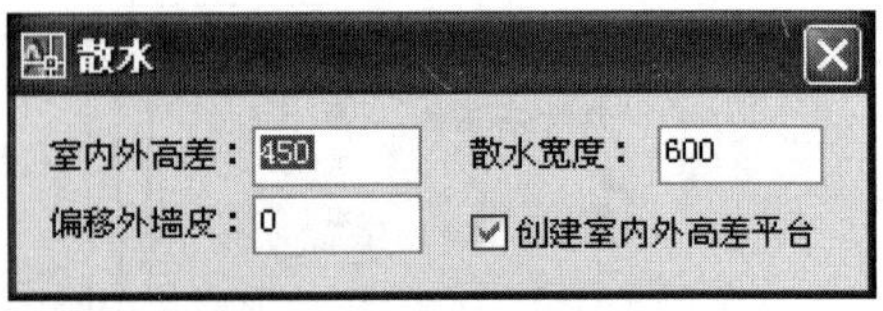

图 8.34 “散水”对话框

★ 对话框的控件说明

[室内外高差]：键入本工程范围使用的室内外高差，默认为 450。

[偏移外墙皮]：键入本工程外墙勒脚对外墙皮的偏移值。

[散水宽度]：键入新的散水宽度，默认为 600。

[创建室内外高差平台]：勾选复选框后，在各房间中按零标高创建室内地面。

在该对话框中设置好参数，然后执行命令行提示：

请选择构成一完整建筑物的所有墙体(或门窗):

全选墙体后按对话框要求生成散水与勒脚、室内地面。

8.3.7　散水的对象编辑

双击散水对象，进入对象编辑的命令行选项：

[加顶点(A)/减顶点(D)/设置顶点(S)/截面显示(W)/改截面(H)/关闭二维(G)]/<退出>: A

键入选项热键 A 添加顶点，提示：

点取新的顶点位置或 [参考点(R)]<退出>:

在图上通过捕捉给出准确的新顶点位置，回车结束编辑。

★ 散水对象编辑的实例说明

以对象编辑增加顶点，散水对象编辑的实例如图 8.35 所示。

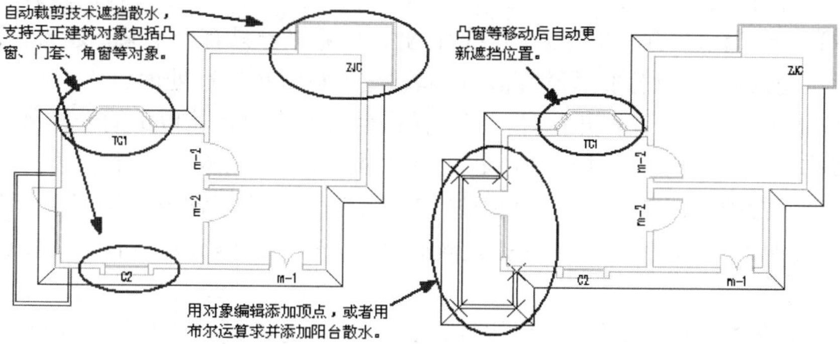

图 8.35　散水对象编辑实例

本章小结

1．本章介绍了各种楼梯的创建：TArch 7/8 直接提供最常见的双跑和多跑楼梯的绘制，其他型式的楼梯由楼梯组件（梯段、休息平台、扶手等）拼合而成。

2．楼梯扶手与栏杆：扶手与栏杆都是楼梯的附属构件，在天正建筑中栏杆专用于三维建模，平面图时仅需绘制扶手。

3．其他室外设施的创建：包括阳台、台阶、坡道等构件。操作时按提示作，一般不困难。基于墙体创建包括阳台、台阶与坡道等自定义对象，具有二维与三维特征以及夹点对象编辑功能。

4．本章重点是双跑楼梯，楼梯中直线梯段、圆弧梯段、任意梯段，电梯生成等相对容易。双跑楼梯应熟练掌握，特别要充分利用双跑楼梯夹点编辑，包括移动楼梯、改梯段宽度、改楼梯间宽度、改休息平台尺寸。

5．楼梯绘制完成后，都应使用“符号标注”菜单下的“箭头引注”命令加上梯段的上下方向线。

6．楼梯最易出现的几个问题。根据编者教学经验，初学者最易出现下面的各种问题：

（1）梯间宽不合适。有的学生将两轴线间的距离，也就是开间数据作为梯间宽，致使楼梯插入墙体中，显然是错误的。另外也有梯间宽小于两墙线之间距离的情况。一种是鼠标点取时，未点到墙线处，另一种是计算有错误。

对于梯间宽，最好用鼠标精确点取。用捕捉功能是很容易正确选取墙线角点。

（2）梯段宽度不合适。初学者想当然地认为：双跑楼梯嘛，梯段宽是梯间宽的一半，将梯间宽除以 2，这显然是不对的，扶手位置就没有了。也有人想当然定一个数（好多人是为了按 300 进位），结果使得上下楼梯的宽度太窄而中间又留下一个大洞。这显然是占用了有效空间又不起作用，况且带来危险，可能会有小孩翻越而发生坠楼。梯段宽度应该是梯间宽减去楼梯井（中缝）宽度后的数值折半。

楼梯间设计应符合现行国家标准《建筑设计防火规范》（GBJ 16）的有关规定。

楼梯梯段净宽不应小于 1.10m。6 层及 6 层以下住宅，一边设有栏杆的梯段净宽不应小于 1m（楼梯梯段净宽系指墙面至扶手中心之间的水平距离）。楼梯井净宽大于 0.11m 时，必须采取防止儿童攀滑的措施。楼梯平台净宽不应小于楼梯梯段净宽。

（3）楼梯位置不正确。就二维视图而言，TArch 5 版本以上首层只给出一跑的下剖断，也就是首层楼梯只有起步的一小段，不像 TArch 3.X 楼梯完整，初学者一看，往往认为楼梯的位置离墙太远，就尽量往墙边靠一些，从平面图上也看不出大问题，殊不知这样的结果会使休息平台穿过墙体，凸到外面去了，从三维视图上一观察，就能看到这使人哭笑不得的结果。其实在安放楼梯时，只要注意点取墙线交角处，就能正确定位。不要只看起步的一小段，心中就有不踏实的感觉。在 TArch 3.X 中，底层楼梯要完整些，这样的错误也会少一些。

（4）休息平台位置尺寸不合适。与上面的原因一样，把休息平台位置移向墙体。也有初学者怕穿墙了，就把休息平台调窄，有学生交来的设计作业，休息平台只有一小条，连人也不容易通过了，这样的设计显然也是错误的。遇到这种情况，可以通过夹点编辑进行处理。

（5）窗台位置错误。初学者在开窗时，把楼梯梯道上的窗户和其他房间一样处理，这显然也是错误的。双跑楼梯其梯道窗户开在休息平台处，而此时的位置已经是上了半层楼，因此其窗户的窗台高也应相应提升。否则人在转弯时，轻则把窗玻璃踢破，重则从窗口坠落。这一点务必要注意。

（6）忽略夹点编辑。初学者在学习天正建筑软件时，往往忽略夹点编辑，其实这是最方便的修改方式。

楼梯作出后，如果并不令人满意，此时可以三维观察，方法同第 5 章墙体小结中介绍的方法。

（7）忽略方向线。完整的楼梯应有上下楼的方向线，不论是直线梯段或是圆弧梯段，绘制完成后，都应使用“符号标注”菜单下的“箭头引注”命令加上梯段的上下方向线。

以上归纳了 7 种类型的错误，在其他类型的楼梯中也最容易出现上述问题，其实只要将楼梯作好后以三维方式进行观察，就不难发现其错误。笔者在教学中强调楼梯部分一定要进行三维观察，否则像开窗位置错误、休息平台问题是很难从平面图上发现的。

其余内容请对照教材上机验证。

7．编者主张对于以下两个字母的命令，最好是用左手直接敲击键盘，如 DT→电梯；TJ→台阶；PD→坡道；SS→散水；YT→阳台；PB→平板；SB→竖板等，操作方便又好记。

练习题

1．根据本章内容，上机对照练习。

2．随时注意所见所闻，尤其是对建筑物的楼梯及室内外设施，多观察分析、对比，并发表自己的看法、主张。

3．收集各房地产公司的房屋建筑图，试作出相应的楼梯及室内外设施。对收集到的建筑图研究、分析、对比，提出你自己的看法，改变其楼梯及室内外设施的设计。

4．参加有关讲座，组织建筑 CAD 学习小组，相互交流有关建筑资料，开展讨论，充分发表个人意见。

5．作出下面的建筑图轴网、墙体和柱子。

6．作出下面各页上的建筑图，并可对其进行必要的修改。室内布置可先不管，那是并不重要的设计内容，对室内家具的布置，可说是属于“外行看热闹”的内容。

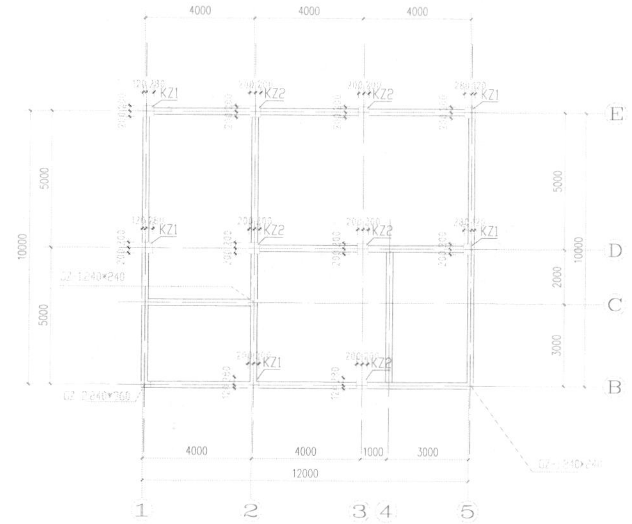

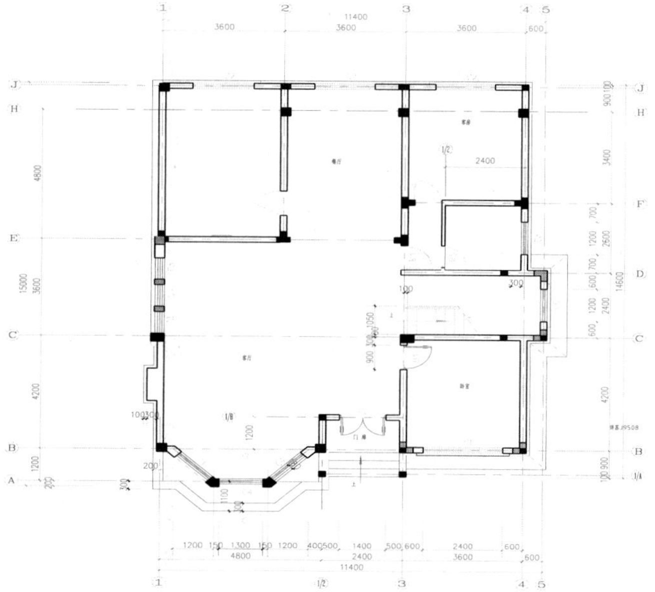

别墅平面 1 层

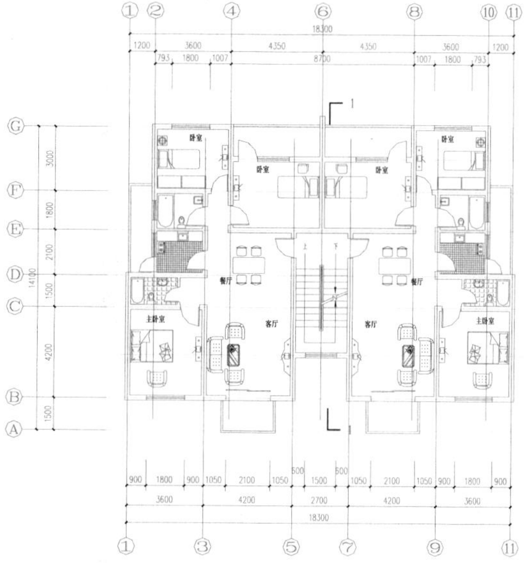

小住宅 B 平面

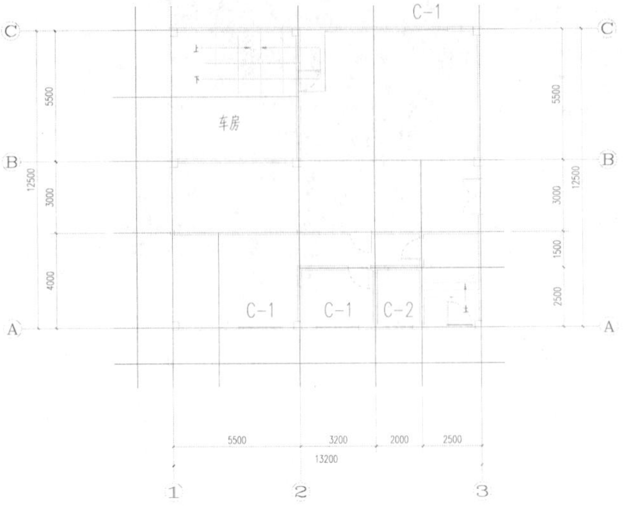

城镇企业宿舍 1 层

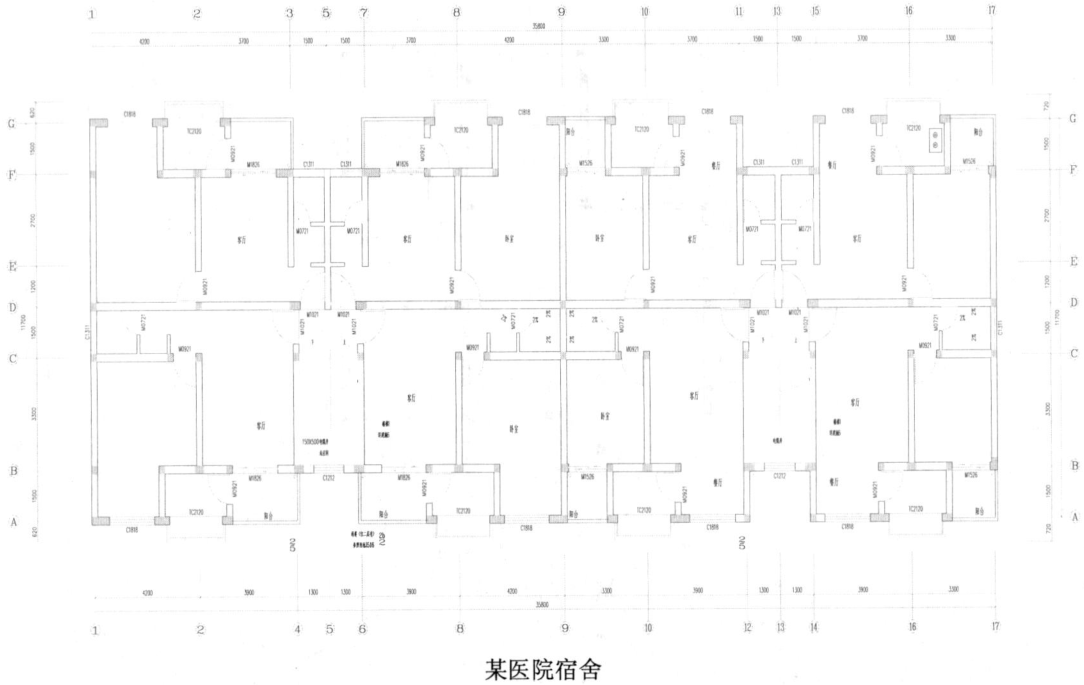

某医院宿舍

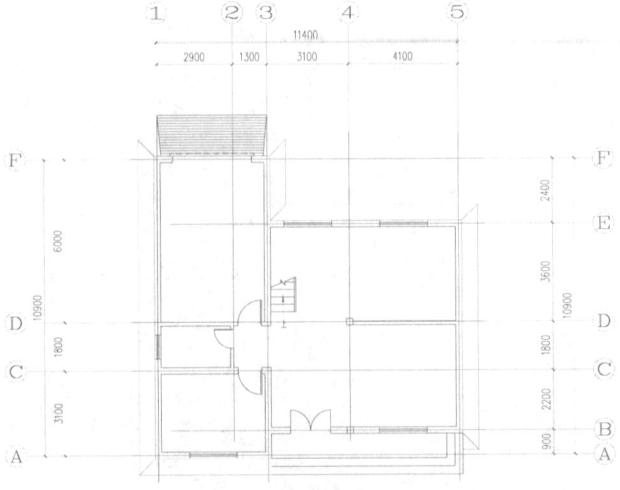

某建筑底层

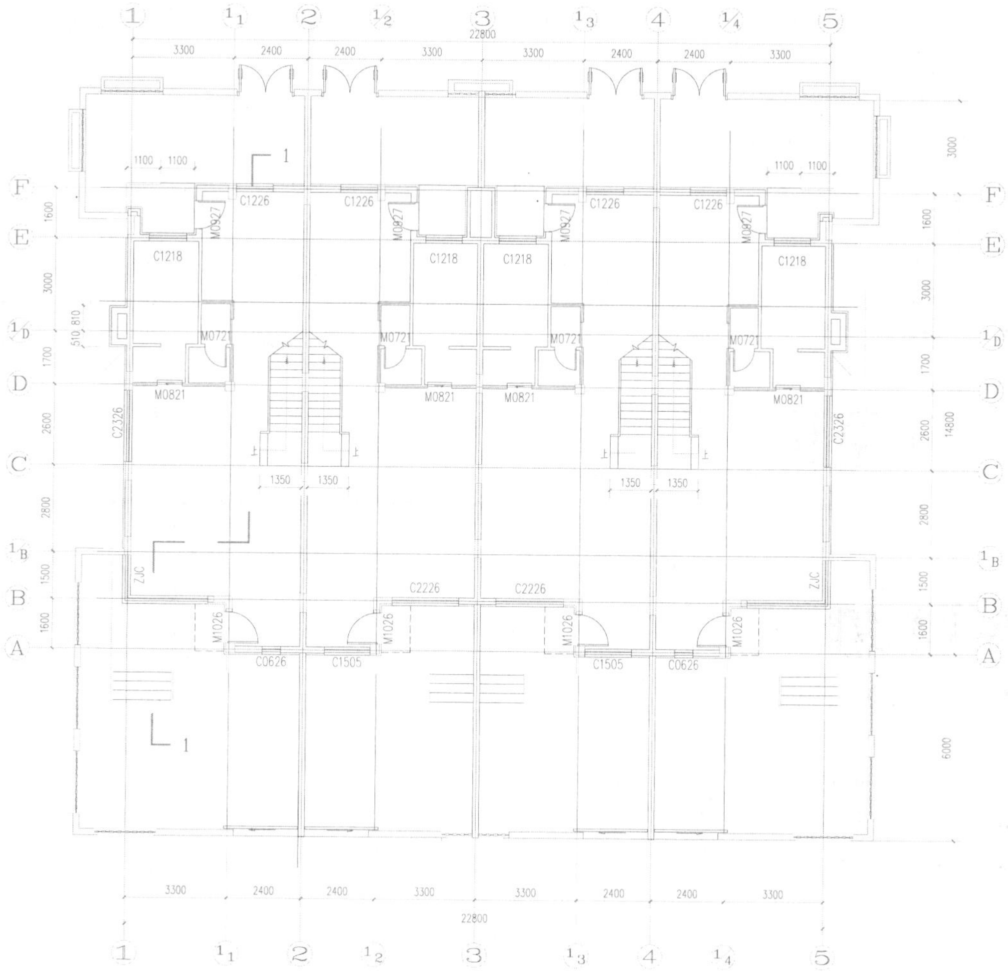
22800
3300
2400
2400
3300
3300
2400
2400
3300
C1226
C1226
C1226
C1226
M0927
M0927
M0927
M0927
C1218
C1218
C1218
C1218
M0721
M0721
M0721
M0721
M0821
M0821
M0821
M0821
C2326
C2326
1350
1350
1350
1350
ZJC
ZJC
C2226
C2226
M1026
M1026
M1026
M1026
C0626
C1505
C1505
C0626
14800
6000
3000
1600
3000
1700
2600
2800
1500
1600

首层平面图 1:100

第 9 章

房间及屋顶

本章要点

- 房间面积的概念
- 房间面积的创建
- 房间的布置
- 洁具布置
- 屋顶的创建

9.1 房间面积的概念

建筑各个区域的面积计算和标注是建筑设计中的一个内容，TArch 7/8 提供了房间对象来表示与之联系的边界线。房间可以修改边界。房间名称和房间编号是房间的标识，前者描述房间的功能，后者用来唯一区别不同的房间。在平面图上可选择标注房间编号或者房间名称，同时选择标注房间的面积。

房间对象分别使用“搜索房间”、“套内面积”、“查询面积”命令执行。

“房间面积”：在房间内标注室内净面积即使用面积，对阳台按栏板内侧全面积标注。

“套内面积”：按照国家房屋测量规范的规定，标注由多个房间组成的住宅单元，指由分户墙以及外墙的中线所围成的面积。

“建筑面积”：整个建筑物的外墙皮构成的区域，可以用来表示本层的建筑总面积。

在一个 DWG 放置多个平面图的情况，查询面积命令目前只能获得其中一个平面图的建筑面积，各平面图的建筑面积可以通过“搜索房间”命令点取室外获得。

对于不需要标注的房间，用户可以把它改到一个特定的图层上，关闭该图层即可。这样既有信息存在，需要时可以查询，在图纸上又可以不标注出来。默认房间面积对象标注的是房间名称与面积，单位为米，保留 2 位小数。房间夹点激活的时候还可以看到房间边界，可以通过夹点更改房间边界，房间面积自动更新。

9.2 房间面积的创建

房间面积可通过以下的多种命令创建，按要求分为建筑面积、使用面积和套内面积，按国家 2005 年颁布的最新建筑面积测量规范，“搜索房间”等命令在搜索建筑面积时可选择忽略柱子、墙垛超出墙体的部分。

9.2.1　搜索房间

本命令可用来批量搜索建立或更新已有的普通房间和建筑轮廓，建立房间信息并标注室内使用面积，标注位置自动置于房间的中心。如果用户编辑墙体改变了房间边界，房间信息不会自动更新，可以通过再次执行本命令更新房间或拖动边界夹点，和当前边界保持一致。

本命令与节能分析菜单中的同名命令有一定差别，在节能分析中要执行该菜单下节能专用的“搜索房间”命令。

菜单命令：房间屋顶→搜索房间（SSFJ）

图标菜单：

点取命令后，显示“搜索房间”对话框，如图 9.1 所示。

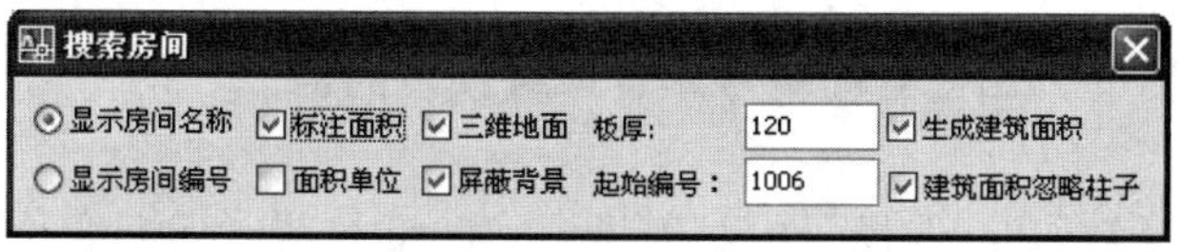

图 9.1　“搜索房间”对话框

★ 对话框控件的说明

“显示房间名称”/“显示房间编号”：房间的标识类型，建筑平面图标识房间名称，其他专业标识房间编号。

“标注面积”：房间使用面积的标注形式，是否显示面积数值。

“面积单位”：是否标注面积单位，默认以平方米（m^2）单位标注。

“三维地面”：勾选则表示同时沿着房间对象边界生成三维地面。

“板厚”：生成三维地面时，给出地面的厚度。

“屏蔽背景”：勾选则可以屏蔽房间标注下面的填充图案。

“生成建筑面积”：在搜索生成房间的同时，计算建筑面积。

“建筑面积忽略柱子”：根据建筑面积测量规范，建筑面积忽略凸出墙面的柱子与墙垛。

同时命令行提示：

请选择构成一完整建筑物的所有墙体（或门窗） 选取平面图上的墙体;

请选择构成一完整建筑物的所有墙体（或门窗）：回车退出选择;

建筑面积的标注位置: 在生成建筑面积时，应在建筑物之外标注。

如图 9.2 所示为“搜索房间”的应用实例。

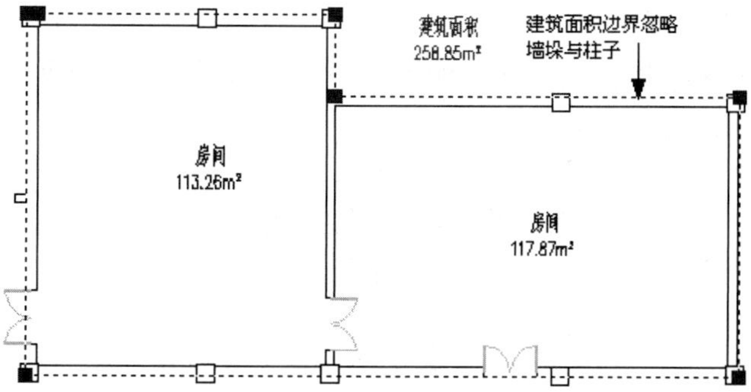

图 9.2　“搜索房间”的实例

9.2.2　房间对象编辑的方法

在使用“搜索房间”命令后，当前图形中生成房间对象显示为房间面积的文字对象，默认的名称应根据需要重新命名。

双击房间对象进入在位编辑状态直接命名，也可以选中后右击“对象编辑”，弹出如图 9.3 所示的“编辑房间”对话框，用于编辑房间编号和房间名称。

★ **对话框的控件说明**

“编号”：对应每个房间的自动数字编号，用于其他专业标识房间。

“名称”：用户对房间给出的名称，可从右侧的常用房间列表选取。

“高度”：房间的墙体高度，用于统计粉刷面积。

“板厚”：生成三维地面时，给出地面的厚度。

“封三维地面”：勾选则表示同时沿着房间对象边界生成三维地面。

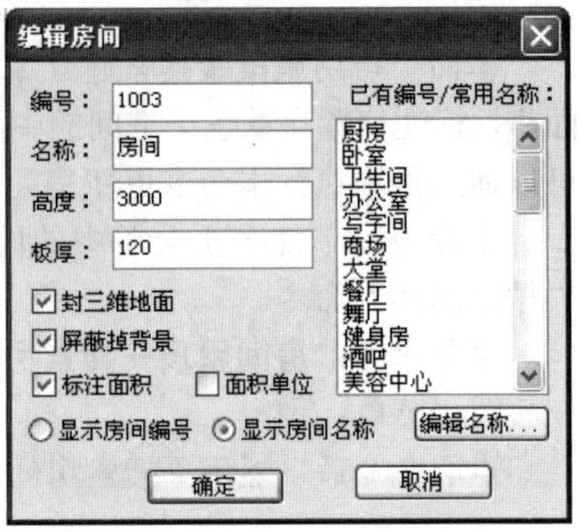

图 9.3 “编辑房间”对话框

“已有编号/常用名称”：列出已有的编号或者系统预设的常用名称供选取。

“显示房间编号/房间名称”：选择面积对象显示房间编号或者房间名称。

“屏蔽背景”：勾选利用 Wipeout 的功能屏蔽房间标注下面的填充图案。

9.2.3 查询面积

动态查询由墙体组成的房间面积、阳台面积以及闭合多段线围合的区域面积，并可创建面积对象标注在图上，本命令查询获得的平面建筑面积也是不包括墙垛和柱子凸出部分的，与“搜索房间”命令获得的建筑面积一致。

菜单命令：房间面积→查询面积（CXMJ）

图标菜单：

点取命令后，显示“查询面积”对话框，如图 9.4 所示。

对话框功能与搜索房间命令类似，但是不同点在于显示对话框的同时，可在各个房间上移动光标，动态显示这些房间的面积，在不希望标注房间名称和编号时，请去除“生成房间对象”的勾选，只创建房间的面积标注文字。

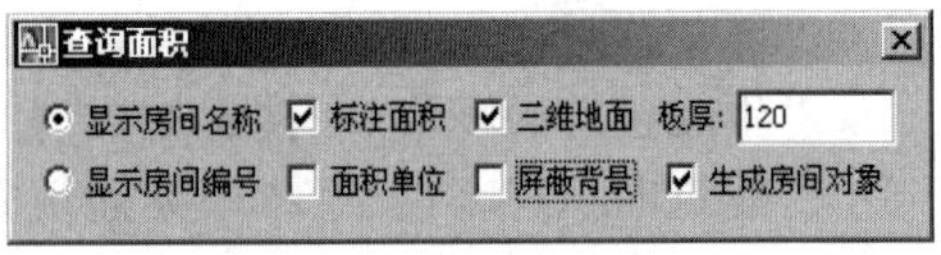

图 9.4 “查询面积”对话框

如果需要查询阳台或者用户给出的多段线，可键入命令行选项如下（在使用 2004 平台启动鼠标“计时右键单击”后，可以单击右键，弹出菜单后选择选项）：

请在屏幕上点取一点或 [查询闭合 PLINE 面积(P)/查询阳台面积(B)]<退出>:

（1）键入 P 时，命令行提示为：

选择闭合多段线<返回>: 此时可选择表示面积的闭合多段线，即可标注围合的面积。

（2）键入 B 时，命令行提示为：

选择阳台<返回>:　此时选取阳台对象，即可标注阳台的面积。

（3）在动态显示房间面积时取点，即在该处创建当前房间的面积对象，如果在房间外面取点，可获得平面的建筑面积（不包括墙垛和柱子凸出部分）。

注意

同时布置多个平面图时，本命令目前只能查询其中一个平面图的建筑面积，请使用“搜索房间”命令查询其他平面图的建筑面积。

9.2.4 套内面积

本命令用于计算住宅单元的套内面积，并创建套内面积的房间对象。按照房产测量规范的要求，自动计算分户单元墙中线计算的套内面积，选择墙体时应只选择户型边界的分户墙体，而不要把其他房间划进去，求得的套内面积不包括阳台面积。

菜单命令：房间面积→套内面积（TNMJ）

图标菜单：

点取命令后，命令行提示：

请选择构成一套房子的所有墙体(或门窗)：鼠标给点 P1 与 P2 对角点围合面积；

请选择构成一套房子的所有墙体(或门窗)：回车结束选择；

套内建筑面积(不含阳台)=XXX.XX；

是否生成封闭的多段线?(Y/N) [Y]：回车生成如图多段线供校核。

图 9.5 所示为“套内面积”命令的应用实例。

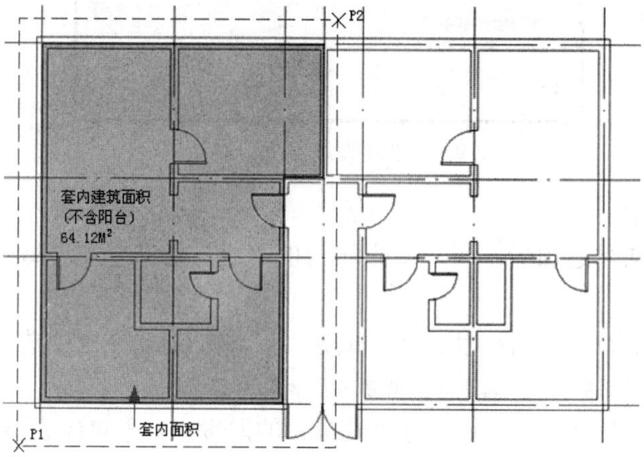

图 9.5　“套内面积”实例

9.2.5　面积累加

本命令用于统计“查询面积”或“套内面积”等命令获得的房间使用面积、阳台面积、建筑平面的建筑面积等需要数值累加的场合，按四舍五入累加。

菜单命令：房间面积→面积累加（MJLJ）

图标菜单：

点取命令后，命令行提示：

请选择面积对象或面积数值文字：点取第一个面积对象或数字；

请选择面积对象或面积数值文字：点取第二个面积对象或数字；

......

请选择面积对象或面积数值文字：回车结束选择；

共选中了 N 个对象，求和结果=XX.XX；

点取面积标注位置<退出>：　给点标注“面积总和 = XX.XXm2”的累加结果。

9.3　房间的布置

在房间布置菜单中提供了多种工具命令，用于房间与天花的布置，添加踢脚线适用于装修建模。

9.3.1　加踢脚线

本命令自动搜索房间轮廓，按用户选择的踢脚截面生成二维和三维一体的踢脚线，门和洞口处自动断开，可用于室内装饰设计建模，也可以作为室外的勒脚使用，在 TArch 7/8 中，踢脚线支持 AutoCAD 的 Break（打断）命令，因此取消了“断踢脚线”命令。

菜单命令：房间屋顶→房间布置→加踢脚线（JTJX）

图标菜单：

点取命令后，显示对话框如图 9.6 所示。

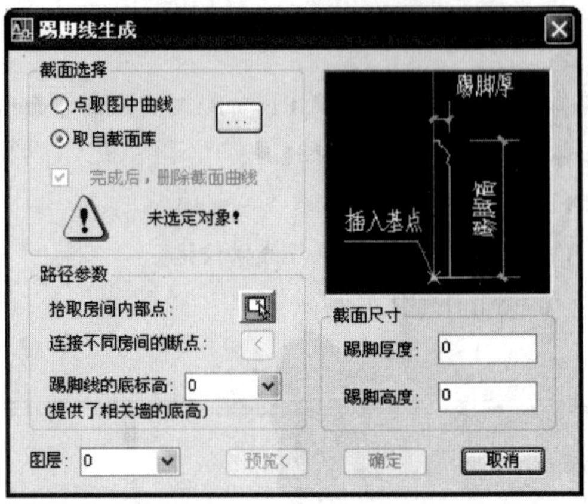

图 9.6 “踢脚线生成”对话框

★ 对话框控件的说明

“取自截面库”：点取本选项后，用户单击右边的“...”按钮进入踢脚线图库，在右侧预览区双击选择需要的截面样式 。

“点取图中曲线”：点取本选项后，用户单击右边“<”按钮进入图形中选取截面形状，命令行提示：

请选择作为断面形状的封闭多段线：选择断面线后随即返回对话框。

作为踢脚线的必须是 PLINE 线，x 方向代表踢脚的厚度，y 方向代表踢脚的高度。

“拾取房间内部点”：单击此按钮，命令行提示如下：

请指定房间内一点或 [参考点(R)]<退出>：在加踢脚线的房间里点取一个点。

请指定房间内一点或 [参考点(R)]<退出>：回车结束取点，创建踢脚线路径。

“连接不同房间的断点”：单击此按钮，命令行提示如下（如果房间之间的门洞是无门套的做法，应该连接踢脚线断点）：

第一点<退出>：点取门洞外侧一点 P1；

下一点<退出>：点取门洞内侧一点 P2。

“踢脚线的底标高”：用户可以在对话框中选择输入踢脚线的底标高，在房间内有高差时在指定标高处生成踢脚线。

“截面尺寸”：截面高度和厚度尺寸，默认为选取的截面实际尺寸，用户可修改。

“预览<”：按钮用于观察参数是否合理，此时应切换到三维轴测视图，否则看不到三维显示的踢脚线。

图 9.7 所示为“加踢脚线”命令的应用实例。

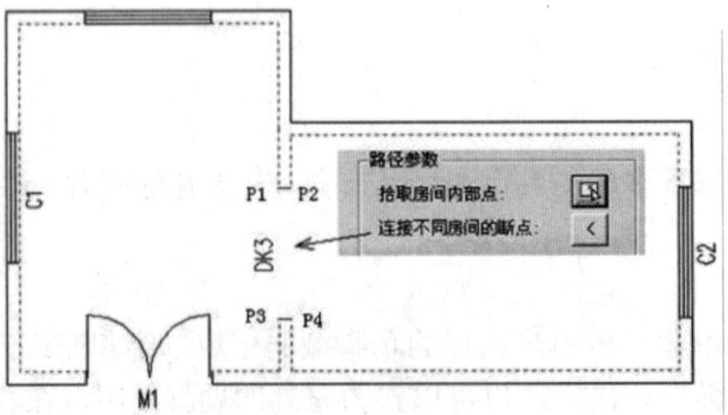

图 9.7 “踢脚线生成”实例

9.3.2　奇数分格

命令用于绘制奇数分格的地面或天花板平面，分格使用 AutoCAD 对象直线（Line）绘制。

菜单命令：房间屋顶→房间布置→奇数分格（JSFG）

图标菜单：

点取命令后，命令行提示：

请用三点定一个奇数分格的四边形，第一点<退出>: 点取四边形的第一个角点;

第二点<退出>: 点取四边形的第二个角点;

第三点<退出>: 点取四边形的第三个角点;

在点取三个点定出四边形位置后，命令行接着提示：

第一、 二点方向上的分格宽度(小于 100 为格数) <500>:

1．如果键入的值大于 100 为分格宽度，命令行显示：

第二、三点方向上的分格宽度(小于 100 为格数)<500>:

2．如果键入的值小于 100 为分格份数，命令行显示：

分格宽度为<600>: 键入新值或回车接受默认值;

第二、三点方向上的分格宽度（小于 100 为分格份数）<500>:键入新值或回车接受默认值。

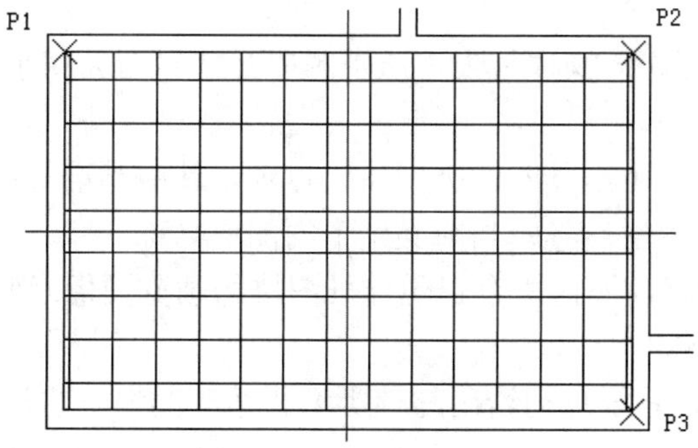

图 9.8　奇数分格实例

响应后随即使用直线（Line）绘制出按奇数分格的天花板平面，且在中心位置出现对称轴，如图 9.8 所示。

9.3.3　偶数分格

本命令用于绘制按偶数分格的地面或天花板平面，分格使用 AutoCAD 对象直线（Line）绘制，不能实现对象编辑和特性编辑。

菜单命令：房间屋顶→房间布置→偶数分格（OSFG）

图标菜单：

点取命令后，命令行提示与奇数分格相同，只是分格是偶数，不出现对称轴，交互过程从略。

9.4　洁具的布置

在房间布置菜单中提供了多种工具命令，适用于卫生间的各种不同洁具布置。

9.4.1　布置洁具

本命令在卫生间或浴室中按选取的洁具类型的不同，智能布置卫生洁具等设施。天正软件的洁具是从图库调用的二维天正图块对象，其他辅助线采用了 AutoCAD 的普通对象。

菜单命令：房间屋顶→房间布置→布置洁具（BZJJ）

图标菜单：

点取命令后，显示洁具图库如图 9.9 所示。

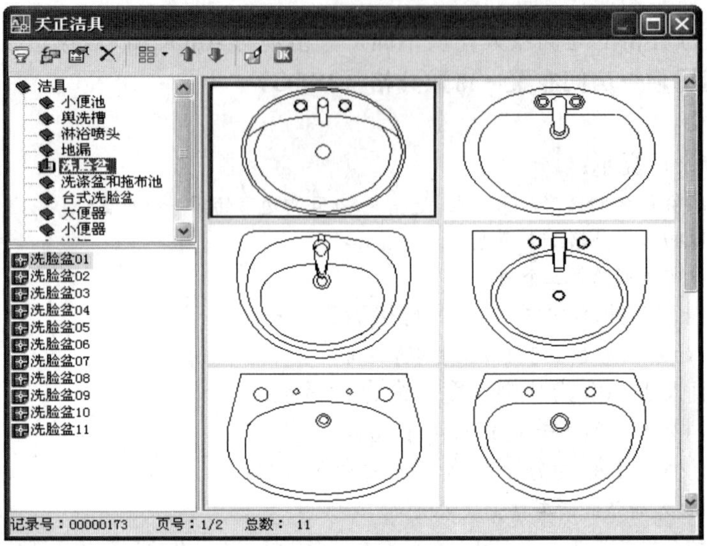

图 9.9　专用洁具库

本对话框为专用的洁具图库，操作与天正通用图库管理界面大同小异。

★ 洁具图库的简单说明

“洁具分类菜单”：显示卫生洁具库的类别树状目录。其中当前类别粗体显示。

“洁具名称列表”：显示卫生洁具库当前类别下的图块名称。

“洁具图块预览”：显示当前库内所有卫生洁具图块的预览图像。被选中的图块显示红框，同时名称列表中亮显该项洁具名称。

选取不同类型的洁具后，系统自动给出与该类型相适应的布置方法。在预览框中双击所需布置的卫生洁具，根据弹出的对话框和命令行提示在图中布置洁具，按照布置方式分类，布置洁具的操作方式下面具体介绍。

★ 普通洗脸盆、大小便器、淋浴喷头、洗涤盆的布置

在“天正洁具”图库中双击所需布置的卫生洁具，屏幕弹出相应的布置洁具对话框，如图 9.10 所示。

“初始间距”：第一个洁具插入点与墙角点的距离。

“设备间距”：插入的设备之间的插入点间距。

“离墙间距”：设备的插入点距墙边的距离，在如坐便器等设备时这个值为 0，即紧靠墙边布置。

命令交互如下：

请点取墙体边线或选择已有洁具：在洁具背后的墙线上取点或选择已有的洁具；

下一个<退出>:　　在洁具增加方向取点；

......

下一个<退出>: 洁具插入完成后回车结束交互。

完成绘图，各参数与效果如图 9.11 所示。

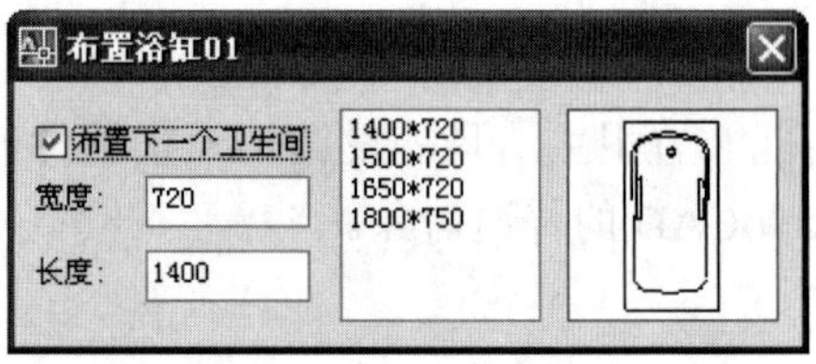

图 9.10　“布置洁具”对话框

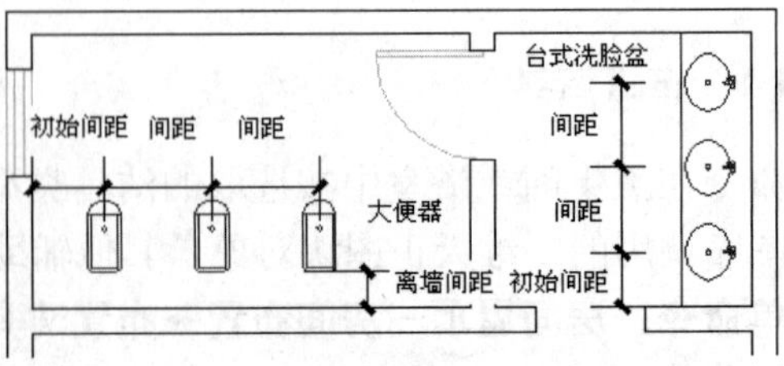

图 9.11　洁具布置实例一

★ **台式洗脸盆的布置**

在“天正洁具”图库中双击所需布置的卫生洁具，屏幕弹出相应的布置洁具对话框与上述普通洗脸盆等相同。

命令交互如下：

请点取墙体边线或选择已有洁具:　在洁具背后的墙线上取点或选择已有的洁具;

下一个<退出>:　在洁具增加方向取点;

………

下一个<退出>:　洁具插入完成后回车，接着提示:

台面宽度<600>:　输入台面宽;

台面长度<2300>:　输入台面长回车结束。

完成绘图，各参数与效果如图 9.11 所示。

★ **浴缸、拖布池的布置**

在“天正洁具”图库中选中浴缸，双击图中相应的样式，屏幕出现如图 9.12 所示的对话框。

在对话框中直接选取浴缸尺寸列表，或者输入其他尺寸。

命令交互如下：

请点取墙体一侧<退出>:　注意点取浴缸短边所在墙体一侧;

请点取墙体一侧<退出>:　回车结束浴缸插入。

完成绘图，各参数与效果如图 9.13 所示。

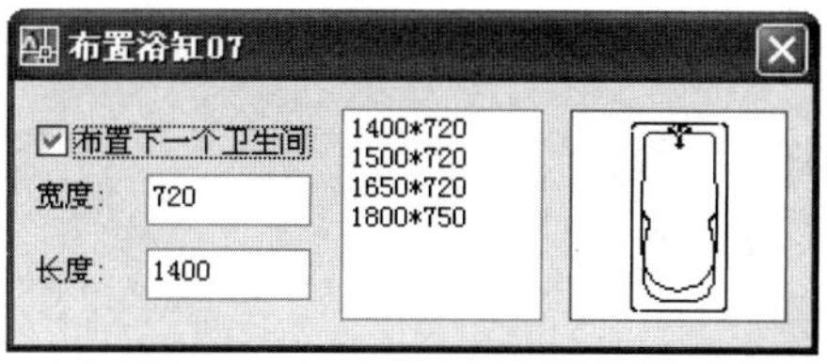

图 9.12　“布置浴缸”对话框

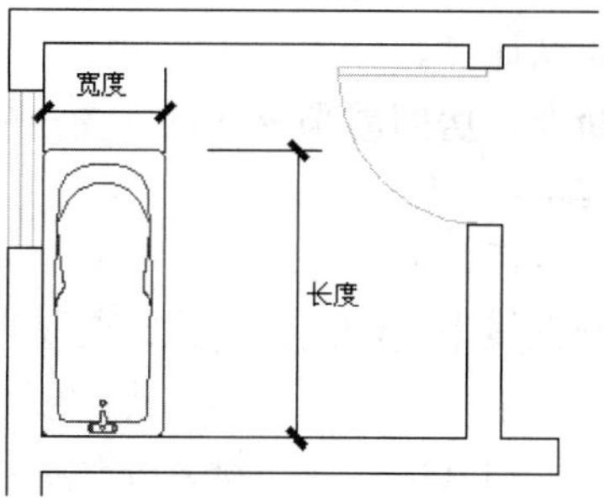

图 9.13　洁具布置实例二

★ **小便池的布置**

在“天正洁具”图库双击小便池后，命令交互如下：

请点取墙体一侧<退出>:　点取安装小便池的墙体内皮;

小便池离墙角距离<0>:　200 键入新值或回车接受默认值;

小便池的长度<3000>:　2400 输入小便池的新长度或回车接受默认值;

小便池宽度<400>:　500 键入新值或回车接受默认值;

台阶宽度<250>:　300 键入新值或回车接受默认值。

完成绘图，各参数与效果如图 9.14 所示。

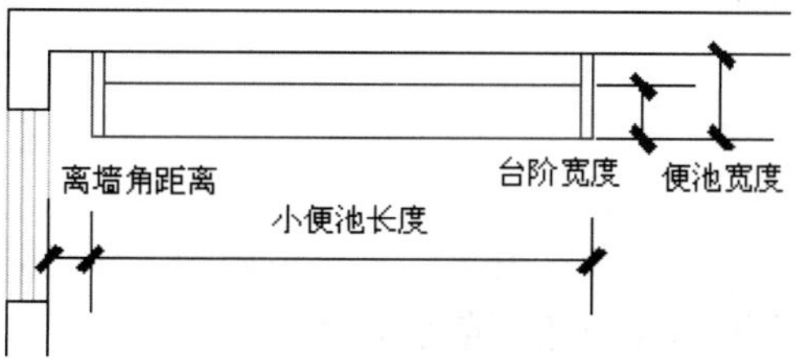

图 9.14　洁具布置实例三

★ 盥洗槽的布置

在“天正洁具”图库双击小便池后，命令交互如下：

点取墙体一侧<退出>:　　点取墙体一侧
盥洗槽离墙角距离<0>: 300　　键入新值或回车接受默认值;
盥洗槽的长度<5300>: 2300　　键入新值或回车接受默认值;
盥洗槽的宽度<690>: 700　　键入新值或回车接受默认值
排水沟宽度<100>: 100　　键入新值或回车接受默认值;
水龙头的数目<3>: 4　　键入新值或回车接受默认值。

完成绘图，各参数与效果如图 9.15 所示。

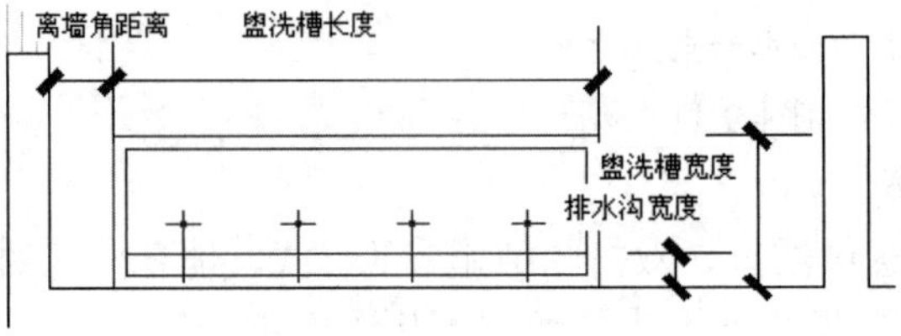

图 9.15　洁具布置实例四

9.4.2　布置隔断

本命令通过两点选取已经插入的洁具，布置卫生间隔断，要求先布置洁具才能执行，隔板与门采用了墙对象和门窗对象，支持对象编辑；墙类型由于使用卫生隔断类型，隔断内的面积不参与房间划分与面积计算。

菜单命令：房间屋顶→房间布置→布置隔断(BZGD)

图标菜单：

点取命令后，命令行提示：

输入一直线来选洁具，起点: 点取靠近端墙的洁具外侧；
终点:　　第二点过要布置隔断的一排洁具另一端。
隔板长度<1200>:　　键入新值或回车用默认值；
隔断门宽<600>:　　键入新值或回车用默认值。

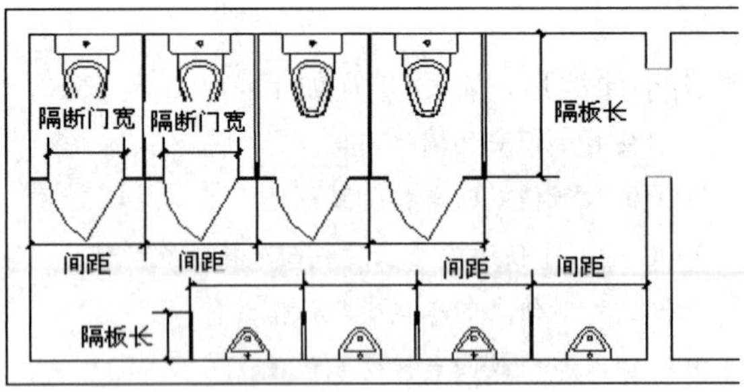

图 9.16　隔断与隔板布置实例

命令执行结果生成宽度等于洁具间距的卫生间，如图 9.16 所示；通过“内外翻转”、“门口线”等命令对门进行修改。

9.4.3　布置隔板

通过两点选取已经插入的洁具，布置卫生洁具，主要用于小便器之间的隔板。

菜单命令：房间屋顶→房间布置→布置隔板(BZGB)

图标菜单：

点取命令后，命令行提示：

输入一直线来选洁具，起点：点取靠近端墙的洁具外侧；
终点：　　　　　　　　第二点过要布置隔断的一排洁具另一端；
隔板长度<400>:　　　键入新值或回车用默认值。

命令执行结果如图 9.16 所示。

9.5　屋顶的创建

TArch 7/8 提供了多种屋顶造型功能，人字坡顶包括单坡屋顶和双坡屋顶，任意坡顶是指任意多段线围合而成的四坡屋顶、攒尖屋顶，用户也可以利用三维造型工具自建其他形式的屋顶，如用平板对象和路径曲面对象相结合构造带有复杂檐口的平屋顶，利用路径曲面构建曲面屋顶（歇山屋顶）。天正屋顶均为自定义对象，支持对象编辑、特性编辑和夹点编辑等编辑方式，可用于天正节能和天正日照模型。

在工程管理命令的“三维组合建筑模型”中，屋顶作为单独的一层添加，楼层号=顶层的自然楼层号+1，也可以在其下一层添加，此时主要适用于建模。

9.5.1　搜屋顶线

本命令搜索整栋建筑物的所有墙线，按外墙的外皮边界生成屋顶平面轮廓线。屋顶线在属性上为一个闭合的 PLINE 线，可以作为屋顶轮廓线，进一步绘制出屋顶的平面施工图，也可以用于构造其他楼层平面轮廓的辅助边界或用于外墙装饰线脚的路径。

菜单命令：房间屋顶→搜屋顶线（SWDX）

图标菜单： 

点取命令后，命令行提示：

请选择构成一完整建筑物的所有墙体(或门窗):
应选择组成同一个建筑物的所有墙体，以便系统自动搜索出建筑外轮廓线；
请选择构成一完整建筑物的所有墙体(或门窗):　回车结束选择；
偏移外墙皮距离<600>:　输入屋顶的出檐长度或回车接受默认值结束。

然后系统自动生成屋顶线，在个别情况下屋顶线有可能自动搜索失败，用户可沿外墙外皮绘制一条封闭的多段线（Pline），然后再用 Offset 命令偏移出一个屋檐挑出长度，以后 TArch 可把它当作屋顶线进行操作。

9.5.2　人字坡顶

以闭合的 PLINE 为屋顶边界生成人字坡屋顶和单坡屋顶。两侧坡面的坡度可具有不同的坡角，可指定屋脊位置与标高，屋脊线可随意指定和调整，因此两侧坡面可具有不同的底标高，除了使用角度设置坡顶的坡角外，还可以通过限定坡顶高度的方式自动求算坡角，此时创建的屋面具有相同的底标高。

屋顶边界的形式可以是包括弧段在内的复杂多段线，也可以生成屋顶后再使用“布尔运算”求差命令裁剪屋顶的边界。

菜单命令：房间屋顶→人字坡顶(RZPD)

图标菜单：

点取命令后，命令行提示：

请选择一封闭的多段线<退出>:　选择作为坡屋顶边界的多段线；
请输入屋脊线的起点<退出>:　　在屋顶一侧边界上给出一点作为屋脊起点；
请输入屋脊线的终点<退出>:　　在起点对面一侧边界上给出一点作为屋脊终点。

（注意屋脊起点和终点都取外边线时定义单坡屋顶）进入“人字屋顶”对话框，在其中设置屋顶参数，如图 9.17 所示。

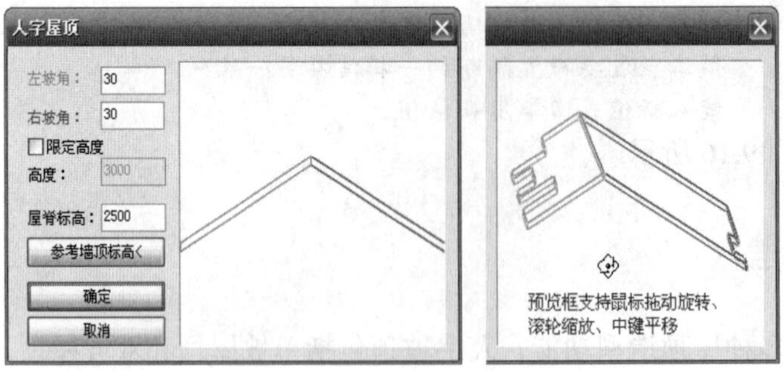

图 9.17 “人字屋顶”对话框

参数输入后单击“确定”按钮，随即创建人字屋顶。以下是其中参数的设置规则：

如果已知屋顶高度，选择勾选“限定高度”，然后输入高度值，或者输入已知坡角，输入屋脊标高（或者单击“参考墙顶标高<”进入图形中选取墙），单击“确定”按钮绘制坡顶，屋顶可以带下层墙体在该层创建，此时可以通过“墙齐屋顶”命令改变山墙立面对齐屋顶；也可以不带墙体独立在屋顶层创建，两种情况的平面和剖面分别如图 9.18 所示。

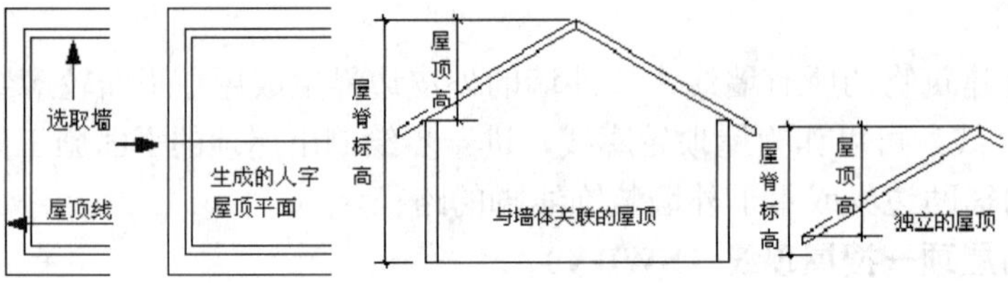

图 9.18 人字屋顶的高度参数

★ 对话框控件的说明

“左/右坡角”：在各栏中分别输入坡角，无论脊线是否居中，默认左右坡角都是相等的。

“限定高度”：勾选限定高度复选框，用高度而非坡角定义屋顶，脊线不居中时左右坡角不等。

“高度”：勾选限定高度后，在此输入坡屋顶高度。

“屋脊标高”：以图 9.18 中 z=0 起算的屋脊高度。

“参考墙顶标高<”：选取相关墙对象可以沿高度方向移动坡顶，使屋顶与墙顶关联。

“图象框”：在其中显示屋顶三维预览图，拖动光标可旋转屋顶，支持滚轮缩放、中键平移。

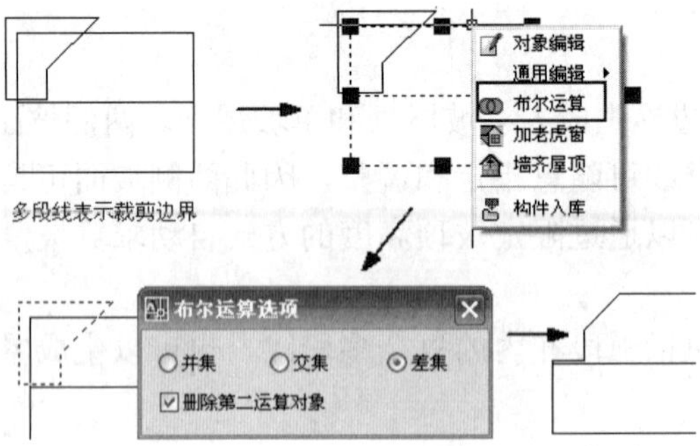

图 9.19 屋顶布尔剪裁运算

人字屋顶的各边和屋脊都可以通过拖动夹点修改其位置，双击屋顶对象进入对话框修改屋面坡度。

★ 对话人字屋顶布尔运算剪裁实例

屋顶布尔运算剪裁的举例如图 9.19 所示。

9.5.3 任意坡顶

本命令由封闭的任意形状 PLINE 线生成指定坡度的坡形屋顶，可采用对象编辑单独修改每个边坡的坡度，不支持布尔运算开洞功能。

菜单命令：房间屋顶→任意坡顶（RYPD）

图标菜单：

点取命令后，命令行提示：

选择一封闭的多段线<退出>:　　点取屋顶线;

请输入坡度角<30>:　　输入屋顶坡度角;

出檐长<600.000>:　　如果屋顶有出檐，输入与搜屋顶线时输入的对应偏移距离。

随即生成等坡度的四坡屋顶，可通过夹点和对话框方式进行修改，屋顶夹点有两种，一是顶点夹点，二是边夹点；拖动夹点可以改变屋顶平面形状，但不能改变坡度，如图 9.20 所示。

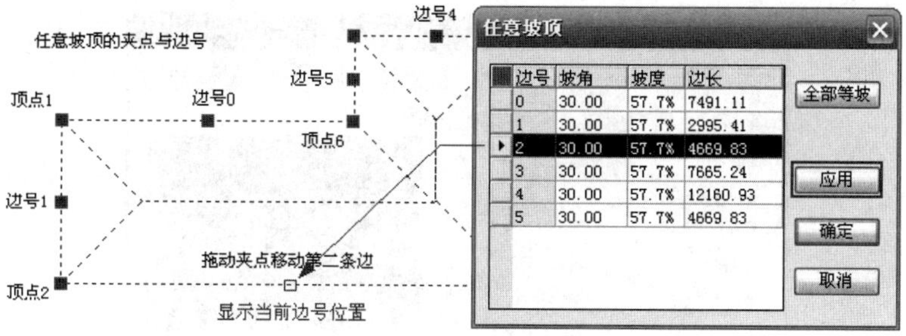

图 9.20　标准坡顶对象夹点

双击坡屋顶进入对象编辑对话框，可对各个坡面的坡度进行修改，单击行首可看到图中对应该编号的边线显示红色标志，可修改坡度参数与坡角，在其中把端坡的坡角设置为 90°（坡度为“无”）时为双坡屋顶，修改参数后单击新增的“应用”按钮，可以马上看到坡顶的变化，如图 9.20 所示。

9.5.4　攒尖屋顶

本命令提供了构造攒尖屋顶三维模型的方法，但不能生成曲面构成的中国古建亭子顶。

菜单命令：房间屋顶→攒尖屋顶（ZJWD）

图标菜单：

点取命令后，显示对话框如图 9.21 所示。

在确定所有尺寸参数后，在图形拖动对屋顶给定位置与尺寸、初始角度，不必关闭对话框。

图 9.21　“攒尖屋顶”对话框

请输入屋顶中心位置<退出>:　用光标点取屋顶的中心点;

获得第二个点:　拖动光标，点取取屋顶与柱子交点(定位多边形外接圆)。

★ **对话框控件的说明**

“边数”：屋顶正多边形的边数。

“高度”：攒尖屋顶净高度。

“半径”：坡顶多边形外接圆的半径。

“出檐长”：从屋顶多边形开始偏移到边界的长度，默认 600，可以为 0。

如图 9.22 所示为攒尖屋顶的应用实例。

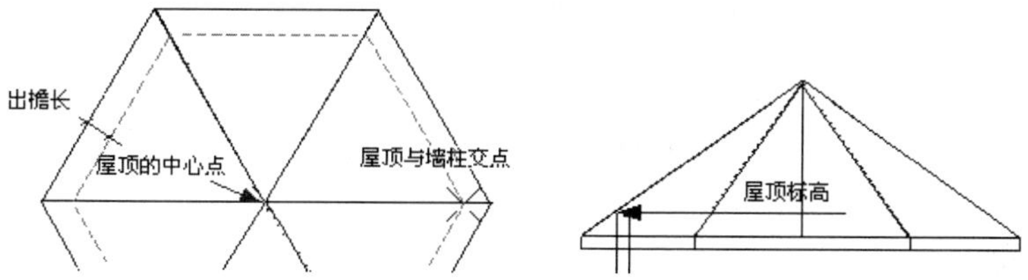

图 9.22　攒尖屋顶实例

9.5.5 加老虎窗

本命令在三维屋顶生成多种老虎窗形式，老虎窗对象提供了墙上开窗功能，并提供了图层设置、窗宽、窗高等多种参数，可通过对象编辑修改。

菜单命令：房间屋顶→加老虎窗（JLHC）

图标菜单：

点取命令后，命令行提示：

请选择坡屋顶坡面<退出>：点取已有的坡屋顶，进入老虎窗设计对话框。

如图 9.23 所示。

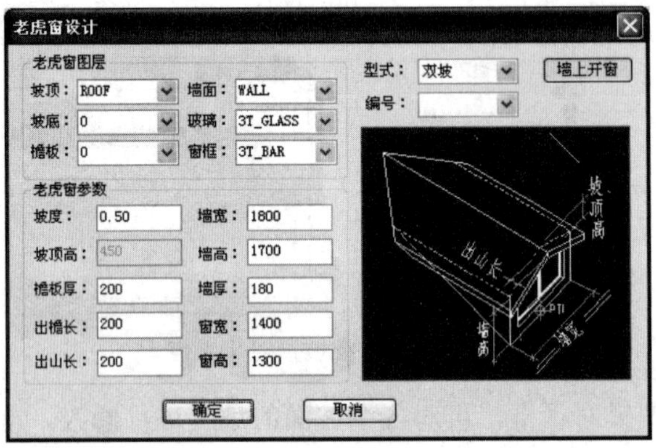

图 9.23 “老虎窗设计”对话框

★ 对话框控件的说明

“型式”：有双坡、三角坡、平顶坡、梯形坡和三坡共计 5 种类型，如图 9.24 所示。

“编号”：老虎窗编号，用户给定。

“坡顶高/坡度”：老虎窗自身坡顶高度与坡面的倾斜度。

“窗高/窗宽”：老虎窗开启的小窗高度与宽度。

“墙宽/墙高”：老虎窗正面墙体的宽度与侧面墙体的高度。

“墙上开窗”：本按钮是默认打开的属性，如果关闭，老虎窗自身的墙上不开窗。

单击“确定”按钮关闭对话框，出现老虎窗平面供预览，命令行继续提示：

请点取插入点或 [修改参数(S)]<退出>：　键入 S 返回对话框修改参数；

在坡屋面上拖动老虎窗到插入位置，反坡向时老虎窗自动适应坡面改变其方向；

请点取插入点或 [修改参数(S)]<退出>：在坡屋面上拖动老虎窗到插入位置，回车退出。

随即程序会在坡顶处插入指定形式的老虎窗，求出与坡顶的相贯线。双击老虎窗进入对象编辑即可在对话框进行修改，也可以选择老虎窗，按 Ctrl+1 组合键用特性栏进行修改。

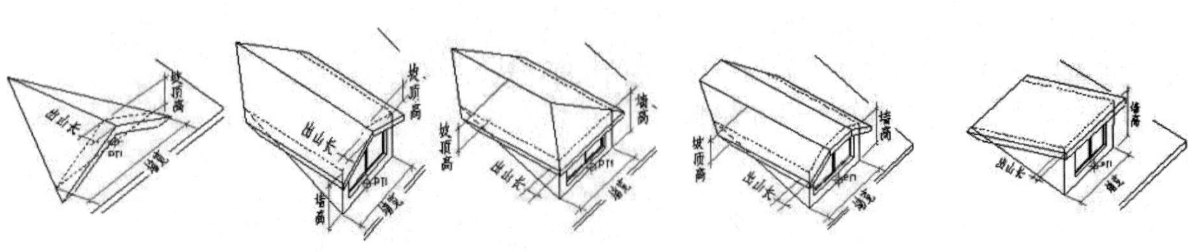

图 9.24 老虎窗类型示意图

9.5.6 加雨水管

本命令在屋顶平面图中绘制雨水管穿过女儿墙或檐板的图例。

菜单命令：房间屋顶→加雨水管（JYSG）

图标菜单：

点取命令后，命令行提示：

请给出雨水管的起始点(入水口) <退出>:　点取雨水管的起始点;

结束点(出水口) <退出>:　点取雨水管的结束点。

在平面图中即绘制好雨水管位置，如图 9.25 所示。

请输入剖切编号<1>:　　　//键入剖切编号;

点取第一个剖切点<退出>:　//在第一点位置取点。

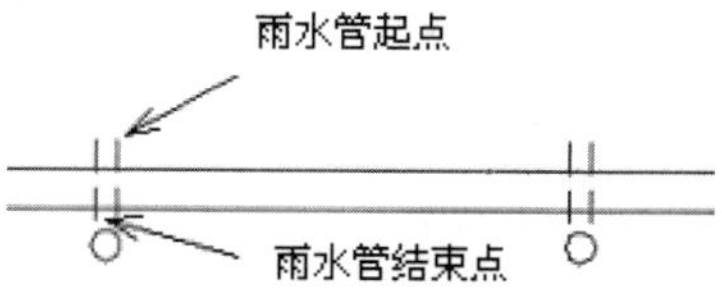

图 9.25　雨水管实例图

本章小结

1．本章介绍了房间及屋顶的内容，房间面积的概念，提供的房间数据对象包括房间名称、编号和面积标注，面积标注与边界线关联。

2．房间面积的创建，房间对象可以通过搜索房间命令直接创建，支持边界的布尔运算。查询房间面积，可以以单行文字的方式标注在图上，这是购房者关心的数据。套内面积，按照国标房产规范的要求，自动计算分户单元的套内面积，该面积以墙中线计算（包括保温层厚度在内），选择墙体时应只选择构成该分户单元的墙体。这也是房地产开发商与购房户最关切和敏感的数据。

3．房间的布置，提供了多种房间布置命令，添加踢脚线和对地面和天花板进行各种分格。

4．洁具布置工具，提供了专用的卫生间布置工具与洁具图库，对多种洁具进行不同的布置。卫浴间布置包括洗脸盆、大小便器、淋浴喷头、洗涤盆和拖布池等，在“天正洁具”对话框选中所需布置的洁具，双击图中相应的样式，按提示操作。

5．标准层平面图基本上与底层平面图相同。在标准层楼层平面图中，不必画底层平面图中已显示的指北针、剖切符号，以及室外地面上的构配件和设施；但各楼层平面图除了应画出本层室内的各项内容以外，还应分别画出位于该层平面图的水平剖切面以下的，而在下一层平面图中未表达的室外构配件和设施，如在二、三、四层平面图中应画出本层的室外阳台、下一层窗户的可见遮阳板、本层过厅窗外的花台等。此外，楼层平面图除开间、进深等主要尺寸以及定位轴线间的尺寸外，与底层相同的次要尺寸，可以省略。

6．各种屋顶、各种老虎窗屋顶是建筑物的外围结构，是建筑物的重要组成部分。天正提供自动生成平屋顶、双坡屋顶、四坡屋顶和檐口等屋顶构件的功能。

7．天正 TArch 7/8 提供了各种面积计算命令，除了计算房间净面积外，可以按照最近颁布的国家标准《房产测量规范》的规定计算住宅单元的套内建筑面积。同时，还提供了实时房间面积查询功能。

8．房间面积标注与房间边界联动，可方便地调整边界，同时自动更新面积标注。

9．在平面图设计完成后，人们可以获得各种构件的体积、重量、墙面面积等数据，作为概算的基础数据。

练习题

1．前几章练习中画出的建筑图，对其计算面积，并布置卫浴洁具。

2．画出下面的建筑图，布置卫浴洁具。

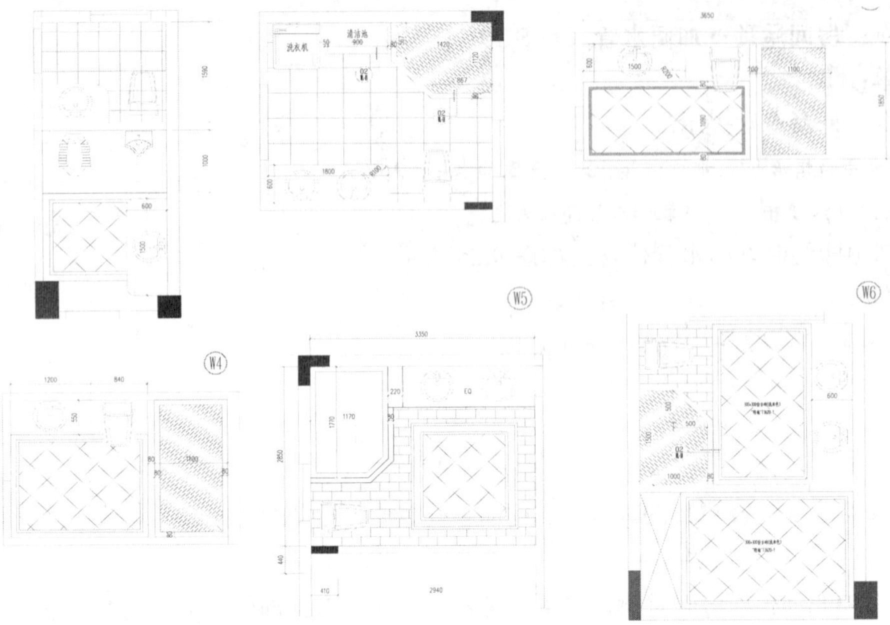

3．作出下面的卫生间，并布置卫浴洁具。

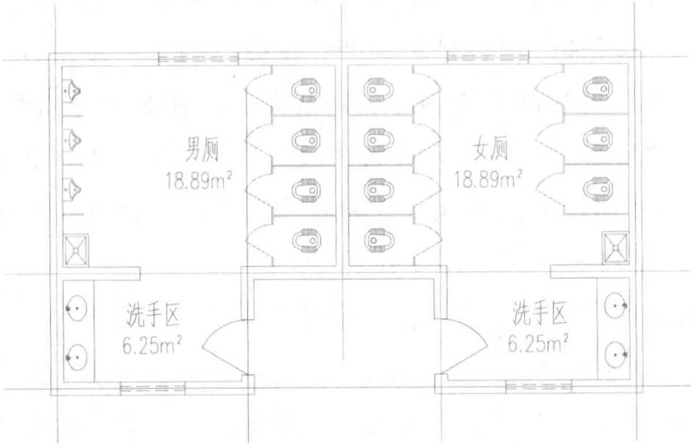

4．作出下面建筑的标准层和顶层平面图。

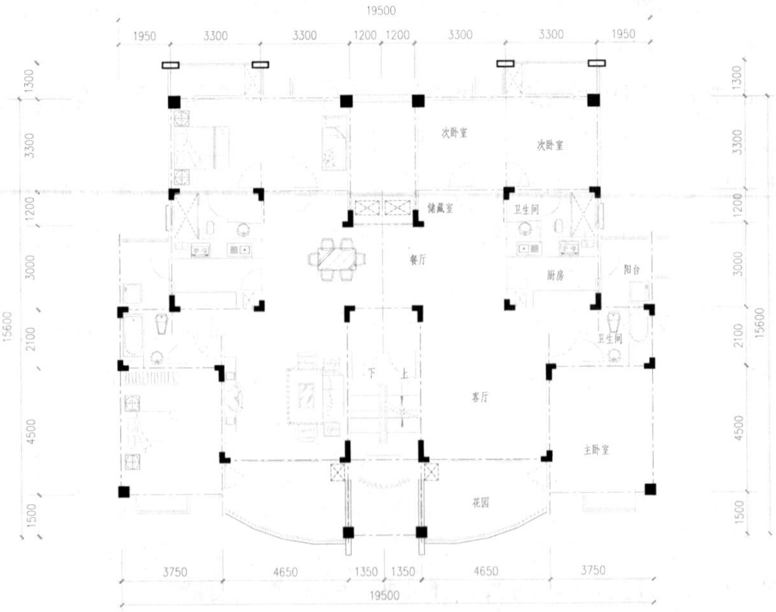

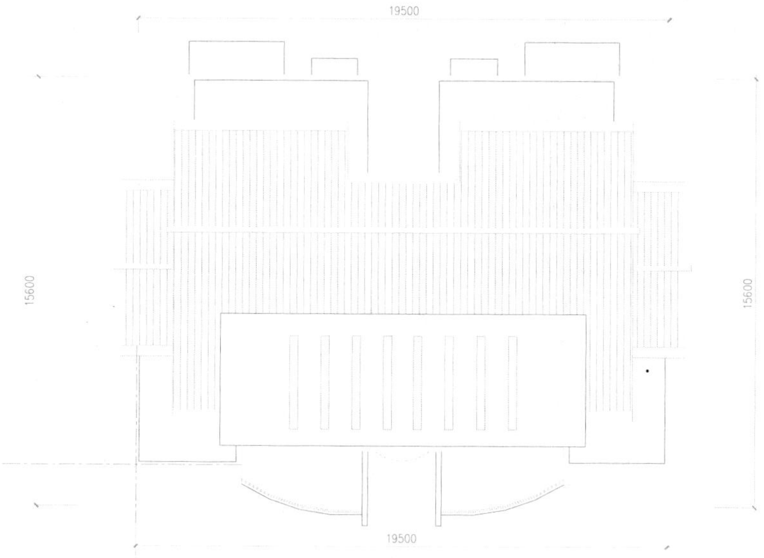

5．作出下面建筑的标准层和顶层平面图。

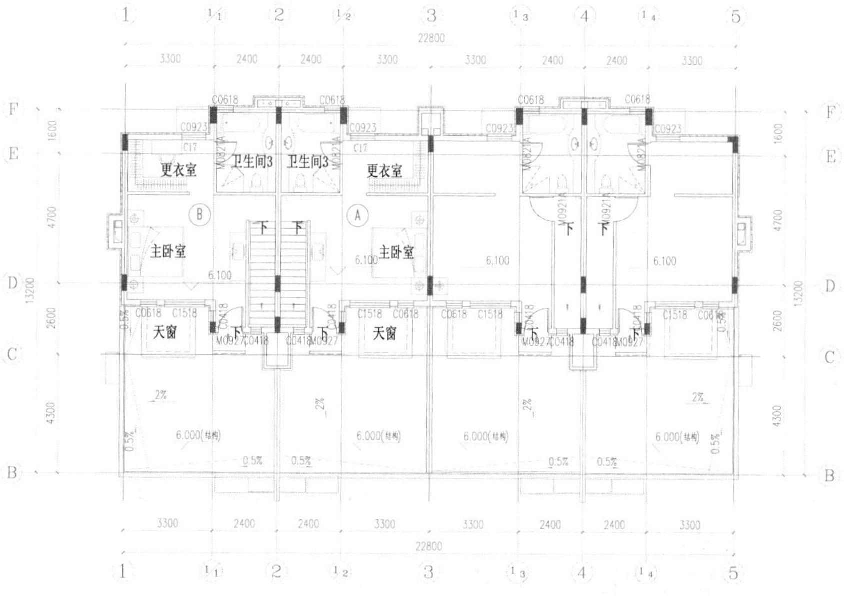

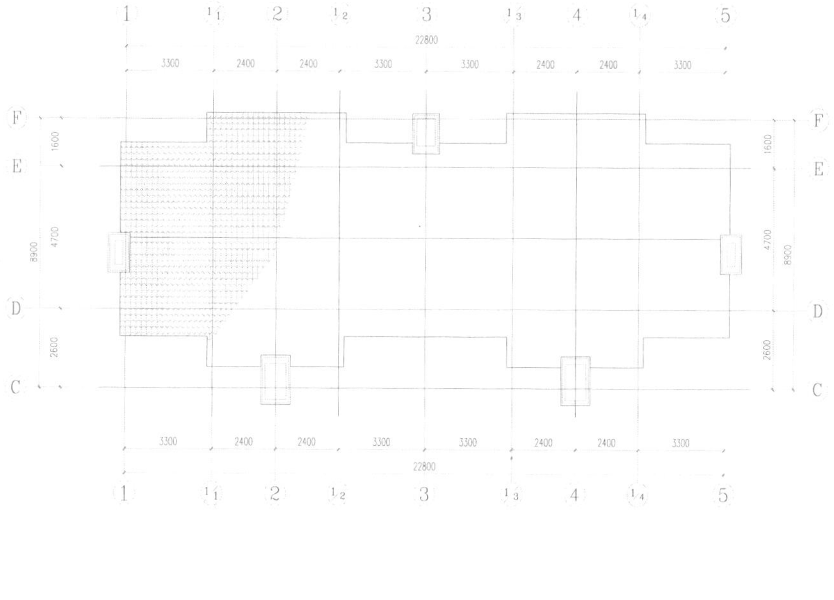

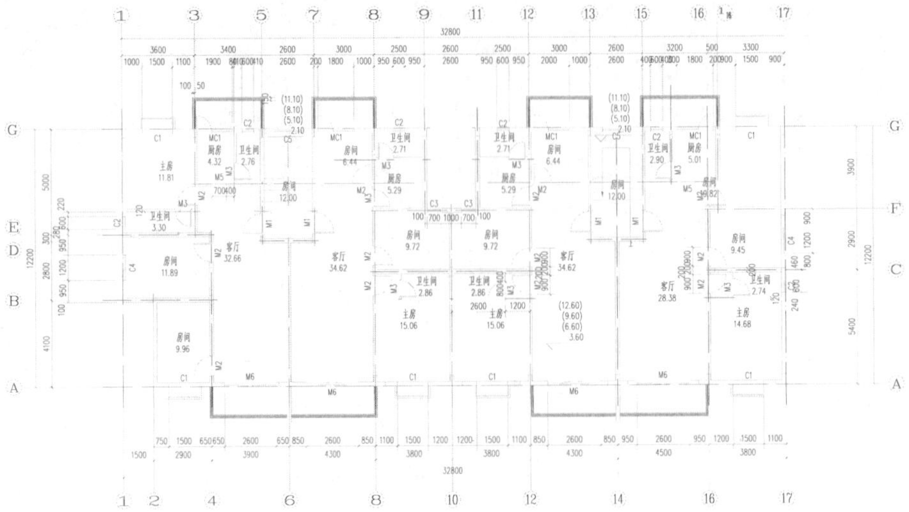

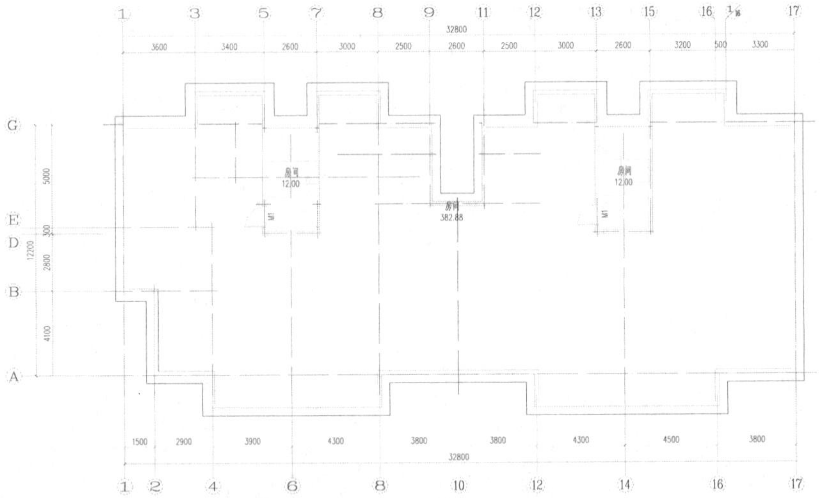

6．利用天正软件提供的多种屋顶造型功能，作出建筑物的人字坡顶、单坡屋顶、双坡屋顶、任意坡顶、攒尖屋顶等。另外，也可以利用三维造型工具自建其他形式的屋顶，如用平板对象和路径曲面对象相结合构造带有复杂檐口的平屋顶。

7．在屋顶平面图中绘制雨水管，在人字坡顶加老虎窗。

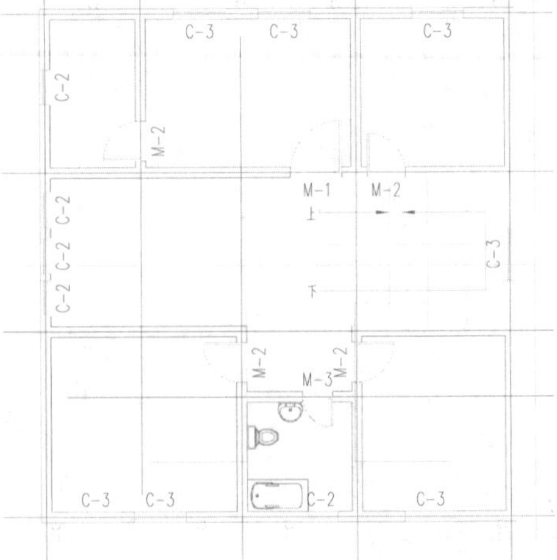

第 10 章
立面

本章要点

- 立面的概念
- 立面图的创建
- 立面图的编辑

10.1　立面的概念

设计好一套工程的各层平面图后，需要绘制立面图表达建筑物的立面设计细节，立面的图形表达和平面图有很大的区别，立面表现的是建筑三维模型的一个投影视图。受三维模型细节和视线方向建筑物遮挡的影响，天正立面图形是通过平面图构件中的三维信息进行消隐获得的纯粹二维图形，除了符号与尺寸标注对象以及门窗阳台图块是天正自定义对象外，其他图形构成元素都是 AutoCAD 的基本对象。

10.1.1　立面生成与工程管理

TArch 7/8 的立面生成是由“工程管理”功能实现的，在“工程管理”命令界面上，通过新建工程→添加图纸（平面图）的操作建立工程，在工程的基础上定义平面图与楼层的关系，支持如下两种楼层定义方式。

（1）每层平面设计一个独立的 DWG 文件集中放置于同一个文件夹中，这时先要确定是否每个标准层都有共同的对齐点，默认的对齐点在原点（0，0，0）的位置，用户可以修改，建议使用开间与进深方向的第一轴线交点。事实上，对齐点就是 DWG 作为图块插入的基点，用 ACAD 的 BASE 命令可以改变基点。

（2）允许多个平面图绘制到一个 DWG 中，然后在楼层栏的电子表格中分别为各自然层在 DWG 中指定标准层平面图，同时也允许部分标准层平面图通过其他 DWG 文件指定，提高了工程管理的灵活性。

TArch 7/8 通过工程数据库文件（*.TPR）记录、管理与工程总体相关的数据，包含图纸集、楼层表、工程设置参数等，提供了“导入楼层表”命令从楼层表创建工程，在工程管理界面中以楼层下面的表格定义标准层的图形范围以及和自然层的对应关系，双击楼层表行即可把该标准层加红色框，同时充满屏幕中央，方便查询某个指定楼层平面。

为了能获得尽量准确和详尽的立面图，用户在绘制平面图时楼层高度、墙高、窗高、窗台高、阳台栏板高和台阶踏步高、级数等竖向参数希望能尽量正确。

10.1.2　立面生成的参数设置

在生成立面图时，可以设置标注的形式，如在图形的哪一侧标注立面尺寸和标高；同时可以设置门窗和阳台的式样，其方法与标准层立面设置相同；设定是否在立面图上绘制出每层平面的层间线；设定首层平面的室内外高差；在楼层表设置中可以修改标准层的层高。

需要指出，立面生成使用的“内外高差”需要同首层平面图中定义的一致，用户应当通过适当更改首层外墙的 z 向参数（即底标高和高度）或设置内外高差平台，来实现创建室内外高差的目的，立面生成的概念如图 10.1 所示。

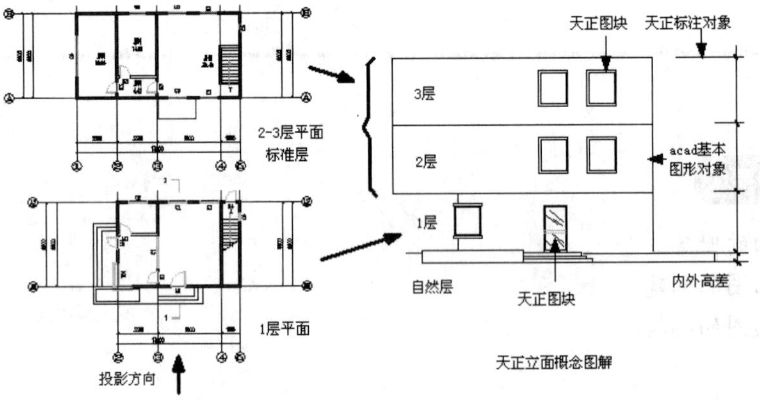

图 10.1　天正建筑立面生成概念

10.2　立面的创建

10.2.1　建筑立面

本命令按照工程数据库文件中的楼层表数据，一次生成多层建筑立面，在当前工程为空的情况下执行本命令，会出现警告对话框：请打开或新建一个工程管理项目，并在工程数据库中建立楼层表。

菜单命令：立面→建筑立面（JZLM）

图标菜单：

单击命令后，命令行提示：

请输入立面方向或 [正立面（F）/背立面（B）/左立面（L）/右立面（R）]<退出>: F ；

键入快捷键或者按视线方向给出两点指出生成建筑立面的方向；

请选择要出现在立面图上的轴线:

一般是选择同立面方向上的开间或进深轴线，选轴号无效。

显示建筑立面对话框，如图 10.2 所示。

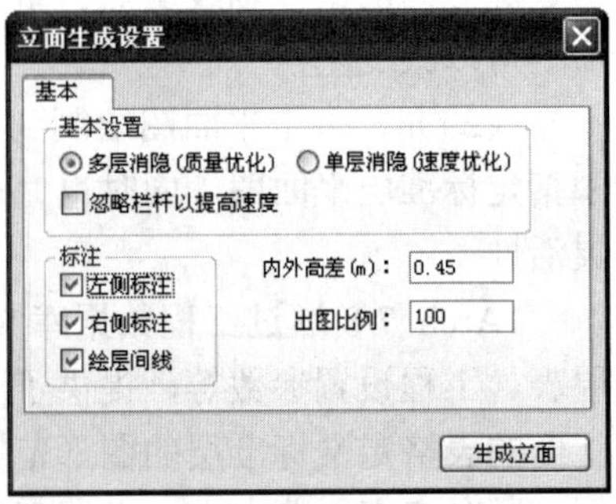

图 10.2　“建筑立面”对话框

如果当前工程管理界面中有正确的楼层定义，即可提示保存立面图文件，否则不能生成立面文件。

立面的消隐计算是由天正编制的算法进行的，在楼梯栏杆采用复杂的造型栏杆时，由于这样的栏杆实体面数极多，如果也参加消隐计算，可能会使消隐计算的时间大大增长。在这种情况下可选择“忽略栏杆以提高速度”，也就是说：“忽略栏杆”只对造型栏杆对象（TCH__RAIL）有影响，而双跑、多跑楼梯上自动生成的栏杆并非这种对象（手动添加的栏杆则是）；为了忽略双跑、多跑楼梯的扶手栏杆，提供了 T71_IStairRail 命令，设置后执行“建筑立面”可不生成以上两种楼梯的扶手栏杆立面，它对“构件立面”命令没有影响。

★ **对话框控件的说明**

“多层消隐/单层消隐”：前者考虑到两个相邻楼层的消隐，速度较慢，但可考虑楼梯扶手等伸入上层的情况，消隐精度比较好。

“内外高差”：室内地面与室外地坪的高差。

“出图比例”：立面图的打印出图比例。

“左侧标注/右侧标注”：是否标注立面图左右两侧的竖向标注，含楼层标高和尺寸。

“绘层间线”：楼层之间的水平横线是否绘制。

“忽略栏杆以提高速度”：勾选此复选框，为了优化计算，忽略复杂栏杆的生成。

单击“生成立面”按钮，进入标准文件对话框，在其中选取文件名称，单击“确定”按钮后生成立面图文件，并且打开该文件，显示的效果如图 10.3 所示。

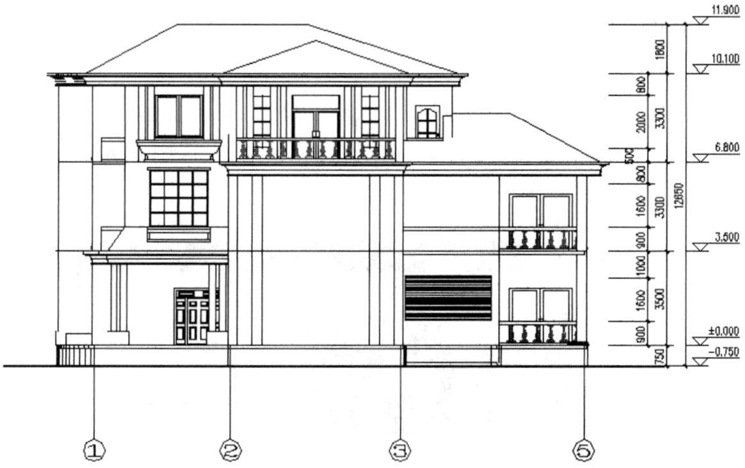

图 10.3　建筑立面生成实例

注意　执行本命令前必须先存盘，否则无法对存盘后更新的对象创建立面。

10.2.2　构件立面

本命令用于生成当前标准层、局部构件或三维图块对象在选定方向上的立面图与顶视图。生成的立面图内容取决于选定的对象的三维图形。本命令按照三维视图对指定方向进行消隐计算，优化的算法使立面生成快速而准确，生成立面图的图层名为原构件图层名加“E_”前缀。

菜单命令：立面→构件立面（GJLM）

图标菜单：

单击命令后，命令行提示：

请输入立面方向或 [正立面（F）/背立面（B）/左立面（L）/右立面（R）/顶视图（T）]<退出>:

键入 F 生成正立面；

请选择要生成立面的建筑构件：点取楼梯平面对象；

请选择要生成立面的建筑构件：回车结束选择；

请点取放置位置：拖动生成后的立面图，在合适的位置给点插入。

楼梯构件立面实例如图 10.4 所示。

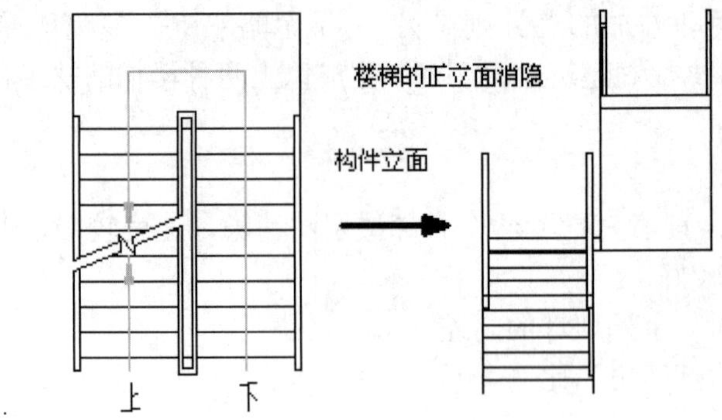

图 10.4　楼梯构件立面实例

10.2.3　立面门窗

本命令用于替换、添加立面图上的门窗，同时也是立剖面图的门窗图块管理工具，可处理带装饰门窗套的立面门窗，并提供了与之配套的立面门窗图库。

菜单命令：立面→立面门窗（LMMC）

图标菜单：

单击命令后，显示“天正图库管理系统”对话框，如图 10.5 所示。

对立面图库的操作详见“图库管理”一节，在立面编辑中最常用的是工具栏右面的“图块替换”功能。

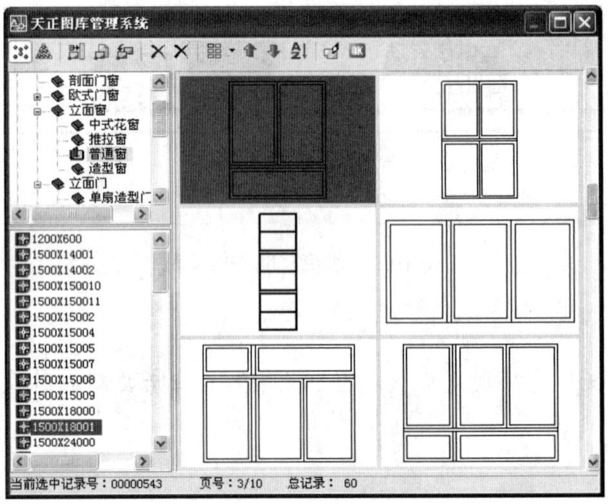

图 10.5　“天正图库管理系统”对话框

1. 替换已有门窗的操作

在图库中选择所需的门窗图块，然后单击上方的门窗替换图标，命令行提示如下：

选择图中将要被替换的图块：在图中选择要替换的门窗；

选择对象：接着选取其他图块；

选择对象：回车退出。

程序自动识别图块中由插入点和右上角定位点对应的范围，以对应的洞口方框等尺寸替换为指定的门窗图块。

2. 直接插入门窗的操作

除了替换已有门窗外，本命令在图库中双击所需的门窗图块，然后键入 E，通过“外框 E”选项可插入与门窗洞口外框尺寸相当的门窗，命令提示为：

点取插入点[转 90（A）/左右（S）/上下（D）/对齐（F）/ 外框（E）/转角（R）/基点（T）/更换（C）]<退出>:

键入 E，提示如下：

第一个角点或［参考点（R）]<退出>:　　选取门窗洞口方框的左下角点；

另一个角点:　　选取门窗洞口方框的右上角点。

程序自动按照图块插入点和右上角定位点对应的范围，对应的洞口方框来替换指定的门窗图块。

10.2.4　立面阳台

本命令用于替换、添加立面图上阳台的样式，同时也是对立面阳台图块管理的工具。

菜单命令：立面→立面阳台（LMYT）

图标菜单：

单击命令后，显示“天正图库管理系统”立面阳台对话框，如图 10.6 所示，详细请参考插入立面门窗的操作。

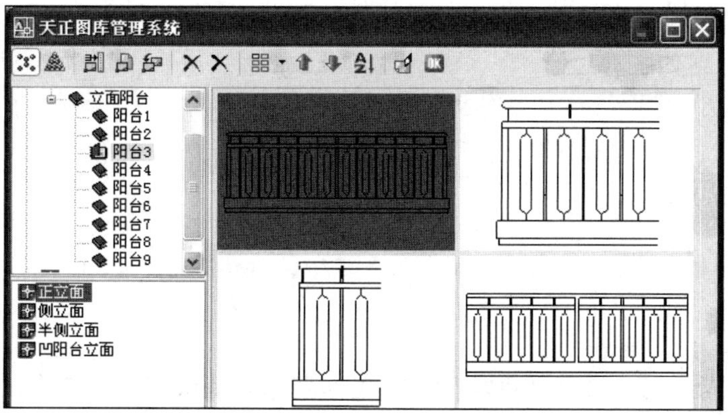

图 10.6　“立面阳台”对话框

10.2.5　立面屋顶

本命令可完成包括平屋顶、单坡屋顶、双坡屋顶、四坡屋顶与歇山屋顶的正立面和侧立面、组合的屋顶立面、一侧与其他物体（墙体或另一屋面）相连接的不对称屋顶的设计。

菜单命令：立面→立面屋顶

图标菜单：

单击命令后，显示对话框如图 10.7 所示。

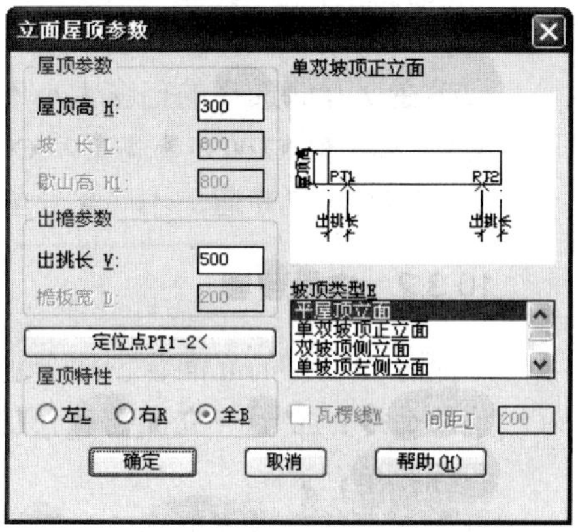

图 10.7　“立面屋顶参数”对话框

★ 对话框控件的说明

“屋顶高”：各种屋顶的高度，即从基点到屋顶最高处。

“坡长”：坡屋顶倾斜部分的水平投影长度。

“出挑长”：在正立面时为出山长；在侧立面时为出檐长。

“屋顶特性”：“左 L”、“右 R”以及“全 B”3 个互锁按钮默认是左右对称出挑。假如一侧相接于其他墙体或屋顶，应将此侧“左”或“右”关闭。

该对话框的使用步骤如下：

（1）从“坡顶类型 E”框中选择所需类型。

（2）根据需要从屋顶特性中“左 L”、“右 R”、“全 B”3 个互锁按钮中选择其一。

（3）在“屋顶参数”区与“出檐参数”区中键入必要的参数。

（4）单击“定位点 PT1-2<”按钮，暂时关闭对话框，在图形中点取屋顶的定位点。

（5）选择“屋顶填充 W”，其右侧的编辑框“间距 J”亮显，可输入填充竖线间距。

（6）单击“确定”按钮继续执行，或者单击“取消”按钮退出命令。

图 10.8 为立面屋顶命令能绘制的屋顶立面类型。

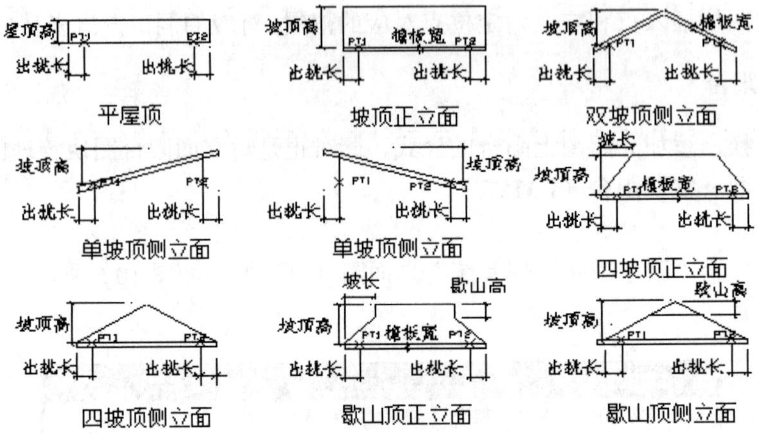

图 10.8　立面屋顶的类型

10.3　立面的编辑

10.3.1　门窗参数

本命令把已经生成的立面门窗尺寸以及门窗底标高作为默认值，用户修改立面门窗尺寸，系统按尺寸更新所选门窗。

菜单命令：立面→门窗参数（MCCS）

图标菜单： 

点取命令后，命令行提示：

选择立面门窗：选择要修改尺寸的门窗；

选择立面门窗：回车结束；

底标高<3600>：需要时键入新的门窗底标高，从地面起算；

高度<1400>:1800 键入新值回车；

宽度<2400>:1800 键入新值回车后，各个选择的门窗均以底部中点为基点对称更新。

如果在交互时选择的门窗大小不一，会出现这样的提示：

底标高从 X 到 XX00 不等;高度从 XX00 到 XX00 不等;宽度从 X00 到 XX00 不等。

用户输入新尺寸后，不同尺寸的门窗会统一更新为新的尺寸。

10.3.2　立面窗套

本命令为已有的立面窗创建全包的窗套或者窗楣线和窗台线。

菜单命令：立面→立面窗套（LMCT）

图标菜单： 

点取命令后，对话框显示如图 10.9 所示。

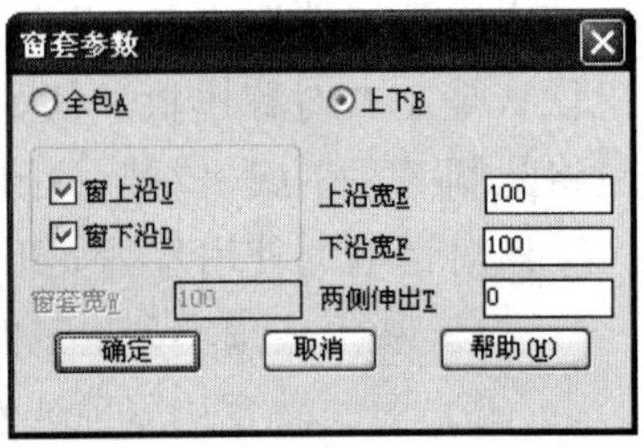

图 10.9　“窗套参数”对话框

★ 对话框控件的说明

“全包”：环窗四周的创建矩形封闭窗套。

“上下”：在窗的上下方分别生成窗上沿与窗下沿。

“窗上沿/窗下沿”：仅在选中“上下”时有效。分别表示仅要窗上沿或仅要窗下沿。

“上沿宽/下沿宽”：表示窗上沿线与窗下沿线的宽度。

“两侧伸出”：窗上、下沿两侧伸出的长度。

[窗套宽]：除窗上、下沿以外部分的窗套宽。

在对话框中输入合适的参数，单击“确定”按钮绘制窗套，也可根据需要将若干个门窗连在一起生成窗套、窗上沿线与窗下沿线，如图 10.10 所示。

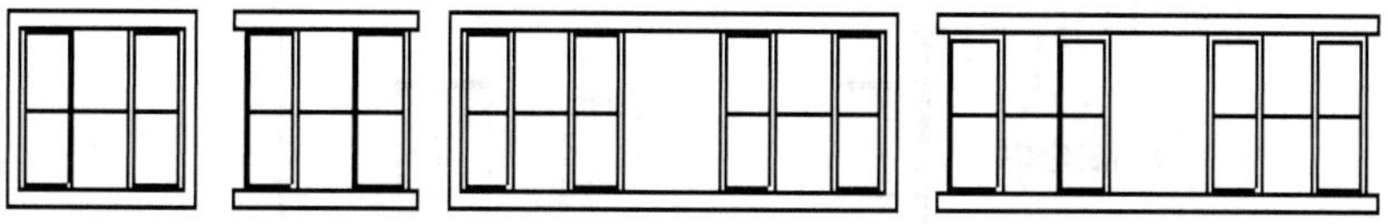

（a）　（b）　（c）　（d）

图 10.10　立面窗套的类型

10.3.3　雨水管线

本命令在立面图中按给定的位置生成竖直向下的雨水管。

菜单命令：立面→雨水管线（YSGX）

图标菜单：

点取命令后，命令行提示：

请指定雨水管的起点：P--参考点/<起点>：点取雨水管的起点；

或键入“P”以指定参考点，则命令行显示：

请指定雨水管的参考点：　　点取容易获得的一个点作为参考点。

不易直接定位时，往往需要找到一个已知点作为参考点，给出与起点的相对位置。

请指定雨水管的起点<退出>：给出相对点；

请指定雨水管的终点：P--参考点 /<终点>：点取雨水管的终点；

请指定雨水管的管径 <100>：输入雨水管的管径。

随即在上面两点间竖向画出平行的雨水管，其间的墙面饰线均被雨水管断开。

10.3.4　柱立面线

本命令按默认的正投影方向模拟圆柱立面投影，在柱子立面范围内画出有立体感的竖向投影线。

菜单命令：立面→柱立面线（ZLMX）

图标菜单：

点取命令后，命令行提示：

输入起始角<180>：输入平面圆柱的起始投影角度或取默认值；

输入包含角<180>：输入平面圆柱的包角或取默认值；

输入立面线数目<12>：输入立面投影线数量或取默认值；

输入矩形边界的第一个角点<选择边界>：给出柱立面边界的第一角点；

输入矩形边界的第二个角点<退出>：　　给出柱立面边界的第二角点。

图 10.11 为柱立面线的绘制实例与对应平面图的参照示意图。

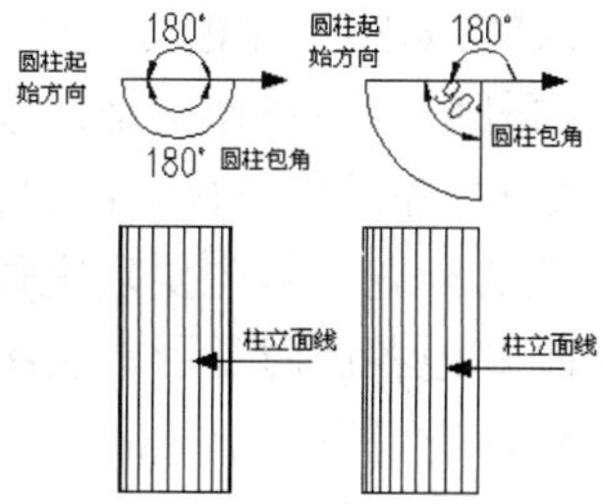

图 10.11　柱立面线的绘制实例与对应平面图的参照示意图

10.3.5　立面轮廓

本命令自动搜索建筑立面外轮廓，在边界上加一圈粗实线，但不包括地坪线在内。

菜单命令：立面→立面轮廓（LMLK）

图标菜单：

点取命令后，命令行提示：

选择二维对象：　选择外墙边界线和屋顶线；

请输入轮廓线宽度<0>：　键入 30-50 之间的数值。

在复杂的情况下搜索轮廓线会失败，无法生成轮廓线，此时请使用多段线绘制立面轮廓线，图 10.12 所示是立面轮廓加粗宽度 50 的实例。

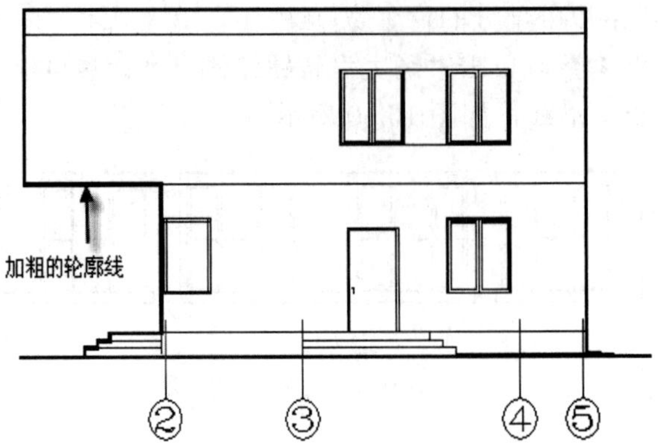

图 10.12　立面轮廓实例

本章小结

1．本章内容请对照教材上机验证，平面图未熟练掌握者，应先学好前面几章。

2．立面图的前提：将已经绘制的底层建筑平面图另存盘，接着绘制标准层建筑平面图，也更名存盘，再绘制顶层建筑平面图，一般多层建筑物都应分别有底层平面图、标准层平面图、顶层平面图，标准层有多少层并不重要，只要会作出有三层建筑物的立面图，也就可以作多层建筑的立面图了。

3．对于平屋顶的建筑，可绘制屋面板，用搜屋顶线方式或 Pline 线沿外墙内边画一封闭线，再执行“造型工具”→“平板”功能，生成平屋顶平板实体。如果有各层平面图，可以自动生成立面草图，再用 CAD 等命令完善。

4．立面图的关键：根据编者教学总结，初学者往往不能顺利作出立面图，对于立面图关键是楼层表。并且各层平面图要放到一个目录下。作多层立面图生成之前，要用“观察与设置”菜单下的“楼层表”命令建立楼层表，定义本工程中各平面楼层之间的关系，楼层表不能错，一个字母错了也不可以，请务必注意。

5．立面图有时也可能由于内外墙未加识别而不能顺利地作出，请检测是否已经对底层的墙体区分过内外墙，具体作法是：选墙体→墙体工具→识别内外。

6．对齐问题：有的初学者作出的立面图，有各层未对齐或其他情况，令人哭笑不得，这主要是对齐点的问题。首先要确定每个标准层都有共同的对齐点，默认的对齐点在原点（0,0,0）的位置，如果画其他各层时是用首层图 save as 后进行修改的，就不用设置，否则自己手动键入 insbase 或 base 设基点，也可以点取 AutoCAD 菜单“绘图”→“图块”→“基点”来设好。提醒：最好直接用首层图进行修改，使 x 和 y 坐标保持一致，然后对修改后形成的图形文件以另名存盘方式保存，以便于在“楼层表”中组合为多层建筑。

7．在打开首层平面生成立面时，提示输入立面图文件名称，注意不要覆盖已经存在的文件。

8．本章由于涉及到新建工程等新的内容，原来天正老版本的使用者要注意差异。从 Tarch 7 开始天正软件强调了工程管理的概念，新增的工程管理界面合并楼层表、三维组合、图纸集、建筑立剖面、门窗总表、门窗检查、图纸目录等功能。

9．支持一套工程平面图纸保存在一个 DWG 中，可与其他独立图纸 DWG 文件组合，生成立剖面与三维建筑模型。

10．新的“图形导出”命令解决了原“另存旧版”命令无法保存图纸空间的问题，一次完成专业条件图的导出工作。

11．本章内容必须要有先作好的平面图，新手要多上机操作，个人及时总结归纳操作经验和教训，以后就可少走弯路。

12．如果在一层上作了三维散水，以一层为基础作二层及以上各层时，初学者往往在立面图中才发现二层楼以上三维散水未去掉。在作好二层后最好能用“动态观察”方式翻起来看看，此时容易看到那一围黄色的三维散水，这时就很方便删除去掉了。

13．要作建筑立面外轮廓，可以通过立面→立面轮廓方法在边界上加一圈粗实线。当无法生成轮廓线时，可使用多段线 PL 命令绘制立面轮廓线。

练习题

1．利用上一章练习中的建筑平面图，或是根据下面的平面图作出立面图。

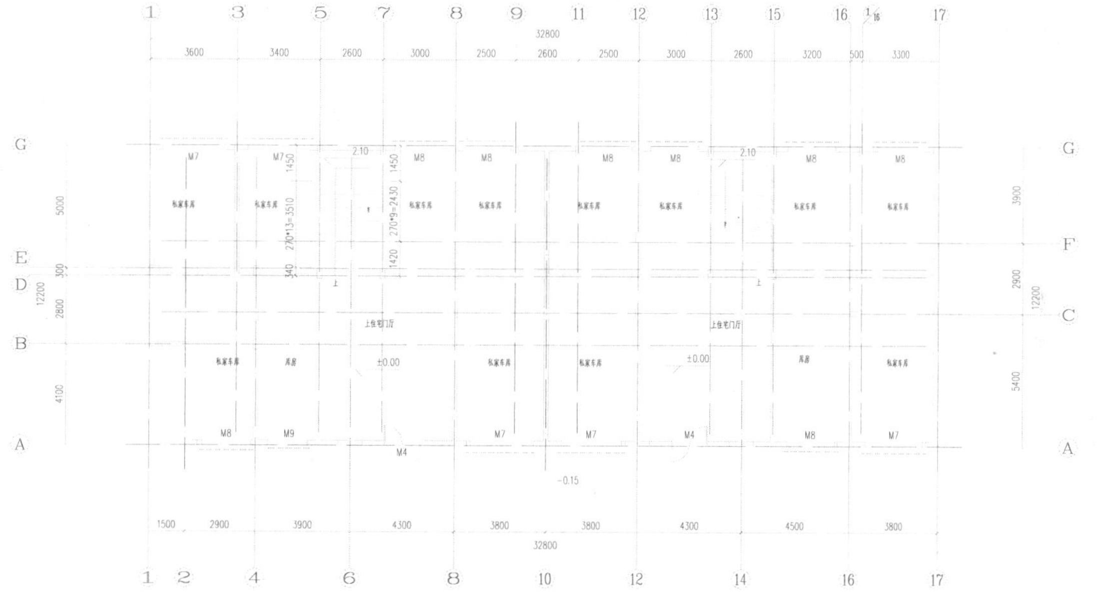

一层平面图

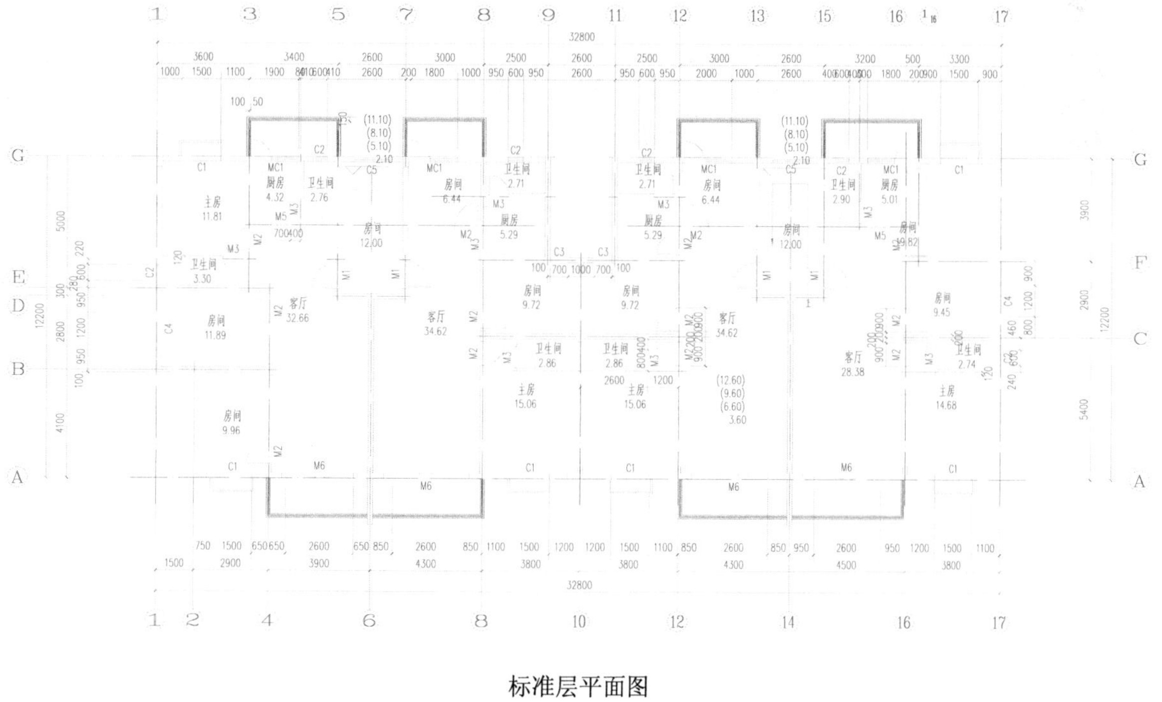

标准层平面图

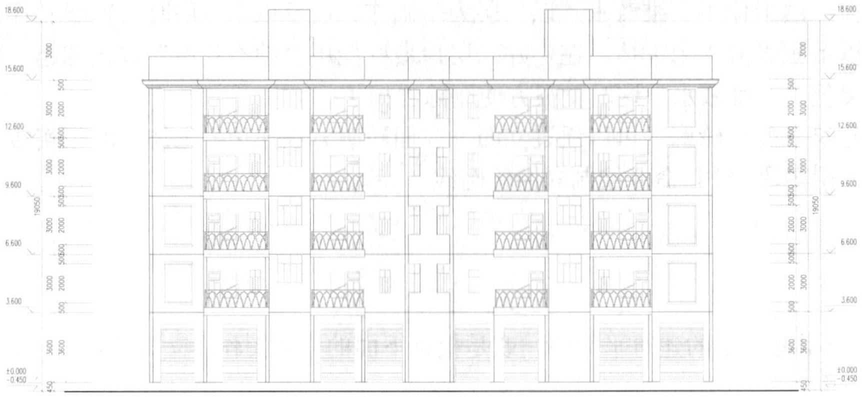

南立面图

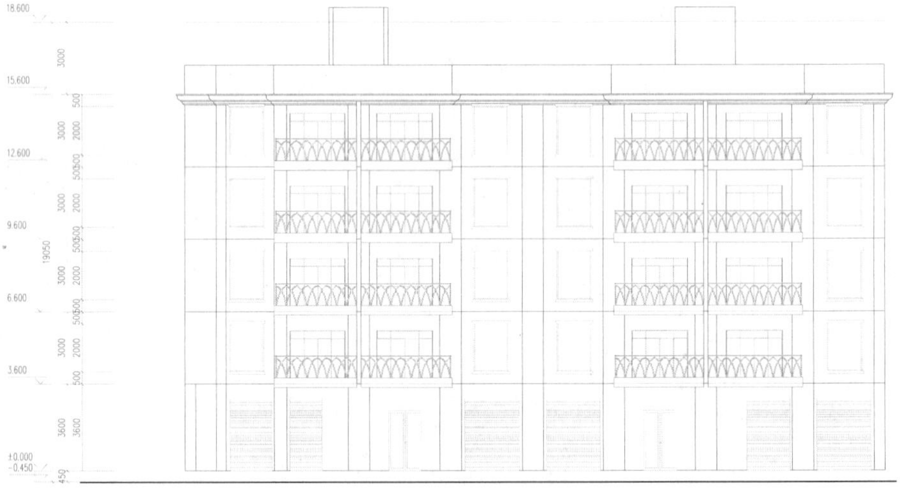

北立面图

提示

阳台立面、门窗立面都可以自由选择，作出满意的设计。

2．完成下列建筑图，先作平面图，然后作出立面图，可先不插入室内家具。

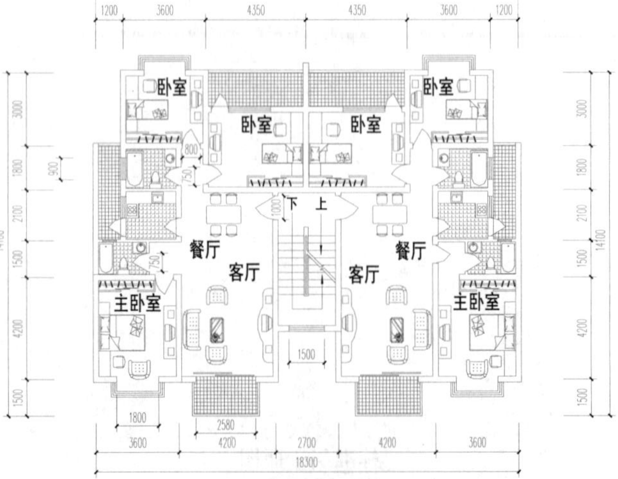

B型住宅标准层平面图 1:100

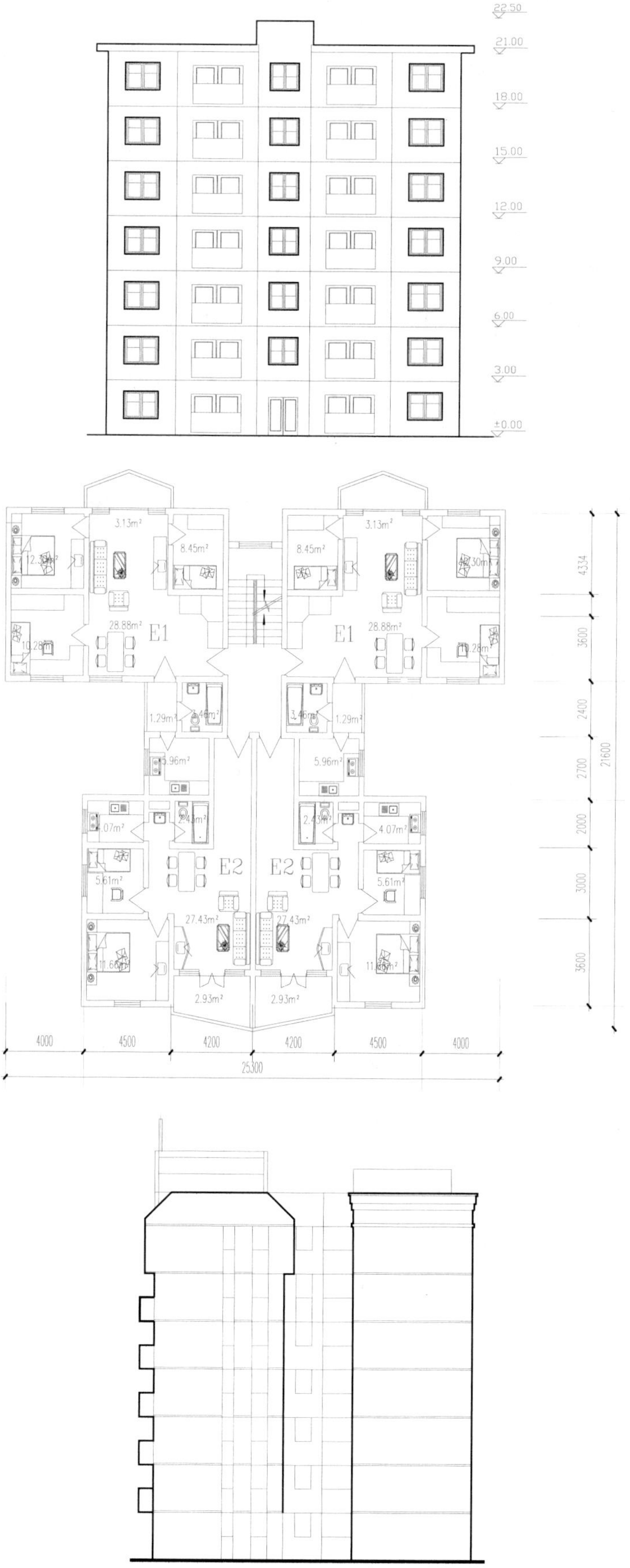

E型住宅立面图　1:200

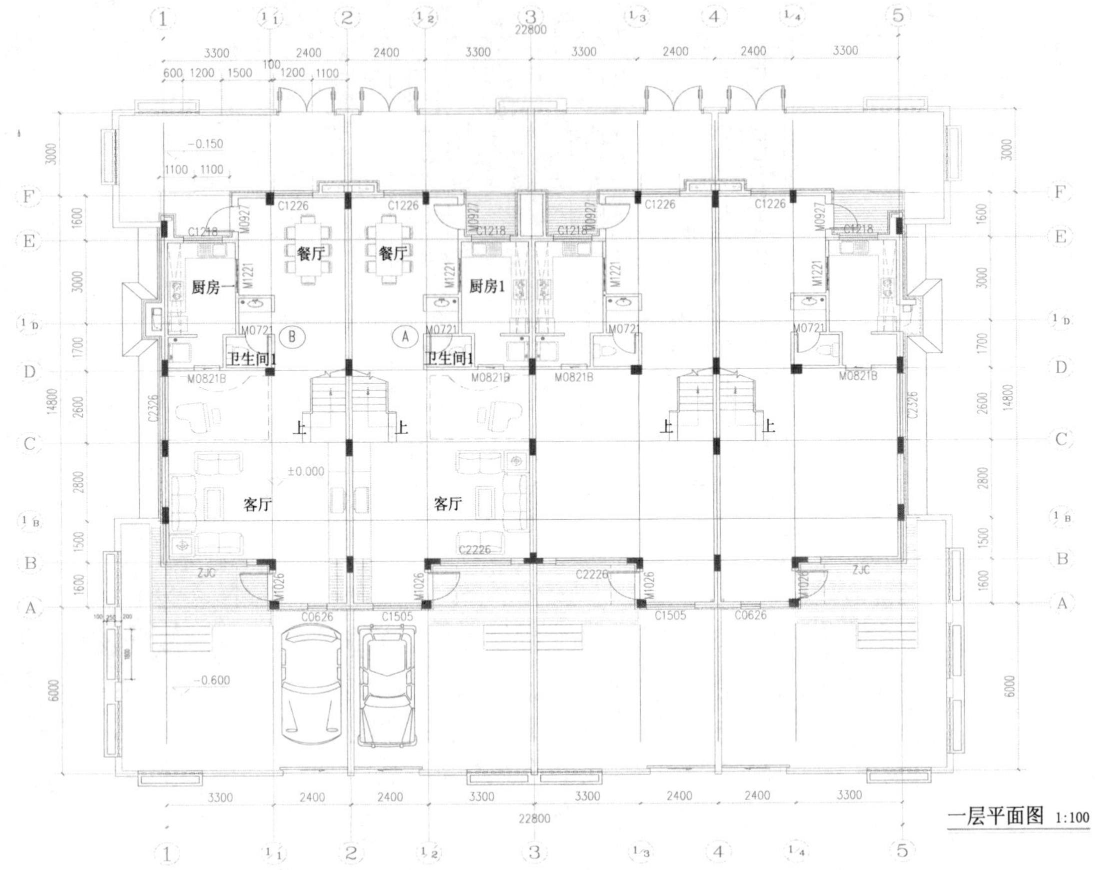

联排别墅底层

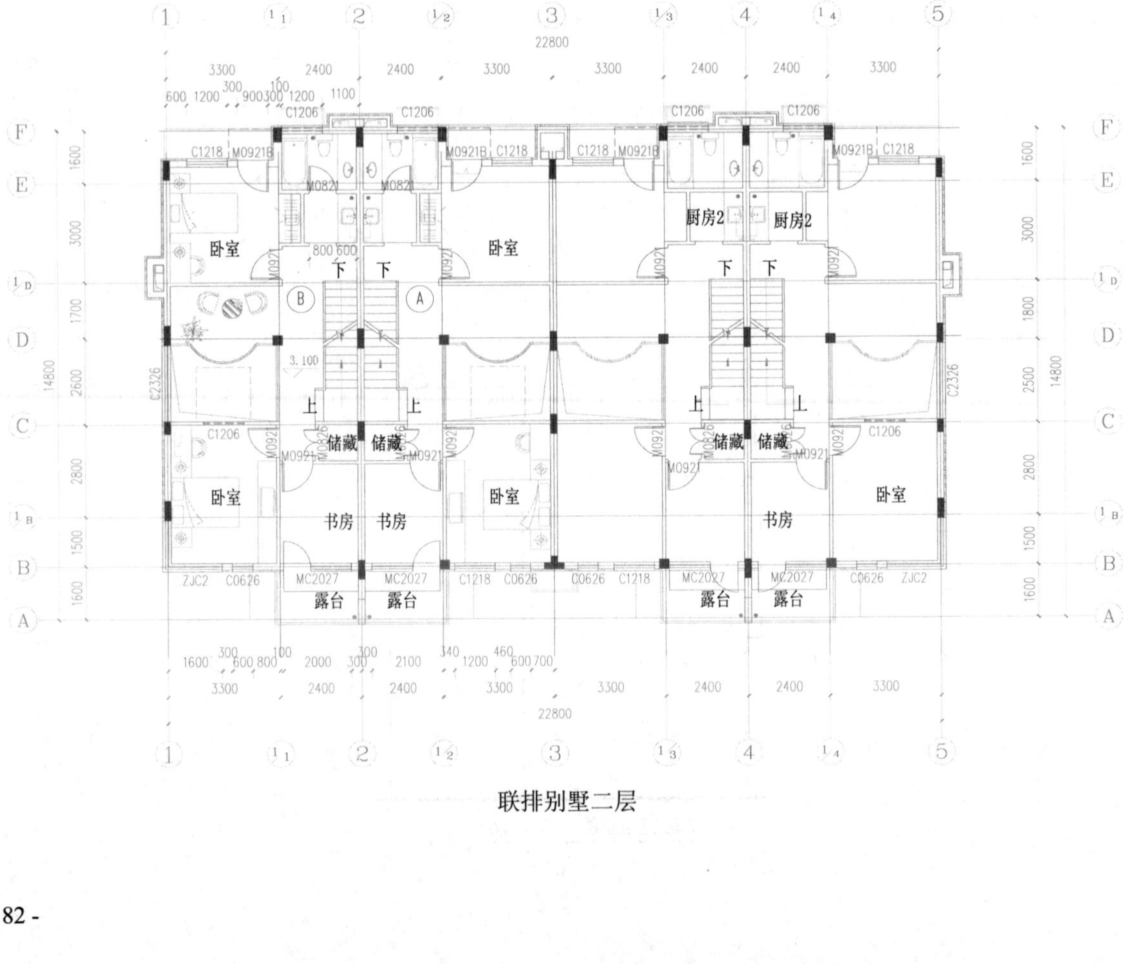

联排别墅二层

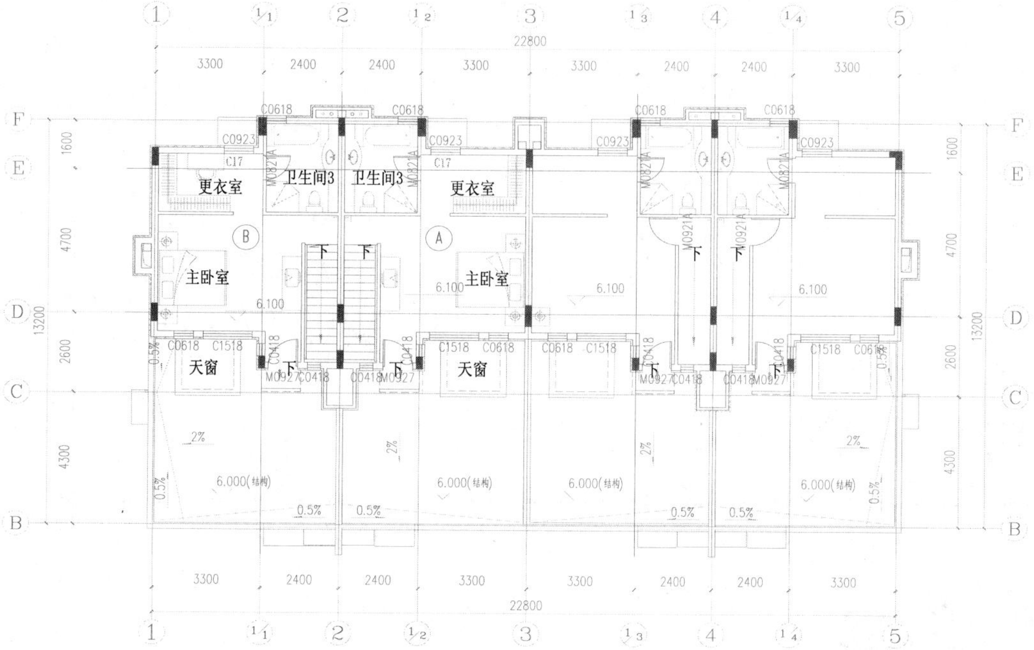

三层平面图 1:100

联排别墅三层

联排别墅立面图

第 11 章

剖面

本章要点

- 剖面的概念
- 剖面的生成
- 剖面的楼梯与栏杆
- 剖面的加粗填充

11.1 剖面的概念

设计好一套工程的各层平面图后，需要绘制剖面图表达建筑物的剖面设计细节，剖面的图形表达和平面图有很大的区别，立剖面表现的是建筑三维模型的一个剖切与投影视图，与立面图同样受三维模型细节和视线方向建筑物遮挡的影响。天正剖面图形是通过平面图构件中的三维信息在指定剖切位置消隐获得的纯粹二维图形，除了符号与尺寸标注对象以及可见立面门窗阳台图块是天正自定义对象外，如墙线等构成元素都是 AutoCAD 的基本对象，软件提供了对墙线的加粗和填充命令。

11.1.1 剖面创建与工程管理

TArch 7/8 的剖面图可以由【工程管理】功能从平面图开始创建，在【工程管理】命令界面上，通过新建工程→添加图纸（平面图）的操作建立工程，在工程的基础上定义平面图与楼层的关系，从而建立平面图与剖面楼层之间的关系。支持两种楼层定义方式。

（1）每层平面设计一个独立的 DWG 文件集中放置于同一个文件夹中，这时先要确定是否每个标准层都有共同的对齐点，默认的对齐点在原点（0,0,0）的位置，用户可以修改，建议使用开间与进深方向的第一轴线交点。事实上，对齐点就是 DWG 作为图块插入的基点，用 AutoCAD 的 BASE 命令可以改变基点。

（2）允许多个平面图绘制到一个 DWG 中，然后在工程管理器楼层栏的电子表格中分别为各自然层在 DWG 中指定标准层平面图，同时也允许部分标准层平面图通过其他 DWG 文件指定，提高了工程管理的灵活性。

TArch 7/8 通过工程数据库文件（*.TPR）记录、管理与工程总体相关的数据，包含图纸集、楼层表、工程设置参数等，提供了“导入楼层表”命令从楼层表创建工程，在工程管理界面中以楼层下面的表格定义标准层的图形范围以及和自然层的对应关系，双击楼层表行即可把该标准层加红色框，同时充满屏幕中央，方便查询某个指定楼层平面。

为了能获得尽量准确和详尽的剖面图，用户在绘制平面图时楼层高度、墙高、窗高、窗台高、阳台栏板高和台阶踏步高、级数等竖向参数希望能尽量正确。

11.1.2　剖面生成的参数设置

剖面图的剖切位置依赖于剖切符号，所以事先必须在首层建立合适的剖切符号。在生成剖面图时，可以设置标注的形式，如在图形的哪一侧标注剖面尺寸和标高，设定首层平面的室内外高差；在楼层表中可以修改标准层的层高。

剖面生成使用的“内外高差”需要同首层平面图中定义的一致，用户应当通过适当更改首层外墙的 z 向参数（即底标高和高度）或设置内外高差平台，来实现创建室内外高差的目的。

以平面图生成的剖面示意图如图 11.1 所示。

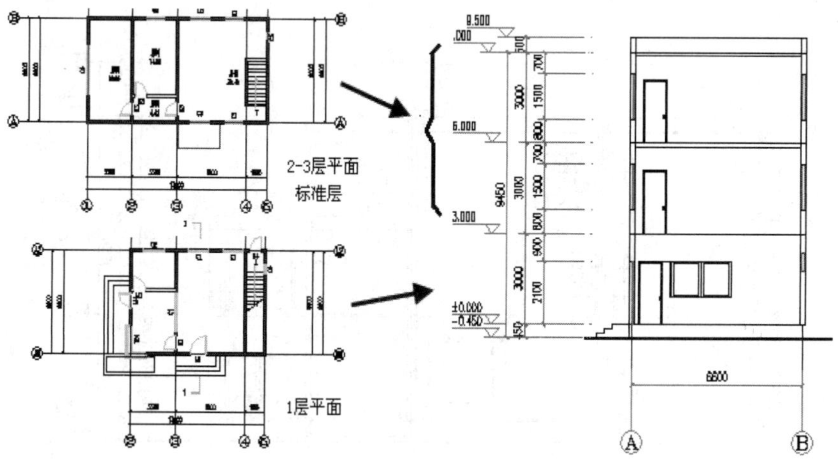

图 11.1　天正建筑剖面生成的概念

11.1.3　剖面图的直接创建

剖面图除了以上介绍的那样从平面图剖切位置创建，在 TArch 7/8 中也提供了直接绘制的命令，先绘制剖面墙，然后在剖面墙上插入剖面门窗、添加剖面梁等构件，用剖面楼梯和剖面栏杆命令可以直接绘制楼梯与栏杆、栏板。

11.2　剖面的创建

11.2.1　建筑剖面

本命令按照工程数据库文件中的楼层表格数据，一次生成多层建筑剖面，在当前工程为空的情况下执行本命令，会出现警告对话框：请打开或新建一个工程管理项目，并在工程数据库中建立楼层表！

由于作剖面要以剖切线来确定位置，所以作剖面之前先要通过符号标注→剖面剖切，作出剖切线。

菜单命令：剖面→建筑剖面（JZPM）

图形菜单：

单击菜单命令后，命令行提示：

请点取一剖切线以生成剖视图:　　　　点取首层需生成剖面图的剖切线;

请选择要出现在剖面图上的轴线:　　　一般点取首末轴线或回车不要轴线。

“剖面生成设置”对话框如图 11.2 所示。

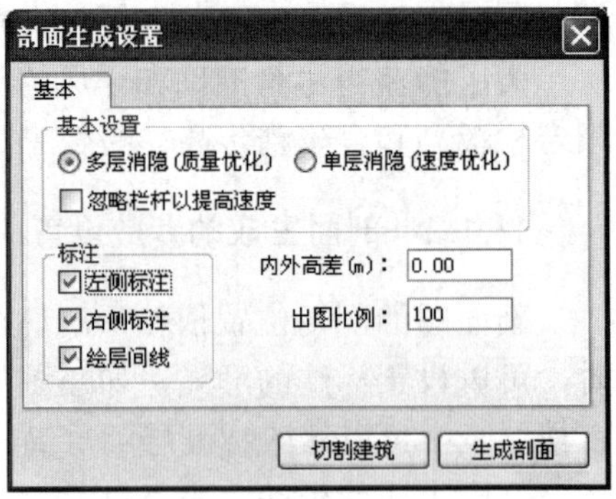

图 11.2　“剖面生成设置”对话框

★ 对话框控件的说明

[多层消隐/单层消隐]：前者考虑到两个相邻楼层的消隐，速度较慢，但可考虑楼梯扶手等伸入上层的情况，消隐精度比较好。

[忽略栏杆以提高速度]：勾选此复选框，为了优化计算，忽略复杂栏杆的生成。

[左侧标注/右侧标注]：是否标注剖面图左右两侧的竖向标注，含楼层标高和尺寸。

[绘层间线]：楼层之间的水平横线是否绘制。

[内外高差]：室内地面与室外地坪的高差。

[出图比例]：剖面图的打印出图比例。

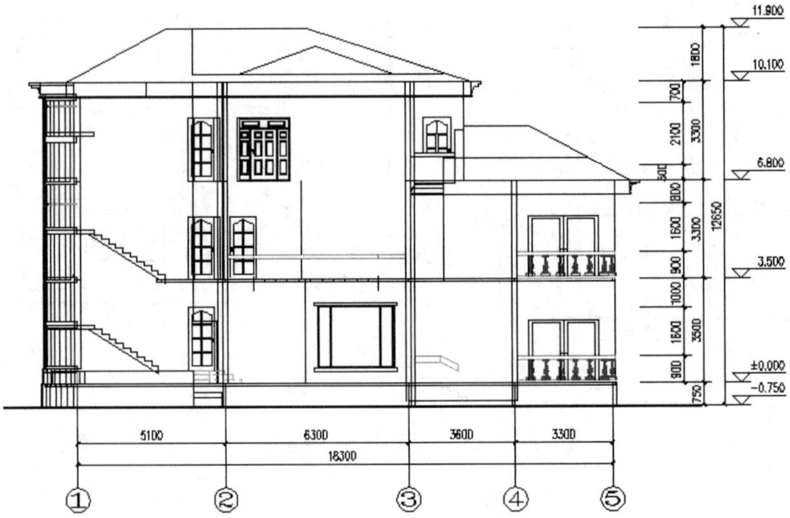

图 11.3　剖面生成实例

单击“生成剖面”后，要求当前工程管理界面中有正确的楼层定义，否则不能生成剖面文件。出现标准文件对话框保存剖面图文件，输入剖面图的文件名及路径，单击“确定”按钮后生成剖面图，如图 11.3 所示。

单击“切割建筑”按钮后，立刻开始三维模型的切割，完成后命令行提示：

请点取放置位置：在本图上拖动生成的剖切三维模型，给出插入位置。

由于建筑平面图中不表示楼板，而在剖面图中要表示楼板，TArch 可以自动添加层间线，用户自己用偏移（Offset）命令创建楼板厚度，如果已用平板或者房间命令创建了楼板，本命令会按楼板厚度生成楼板线。

在剖面图中创建的墙、柱、梁、楼板不再是专业对象，所以在剖面图中可使用通用 AutoCAD 编辑命令进行修改，或者使用剖面菜单下的命令加粗或图案填充。

注意

执行本命令前必须先行存盘，否则无法对存盘后更新的对象创建剖面。

11.2.2　构件剖面

本命令用于生成当前标准层、局部构件或三维图块对象在指定剖视方向上的剖视图。

菜单命令：剖面→构件剖面（GJPM）

图形菜单：

单击菜单命令后，命令行提示：

请选择一剖切线:　　　　　　　点取用符号标注菜单中的剖面剖切命令定义好的剖切线;

请选择需要剖切的建筑构件: 选择与该剖切线相交的构件以沿剖视方向可见的构件;

请选择需要剖切的建筑构件: 回车结束选择;

请点取放置位置:　　　　　　　拖动生成后的立面图，在合适的位置插入。

11.2.3　画剖面墙

本命令用一对平行的 AutoCAD 直线或圆弧对象，在 S_WALL 图层直接绘制剖面墙。

菜单命令：剖面→画剖面墙（HPMQ）

图形菜单：

单击菜单命令后，　命令行提示：

请点取墙的起点（圆弧墙宜逆时针绘制）/ F-取参照点/ D-单段/ <退出>:

点取剖面墙起点位置或键入选项;

请点取直墙的下一点/ A-弧墙/ W-墙厚/ F-取参照点/ U-回退/ <结束>:

点取剖面墙下一点位置;

请点取直墙的下一点/ A-弧墙/ W-墙厚/ F-取参照点/ U-回退/ <结束>:

回车结束剖面墙。

★ 选项的功能说明

[A－弧墙]：进入弧墙绘制状态。

[W－墙厚]：修改剖面墙宽度。

[F－取参照点]：如直接取点有困难，可键入 F，取一个定位方便的点作为参考点。

[U－回退]：当在原有道路上取一点作为剖面墙墙端点时，本选项可取消新画的那段剖面墙，回到上一点等待继续输入。

11.2.4　双线楼板

本命令用一对平行的 AutoCAD 直线对象，在 S_FLOOR 图层直接绘制剖面双线楼板。

菜单命令：剖面→双线楼板（SXLB）

图形菜单：

单击菜单命令后，命令行提示：

请输入楼板的起始点<退出>:　　　　　　点取楼板的起始点;

结束点<退出>:　　　　　　　　　　　　点取楼板的结束点;

楼板顶面标高 <23790>:　　　　　　　　输入从坐标 y=0 起算的标高或回车;

楼板的厚度（向上加厚输负值）<200>:　键入新值或回车接受默认值。

结束命令后，按指定位置绘出双线楼板。

11.2.5　预制楼板

本命令用一系列预制板剖面的 AutoCAD 图块对象，在 S_FLOOR 图层按要求尺寸插入一排剖面预制板。

菜单命令：剖面→预制楼板（YZLB）

图形菜单：

单击菜单命令后，显示如图 11.4 所示的对话框。

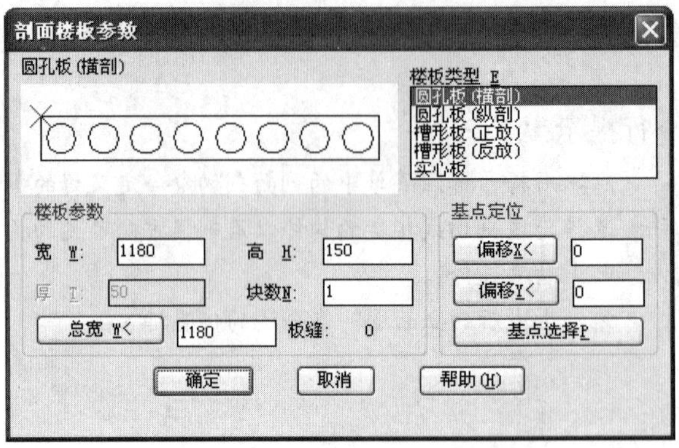

图 11.4 “剖面楼板参数”对话框

★ 对话框控件的功能说明

[楼板类型]：选定当前预制楼板的形式：“圆孔板”（横剖和纵剖）、“槽形板”（正放和反放）、“实心板”。

[楼板参数]：确定当前楼板的尺寸和布置情况：楼板尺寸“宽 A”、“高 B”和槽形板“厚 C”以及布置情况的“块数 N”，其中“总宽<”是全部预制板和板缝的总宽度，单击从图上获取，修改单块板宽和块数，可以获得合理的板缝宽度。

[基点定位]：确定楼板的基点与楼板角点的相对位置，包括“偏移 X<”、“偏移 Y<”和“基点选择 P”。

选定楼板类型并确定各参数后，单击“确定”按钮，命令行提示：

请给出楼板的插入点<退出>: 点取楼板插入点；

再给出插入方向<退出>: 点取另一点给出插入方向后绘出所需预制楼板。

11.2.6 加剖断梁

本命令在剖面楼板处按给出尺寸加梁剖面，剪裁双线楼板底线。

菜单命令：剖面→加剖断梁（JPDL）

图形菜单：

单击菜单命令后，命令行提示：

请输入剖面梁的参照点 <退出>: 点取楼板顶面的定位参考点；

梁左侧到参照点的距离 <100>: 键入新值或回车接受默认值；

梁右侧到参照点的距离 <150>: 键入新值或回车接受默认值；

梁底边到参照点的距离 <300>: 键入包括楼板厚在内的梁高。

命令剪裁楼板底线，绘制剖断梁如图 11.5 所示。

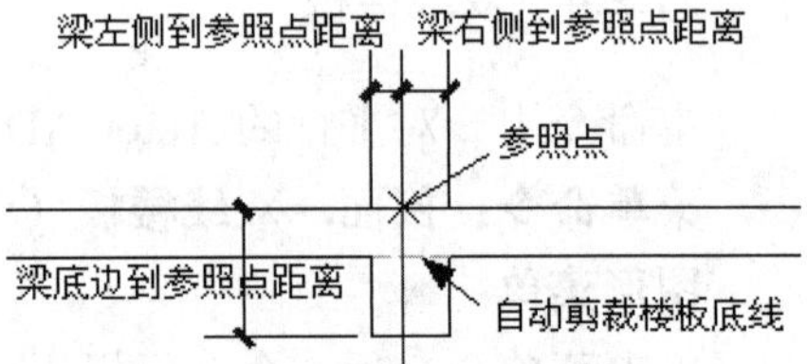

图 11.5 加剖断梁实例

11.2.7 剖面门窗

本命令可连续插入剖面门窗（包括含有门窗过梁或开启门窗扇的非标准剖面门窗），可替换已经插入的剖面门窗，此外还可以修改剖面门窗高度与窗台高度值，为剖面门窗详图的绘制和修改提供了全新的工具。

菜单命令：剖面→剖面门窗（PMMC）

图形菜单：

单击菜单命令后，弹出“剖面门窗样式”对话框，如图 11.6 所示。

这里显示默认的剖面门窗样式，如果上次插入过剖面门窗，最后的门窗样式即作为默认的剖面门窗样式被保留，同时命令行提示：

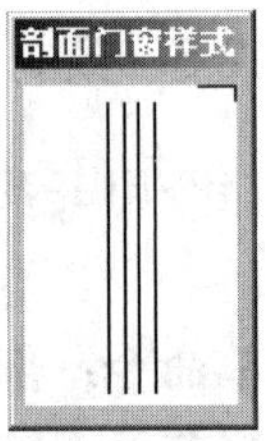

图 11.6 “剖面门窗样式”对话框

请点取要插入门窗的剖面墙线[选择剖面门窗样式（S）/替换剖面门窗（R）/改窗台高（E）/改窗高（H）]<退出>:

点取要插入门窗的剖面墙线或者键入其他热键选择门窗替换、替换门窗样式、修改门窗参数。

键入 S 或单击如图 11.6 对话框的门窗图像，可重新从图库中选择门窗样式。

对剖面图库的操作详见【图库管理】；在剖面编辑中最常用的是工具栏右面的图块替换功能。

下面分别介绍【剖面门窗】命令中常用的选项操作。

★ 插入剖面门窗的操作

选择墙线插入门窗时，自动找到所点取墙线上标高为 0 的点作为相对位置，命令行接着显示：

门窗下口到墙下端距离<900>:　　　　　　点取门窗的下口位置或键入相对高度值;

门窗的高度<1500>:　　　　　　　　　　　键入新值或回车接受默认值。

分别输入数值后，即按所需插入剖面门窗，然后命令返回如上提示，以上一个距离为默认值插入下一个门窗，图形中的插入基点移到刚画出的门窗顶端，循环反复，以<ESC>键退出命令。

★ 键入 S 选择剖面门窗

键入 S 热键后，进入剖面门窗图库，如图 11.7 所示，在此剖面门窗图库中双击选择所需的剖面门窗作为当前门窗样式，可供替换或者插入使用。

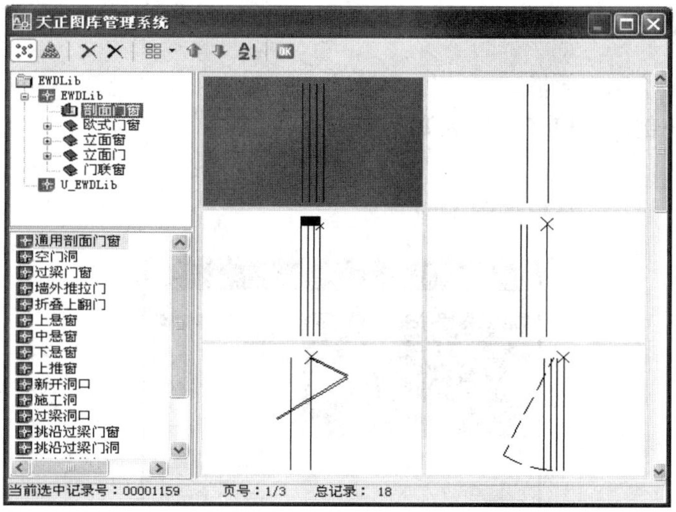

图 11.7　剖面门窗图库

★ 键入 R 替换剖面门窗

键入 R，替换剖面门窗选项，命令行提示如下：

请选择所需替换的剖面门窗<退出>:

此时在剖面图中选择多个要替换的剖面门窗，回车结束选择

对所选择的门窗进行统一替换，返回命令行后回车结束本命令或继续插入剖面门窗。

★ 键入 E 修改剖面门窗

键入 E，修改剖面窗台高选项，提示如下：

请选择剖面门窗<退出>:

此时可在剖面图中选择多个要修改窗台高的剖面门窗，以回车确认;

请输入窗台相对高度[点取窗台位置（S）]<退出>:

输入相对高度，正值上移，负值下移，或者键入 S，给点定义窗台位置。

★ 键入 H 修改剖面门窗

键入 H，修改剖面门窗高度的选项，提示如下：

请选择剖面门窗<退出>: 此时可在剖面图中选择多个要统一修改门窗高的剖面门窗，以回车确认;

请指定门窗高度<退出>:用户此时可键入一个新的统一高度值，以回车确认更新。

★ 剖面门窗图块的定制

剖面门窗与立面门窗图块定制方法类似。立剖面门窗图块的基点必须是窗洞的左下角，如果窗

洞的右上角不与图块外框的右上角重合，图块中要加一个点（Point）来作为控制点，标明窗洞的右上角，门窗替换时门窗图块的基点和右上角控制点将与窗洞的左下角点和右上角点对齐。如果自定义立剖面门窗的窗洞右上角点与图块外框的右上角一致，则不必绘制控制点，如图 11.8 右图所示。

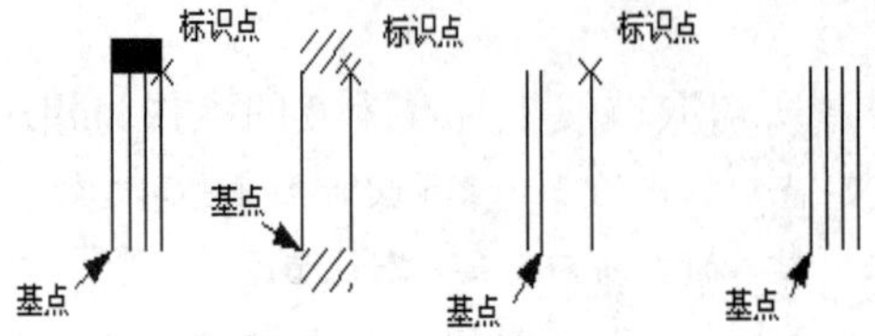

图 11.8　剖面门窗图块定制实例

图 11.8 中的标识点是需要用点（Point）命令绘制的，而基点是在入库或重制图块时点取的插入基点,不需要特意绘制；入库使用【通用图库】命令中的“新图入库”，如果剖面图是在原图块基础上修改，请对插入后的图块执行两次分解（Explode）命令，把图块分解为线，然后才能进行入库操作。

11.2.8　剖面檐口

本命令在剖面图中绘制剖面檐口。

菜单命令：剖面→剖面檐口（PMYK）

图形菜单：

单击菜单命令后，显示对话框如图 11.9 所示。

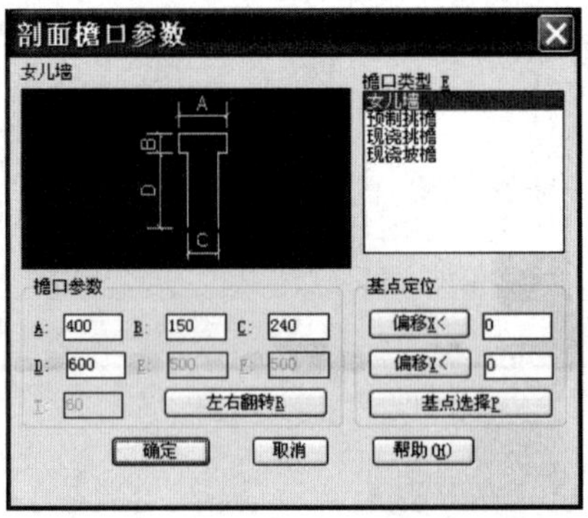

图 11.9　“剖面檐口参数”对话框

★ 对话框控件的功能说明

[檐口类型]：选择当前檐口的形式，有 4 个切换按钮：“女儿墙”、“预制挑檐”、“现浇挑檐”和“现浇坡檐”。

[檐口参数]：确定檐口的尺寸及相对位置。各参数的意义图 11.9，“左右翻转 R”可使檐口作整体翻转。

[基点定位]：用以选择屋顶的基点与屋顶的角点的相对位置包括：“偏移 X<”、“偏移 Y<”和“基点选择 P”三个按钮。

选定檐口型式并确定各参数，单击“确定”按钮后，命令行提示：

请给出剖面檐口的插入点<退出>：　鼠标给出檐口插入点后，绘出所需的檐口。

11.2.9　门窗过梁

本命令可在剖面门窗上方画出给定梁高的矩形过梁剖面，带有灰度填充。

菜单命令：剖面→门窗过梁（MCGL）

图形菜单：

单击菜单命令后，命令行提示：

选择需加过梁的剖面门窗：

点取要添加过梁的剖面门窗图块，可多选；

......

选择需加过梁的剖面门窗：　回车退出选择；

输入梁高<120>：键入门窗过梁高，回车结束命令。

门窗过梁的绘制实例如图 11.10 所示。

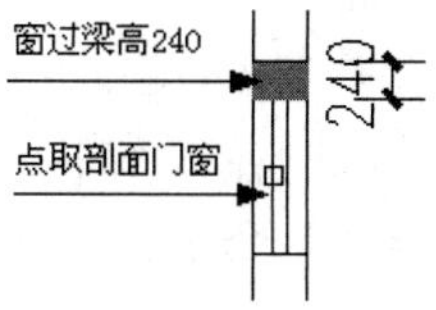

图 11.10　门窗过梁实例

11.3　剖面楼梯与栏杆

11.3.1　参数楼梯

本命令在 TArch 7.5 中重新编制，包括三种梁式楼梯和一种板式楼梯，并可从平面楼梯获取梯段参数，本命令一次可以绘制超过一跑的双跑 U 形楼梯，条件是各跑的步数相同，而且之间对齐（没有错步），此时参数中的梯段高是其中的分段高度而非总高度。

菜单命令：剖面→参数楼梯（CSLT）

图形菜单：

点取命令后，显示对话框如图 11.11 所示。

单击“参数”按钮展开设置参数，对话框展开如图 11.12 所示，再次单击“参数”按钮收缩对话框。

图 11.11　“参数楼梯”对话框

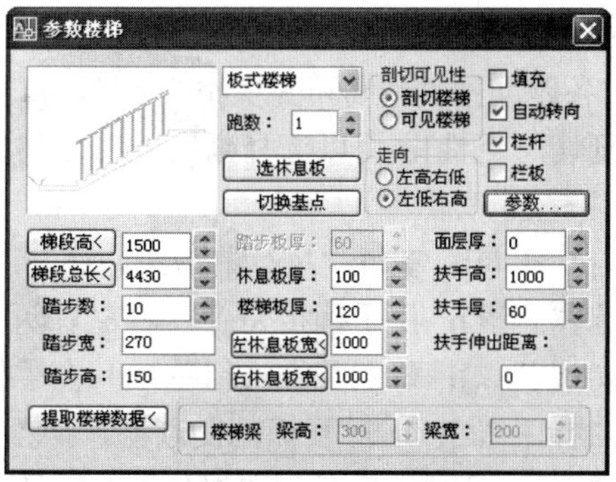

图 11.12　“参数楼梯”对话框展开

在此对话框下可按设置好的参数逐跑绘制每跑参数不同的多层剖面楼梯，以下为逐跑绘制的实例。

★ 绘制参数楼梯的实例

以自动转向功能绘制 4 段带栏杆的剖面楼梯，可以设置每一梯段的高度和踏步数各不相同：

点取【参数楼梯】命令进入对话框，单击“参数”按钮展开对话框设置参数，再单击“参数”按钮返回，设置当前为“自动转向”、“左低右高”、绘制“栏杆”，第一梯段两端都有休息板，如图 11.13 的 1 所示，此时拖动光标到绘图区，命令提示：

请选择插入点<退出>:

此时在楼梯间的一端 0 标高处取点，楼梯自动换向，同时切换为可见梯段，此时单击“选休息板”按钮选择右边无平台板。如图 11.13 的 2 所示。

请选择插入点<退出>:

此时在休息平台右侧顶面处取点，楼梯自动换向，同时切换为剖切梯段以及左边无楼板(平台板)状态。如图 11.13 的 3 所示。

请选择插入点<退出>:

此时在楼板(平台板)左侧顶面处取点，楼梯自动换向，同时切换为可见梯段以及右边无平台板状态，如图 11.13 的 4 所示。

请选择插入点<退出>:

此时在休息平台右侧顶面处取点，回车结束 4 段楼梯的绘制。结果如图 11.13 所示，最后以【扶手接头】命令连接扶手。

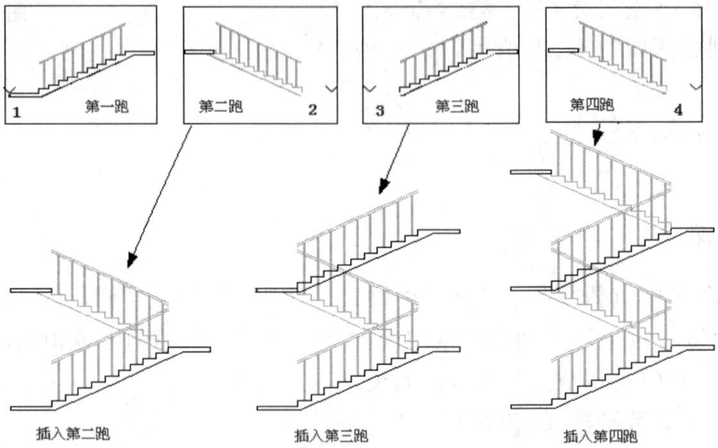

图 11.13　参数楼梯绘制实例

★ 对话框控件的说明

[梯段类型列表]：选定当前梯段的形式，有 4 种可选：板式楼梯、梁式现浇 L 形、梁式现浇△形和梁式预制。

[跑数]：默认跑数为 1，在无模式对话框下可以连续绘制，此时各跑之间不能自动遮挡，跑数大于 2 时各跑间按剖切与可见关系自动遮挡。

[剖切可见性]：用以选择画出的梯段是剖切部分还是可见部分，以图层 S_STAIR 或 S_E_STAIR 表示，颜色也有区别。

[自动转向]：在每次执行单跑楼梯绘制后，楼梯走向会自动更换，便于绘制多层的双跑楼梯。

[选休息板]：用于确定是否绘出左右两侧的休息板：全有、全无、左有和右有。

[切换基点]：确定基点（绿色×）在楼梯上的位置，在左右平台板端部切换。

[栏杆/栏板]：一对互锁的复选框，切换栏杆或者栏板，也可两者都不勾选。

[填充]：以颜色填充剖切部分的梯段和休息平台区域，可见部分不填充。

[梯段高]：当前梯段左右平台面之间的高差。

[梯段总长]：当前楼梯间总长度，用户可以单击按钮从图上取两点获得，也可以直接键入，是等于梯段长度加左右休息平台宽的常数。

[踏步数]：当前梯段的踏步数量，用户可以单击调整。

[踏步宽]：当前梯段的踏步宽度，由用户输入或修改，它的改变会同时影响左右休息平台宽，需要适当调整。

[踏步高]：当前梯段的踏步高，通过梯段高/踏步数算得。

[踏步板厚]：梁式预制楼梯和现浇 L 形楼梯时使用的踏步板厚度。

[休息板厚]：表示休息平台与楼板处的楼板厚度。

[楼梯板厚]：用于现浇楼梯板厚度。

[休息板宽]：当前楼梯间的左右休息平台（楼板）宽度，用户键入、从图上取得或者由系统算出，均为 0 时梯间长等于梯段长，修改左休息板长后，相应右休息板长会自动改变，反之亦然。

[面层厚]：当前梯段的装饰面层厚度。

[扶手/栏板高]：当前梯段的扶手/栏板高。

[扶手厚]：当前梯段的扶手厚度。

[扶手伸出距离]：从当前梯段起步和结束位置到扶手接头外边的距离（可以为 0）。
[提取楼梯数据<]：从 TArch5 以上平面楼梯对象提取梯段数据，双跑楼梯时只提取第一跑数据。
[楼梯梁]：勾选后，分别在编辑框中输入楼梯梁剖面的高度和宽度。
[斜梁高]：选梁式楼梯后出现此参数，应大于楼梯板厚。

> **注意**
> 直接创建的多跑剖面楼梯带有梯段遮挡特性，逐段叠加的楼梯梯段不能自动遮挡栏杆，请使用 AutoCAD 剪裁命令自行处理。

以上提示的参数意义如图 11.14 所示。

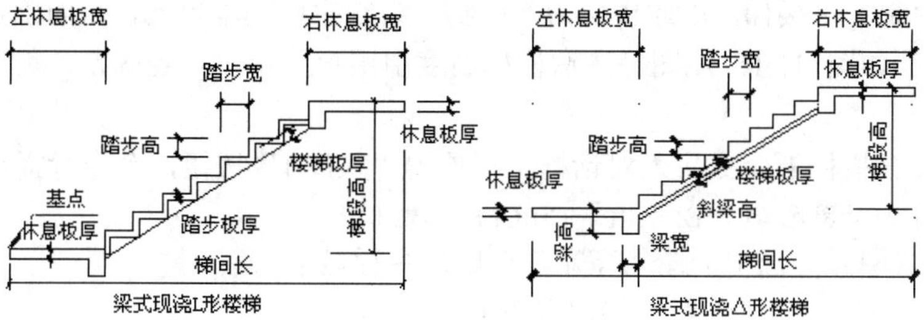

图 11.14　参数楼梯实例

11.3.2　参数栏杆

本命令按参数交互方式生成楼梯栏杆。

菜单命令：剖面→参数栏杆（CSLG）

图形菜单：

点取命令后，显示对话框如图 11.15 所示。

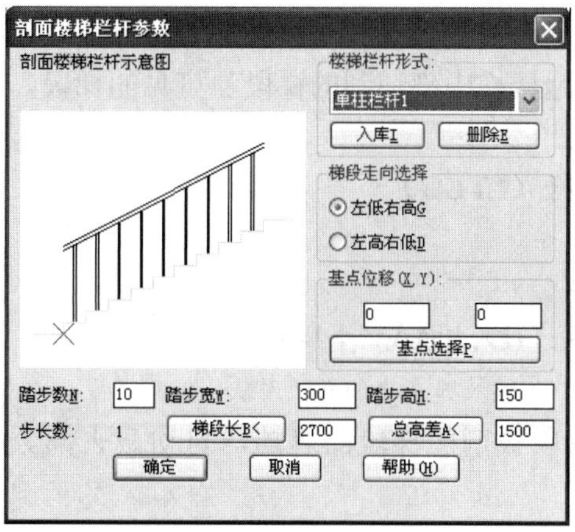

图 11.15　“剖面楼梯栏杆参数”对话框

★ 对话框控件的说明

[栏杆列表框]：列出已有的栏杆形式。
[入库]：用来扩充栏杆库。
[删除]：用来删除栏杆库中由用户添加的某一栏杆形式。
[步长数]：指栏杆基本单元所跨越楼梯的踏步数。
在对话框中输入合适的参数，单击“确定”按钮，命令行提示：
请给出剖面楼梯栏杆的插入点 <退出>: 点取插入点后，插入剖面楼梯栏杆。
栏杆单元与对应的栏杆插入完成结果如图 11.16 所示。

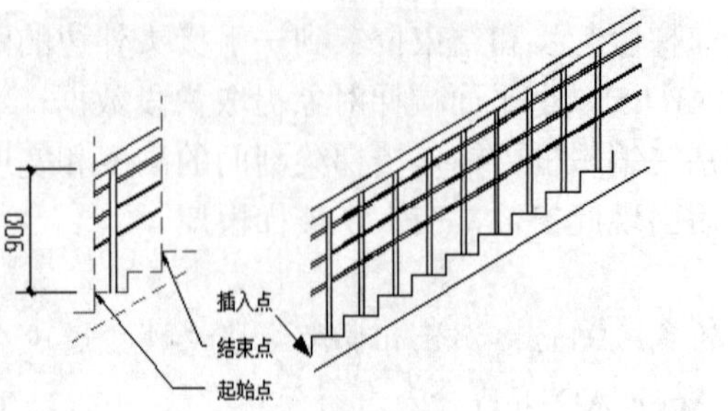

图 11.16　参数栏杆单元与插入

★ 用户制作新栏杆

（1）在图中绘制一段楼梯，以此楼梯为参照物，绘制栏杆基本单元，从而确定了基本单元与楼梯的相对位置关系，如图 11.16 左图。注意栏杆高度由用户给定，一经确定，就不会随后续踏步参数的变化而变化。

（2）点取【参数栏杆】命令进入对话框，再单击“入库 I”按钮，命令行提示：

请选取要定义成栏杆的图元（LINE，ARC，CIRCLE）<退出>:

此时可开窗选取图元，选中的图元亮显，选毕命令行显示：

栏杆图案的起始点<退出>:　点取基本单元的起始点;

栏杆图案的结束点<退出>:　点取基本单元的结束点。

在点取起始点与结束点时，需要说明的是：两点之间的水平距离为基本单元的长度，也即步长；两点连线的方向即为楼梯的走向。命令行接着提示：

栏杆图案的名称<退出>:　键入此栏杆图的名称;

步长数<1>:　键入基本单元跨越的踏步数。

定义好栏杆的基本单元，并给定栏杆图案的名称后，此栏杆形式便装入楼梯栏杆库中，并在示意图中显示此栏杆。以后即可从栏杆库中调出此栏杆图案。

11.3.3　楼梯栏杆

本命令根据图层识别在双跑楼梯中剖切到的梯段与可见的梯段，按常用的直栏杆设计，自动处理两相邻梯跑栏杆的遮挡关系。

菜单命令：剖面→楼梯栏杆（LTLG）

图形菜单：

点取命令后，命令行提示：

请输入楼梯扶手的高度<1000>:　键入新值或回车接受默认值;

是否打断遮挡线<Y/N>?<Yes>　键入 N 或者回车使用默认值。

回车后由系统处理可见梯段被剖面梯段的遮挡，自动截去部分栏杆扶手；命令行接着显示：

输入楼梯扶手的起始点<退出>:

结束点<退出>:

……

重复要求输入各梯段扶手的起始点与结束点，分段画出楼梯栏杆扶手，按回车键退出。

11.3.4　楼梯栏板

本命令根据实心栏板设计，可按图层自动处理栏板遮挡踏步：对可见梯段以虚线表示，对剖面梯段以实线表示。

菜单命令：剖面→楼梯栏板（LTLB）

图形菜单：

本命令操作与【楼梯栏杆】命令相同，栏杆与栏板的实例如图 11.17 所示。

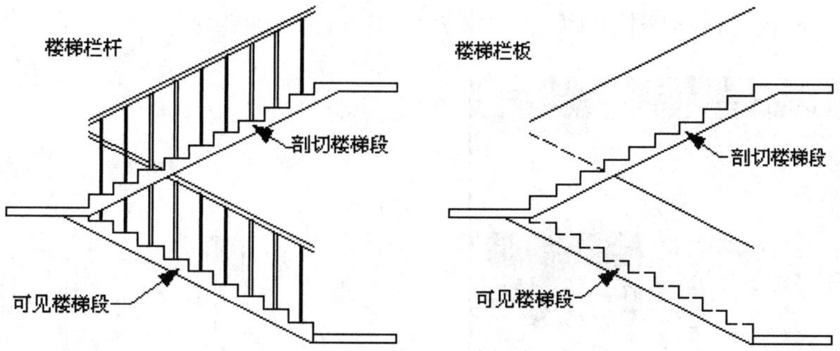

图 11.17 楼梯栏杆与楼梯栏板实例

11.3.5 扶手接头

本命令与剖面楼梯、参数栏杆、楼梯栏杆、楼梯栏板各命令均可配合使用，对楼梯扶手和楼梯栏板的接头作倒角与水平连接处理，水平伸出长度可以由用户输入。

菜单命令：剖面→扶手接头（FSJT）

图形菜单： 

请输入扶手伸出距离<0.00>: 100

请选择是否增加栏杆[增加栏杆(Y)/不增加栏杆(N)]<增加栏杆(Y)>:

默认是在接头处增加栏杆(对栏板两者效果相同);

请指定两点来确定需要连接的一对扶手！选择第一个角点<取消>: :给出第一点;

另一个角点<取消>: 给出第二点，开始处理第一对扶手(栏板)，继续提示:

请指定两点来确定需要连接的一对扶手！选择第一个角点<取消>: 给出第一点;

另一个角点<取消>: 给出第二点，处理第二对扶手(栏板)，继续提示角点，最后以回车退出命令;

……

楼梯扶手的接头效果是近段遮盖远段，图 11.18 所示为处理栏杆与栏板的实例。

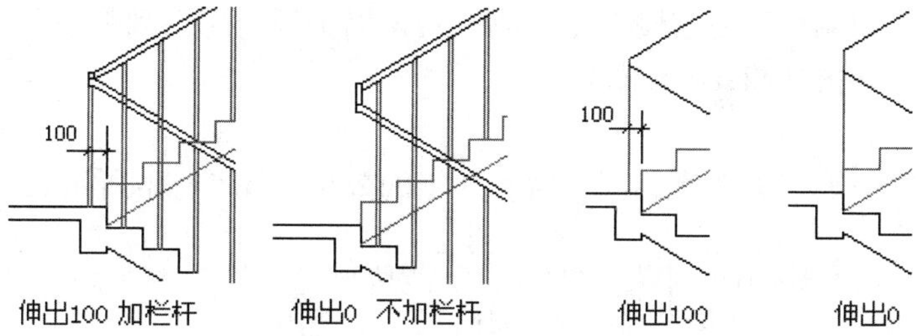

图 11.18 楼梯栏杆与楼梯栏板实例

11.4 剖面加粗与填充

11.4.1 剖面填充

本命令将剖面墙线与楼梯按指定的材料图例作图案填充，与 AutoCAD 的图案填充（Bhatch）使用条件不同，本命令不要求墙端封闭即可填充图案。

菜单命令：剖面→剖面填充（PMTC）

图形菜单：

点取命令后，命令行提示：

请选取要填充的剖面墙线梁板楼梯<全选>: 选择要填充材料图例的成对墙线。

回车后显示对话框如图 11.19 所示，从中选择填充图案与比例，单击“确定”按钮后执行填充。

如图 11.20 所示是不同材料图例的墙剖面填充效果（没有加粗）。

图 11.19　“剖面填充”对话框

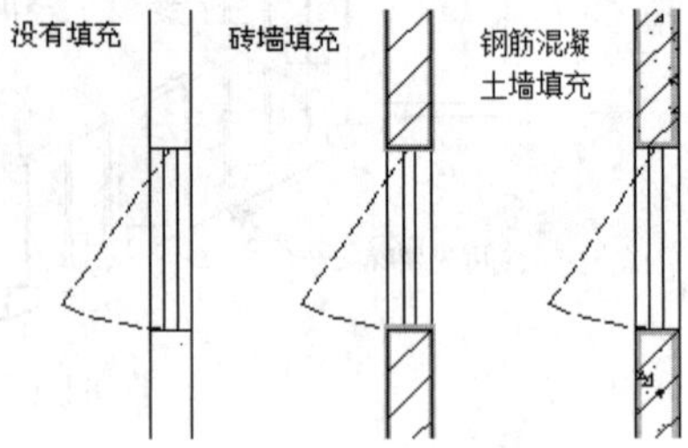

图 11.20　剖面填充实例

11.4.2　居中加粗

本命令将剖面图中的墙线向墙两侧加粗。

菜单命令：剖面→居中加粗（JZJC）

图形菜单：

点取命令后，命令行提示：

请选取要变粗的剖面墙线梁板楼梯线（向两侧加粗） <全选>:

以任意选择方式选取需要加粗的墙线或楼梯、梁板线；

选择对象：上次选择的部分亮显，继续选择或回车结束选择，误选按 ESC 键放弃命令。

完成命令后，选中的部分加粗，这些加粗的墙线是绘制在 PUB_WALL 图层的多段线，如果需要对加粗后的墙线进行编辑，应先执行【取消加粗】命令。

11.4.3　向内加粗

本命令将剖面图中的墙线向墙内侧加粗，能做到窗墙平齐的出图效果。

菜单命令：剖面→向内加粗（XNJC）

菜单命令：

本命令操作与【居中加粗】命令相同，两种加粗的效果如图 11.21 所示。

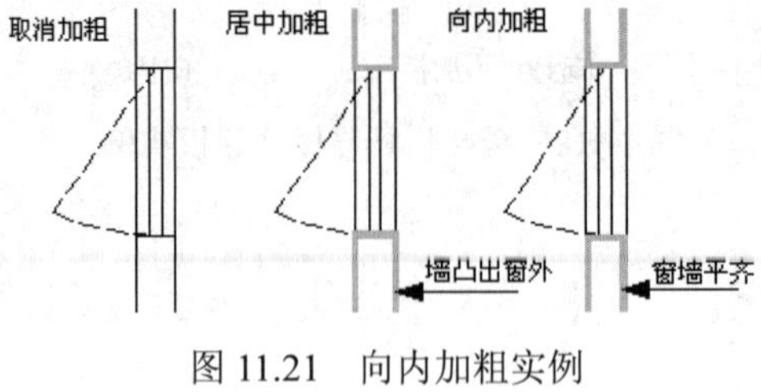

图 11.21　向内加粗实例

11.4.4　取消加粗

本命令将已加粗的剖面墙线恢复原状，但不影响该墙线已有的剖面填充。

菜单命令：剖面→取消加粗（QXJC）

图形菜单：

点取命令后，命令行提示：

请选取要恢复细线的剖切线 <全选>：选取已经加粗的墙线或回车恢复本图所有的加粗墙线；

选择对象：继续选择或者回车结束选择，误选按 ESC 键放弃命令。

本章小结

1. 本章介绍了剖面的有关内容，天正建筑的剖面图和立面图一样，是由本工程的多个平面图建立三维模型后，进行剖切与消隐计算生成的。

2. 本章内容相对要难一些，请读者下工夫对照教材上机验证，且要有克服困难的勇气。平面图未熟练掌握者应先学好前面几章。

3. 最好直接用首层图进行修改，使 x 和 y 坐标保持一致，然后对修改后形成的图形文件以另名存盘方式保存，以便于在“楼层表”中组合为多层建筑。

4. 在打开首层平面生成剖面时，提示输入剖面图文件名称，注意不能覆盖已经打开的文件。

5. 对于剖面图的创建，基于工程管理界面，可在同一个 DWG 文件中创建剖面图（可见部分按立面图处理），此外还提供直接绘制剖面的功能。

6. 对于剖面楼梯与栏杆，提供不通过平面图剖切，直接以剖面楼梯工具创建详细的楼梯、栏杆、栏板等剖面构件。

7. 剖面加粗填充，生成后的剖面图（包括可见立面）是纯二维图形，提供多种墙体加粗填充工具命令。

8. 作剖面图时，必须在首层平面图上用符号标注菜单中的剖面剖切命令来绘制出剖切线，这是关键，另外和立面图一样，也要求有共同的对齐点，建立好楼层表。

9. 剖面楼梯稍显繁杂，要细心，设置好参数楼梯对话框，对于楼梯栏杆栏板及扶手点取点的位置要准确，否则达不到效果。视力不好者，可局部放大操作。

10. 作剖面图时，必须在首层平面图上标注剖面剖切符号，它用于定义一个编号的剖面图，表示剖切断面上的构件以及从该处沿视线方向可见的建筑部件，生成剖面中要依赖此符号定义剖切方向。该部分内容可参见 12 章的剖面剖切一节。

11. 楼梯剖面图只有剖切的梯段显示出来，楼梯另一边未剖切到的梯段未显示出来，图上只有相互断开的平行梯段，也就是只有一个方向的梯段，这是投射方向错误引起的，其投射方向应该是：左上楼梯向右投射，右上楼梯向左投射。这样剖切到的楼梯就是连续的之字拐梯段了。

12. 上面谈到的剖切线的投射方向一定要清楚，有好多初学者画剖切线总要出问题，比如在操作时想向右投射，可画出来不是向右投射，而往往是向前投射，显然不对，画剖切线时不必每一个点都点到，其实点对角线就好操作，比如剖切线拐一个弯，点取 1、2 点位置后，不再点取第 3 点，而是直接点取第 4 点，即 2、4 对角线，这时好控制方向。

13. 对于本章的学习，要多上机操作，并及时总结归纳操作的经验和教训，以后就可少走弯路，逐渐提高效率。

14. 如上一章所讲，新版本强调了工程管理的概念，请老版本用户注意区别，首先为将要设计的工程创建一个工程文件夹，再为工程图纸集添加文件。一个建筑的设计图产生过程是：先生成轴网，即可对轴网标注，再裁剪、修改，墙体由单线变墙效率最高，插入柱子，安装门窗，楼梯及室内外设施，二层建筑图用底层图来修改，去除台阶、散水，修改楼梯等，二层以上修改不多，顶层图修改多些，主要是屋顶，再作出建筑立面图、剖面图。

练习题

1. 完成下列宿舍建筑图，依次是一层平面图、标准层平面图、屋顶面平面图、正立面图、侧立面图、剖面图。数据可以适当作调整，保持基本结构不变。

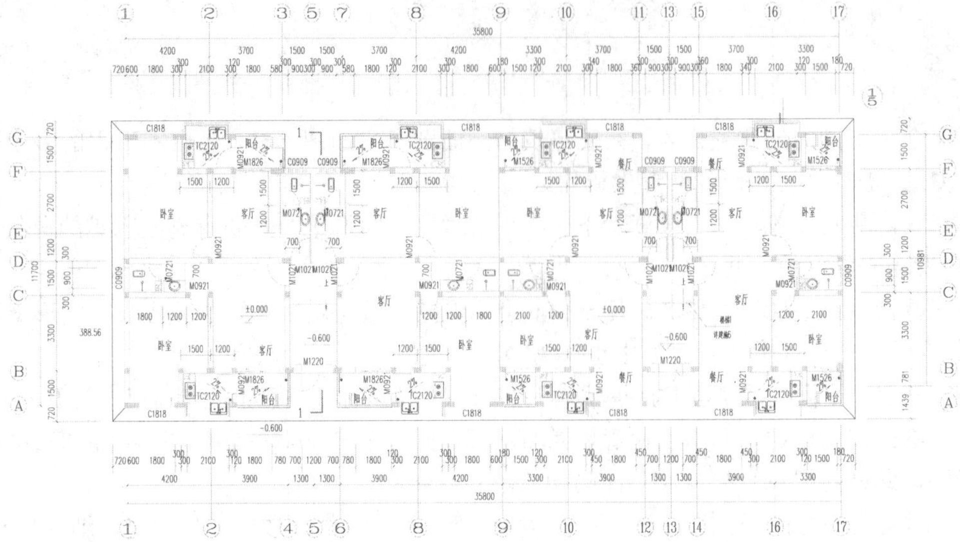

一层平面图 1:100

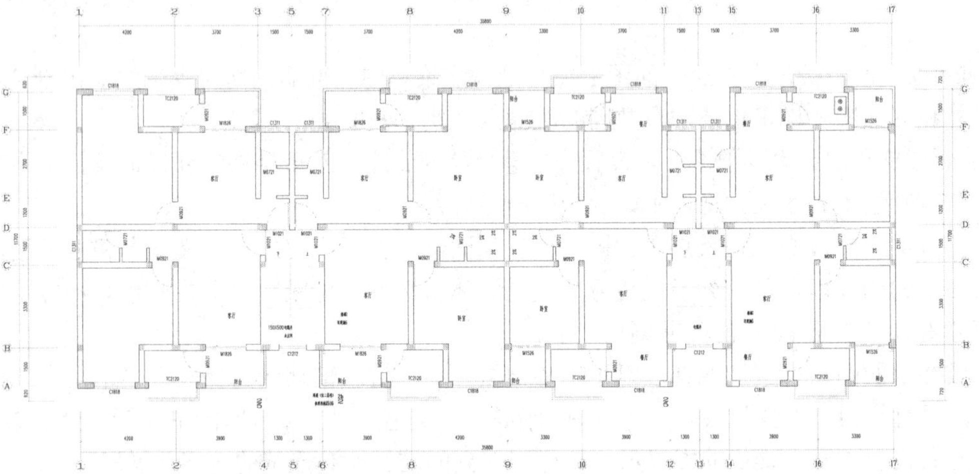

标准层放大平面图

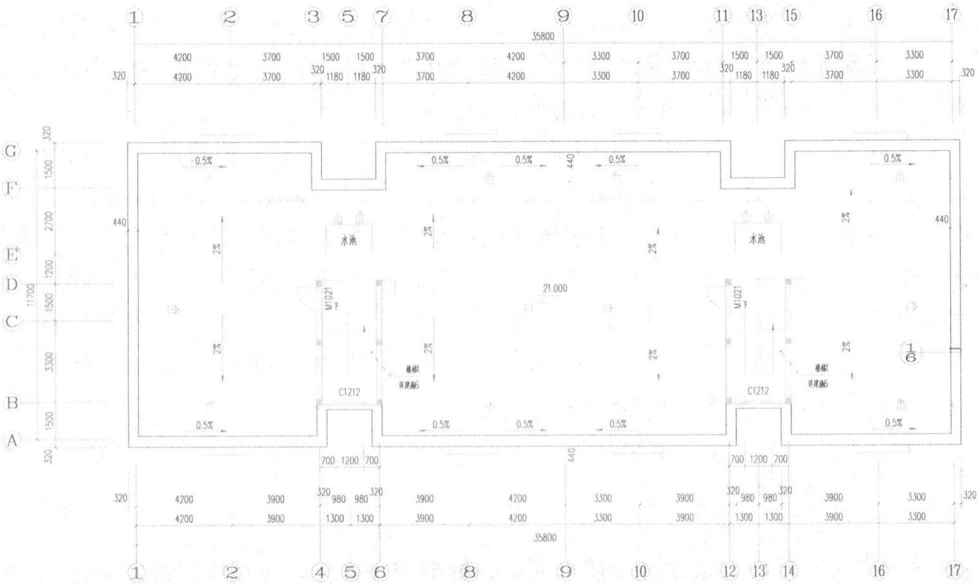

屋面平面图

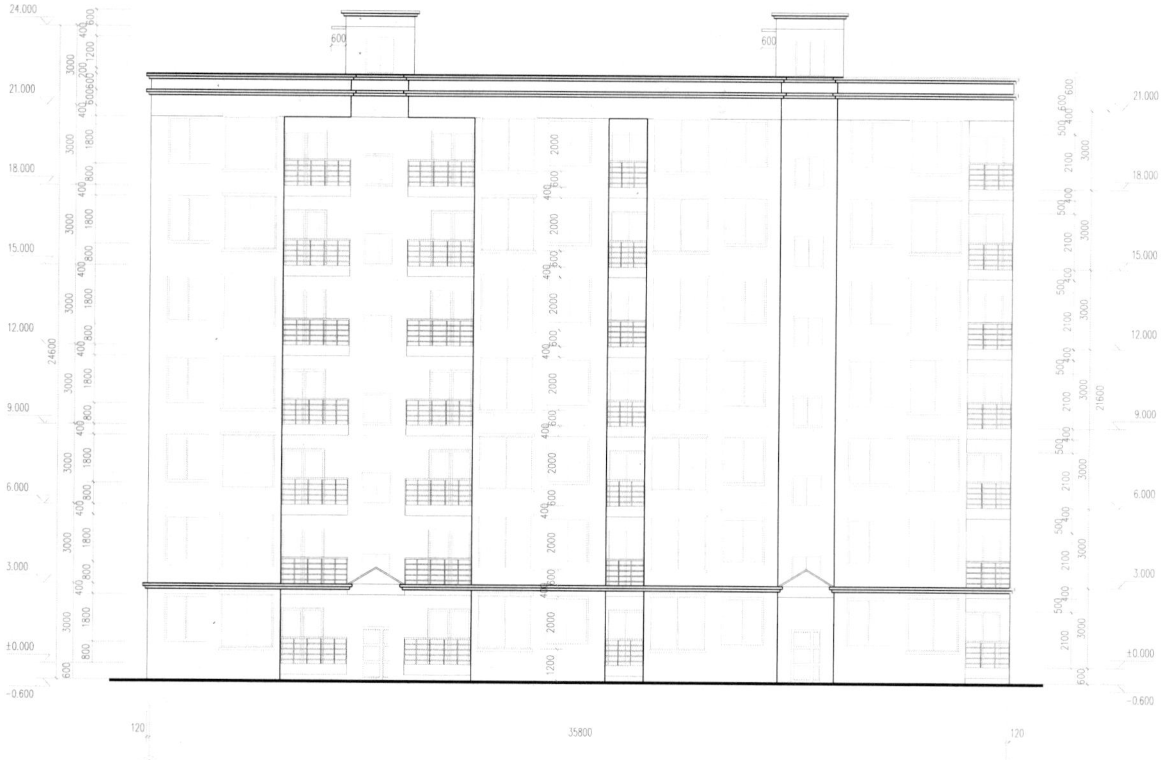

1-17立面图 1:100

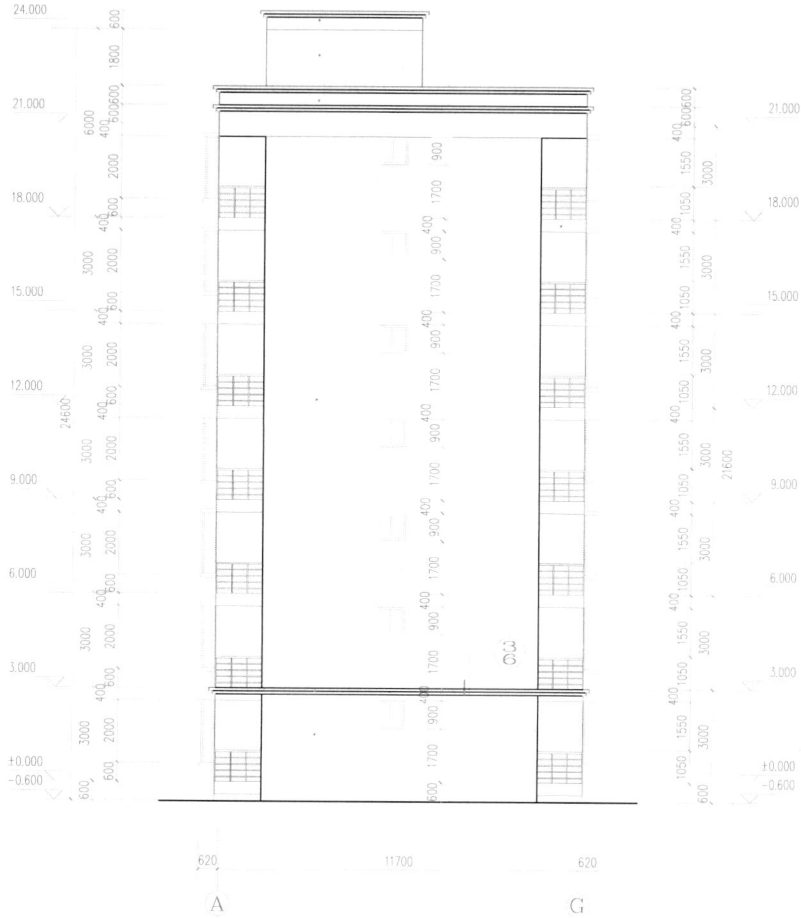

侧立面图

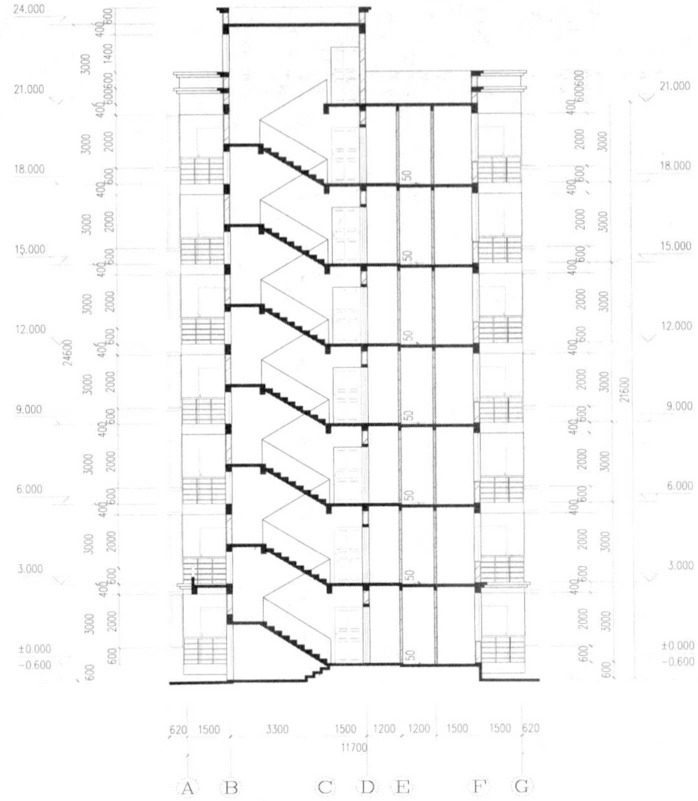

1-1剖面图 1:100

2．完成下列建筑图，先作平面图，然后作出立面图和剖面图。

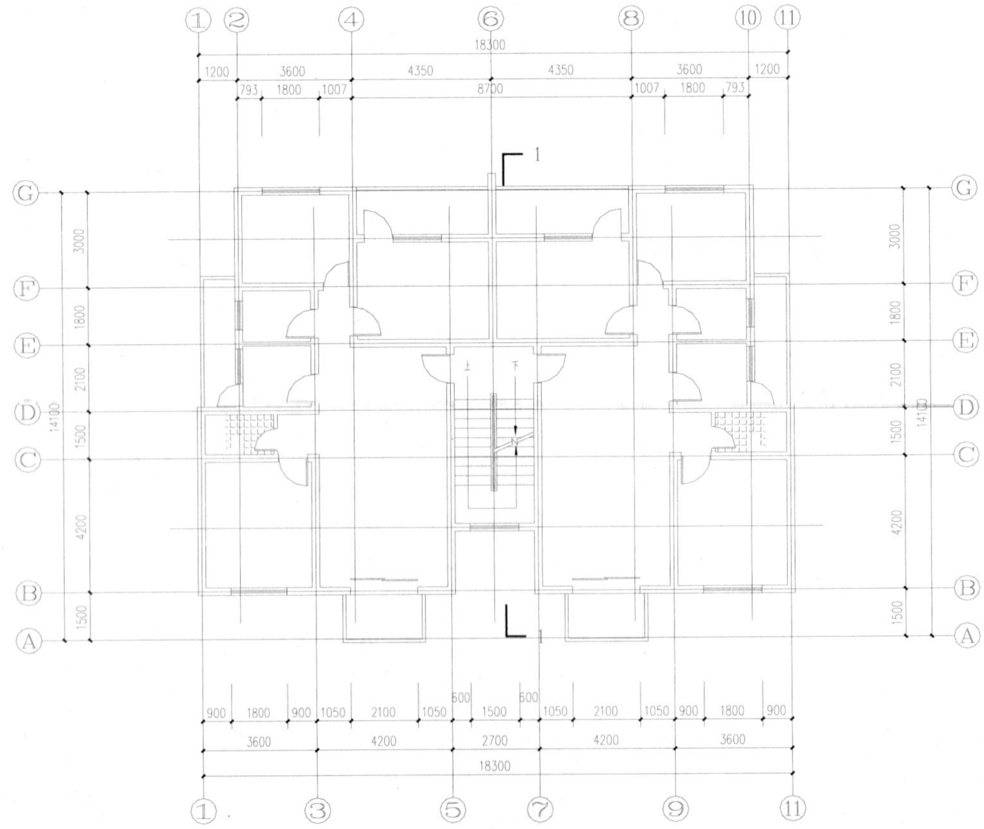

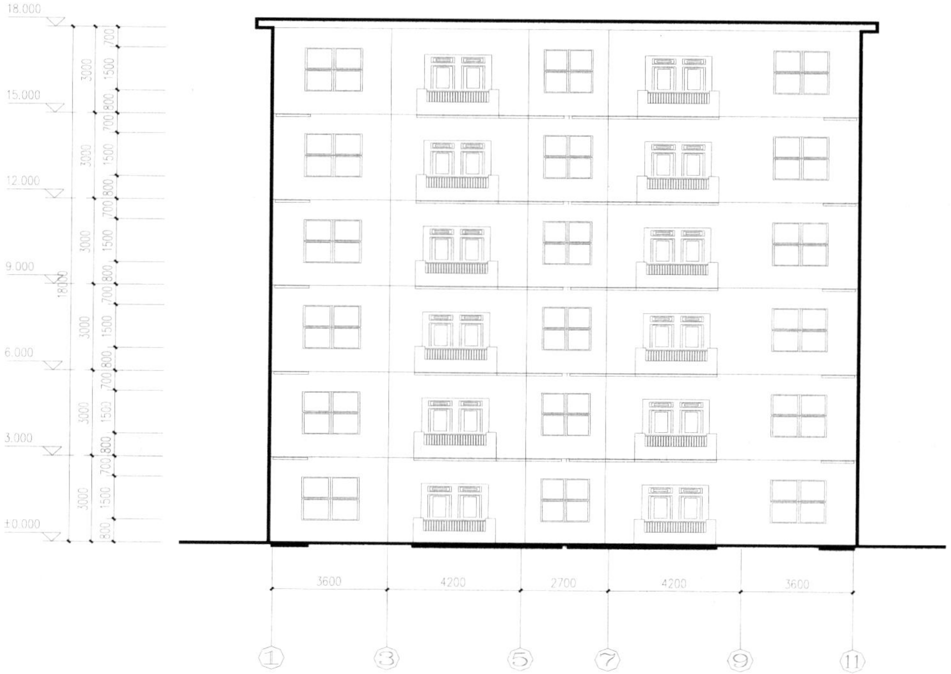

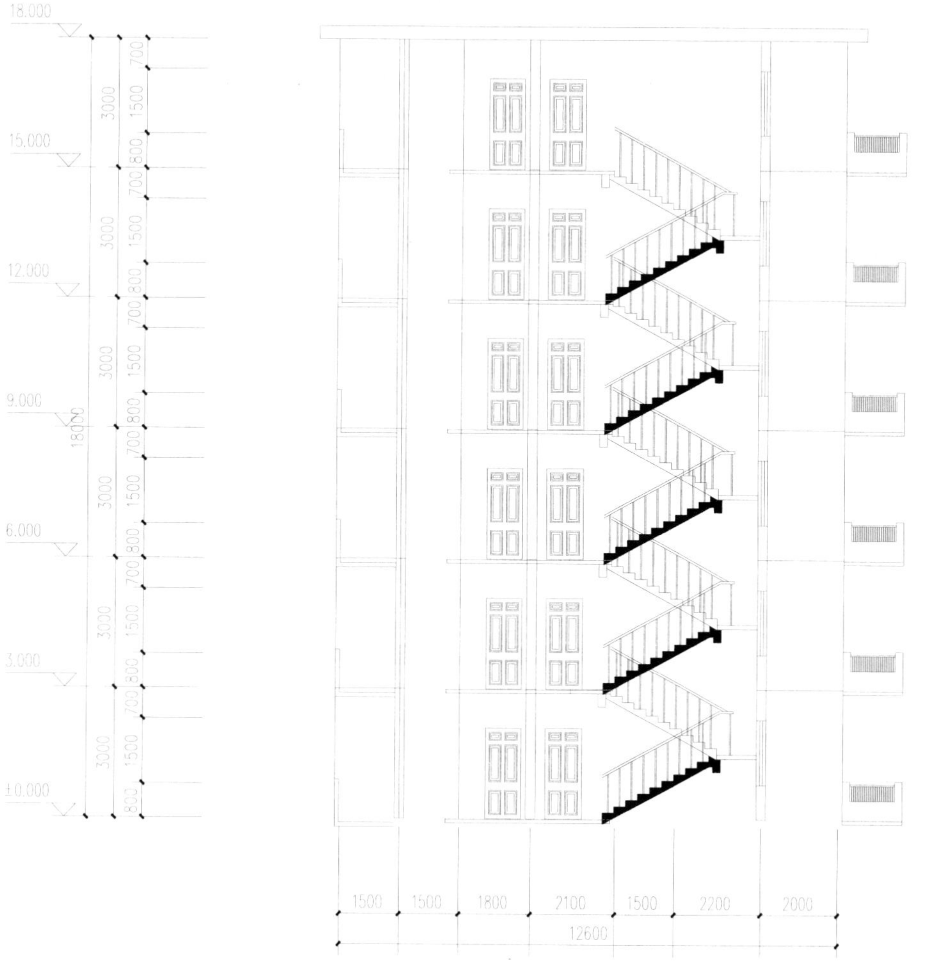

3. 下面是一幢教学楼的一层平面图，根据下面的结构，自己设计标准层平面图、屋顶面平面图，然后作出立面图和剖面图。

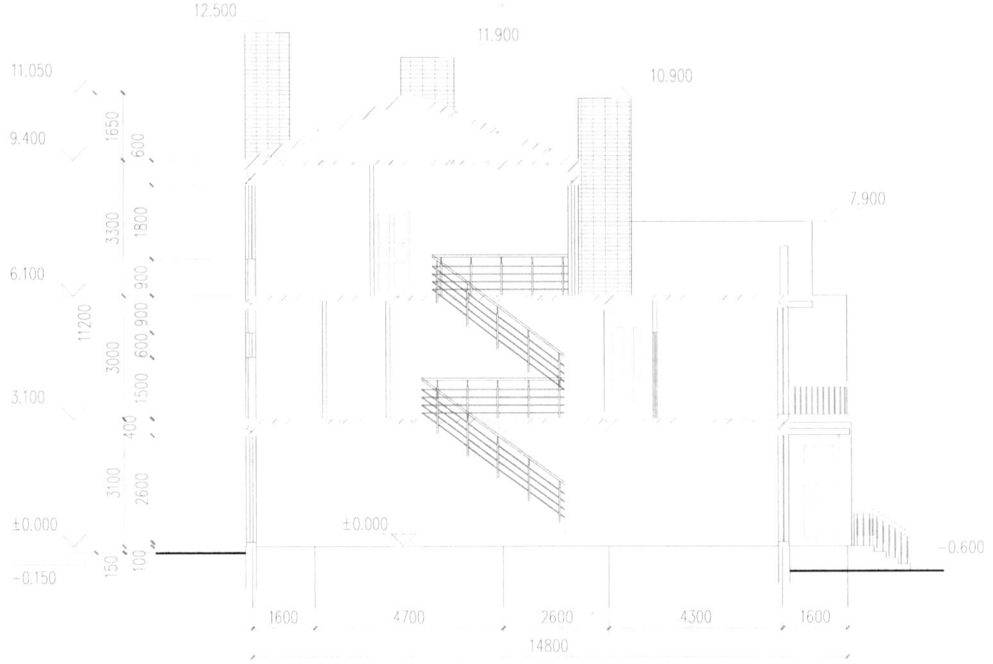

6. 作出下面的剖面图，数据可自行设计。

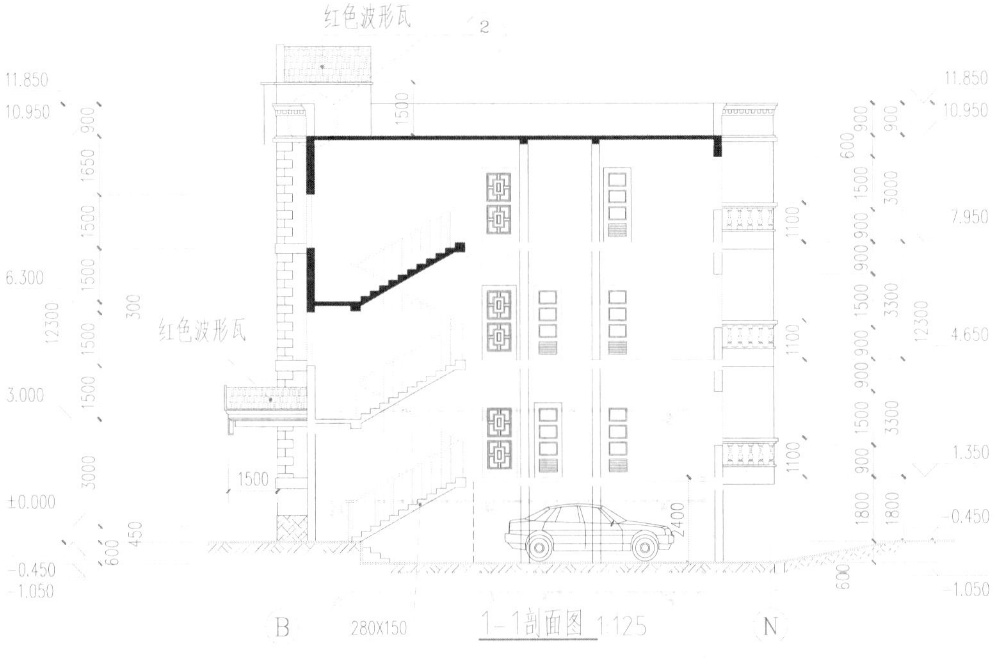

第 12 章

文字与标注

本章要点

- 天正文字的概念
- 文字工具
- 尺寸标注
- 尺寸标注编辑
- 符号标注

12.1 文字的概念

文字表格的绘制在建筑制图中占有重要的地位，所有的符号标注和尺寸标注的注写离不开文字内容，而必不可少的设计说明整个图面主要是由文字和表格所组成。

AutoCAD 提供了一些文字书写的功能，但主要是针对西文的，对于中文字，尤其是中西文混合文字的书写，编辑就显得很不方便。即使拥有简体中文版 AutoCAD，有了文字字高一致的配套中英文字体，但完成的图纸中的尺寸与文字说明里，依然存在中文与数字符号大小不一、排列参差不齐的问题，长期没有根本的解决方法。

1. AutoCAD 的文字问题

AutoCAD 不支持建筑图中常常出现的上标与特殊符号，如面积单位m^2和我国大陆地区特有的二三级钢筋符号等。

AutoCAD 的中英文混排存在的问题主要有：

AutoCAD 汉字字体与西文字体高度不等；宽度不匹配；Windows 的字体在 AutoCAD 内偏大。

2. 天正建筑 Tarch 7/8 的文字

天正新开发的自定义文字对象改进了原有的文字对象，可方便地书写和修改中西文混合文字，可使组成天正文字样式的中西文字体有各自的宽高比例，方便地输入和变换文字的上下标。特别是天正对 AutoCAD 的 SHX 字体与 Windows 的 Truetype 字体存在名义字高与实际字高不等的问题作了自动修正，使汉字与西文的文字标注符合国家制图标准的要求。此外由于我国的建筑制图规范规定了一些特殊的文字符号，在 AutoCAD 中提供的标准字体文件中无法解决，国内自制的各种中文字体繁多，不利于图档交流，为此天正建筑软件在文字对象中提供了多种特殊符号，如钢号、加圈文字、上标、下标等处理，但与非对象格式文件交流时要进行格式转换处理。

3. 中文字体的使用

在 AutoCAD 中注写中文如果希望文件处理效率高，还是不要使用 Windows 的字体，而应该使用 AutoCAD 的 SHX 字体，这时需要文件扩展名为.SHX 的中文大字体，最常见的汉字形文件名是 HZTXT.SHX，在 AutoCAD 简体中文版中还提供了中西文等高的一套国标字体，名为 GBCBIG.SHX（仿宋）、GBENOR.SHX（等线）、GBEITC.SHX（斜等线），是近年来得到广泛使用的字体。其他还有：CHINA.SHX、ST64F.SHX（宋体）、HT64F.SHX（黑体）、FS64F.SHX（仿宋）和 KT64F.SHX（楷体）等，还有一些公司对常用字体进行修改，加入了一些结构专业标注钢筋等的特殊符号，如探索者、PKPM 软件都带有各自的中文字体，所有这些能在 AutoCAD 中使用的汉字字体文件都可以在天正软件中使用。

要使用新的 AutoCAD 字体文件（*.SHX），可将它复制到 \AutoCAD200X\Fonts 目录下，在天正建筑中执行【文字样式】命令时，从对话框的字体列表中就能看到相应的文件名。

要使用 Windows 下的各种 Turetype 字体，只要把新的 Turetype 字体（*.TTF）复制到 \Windows\Fonts 目录下，利用它就可以直接写出实心字，缺点是导致绘图的运行效率降低，图 12.1 是各种字体在 AutoCAD 和天正软件下的效果比较。

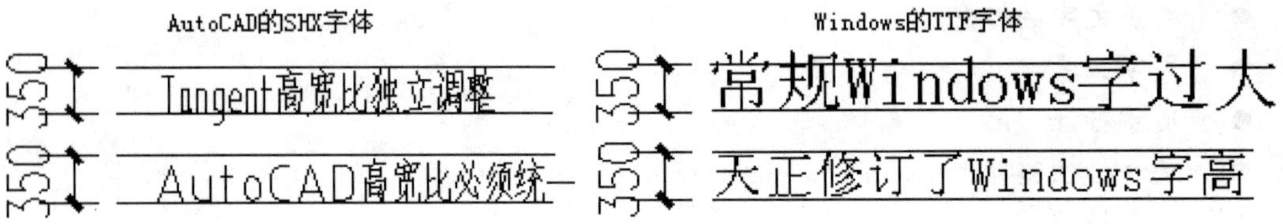

图 12.1　字体的比较

4. 特殊文字符号的导出

在天正文字对象中这些符号和普通文字是结合在一起的，属于同一个天正文字对象，因此在【图形导出】命令转为 TArch 3.0 或其他不支持新符号的低版本时，会把这些符号分解为以 AutoCAD 文字和图形表示的非天正对象，如加圈文字在图形导出到 TArch 6 格式图形时，旧版本文字对象不支持加圈文字，因此分解为外观与原有文字大小相同的文字与圆的叠加，图 12.2 所示为天正文字对象支持的特殊文字符号。

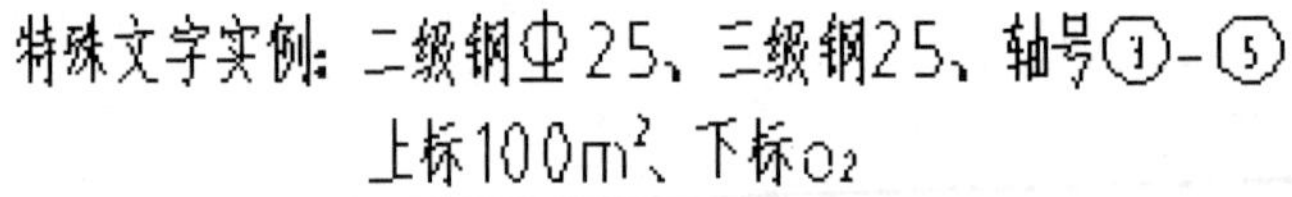

图 12.2　特殊文字符号

12.2　天正文字工具

12.2.1　文字样式

本命令为天正自定义文字样式的组成，设定中西文字体各自的参数。

菜单命令：文字表格→文字样式（WZYS）

图标菜单：

单击命令后，显示对话框如图 12.3 所示。

图 12.3　“文字样式”对话框

★ 对话框控件的说明

[新建]：新建文字样式，首先给新文字样式命名，然后选定中西文字体文件和高宽参数。

[重命名]：给文件样式赋予新名称。

[删除]：删除图中没有使用的文字样式，已经使用的样式不能被删除。

[样式名]：显示当前文字样式名，可在下拉列表中切换其他已经定义的样式。

[宽高比]：表示中文字宽与中文字高之比。

[中文字体]：设置组成文字样式的中文字体。

[字宽方向]：表示西文字宽与中文字宽的比。

[字高方向]：表示西文字高与中文字高的比。

[西文字体]：设置组成文字样式的西文字体。

[Windows 字体]：使用 Windows 的系统字体 TTF，这些系统字体（如“宋体”等）包含有中文和英文，只须设置中文参数即可。

[预览]：使新字体参数生效，浏览编辑框内的文字以当前字体写出的效果。

[确定]：退出样式定义，把“样式名”内的文字样式作为当前文字样式。

文字样式由分别设定参数的中西文字体或者 Windows 字体组成，由于天正扩展了 AutoCAD 的文字样式，可以分别控制中英文字体的宽度和高度，达到文字的名义高度与实际可量度高度统一的目的，字高由使用文字样式的命令确定。

12.2.2　单行文字

本命令使用已经建立的天正文字样式，输入单行文字，可以方便为文字设置上下标、加圆圈、添加特殊符号，导入专业词库内容。

菜单命令：文字表格→单行文字（DHWZ）

图标菜单：字

单击命令后，显示对话框如图 12.4 所示。

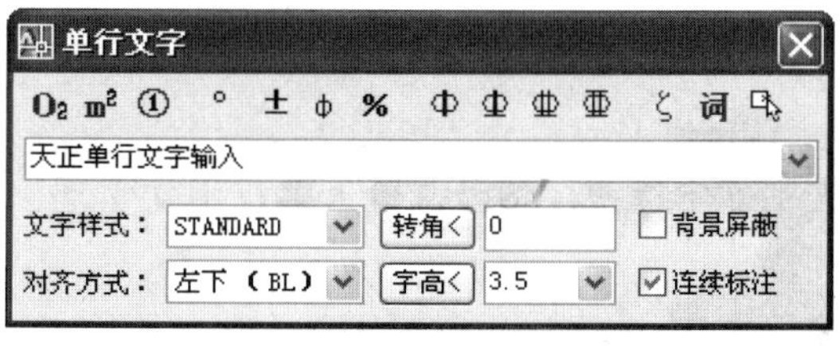

图 12.4　“单行文字”对话框

★ 对话框控件的说明

[文字输入列表]：可供键入文字符号；在列表中保存有已输入的文字，方便重复输入同类内容，在下拉列表选择其中一行文字后，该行文字复制到首行。

[文字样式]：在下拉列表中选用已由 AutoCAD 或天正文字样式命令定义的文字样式。

[对齐方式]：选择文字与基点的对齐方式。

[转角<]：输入文字的转角。

[字高<]：表示最终图纸打印的字高，而非在屏幕上测量出的字高数值，两者有一个绘图比例值的倍数关系。

[背景屏蔽]：勾选后文字可以遮盖背景例如填充图案，本选项利用 AutoCAD 的 WipeOut 图像屏蔽特性，屏蔽作用随文字移动存在。

[连续标注]：勾选后单行文字可以连续标注。

[上下标]：鼠标选定需变为上下标的部分文字，然后点击上下标图标。

[加圆圈]：鼠标选定需加圆圈的部分文字，然后点击加圆圈的图标。

[钢筋符号]：在需要输入钢筋符号的位置，点击相应的钢筋符号。

[其他特殊符号]：单击进入特殊字符集，在弹出的对话框中选择需要插入的符号。

★ 单行文字在位编辑实例

单行文字的在位编辑：双击图上的单行文字即可进入在位编辑状态，直接在图上显示编辑框，方向总是按从左到右的水平方向方便修改，如图 12.5 所示。

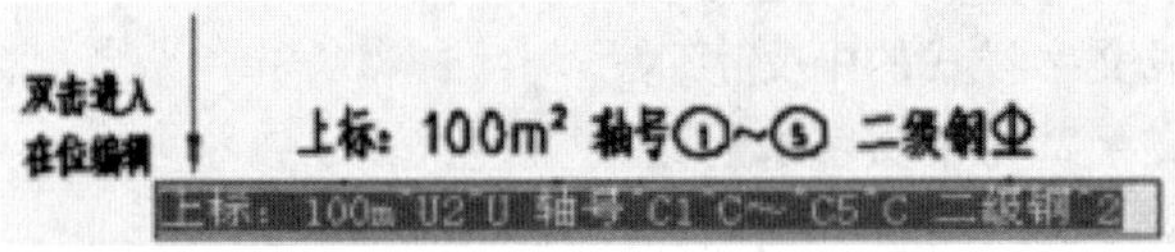

图 12.5　单行文字进入在位编辑

在需要使用特殊符号、专业词汇等时，移动光标到编辑框外右击，即可调用单行文字的快捷菜单中进行编辑，使用方法与对话框中的工具栏图标完全一致，如图 12.6 所示。

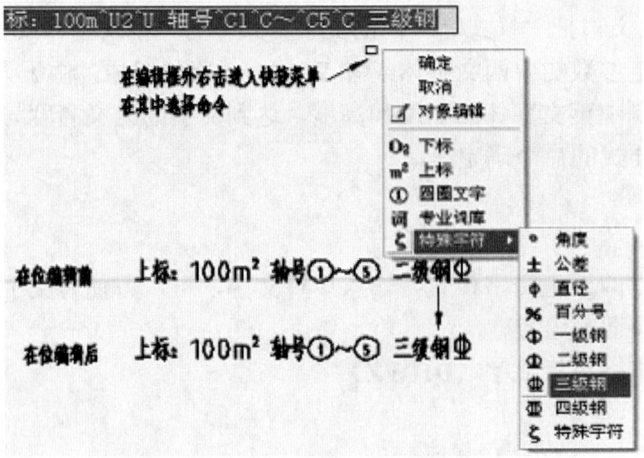

图 12.6　单行文字的在位编辑右键快捷菜单

12.2.3　多行文字

本命令使用已经建立的天正文字样式，按段落输入多行中文文字，可以方便设定页宽与硬回车位置，并随时拖动夹点改变页宽。

菜单命令：文字表格→多行文字

图标菜单：

单击命令后，显示对话框如图 12.7 所示。

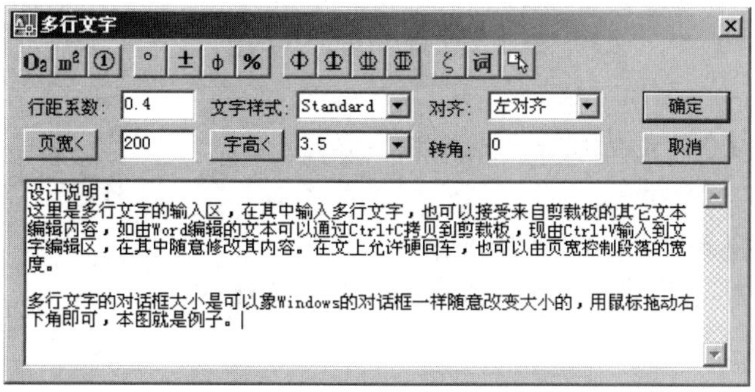

图 12.7　“多行文字”对话框

★ 对话框控件的功能说明

[文字输入区]：在其中输入多行文字，也可以接受来自剪贴板的其他文本编辑内容，如由 Word 编辑的文本可以通过 Ctrl+C 组合键拷贝到剪贴板，再由 Ctrl+V 组合键输入到文字编辑区，在其中随意修改其内容。允许硬回车，也可以由页宽控制段落的宽度。

[行距系数]：与 AutoCAD 的 MTEXT 中的行距有所不同，本系数表示的是行间的净距，单位是当前的文字高度，比如 1 为两行间相隔一空行，本参数决定整段文字的疏密程度。

[字高]：以毫米单位表示的打印出图后的实际文字高度，已经考虑当前比例。

[对齐]：决定了文字段落的对齐方式，有左对齐、右对齐、中心对齐、两端对齐 4 种对齐方式。

其他控件的含义与单行文字对话框相同。

输入文字内容编辑完毕以后，单击“确定”按钮完成多行文字的输入，本命令的自动换行功能特别适合输入以中文为主的设计说明文字。

多行文字对象设有两个夹点，左侧的夹点用于整体移动，而右侧的夹点用于拖动改变段落宽度，当宽度小于设定时，多行文字对象会自动换行，而最后一行的结束位置由该对象的对齐方式决定。

多行文字的编辑考虑到排版的因素，默认双击进入“多行文字”对话框，而不推荐使用在位编辑，但是可通过右键菜单进入在位编辑功能。

12.2.4　曲线文字

本命令有两种功能：直接按弧线方向书写中英文字符串，或者在已有的多段线（POLYLINE）上布置中英文字符串，可将图中的文字改排成曲线。

菜单命令：文字表格→曲线文字（QXWZ）

图标菜单：

单击命令后，命令的运行请参见以下实例说明。

A-直接写弧线文字/P-按已有曲线布置文字<A>:

★ 直接注写弧线文字的实例

回车选取默认值，使用直接写出按弧形布置的文字的选项，提示如下：

请输入弧线文本圆心位置<退出>: 点取圆心点;

请输入弧线文本中心位置<退出>: 点取字串中心插入的位置;

输入文字:　　　　　这时可以在命令行中键入文字，回车后继续提示;

请输入字高<5>:　　键入新值或回车接受默认值;

文字面向圆心排列吗（Yes/No）<Yes>?

回车后即生成按圆弧排列的曲线文字；若在提示中以 N 回应，可使文字背向圆心方向生成。

★ 按已有曲线布置文字的实例

选项 P 可使文字按已有的曲线排列。在使用前，先用 AutoCAD 的 Pline（复线）命令绘制一条曲线，有效的文字基线包括 POLYLINE、ARC、CIRCLE 等图元，其中 POLYLINE 可以经过拟合或者样条化处理。其后提示：

请选取文字的基线<退出>：用拾取框拾取作为基线的 POLYLINE 线后，提示：

输入文字：输入欲排在这条 POLYLINE 线上的文字，回车结束后，命令行显示：

请键入字高<5>：　　键入新值或回车接受默认值。

系统将按等间距将输入的文字沿曲线书写在图上。曲线文字生成如图 12.8 所示。

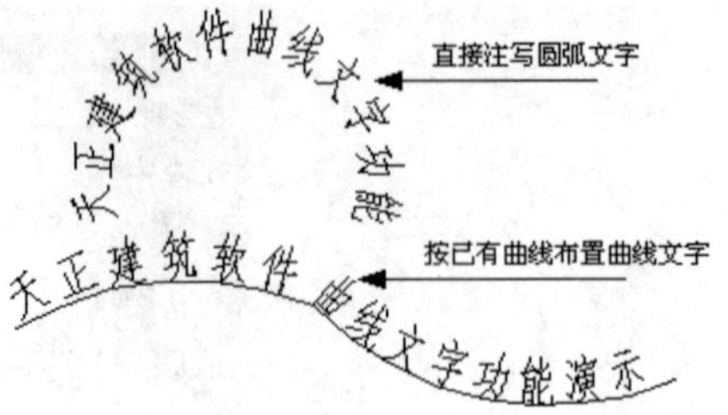

图 12.8　曲线文字实例

12.2.5　专业词库

本命令组织一个可以由用户扩充的专业词库，提供一些常用的建筑专业词汇随时插入图中，词库还可在各种符号标注命令中调用。

菜单命令：文字表格→专业词库（ZYCK）

图标菜单：

单击命令后，显示对话框如图 12.9 所示。

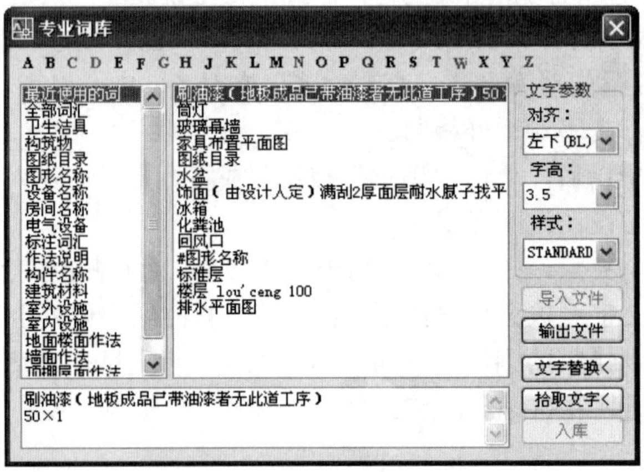

图 12.9　“专业词库”对话框

★ 对话框控件的功能说明

[词汇分类]：在词库中按不同专业提供分类机制，也称为分类或目录，一个目录下的列表存放很多词汇。

[词汇列表]：按分类组织起词汇列表，对应一个词汇分类的列表存放多个词汇。

[入库]：把编辑框内的文字添加到当前类别的最后一个词汇。

[导入文件]：把文本文件中按行作为词汇，导入当前类别（目录）中，有效扩大了词汇量。

[输出文件]：把当前类别中所有的词汇输出到一个文本文件中。

[文字替换<]：命令行提示：

请选择要替换的文字图元<文字插入>：

选择好目标文字，然后单击此按钮，进入并选取打算替换的文字对象即可。

[拾取文字<]：把图上的文字拾取到编辑框中进行修改或替换。

[分类菜单]：右击类别项目，会出现“新建”、“插入”、“删除”、“重命名”多项，用于增加分类。

[词汇菜单]：右击词汇项目，会出现“新建”、“插入”、“删除”、“重命名”多项，用于增加词汇量。

[字母按钮]：以汉语拼音的韵母排序检索，用于快速检索到词汇表中与之对应的第一个词汇。

选定词汇后，命令行连续提示：

请指定文字的插入点<退出>：编辑好的文字可一次或多次插入到适当位置，回车结束

本词汇表提供了多组常用的施工作法词汇，与【作法标注】命令结合使用，可快速标注“墙面”、“楼面”、“屋面”的 88J1-X12000 版图集标准作法。

12.2.6　文字转化

本命令将天正旧版本生成的 AutoCAD 格式单行文字转化为天正文字，保持原来每一个文字对象的独立性，不对其进行合并处理。

菜单命令：文字表格→文字转化（WZZH）

图标菜单：

单击命令后，命令行提示：

请选择 AutoCAD 单行文字：可以一次选择图上的多个文字串，回车结束：

全部选中的 N 个 AutoCAD 文字成功地转化为天正文字。

本命令对 AutoCAD 生成的单行文字起作用，但对多行文字不起作用。

12.2.7　统一字高

本命令将涉及 AutoCAD 文字，天正文字的文字字高按给定尺寸进行统一。

菜单命令：文字表格→统一字高（TYZG）

图标菜单：

单击命令后，命令行提示：

请选择要修改的文字（AutoCAD 文字，天正文字）<退出>：　选择这些要统一高度的文字；

请选择要修改的文字（AutoCAD 文字，天正文字）<退出>：　退出命令；

字高（）<3.5mm>：4 键入新的统一字高 4，这里的字高也是指完成后的图纸尺寸。

12.2.8　查找替换

本命令查找替换当前图形中所有的文字，包括 AutoCAD 文字、天正文字和包含在其他对象中的文字，但不包括在图块内的文字和属性文字。

菜单命令：文字表格→查找替换（CZTH）

图标菜单：

单击命令后，显示对话框如图 12.10 所示。

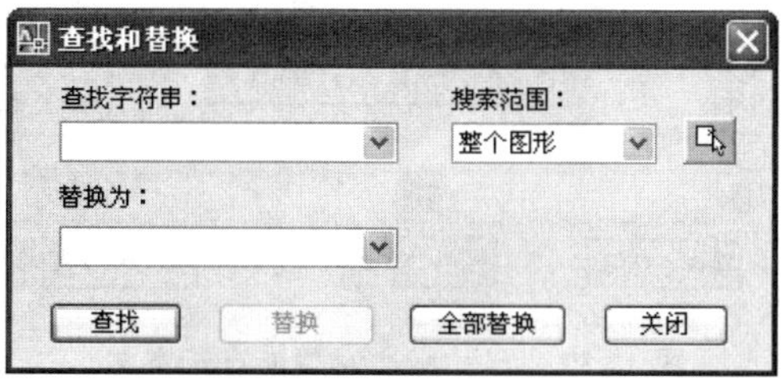

图 12.10　文字查找和替换

对图中或选定范围的所有文字类信息进行查找，按要求进行逐一替换或者全体替换，在搜索过程中在图上找到该文字处显示红框，单击下一个时，红框转到下一个找到文字的位置。

12.2.9　繁简转换

中国大陆与港台地区习惯使用不同的汉字内码，给双方的图纸交流带来困难，【繁简转换】命令能将当前图档的内码在 Big5 与 GB 之间转换，为保证本命令的成功执行，应确保当前环境下的字体支持文件路径内，即 AutoCAD 的 fonts 或天正软件安装文件夹 sys 下存在内码 BIG5 的字体文件，才

能获得正常的显示与打印效果。转换后重新设置文字样式中的字体内码与目标内码一致。

菜单命令：文字表格→繁简转换（FJZH）

图标菜单：

单击命令后，显示对话框如图 12.11 所示。

按当前的任务要求，在其中选择转换方式，例如要处理繁体图纸，就选“繁转简”，选“选择对象”，单击“确定”按钮后命令行提示：

选择包含文字的图元: 在屏幕中选取要转换的繁体文字;

选择包含文字的图元: 回车结束选择。

经转换后图上的文字还是一种乱码状态，原因是这时内码转换了，但是使用的文字样式中的字体还是原来的繁体字体，如 CHINASET.shx，可以通过 Ctrl+1 组合键的特性栏把其中的字体更改为简体字体，如 GBCBIG.shx。图 12.12 所示是一个内码相同而字体不同的实例。

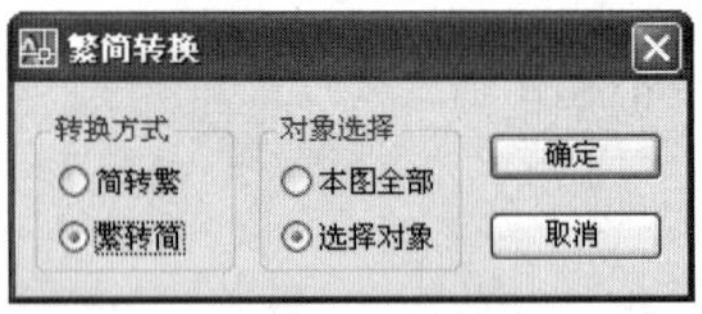

图 12.11　繁体与简体文字转换

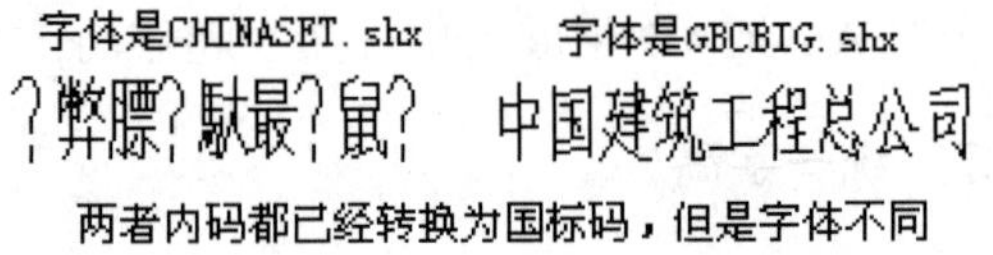

图 12.12　繁体文字的转换实例

12.3　尺寸标注的概念

尺寸标注是设计图纸中的重要组成部分，图纸中的尺寸标注在国家颁布的建筑制图标准中有严格的规定，直接沿用 AutoCAD 本身提供的尺寸标注命令不适合建筑制图的要求，特别是编辑尺寸尤其显得不便，为此 TArch 7/8 提供了自定义的尺寸标注系统，完全取代了 AutoCAD 的尺寸标注功能，分解后退化为 AutoCAD 的尺寸标注。

12.3.1　尺寸标注对象与转化

天正尺寸标注分为连续标注与半径标注两大类标注对象，其中连续标注包括线性标注和角度标注，这些对象按照国家建筑制图规范的标注要求，对 AutoCAD 的通用尺寸标注进行了大胆的简化与优化，通过图 12.13 所示的夹点编辑操作，对尺寸标注的修改提供了前所未有的灵活手段。

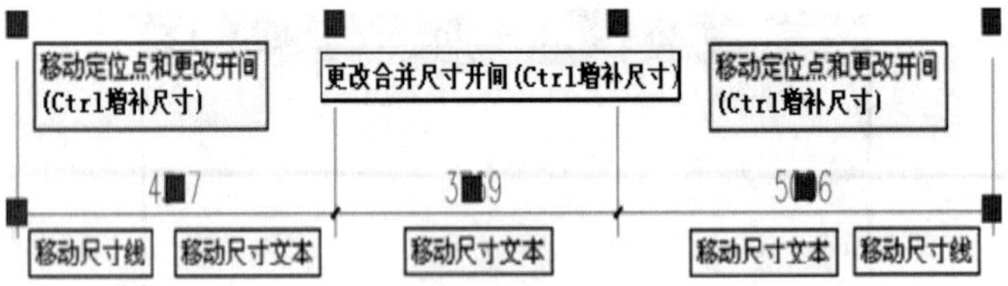

图 12.13　尺寸标注对象夹点示意图

由于天正的尺寸标注是自定义对象，在利用旧图资源时，通过“转化尺寸”命令可将原有的 AutoCAD 尺寸标注对象转化为等效的天正尺寸标注对象。反之在导出天正图形到其他非天正对象环境时，需要分解天正尺寸标注对象，系统提供的“图形导出”命令可以自动完成分解操作，分解后天正尺寸标注对象按其当前比例，使用天正建筑 3.0 的兼容标注样式（如 DIMN、DIMN200）退化为 AutoCAD 的尺寸标注对象，以此保证了天正版本之间的双向兼容性。

12.3.2　标注对象的单位与基本单元

天正尺寸标注系统以毫米为默认的标注单位，当用户在“天正基本设定”中对整个 DWG 图形文件进行了以米为绘图单位的切换后，标注系统可改为以米为标注单位，按《总图制图规范》第 2.3.1 条的要求，默认精度设为两位小数，可以通过修改样式改精度为三位小数。

天正尺寸标注系统以连续的尺寸区间为基本标注单元，相连接的多个标注区间属于同一尺寸标注对象，并具有用于不同编辑功能的夹点，而 AutoCAD 的标注对象每个尺寸区间都是独立的，相互之间没有关联，夹点功能不便于常用操作。

12.3.3　标注对象的样式

为了兼容起见，天正自定义尺寸标注对象是基于 AutoCAD 的几种标注样式开发的，因此用户通过修改这几种 AutoCAD 标注样式更新天正尺寸标注对象的特性。

- TArch 7/8 的尺寸标注对象支持_TCH_ARCH（毫米单位按毫米标注）、_TCH_ARCH_mm_M（毫米单位按米标注）、_TCH_ARCH_M_M（米单位按米标注）三种尺寸样式的参数。
- 增加“直线与箭头”页面尺寸线的“超出标记”实现尺寸线出头效果，修改“文字”页面文字位置的“从尺寸线偏移”调整文字与尺寸线距离。
- TArch 7/8 的角度标注对象的标注角度格式改为“度/分/秒”，符合制图规范要求。

天正自定义标注对象支持两种标注样式，如下：

（1）_TCH_ARCH（包括_TCH_ARCH_mm_M 与_TCH_ARCH_M_M）：用于直线型的尺寸标注，如门窗标注和逐点标注等，图 12.14 所示是尺寸线出头的直线标注实例。

（2）_TCH_ARROW：用于角度标注，如弧轴线和弧窗的标注，图 12.15 所示是“度/分/秒”单位的角度标注实例。

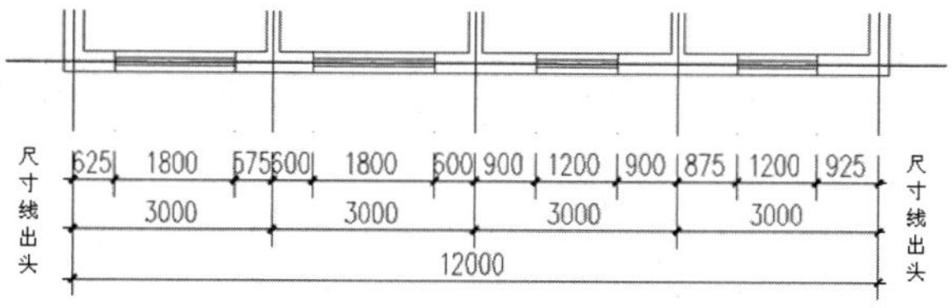

图 12.14　直线尺寸标注对象

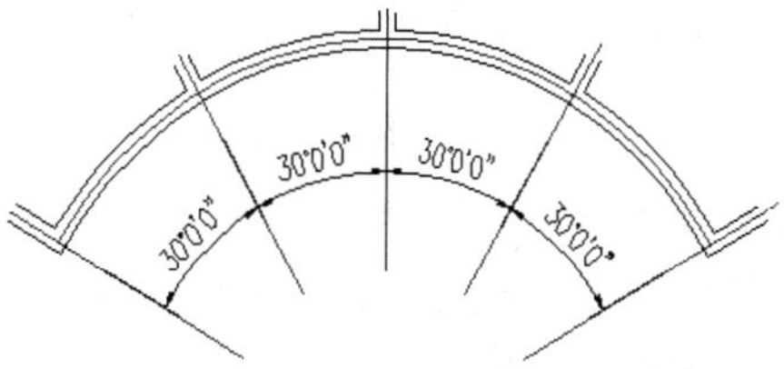

图 12.15　角度标注对象

12.4　尺寸标注的创建

12.4.1　门窗标注

本命令适合标注建筑平面图的门窗尺寸，有两种使用方式。

（1）在平面图中参照轴网标注的第一二道尺寸线，自动标注直墙和圆弧墙上的门窗尺寸，生成第三道尺寸线。

（2）在没有轴网标注的第一二道尺寸线时，在用户选定的位置标注出门窗尺寸线。

菜单命令：尺寸标注→门窗标注（MCBZ）

图标菜单：

点取命令后，命令行提示：

请用线选第一、二道尺寸线及墙体;

起点<退出>:　垂直于墙线方向取过第一道尺寸线与墙体的起点 P1;

终点<退出>:　点取终点 P2，系统绘制出第一段墙体的门窗标注;

选择其他墙体: 添加被内墙断开的其他要标注墙体，回车结束命令。

分别表示两种情况的门窗标注的实例如图 12.16 所示。

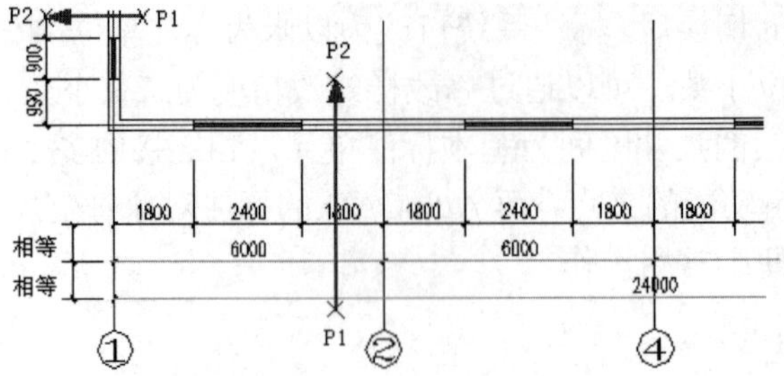

图 12.16　门窗标注实例

12.4.2　墙厚标注

本命令在图中一次标注两点连线经过的一至多段天正墙体对象的墙厚尺寸，标注中可识别墙体的方向，标注出与墙体正交的墙厚尺寸，在墙体内有轴线存在时标注以轴线划分的左右墙宽，墙体内没有轴线存在时标注墙体的总宽。

菜单命令：尺寸标注→墙厚标注（QHBZ）

图标菜单：

点取命令后，命令行提示：

直线第一点<退出>:　　　在标注尺寸线处点取起始点；

直线第二点<退出>:　　　在标注尺寸线处点取结束点。

墙厚标注的实例如图 12.17 所示。

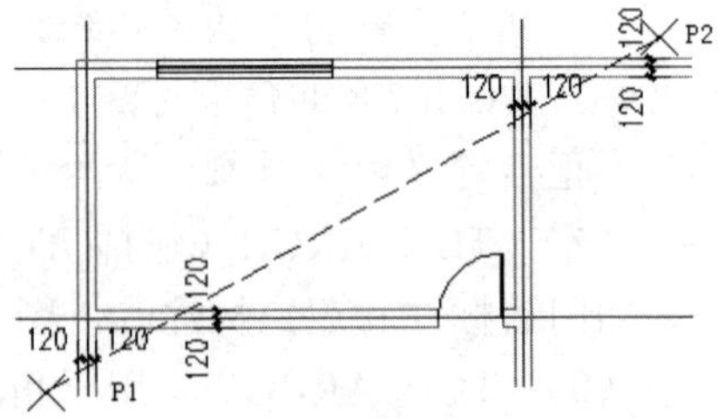

图 12.17　墙厚标注实例

12.4.3　外包尺寸

本命令是一个简捷的尺寸标注修改工具，在大部分情况下，可以一次按规范要求完成 4 个方向的两道尺寸线共 16 处修改，期间不必输入任何墙厚尺寸。

菜单命令：尺寸标注→外包尺寸（WBCC）

图标菜单：

点取命令后，命令行提示：

请选择建筑构件:　　　　以对角点框选范围，给出第一个点后提示；

指定对角点:　　　　　　给出对角点后提示找到 XX 个对象；

请选择建筑构件:　　　　回车结束选择；

请选择第一、二道尺寸线:　以对角点选尺寸线范围，给出第一个点后提示；

指定对角点:　　　　　　给出对角点后提示找到 8 个对象；

请选择第一、二道尺寸线:　回车结束绘制或继续选择尺寸线。

图 12.18 所示为外包尺寸标注实例，其中执行外包尺寸命令后，自动修改 16 处尺寸标注，完成外包尺寸。

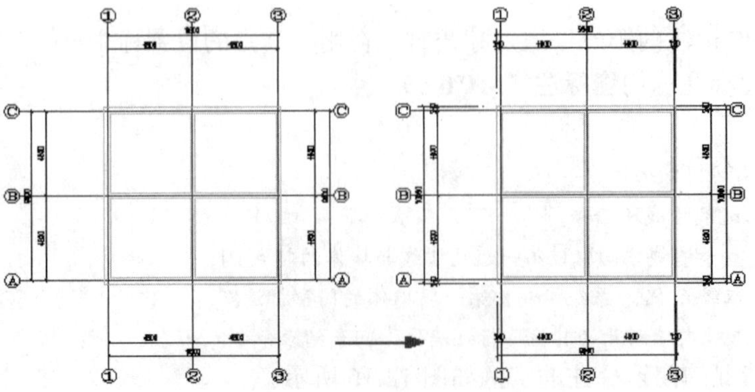

图 12.18　外包尺寸标注实例

12.5 符号标注

12.5.1 符号标注的概念

按照建筑制图的国标工程符号规定画法，天正软件提供了一整套的自定义工程符号对象，这些符号对象可以方便地绘制剖切号、指北针、引注箭头，绘制各种详图符号、引出标注符号。使用自定义工程符号对象，不是简单地插入符号图块，而是在图上添加了代表建筑工程专业含义的图形符号对象，工程符号对象提供了专业夹点定义并且内部保存有对象特性数据，用户除了在插入符号的过程中通过对话框的参数控制选项，根据绘图的不同要求，还可以在图上已插入的工程符号上拖动夹点或者按 Ctrl+1 组合键启动对象特性栏，在其中更改工程符号的特性，双击符号中的文字，启动在位编辑即可更改文字内容。

在 TArch 7/8 提供了多项有关工程符号标注的改进：

（1）引入了文字的在位编辑功能，只要双击符号中涉及的文字进入在位编辑状态，无需命令即可直接修改文字内容。

（2）索引符号增加了多索引特性，拖动索引号的“改变索引个数”夹点即可增减索引号，结合在位编辑满足提供多索引的要求。

（3）为剖切索引符号提供了改变剖切长度的夹点控制，适应工程制图的要求。

（4）箭头引注提供了规范的半箭头样式，用于坡度标注，坐标标注提供了 4 种箭头样式。

（5）新增图名标注对象，方便了比例修改时的图名的更新，新的文字加圈功能便于注写轴号。

（6）工程符号标注改为无模式对话框连续绘制方式，不必单击“确认”按钮，提高了效率。

（7）作法标注结合了新的【专业词库】命令，新提供了标准的楼面、屋面和墙面作法。

12.5.2 符号标注的内容

天正的工程符号对象可随图形指定范围的绘图比例的改变，对符号大小、文字字高等参数进行适应性调整以满足规范的要求。剖面符号除了可以满足施工图的标注要求外，还为生成剖面定义了与平面图的对应规则。

符号标注的各命令位于主菜单下的“符号标注”子菜单中。

【索引符号】和【索引图名】两个命令用于标注索引号。

【剖面剖切】和【断面剖切】两个命令用于标注剖切符号，同时为剖面图的生成提供了依据。

【画指北针】和【箭头绘制】命令分别用于在图中画指北针和指示方向的箭头。

【引出标注】和【作法标注】主要用于标注详图。

【图名标注】为图中的各部分注写图名。

图 12.19 所示是各自工程符号标注示例。

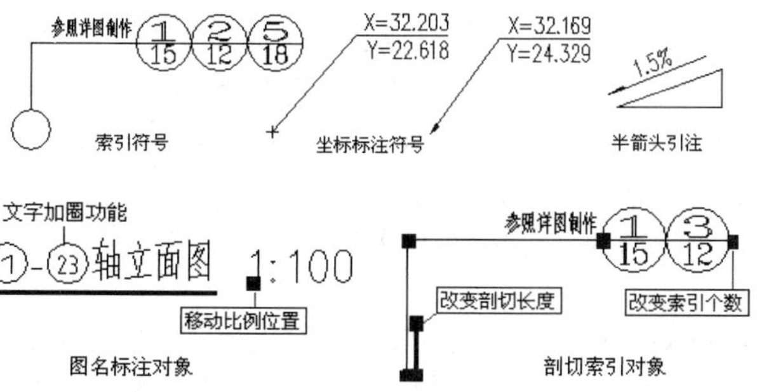

图 12.19 各种工程符号标注

12.6 坐标标高符号

坐标标注在工程制图中用来表示某个点的平面位置，一般由政府的测绘部门提供，而标高标注则是用来表示某个点的高程或者垂直高度，标高有绝对标高和相对标高的概念，绝对标高的数值也来自当地测绘部门，而相对标高则是设计单位设计的，一般是室内一层地坪，与绝对标高有相对关系。天正分别定义了坐标对象和标高对象来实现坐标和标高的标注，这些符号的画法符合国家制图规范的工程符号图例。

12.6.1 标注状态设置

标注的状态分动态标注和静态标注两种，移动和复制后的坐标受状态开关项的控制：

- 动态标注状态下，移动和复制后的坐标数据将自动与世界坐标系一致，适用于整个 DWG 文件仅仅布置一个总平面图的情况。
- 静态标注状态下，移动和复制后的坐标数据不改变原值，例如在一个 DWG 上复制同一总平面，绘制绿化、交通的等不同类别图纸，此时只能使用静态标注。

在 2004 以上版本的 AutoCAD 平台中，天正 TArch 7/8 提供了状态行的按钮开关，可单击切换坐标的动态和静态两种状态。

12.6.2 标高标注

本命令适用于平面图的楼面标高与地坪标高标注，可标注绝对标高和相对标高、也可用于立剖面图标注楼面标高，标高三角符号为空心或实心填充，通过按钮可选，两种类型的按钮的功能是互锁的，其他按钮控制标高的标注样式。

菜单命令：符号标注→标高标注（BGBZ）

图标菜单： 

点取命令后，显示如图 12.20 所示的对话框。

图 12.20 “编辑标高”对话框

勾选基线或者引线复选框，可以改变按基线方式或者引线方式注写标高符号。如果是基线方式，命令提示点取基线端点，然后返回上一提示；如果是引线方式，命令提示点取符号引线位置，给点后在引出垂线与水平线交点处绘出标高符号。

- 勾选“手工输入”复选框，进入楼层标高输入状态，直接键入和编辑标高数值，选中表行右击箭头显示编辑菜单修改表行，也可直接按 Del 键和 Insert 键删除该行或在上面插入空行。
- 自动标高的取值受到坐标状态开关的影响，立剖面图标注标高时，在“动态标注”状态进行标高符号的移动或复制后，新标高对象随目标点位置动态取值，而平面图标注标高时注意应在“静态标注”状态，因为此时希望复制、移动标高符号后数值保持不变。
- 单击按下“连注标高”按钮，即可连续标注多个同一样式的标高，取代以前的【连注标高】命令。
- 双击自动输入的标高对象进入在位编辑，直接修改标高数值，如图 12.21 所示。
- 双击手工输入的标高对象进入对话框编辑，修改列表数值或者单击按钮修改样式。
- 单击按下“实心填充”按钮，可以按光标当前 y 坐标取值表示室外地坪标高，勾选“手工输入”复选框后，在表格中添加括号，后面输入绝对高程可表示相对高程；在立剖面图中，在“动态标注”启动状态下可复制到其他标高位置，数值自动更新，如图 12.22 所示。

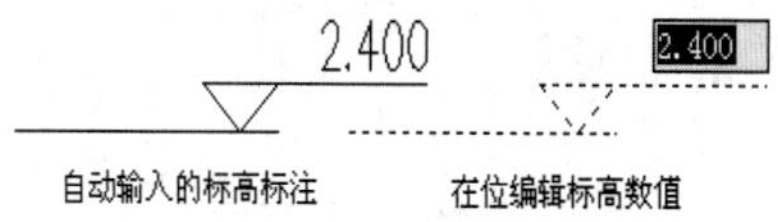

图 12.21　标高在位编辑

勾选“手工输入”复选框后，不必添加括号，在第一个标高后回车或按向下箭头，可以输入多个标高表示楼层地坪标高，如图 12.23 所示。

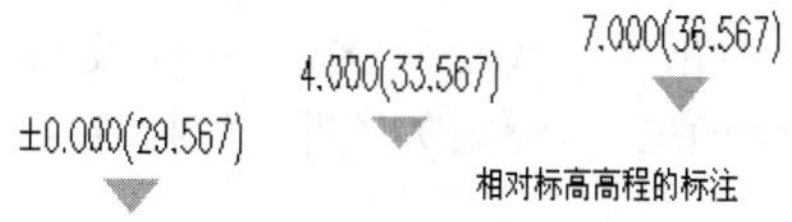

图 12.22　标高的动态复制

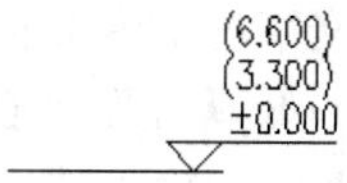

图 12.23　楼层地坪标高的标注

12.6.3　剖面剖切

本命令在图中标注国标规定的剖面剖切符号，它用于定义一个编号的剖面图，表示剖切断面上的构件以及从该处沿视线方向可见的建筑部件，生成剖面中要依赖此符号定义剖切方向。

菜单命令：符号标注→剖面剖切（PMPQ）

图标菜单：

点取命令后，命令行提示：

请输入剖切编号<1>: 键入编号后回车；

点取第一个剖切点<退出>: 给出第一点 P1;

点取第二个剖切点<退出>: 沿剖线给出第二点 P2;

点取下一个剖切点<结束>: 给出转折点 P3;

点取下一个剖切点<结束>: 给出结束点 P4;

点取下一个剖切点<结束>: 回车表示结束;

点取剖视方向<当前>: 给点 P5 表示剖视方向。

标注完成后，拖动不同夹点即可改变剖面符号的位置以及改变剖切方向。

图 12.24 所示是按上面的【剖面剖切】命令交互，创建的阶梯剖切符号。

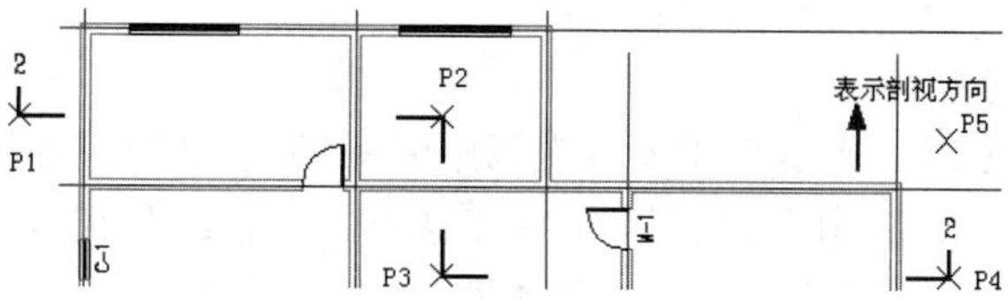

图 12.24　剖面剖切符号实例

12.6.4　画指北针

本命令在图上绘制一个国标规定的指北针符号，从插入点到橡皮线的终点定义为指北针的方向，这个方向在坐标标注时起指示北向坐标的作用。

菜单命令：符号标注→画指北针（HZBZ）

图标菜单：

点取命令后，命令行提示：

指北针位置<退出>:　点取指北针的插入点;

指北针方向<90.0>:　拖动光标或键入角度定义指北针方向，X 正向为 0。

画出如图 12.25 所示的指北针对象，其中文字“北”总是与当前 UCS 上方对齐，但它是独立的文字对象，编辑时不会自动处理与符号的关系。

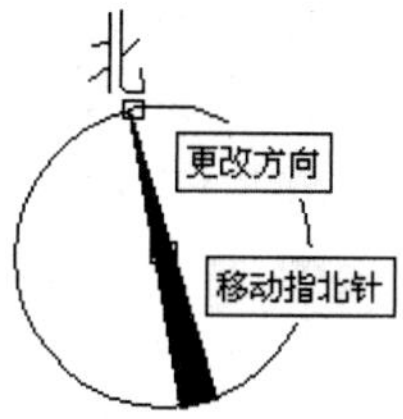

图 12.25　指北针对象

本章小结

1．本章介绍天正文字，天正在其系列软件中提供了自定义的文字对象，有效地改善了中西文字混合注写的效果，提供了上下标和工程字符的输入。

2．天正文字工具，包括文字样式定义以及单行文字、多行文字等注写命令，以及中国特色的简繁体转换命令、文字替换命令等工具。

3．新修改天正文字增加专业词库与加圈文字功能，提供北方地区 88J1-X1（2000 版）的作法标注。

4．天正 TArch 7/8 新开发了自定义文字对象，可方便地书写和修改中西文混排文字，方便地输入和变换文字的上下标，输入特殊字符，增加统一字高命令。

5．本章后面讲授标注内容，天正软件提供了专用于建筑工程设计的尺寸标注对象，主要介绍了天正尺寸标注的夹点行为和对象特点，除了默认的毫米单位外，可切换到米单位标注。

6．尺寸标注的创建：天正尺寸标注可针对图上的门窗、墙体对象的特点进行门窗墙体标注，也可以按几何特征对直线、角度、弧长标注，可把 AutoCAD 标注转化为天正尺寸标注。

7．尺寸标注的编辑：介绍了针对天正尺寸标注的各种专门的尺寸编辑命令，除了在屏幕菜单点取外，主要通过选取尺寸对象后在右键快捷菜单执行。

8．符号标注的概念：按照国标规定的建筑工程符号画法，天正提供了自定义符号标注对象可方便地绘制剖切号、指北针、箭头、详图符号、引出标注等工程符号，修改极其方便。

9．坐标与标高符号：针对总图制图规范的要求，天正提供了符合规范的坐标标注和标高标注符号，适用于各种坐标系下对米单位和毫米单位的总图平面图进行标注。

10．工程符号标注：创建天正符号标注绝非是简单地插入符号图块，而是在图上添加了代表建筑工程专业含义的图形符号对象，平面图的剖面符号可用于立面和剖面工程图生成。

11．天正软件提供先进的门窗和尺寸标注的智能联动功能，门窗尺寸发生变化后，对应的线性尺寸自动更新。

12．天正 TArch 7/8 专门针对建筑行业图纸的尺寸标注开发了自定义尺寸标注对象，轴号、尺寸标注、符号标注、文字都使用对建筑绘图最方便的自定义对象进行操作，取代了传统的尺寸、文字对象。按照国家建筑制图规范的标注要求，天正对 AutoCAD 的专用夹点提供了前所未有的灵活修改手段。由于自定义尺寸标注对象专门为建筑行业设计，在使用方便的同时又简化了标注对象的结构，节省了内存，减少了命令的数目。

13．在专业符号的标注中，TArch 7/8 按照规范中制图图例所需要的符号创建了自定义的符号对象，各自带有专业夹点，内含比例信息自动符合出图要求，需要编辑时，夹点拖动的行为完全符合设计规范的规定。自定义符号对象的引入完善地解决了 AutoCAD 符号标注规范化、专业化的问题。

练习题

1．针对本章文字表格内容，对照教材上机验证，尤其是单行文字、多行文字内容，几乎每张建筑图纸中都得用上。

2．试新建表格，在编辑栏输入文字。

3．对前面几章练习图加注文字说明。

4．针对本章尺寸标注、标注编辑、符号标注等内容，对照教材上机验证。

5．对本章小结进行整理，逐条验证并归纳出自己的总结。

6．在前几章的练习图标注相应尺寸，标注相应符号。

7．在前几章的练习图底层中加上指北针。

8．作出下面的花园洋房平面图，自己加注文字说明。

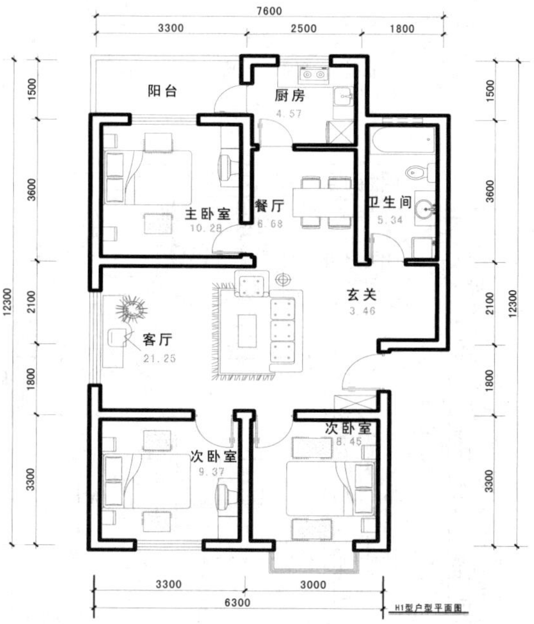

9．对于下面的建筑图，分别是 A、B、C、D 型的住宅图，请读者先看看其结构特点，再拟定解决方法，确定作图的步骤，最后完成下面的建筑图，这里只给出了标准层，底层和顶层可参照标准层设计出来，充分发挥你的设计理念，提倡创新，其数据也可调整修改。

10．完成下面的 A、B、C、D 型住宅图的立面剖面图，加注文字说明，加表格。

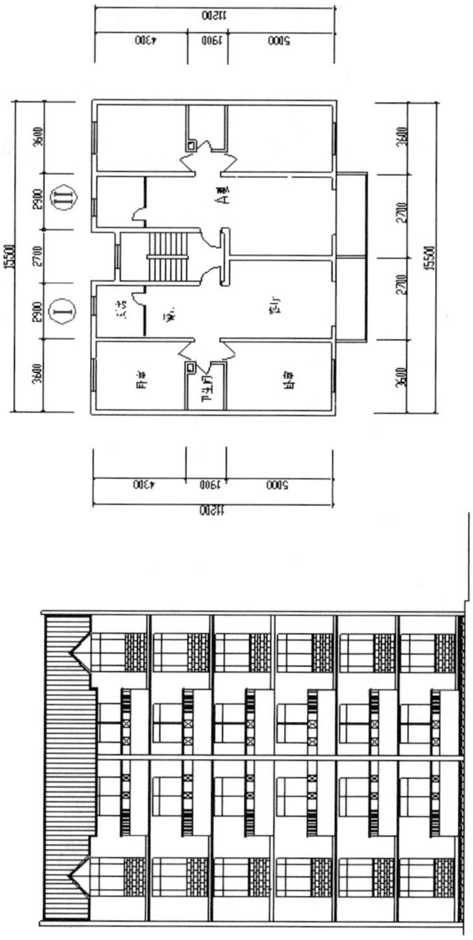

A 型住宅图

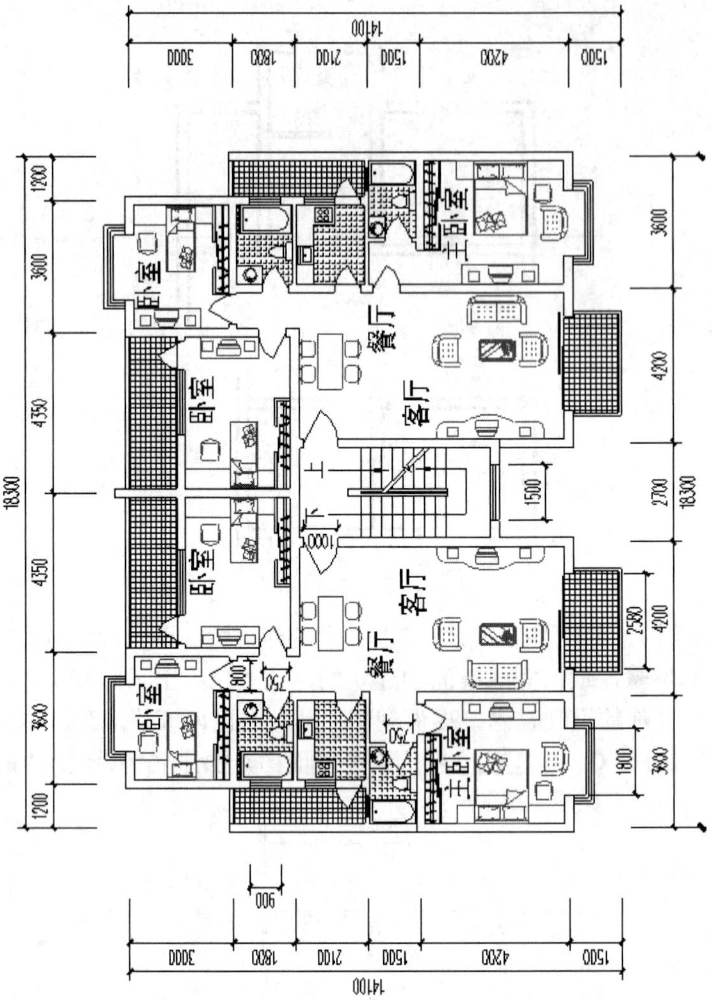
14100
3000
1800
2100
1500
4200
1500
1200
3600
4350
4350
3600
1200
18300
2700
4200
2580
1800
1500
1000
800
750
900
卧室
主卧室
餐厅
客厅
上
下

B 型住宅图

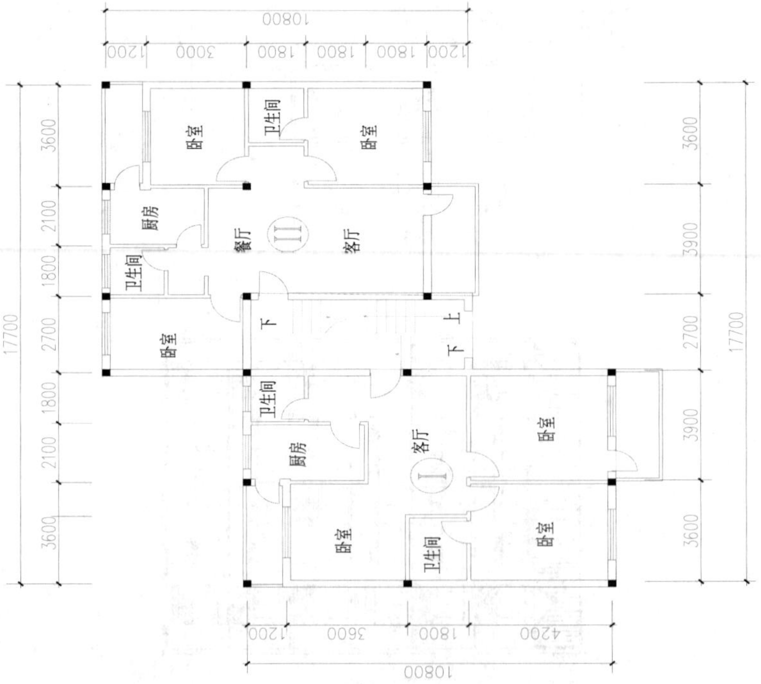
10800
1200
3000
1800
3600
2100
2700
3900
4200
17700
卧室
卫生间
厨房
餐厅
客厅
上
下
II
I

C 型住宅图

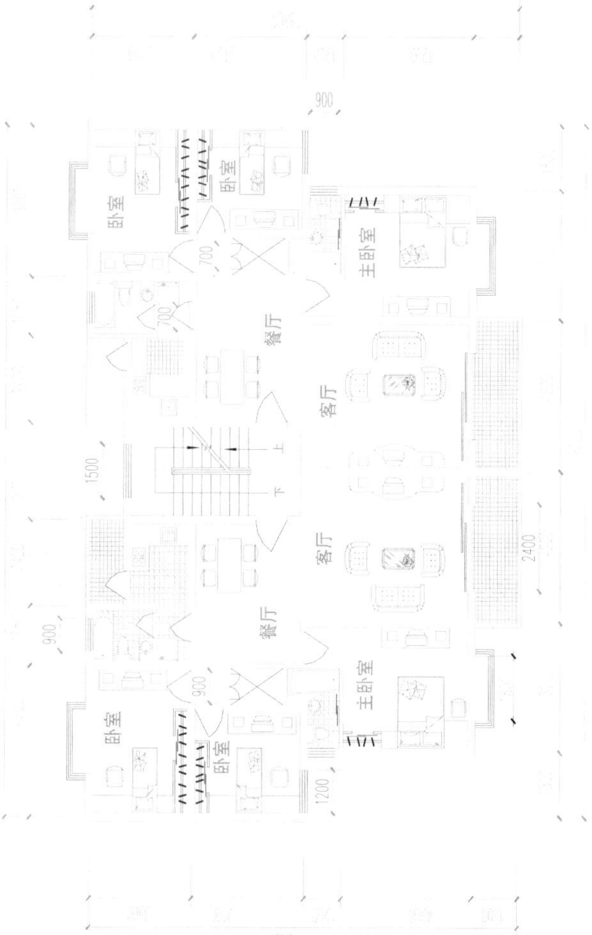

D 型住宅图

第 13 章

文件与布图

本章要点

- 天正工程管理
- 图纸布局
- 图纸布局命令
- 格式转换导出
- 图形转换工具
- 图形转换工具

13.1 天正工程管理

TArch 7/8 引入工程管理的目的是希望能灵活地管理同属于一个工程的图纸文件，在 AutoCAD 中也有图纸集管理方式，但是 AutoCAD 的图纸集必须基于 AutoCAD 2005 以上版本的平台，而且还要求用户的图纸一定基于图纸空间的命名视图来组织，这两个要求是很多用户无法接受的，他们不一定能升级到 2005 以上版本，也不一定都愿意使用图纸空间。而天正提供了实用的工程管理也使用了图纸集的概念，但天正图纸集可适用于 AutoCAD 2000 以上的任何版本，不局限于最新版本，也可以适用于模型空间和图纸空间，满足了国内用户的使用习惯和所拥有的 AutoCAD 平台版本的实际状况。

13.1.1 天正工程管理的概念

在实际工程中，我们一般是把属于一个工程的文件放在同一个文件夹下面，而根据工程的复杂程度，有时还可能有子目录，也可能有多重子目录，这也是高效工作的前提条件。

天正工程管理也是把用户所设计的大量图形文件按“工程”或者说“项目”区别开来，首先要求用户把同属于一个工程的文件放在同一个文件夹下进行管理，这当然是符合用户日常工作习惯的。

工程管理并不是要求用户的平面图必须一个楼层平面按一个 DWG 文件保存，TArch 7/8 允许用户使用一个 DWG 文件保存多个楼层平面，旧版本总是强调每一个楼层平面分别保存一个 DWG 文件，新版本比旧版本的要求更宽松。TArch 7/8 的【工程管理】命令可以接受一部分楼层平面在一个 DWG 文件，而另一些楼层在其他 DWG 文件这样的情况，图 13.1 所示为某项工程的图纸集示意图，其中一层和二层平面图都保存在一个 DWG 文件，而其他平面 C 和 D 保存在各自的 DWG 文件中，通过工程管理创建立面图 E 以及其他图形的概念。

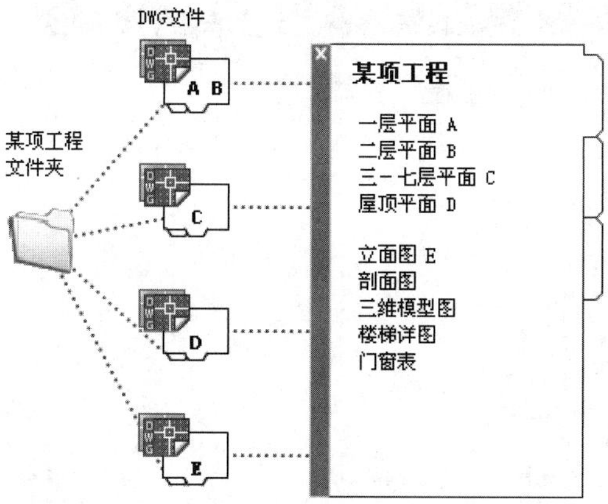

图 13.1　工程管理示意图

13.1.2　工程管理

本命令启动 TArch 7/8 工程管理界面的展开与收缩状态，如图 13.2 所示，在其中建立由各楼层平面图组成的楼层表，在界面上方提供了创建立面、剖面、三维模型等图形的工具栏图标。

菜单命令：文件布图→工程管理（GCGL）

图标菜单：

点取菜单命令或按 Ctrl+~组合键均可启动工程管理界面，再次执行可关闭该界面，并可设置为“自动隐藏”，仅显示一个共用的标题栏，光标进入标题栏中的工程管理区域时，界面会自动展开。

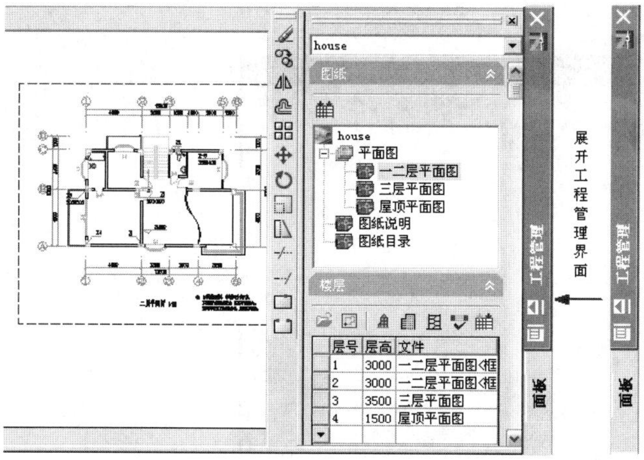

图 13.2　工程管理界面

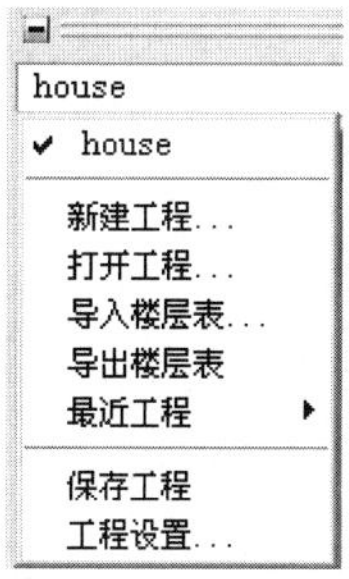

图 13.3　工程管理菜单

单击界面上方的下拉列表，打开“工程管理”菜单，选择工程管理命令，如图 13.3 所示，其中“工程设置”暂时未使用。

楼层表是使用工程管理中的“楼层表”功能创建的，为保证与天正建筑 5～6.5 版本兼容，软件提供了【导入楼层表】与【导出楼层表】命令。

13.1.3　新建工程

本命令为当前图形建立一个新的工程，并要求用户为工程命名。

菜单命令：文件布图→工程管理→新建工程

点取命令后，显示“另存为”对话框，如图 13.4 所示。

在其中选取保存该工程 DWG 文件的文件夹作为路径，键入新工程名称。

单击“保存”按钮把新建工程保存为“工程名称.tpr”文件。

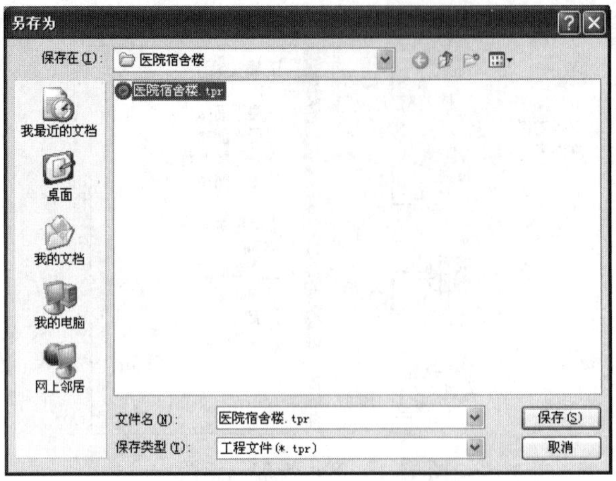

图 13.4 “另存为”对话框

13.1.4 打开工程

本命令打开已有工程，在图纸集中的树形列表中列出本工程的名称与该工程所属的图形文件名称，在楼层表中列出本工程的楼层定义。

菜单命令：文件布图→工程管理→打开工程

点取命令后，显示“打开”对话框，如图 13.5 所示。

在对话框中浏览要打开的工程文件（*.tpr），单击“打开”按钮，打开该工程文件。

打开最近工程：单击“工程名称”下拉列表，选择“最近工程”，可以看到最近打开过的工程列表，单击其中一个工程即可打开。

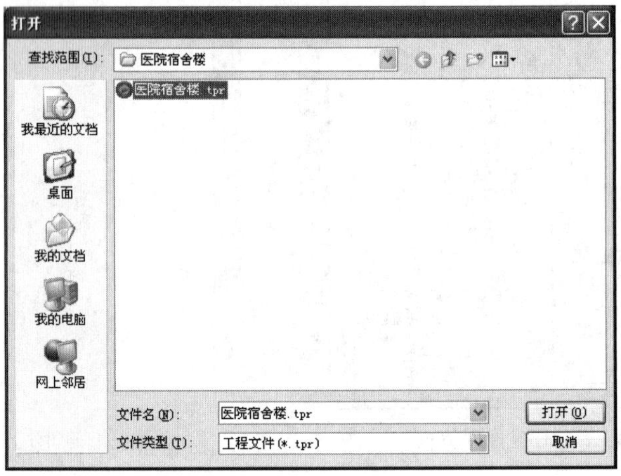

图 13.5 打开工程对话框

13.1.5 导入楼层表

本命令用于把已有楼层表的 TArch 5～6 版本工程升级为 TArch 7/8 的工程，命令要求该工程的文件夹下要存在 building.dbf 楼层表文件，否则会显示“没有发现楼层表”的警告框。命令应在【新建工程】后执行，没有交互过程，结果自动导入 TArch 5～6 版本创建的楼层表数据，自动创建天正图纸集与楼层表。

13.1.6 导出楼层表

本命令纯粹为保证图纸交流设计，用于把 TArch 7/8 的工程转到 TArch 6 下完成时才会需要，执行结果在 tpr 文件所在文件夹创建一个 building.dbf 楼层表文件。

注意

当本工程存在一个 DWG 下保存多个楼层平面的局部楼层，会显示“导出楼层表失败”的提示，因为此时无法做到与旧版本兼容。

13.1.7 保存工程

工程在关闭设计文件时能自动保存，但当文件特别大，存在有风险操作的时候可用此命令提前保存工程数据。

建议读者在建好一项新工程后，随时进行保存，以备后用。工程文件为 *.tpr，忘记了可以搜索出来。

13.1.8 图纸集

图纸集是用于管理属于工程的各个图形文件的，以树状列表添加图纸文件创建图纸集，它以右键菜单以及双击、拖动文件名等方式操作。

打开已有图纸：在图纸集下列出了当前工程打开的图纸，双击图纸文件名即可打开。

调整图纸位置：拖放树状列表中的类别或文件图标可以改变其在列表中的位置。

★ 图纸集右键菜单命令的说明

[添加图纸]：可以为当前的类别或工程下添加图纸文件，从硬盘中选取已有 DWG 文件或者建立新图纸（双击该图纸时才新建 DWG 文件）。

[添加类别]：可以为当前的工程添加新类别，如添加“门窗详图”类别。

[添加子类别]：在当前类别下一层添加子类别，如在“平面图”类别下添加“平面 0511 修订”类别。

[收拢]：把当前光标选取位置下的下层目录树结构收起来，单击+号重新展开。

[重命名]：把当前光标选取位置的类别或文件重新命名。

[移除]：把当前光标选取位置的类别或文件从树状目录中移除，但不删除文件。

标题上的图标为【图纸目录】命令，用于创建基于本工程图纸集的图纸目录。

13.1.9 楼层表

在 TArch 7 中，以楼层表中的图标命令控制属于同一工程中的各个标准层平面图，允许不同的标准层存放于一个图形文件下，通过如图 13.6 所示的框选标准层按钮，在本图上框选标准层的区域范围，具体命令的使用详见立面、剖面等命令；注意地下层层号用负值表示，如地下一层层号为-1，地下二层为-2。

楼层表功能包括楼层表与工具命令两大类，操作界面如图 13.6 所示。

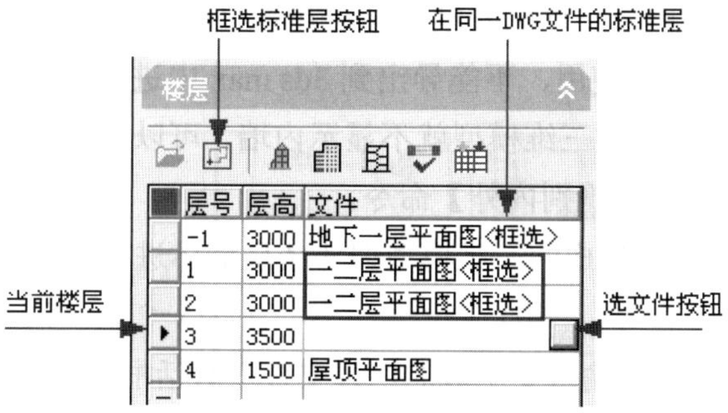

图 13.6 楼层表操作界面示意图

（3）在 DWG 不同区域重复执行步骤（1）、（2），改为按 1:3 的比例绘制其他部分。

（4）单击图形下面的“布局”标签，进入图纸空间。

（5）以 AutoCAD【文件】→【页面设置】命令配置好适用的绘图机，在“布局”设置栏中设定打印比例为 1:1，单击“确定”按钮保存参数，删除自动创建的视口。

（6）单击天正菜单【文件布图】→【定义视口】命令，设置图纸空间中的视口，重复执行步骤（6）定义 1:5、1:3 等多个视口。

（7）在图纸空间单击【文件布图】→【插入图框】命令，设置图框比例参数 1：1，单击“确定”按钮插入图框，最后打印出图。

图 13.10 所示为多比例布图的一个实例，各视口边框位于图层 pub_windw，是不可打印图层。

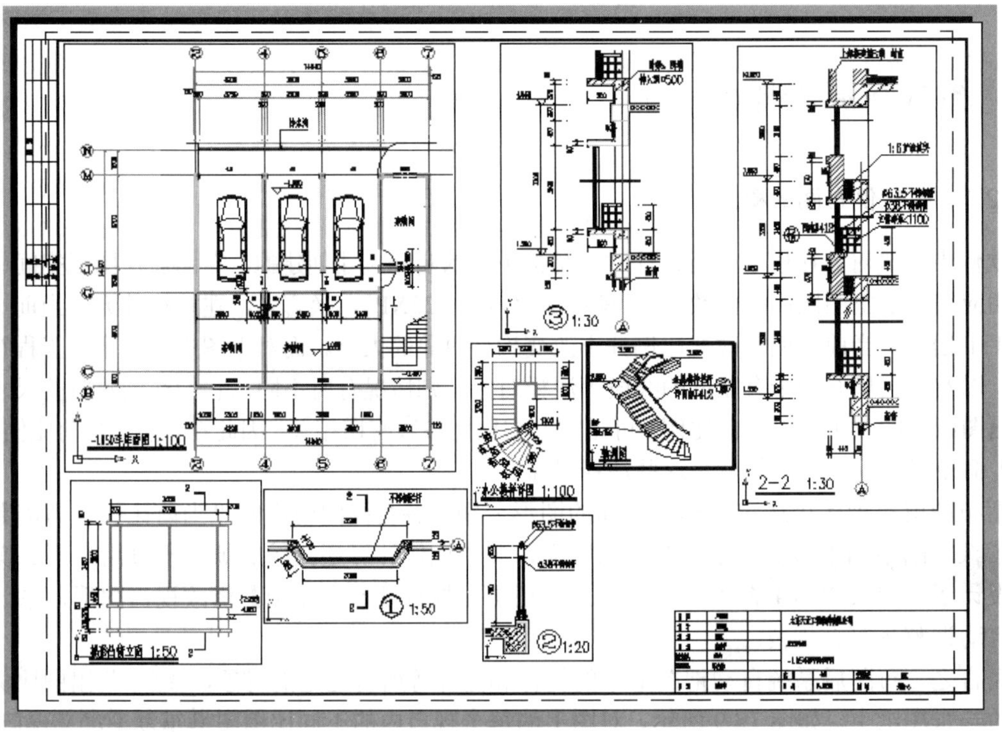

图 13.10　多比例布图实例

13.2.2　单比例布图的概念

在软件中建筑对象在模型空间设计时都是按 1:1 的实际尺寸创建的，当全图只使用一个比例时，不必使用复杂的图纸空间布图，直接在模型空间就可以插入图框出图了。

出图比例就是用户画图前设置的“当前比例”，如果出图比例与画图前的“当前比例”不符，就要用【改变比例】修改图形，要选择图形的注释对象（包括文字、标注、符号等）进行更新。

以下是单比例布图方法：

（1）使用【当前比例】命令设定图形的比例，以 1:200 为例。

（2）按设计要求绘图，对图形进行编辑修改，直到符合出图要求。

（3）单击【文件布图】→【插入图框】命令，按图形比例（如 1:200）设置图框比例参数，单击“确定”按钮插入图框。

（4）以 AutoCAD【文件】→【页面设置管理器】命令配置好适用的绘图仪，在对话框的“布局”设置栏中按图形比例大小设定打印比例（如 1:200）；单击“确定”按钮保存参数，或者打印出图。

单比例布图的实例如图 13.11 所示。

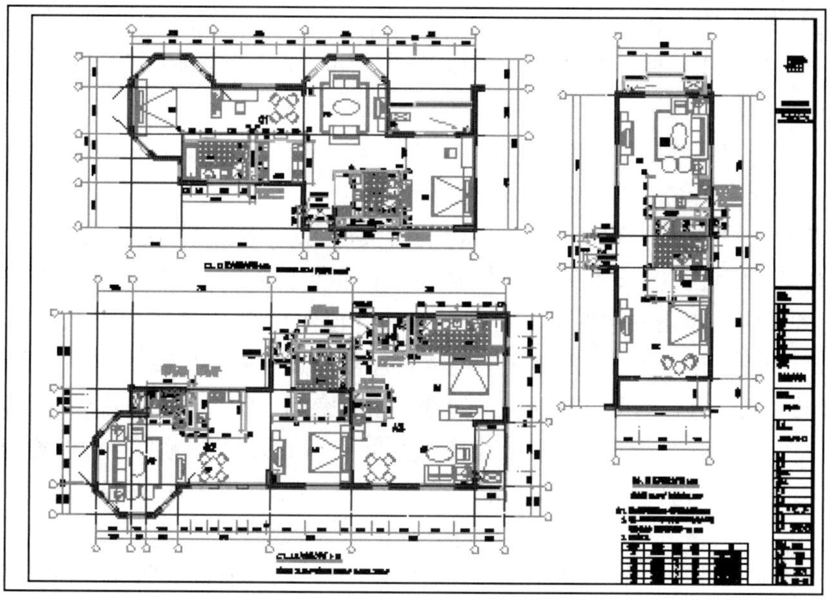

图 13.11　单比例布图实例

13.3　图纸布局命令

13.3.1　插入图框

在当前模型空间或图纸空间插入图框，提供了通长标题栏功能以及图框直接插入功能，在预览图像框提供鼠标滚轮缩放与平移功能，插入图框前按当前参数拖动图框，可用于测试图幅是否合适。图框和标题栏均统一由图框库管理，能使用的标题栏和图框样式不受限制，新的带属性的标题栏支持图纸目录生成。

> **注意**　从 TArch 6.5 版本开始，天正软件系列采用了用户定制方法，以前采用 Label1、Label2 两个 DWG 文件作为标题栏、会签栏的方法已经取消。

菜单命令：文件布图→插入图框（CRTK）

图标菜单：

点取命令后，显示对话框如图 13.12 所示。

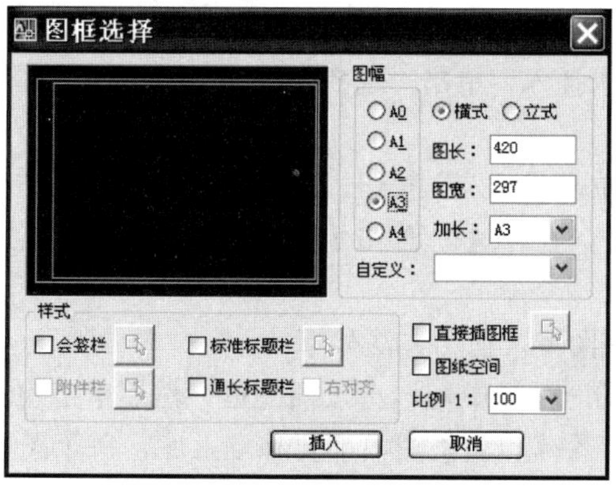

图 13.12　插入预设标准图框

★ **对话框控件的功能说明**

[图幅]：共有 A4～A0 五种标准图幅，单击某一图幅的按钮，就选定了相应的图幅。高校学生平常练习用 A3 图幅较多。

[图长/图宽]：通过键入数字，直接设定图纸的长宽尺寸或显示标准图幅的图长与图宽。

[横式/立式]：选定图纸格式为立式或横式。

[加长]：选定加长型的标准图幅，单击右边的箭头，出现国标加长图幅供选择。

[自定义]：如果使用过在图长和图宽栏中输入的非标准图框尺寸，命令会把此尺寸作为自定义尺寸保存在此下拉列表中，单击右边的箭头可以从中选择已保存的 20 个自定义尺寸。

[比例]：设定图框的出图比例，此数字应与“打印”对话框的“出图比例”一致。此比例也可从列表中选取，如果列表没有，也可直接输入。勾选“图纸空间”后，此控件暗显，比例自动设为 1:1。

[图纸空间]：勾选此项，当前视图切换为图纸空间（布局），“比例”自动设置为 1:1。

[会签栏]：勾选此项，允许在图框左上角加入会签栏，单击右边的按钮从图框库中可选取预先入库的会签栏。

[标准标题栏]：勾选此项，允许在图框右下角加入国标样式的标题栏，单击右边的按钮从图框库中可选取预先入库的标题栏。

[通长标题栏]：勾选此项，允许在图框右方或者下方加入用户自定义样式的标题栏，单击右边的按钮从图框库中可选取预先入库的标题栏，命令自动从用户所选中的标题栏尺寸判断插入的是竖向或是横向的标题栏，采取合理的插入方式并添加通栏线。

[右对齐]：图框在下方插入横向通长标题栏时，勾选“右对齐”时可使得标题栏右对齐，左边插入附件。

[附件栏]：勾选“通长标题栏”后，“附件栏”可选，勾选“附件栏”后，允许图框一端加入附件栏，单击右边的按钮从图框库中可选取预先入库的附件栏，可以是设计单位徽标或者是会签栏。

[直接插图框]：勾选此项，允许在当前图形中直接插入带有标题栏与会签栏的完整图框，而不必选择图幅尺寸和图纸格式，单击右边的按钮从图框库中可选取预先入库的完整图框。

★ **图框的插入方法与特点**

由图库中选取预设的标题栏和会签栏，实时组成图框插入，使用方法如下：

（1）可在如图 13.12 所示对话框的图幅栏中先选定所需的图幅格式是横式还是立式，然后选择图幅尺寸是 A4～A0 中的某个尺寸，需加长时从加长中选取相应的加长型图幅，如果是非标准尺寸，在图长和图宽栏内键入。

（2）图纸空间下插入时勾选该项，模型空间下插入则选择出图比例，再确定是否需要标题栏、会签栏，是标准标题栏还是使用通长标题栏。

（3）如果选择了通长标题栏，单击选择按钮后，进入图框库选择按水平图签还是竖直图签格式布置。

（4）如果还有附件栏要求插入，单击“选择”按钮后，进入图框库选择合适的附件，是插入院徽还是插入其他附件。

（5）确定所有选项后，单击“插入”按钮，屏幕上出现一个可拖动的蓝色图框，移动光标拖动图框，看尺寸和位置是否合适，在合适位置取点插入图框，如果图幅尺寸或者方向不合适，右键回车返回对话框，重新选择参数。

直接插入事先入库的完整图框，使用方法如下：

（1）在如图 13.13 所示的对话框中勾选直接插图框，然后单击勾选框右侧按钮，进入图框库选择完整的图框，其中每个标准图幅和加长图幅都要独立入库，每个图框都是带有标题栏和会签栏、院徽等附件的完整图框。

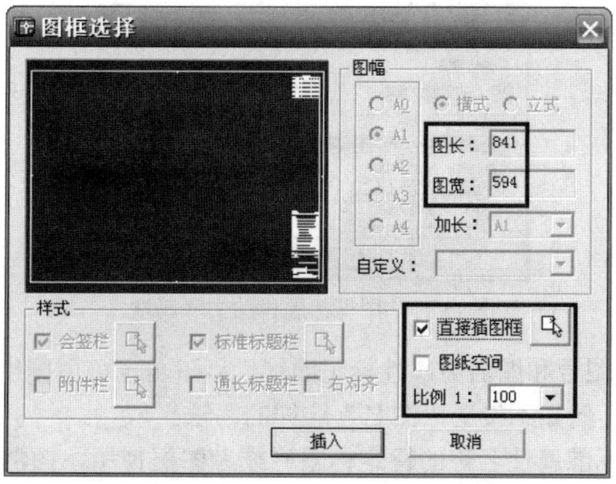

图 13.13　直接插入事先入库的图框

（2）图纸空间下插入时勾选直接插图框，模型空间下插入则选择比例。

（3）确定所有选项后，单击“插入”按钮，其他与前面叙述相同。

单击插入按钮后，如当前为模型空间，基点为图框中点，拖动图框的同时命令行提示：

请点取插入位置<返回>: 点取图框位置即可插入图框（如图 13.14 所示）。

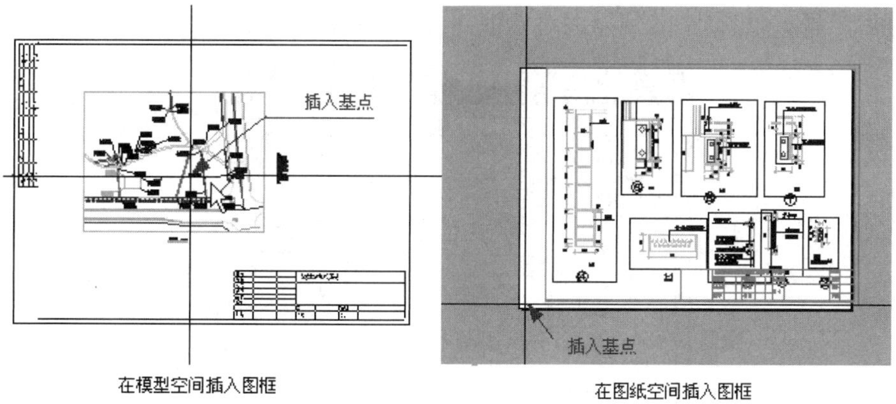

图 13.14　图框在不同空间插入

在图纸空间插入图框的特点如下：

在图纸空间中插入图框与模型空间的区别主要是，在模型空间中图框插入基点居中拖动套入已经绘制的图形，而一旦在对话框中勾选“图纸空间”，绘图区立刻切换到图纸空间布局 1，图框的插入基点则自动定为左下角，默认插入点为（0，0），提示为：

请点取插入位置[原点（Z）]<返回>Z: 点取图框插入点即可在其他位置插入图框。

键入 Z 默认插入点为（0,0），回车返回重新更改参数。

预览图像框提供鼠标滚轮和中键的支持，可以放大和平移在其中显示的图框，可以清楚地看到所插入的标题栏的详细内容。

13.3.2　图纸目录

图纸目录自动生成功能按照国标图集 04J801《民用建筑工程建筑施工图设计深度图样》4.3.2 条文的要求，参考图纸目录实例和一些甲级设计院的图框编制。

本命令的执行对图框有下列要求：

（1）图框的图层名与当前图层标准中的名称一致（默认是 PUB_TITLE）。

（2）图框必须包括属性块（图框图块或标题栏图块）。

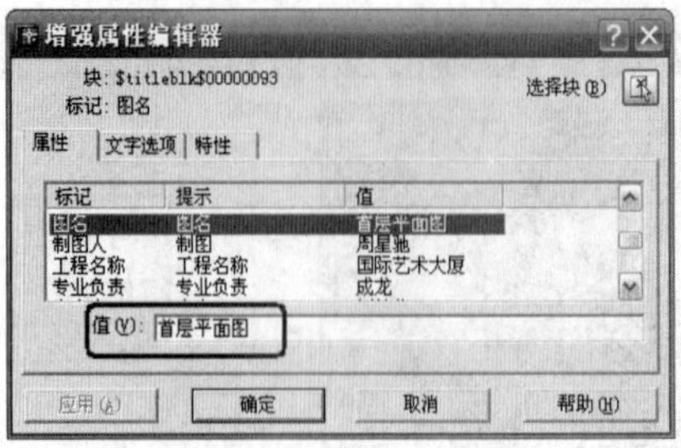

图 13.15　图框标题栏的文字属性

（3）属性块必须有以图号和图名为属性标记的属性，图名也可用图纸名称代替，其中图号和图名字符串中不允许有空格，例如不接受“图名”这样的写法。

本命令要求配合具有标准属性名称的特定标题栏或者图框使用，图框库中的图框横栏提供了符合要求的实例，用户应参照该实例进行图框的用户定制，入库后形成该单位的标准图框库或者标准标题栏，并且在各图上双击标题栏即可将默认内容修改为实际工程内容，如图 13.15 所示。

标题栏修改完成后，即可打开将要插入图纸目录表的图形文件，创建图纸目录的准备工作完成，可从“文件布图”菜单执行本命令，从【工程管理】界面的“图纸”栏有图标也可启动本命令。

菜单命令：文件布图→图纸目录（TZML）

图标菜单：

点取命令后，显示如图 13.16 所示的对话框并自动搜索图纸。

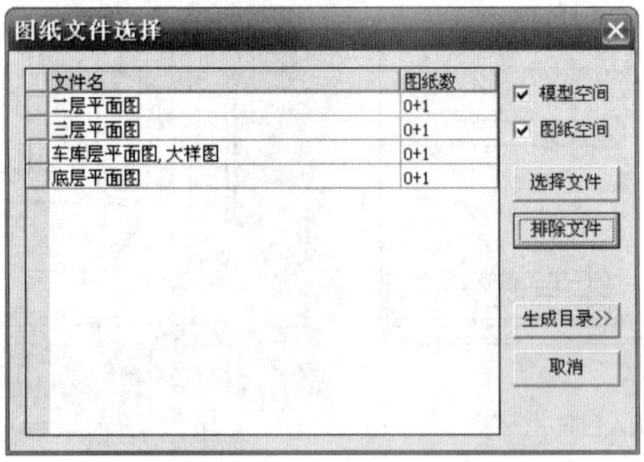

图 13.16　生成图纸目录的图形文件选择

★ 对话框控件的功能说明

[模型空间]：默认勾选表示在已经选择的图形文件中包括模型空间里插入的图框，除选则表示只保留图纸空间图框。

[图纸空间]：默认勾选表示在已经选择的图形文件中包括图纸空间里插入的图框，去除选择则表示只保留模型空间图框。

[选择文件]：进入标准文件对话框，选择要添加入图纸目录列表的图形文件，按<Shift>键可以一次选取多个文件。

[排除文件]：选择要从图纸目录列表中打算排除的文件，按 Shift 键可以一次选取多个文件，单击按钮把这些文件从列表中去除。

[生成目录>>]：执行生成目录命令，进入图纸目录对话框。

命令开始在当前工程的图纸集中搜索图框（图形文件首先应被添加进图纸集），找到一个图框算图纸数量一张，进入对话框后在其中的电子表格中列出来，用户首先要单击“选择文件”，把其他参加生成图纸目录的文件选择进来。

如图 13.16 所示为已经选择 4 个 dwg 文件的情况，按插入图框的数量统计，在一个 dwg 文件里面可以含有多张图纸。

单击“生成目录>>”按钮，即可生成图纸目录，同时进入“图纸目录”对话框，如图 13.17 所示。

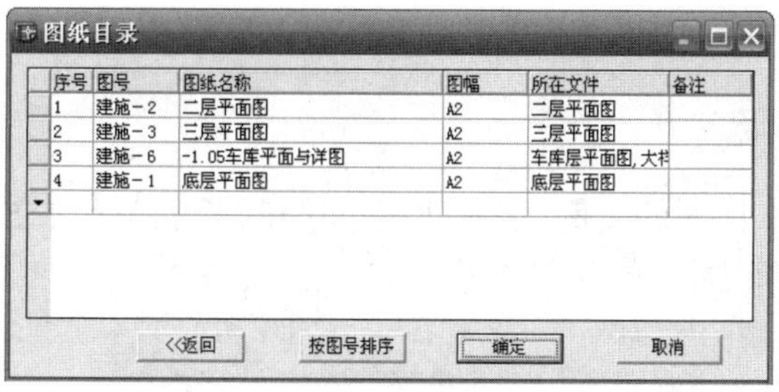

图 13.17　生成的图纸目录

其中显示图纸所在文件位置供用户参考，该栏目不打印输出，图幅由程序搜索获得，用户根据情况修改。图纸名称列的文字如果有分号“；”表示该图纸有图名和扩展图名，在输出表格时起到换行的作用。

★ 对话框控件的功能说明

[返回]：返回到图纸选择对话框重新选择图形文件。

[按图号排序]：在图号修改后，单击此按钮对图号重新排序。

[确定]：单击后输出图纸目录表格。

在对话框中用户可以进行栏目内容添加修改，拖动电子表格界面修改各栏宽度，选择行右击出现行编辑快捷菜单，单击“确定”按钮后输出的实例如图 13.18 所示。

图纸目录				
序号	图号	图纸名称	图幅	备注
1	建初-1	首层平面图	A3	
2	建初-2	二层平面图	A3	
3	建初-3	立面和剖面图	A3	
4	建初-4	屋顶平面图	A3	

图 13.18　图纸目录生成实例

实际工程中，一个项目的一个专业图纸有几十张以上，生成的图纸目录会很长，为了便于布图，用户可以使用【表格拆分】命令把图纸目录拆分成多个表格。

注意

在工程范例目录 Sample 中有两个实例使用了图纸目录功能：①家装工程；②商住楼施工；有兴趣的用户请打开这两个实例的 dwg 文件，学习本命令以及相关的插入图框命令的使用。

13.3.3　定义视口

本命令将模型空间的指定区域的图形以给定的比例布置到图纸空间，创建多比例布图的视口。

菜单命令：文件布图→定义视口（DYSK）

图标菜单：

点取命令后，如果当前空间为图纸空间，会切换到模型空间，同时命令行提示：

请给出图形视口的第一点<退出>：点取视口的第一点。

（1）如果采取先绘图后布图。在模型空间中围绕图形范围的矩形外取一点，命令行接着显示：

第二点<退出>：　点取外包矩形对角点作为第二点把图形套入，命令行提示：

该视口的比例 1:<100>：键入视口的比例，系统切换到图纸空间

请点取该视口要放的位置<退出>：　点取视口的位置，将其布置到图纸空间中。

（2）如果采取先布图后绘图，在模型空间中框定一空白区域选定视口后，将其布置到图纸空间中。此比例要与即将绘制的图形的比例一致。

可一次建立比例不同的多个视口，用户可以分别进入到每个视口中，使用天正的命令进行绘图和编辑工作。

★ 定义视口工程实例

图 13.19 所示是一个装修详图的实例，在模型空间绘制了 1:3 和 1:5 的不同比例图形，通过【定义视口】命令插入到图纸空间中。

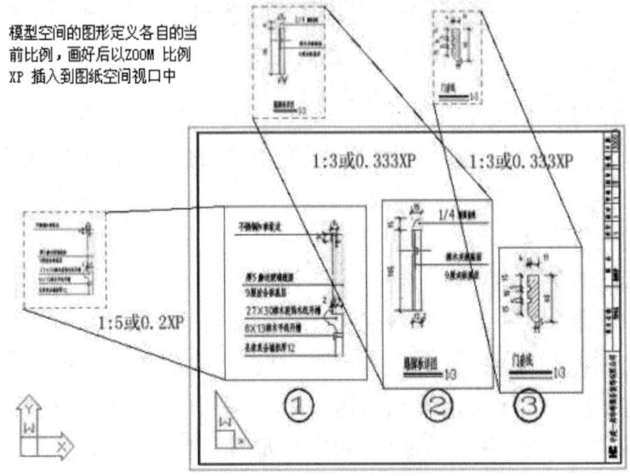

图 13.19　定义视口示意图

13.3.4　视口放大

本命令把当前工作区从图纸空间切换到模型空间，并提示选择视口按中心位置放大到全屏，如果原来某一视口已被激活，则不出现提示，直接放大该视口到全屏。

菜单命令：文件布图→视口放大（SKFD）

图标菜单： 

点取命令后，命令行提示：

请点取要放大的视口<退出>:　点取要放大视口的边界。

此时工作区回到模型空间，并将此视口内的模型放大到全屏，同时“当前比例”改为该视口的比例。

13.3.5　改变比例

【改变比例】命令改变模型空间中指定范围内图形的出图比例，包括视口本身的比例，如果修改成功，会自动作为新的当前比例；命令可以在模型空间使用，也可以在图纸空间使用，执行后建筑对象大小不会变化，但包括工程符号的大小、尺寸和文字的字高等注释相关对象的大小会发生变化。

本命令除了在菜单执行外，还可单击状态栏左下角的“比例”按钮执行，此时请先选择要改变比例的对象，再单击该按钮，设置要改变的比例，如图 13.20 所示。

如果在模型空间使用本命令，可更改某一部分图形的出图比例；如果图形已经布置到图纸空间，但需要改变布图比例，可在图纸空间执行【改变比例】，命令交互见如下菜单命令所述，由于视口比例发生了变化，最后的布局视口大小是不同的。

菜单命令：文件布图→改变比例（GBBL）

图标菜单： 

点取命令后，命令行提示：

选择要改变比例的视口：点取图上要修改比例的视口；

请输入新的出图比例<50>:100 从视口取得比例作默认值，键入 100 回车。

此时视口尺寸缩小约一倍，接着命令行提示：

请选择要改变比例的图元：　从视口中以两对角点选择范围，回车结束后各注释相关对象的大小会发生变化。

此时连轴网与工程符号的位置会有变化，请拖动视口大小或者进入模型空间拖动轴号等对象修改布图，经过比例修改后的图形在布局中大小有明显改变，但是维持了注释相关对象的大小相等，从图 13.20 中可见轴号、详图号、尺寸文字字高等都是一致的，符合国家《建筑制图统一标准》的要求。

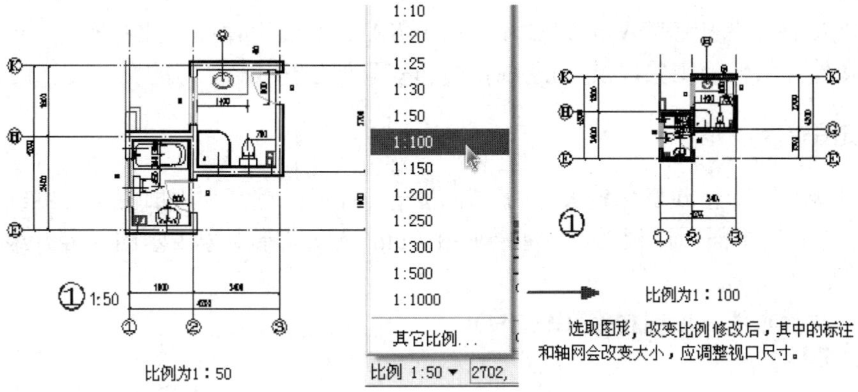

图 13.20　改变比例的实例

13.3.6　布局旋转

本命令把要旋转布置的图形进行特殊旋转，以方便布置竖向的图框。

菜单命令：文件布图→布局旋转（BJXZ）

图标菜单：

点取命令后，命令行提示：

选择对象：选择要旋转的某一图形区域；

旋转基点<退出>：一般在该区域内取中心点；

布局转角<0.0>:90　输入旋转角度。

为了出图方便，可以在一个大幅面的图纸上布置多个图框，这时就可能要求要把一些图框旋转 90°，以便更好地利用纸张。这要求把图纸空间的图框、视口以及相应的模型空间内的图形都旋转 90°。

然而用一个命令一下子完成视口的旋转是有潜在问题的，由于在图纸空间旋转某个视口的内容，无法预知其结果是否将导致与其他视口内的内容发生碰撞，因此【布局旋转】设计为在模型空间使用。本命令是把要求做布局旋转的部分图形先旋转好，然后删除原有视口，重新布置到图纸空间。

本命令与 AutoCAD 的 Rotate（旋转）命令的区别在于注释相关对象的处理，默认这些对象都是按水平视向显示的，如使用 AutoCAD 的旋转命令，这些对象依然维持默认水平视向，但使用【布局旋转】命令后除了旋转图形外，还专门设置了新的图纸观察方向，强制旋转注释相关对象，获得预期的效果。两种旋转命令的对比实例如图 13.21 所示。

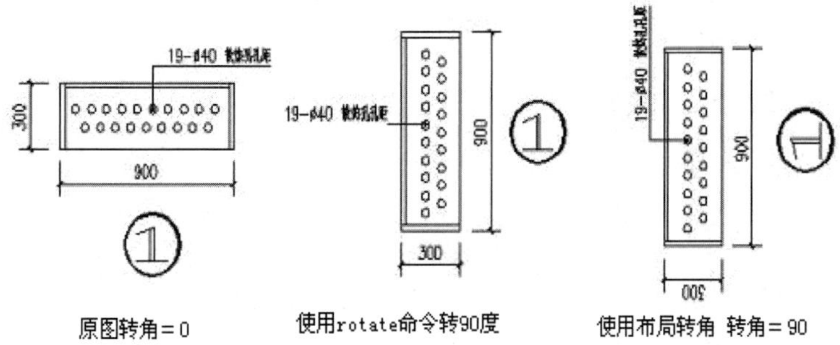

图 13.21　布局旋转的应用

13.4　格式转换导出

使用带有专业对象技术的建筑软件不可避免地带来了建筑对象兼容问题，非对象技术的 TArch 3 版本是不能打开天正高版本软件创建的文件的，低版本 TArch 6 也不能打开高版本 TArch 7/8 的天正对象，没有安装天正插件的纯粹 AutoCAD 不能打开 TArch 5 以上使用专业对象的图形文件，以本节所介绍的多种文件导出转换工具以及天正插件，可以解决这些用户之间的文件交流问题。

13.4.1　旧图转换

由于天正升级后图形格式变化较大，为了用户升级时可以重复利用旧图资源继续设计，本命令用于对 TArch 3 格式的平面图进行转换，将原来用 AutoCAD 图形对象表示的内容升级为新版的自定义专业对象格式。

菜单命令：文件布图→旧图转换（JTZH）

图标菜单：

点取命令后，显示如图 13.22 所示的对话框。

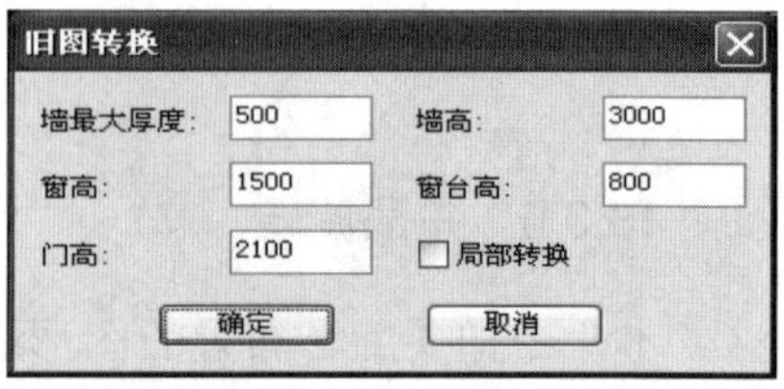

图 13.22　“旧图转换”对话框

在其中可以为当前工程设置统一的三维参数，在转换完成后，对不同的情况再进行对象编辑，如果仅转换图上的部分旧版图形，可以勾选其中的“局部转换”复选框，单击“确定”按钮后只对指定的范围进行转换，适用于转换插入的旧版本图形。

勾选“局部转换”，单击“确定”按钮后，提示为：

选择需要转换的图元<退出>:　选择局部需要转化的图形;

选择需要转换的图元<退出>:　回车结束选择。

完成后还应该对连续的尺寸标注运用“连接尺寸”命令加以连接，否则尽管是天正标注对象，但依然是分段的。

13.4.2　图形导出

本命令将 TArch 7/8 版本的图档导出为天正各版本的 DWG 图或者各专业条件图，如果相关专业使用 TArch 给排水、电气的同版本号软件时，不必进行版本转换，否则应选择导出低版本号，达到与低版本兼容的目的。本命令支持图纸空间布局的导出。

菜单命令：文件布图→图形导出（TXDC）

图标菜单：

点取命令后，显示对话框如图 13.23 所示。

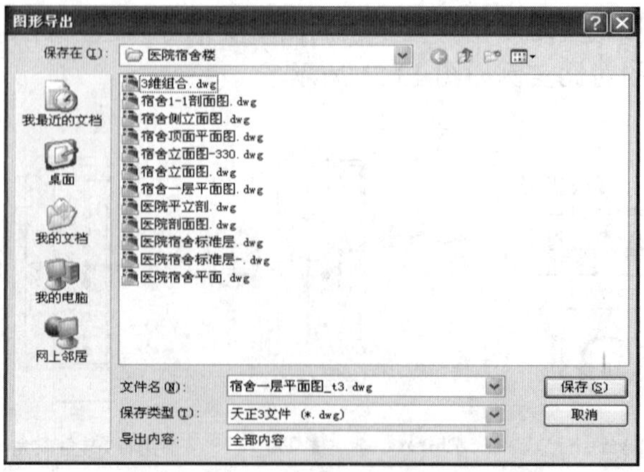

图 13.23　天正“图形导出”对话框

★ **对话框控件的功能说明**

[保存类型]：提供 TArch 3、5、6、7 版本的图形格式转换，其中 TArch 7 版本表示格式不作转换，在文件名加_tX 的后缀（X=3、5、6、7）。

[导出内容]：在下拉列表中选择如下的多个选项，系统按各公用专业要求导出图中的不同内容，如图 13.24 所示。

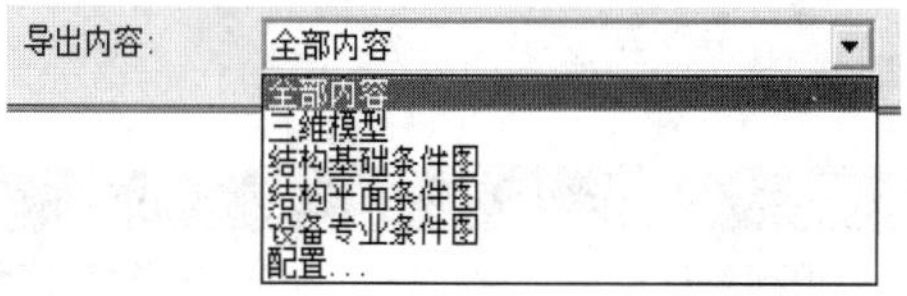

图 13.24　天正图形导出类型

- [全部内容]：一般用于与其他使用天正低版本的建筑师，解决图档交流的兼容问题。
- [三维模型]：不必转到轴测视图，在平面视图下即可导出天正对象构造的三维模型。
- [结构基础条件图]：为结构工程师创建基础条件图，此时门窗洞口被删除，使墙体连续，砖墙可选保留，填充墙删除或者转化为梁，受配置的控制，其他的处理包括删除矮墙、矮柱、尺寸标注、房间对象；混凝土墙保留（门改为洞口），其他内容均保留不变。
- [结构平面条件图]：为结构工程师创建楼层平面图，砖墙可选保留（门改为洞口）或转化为梁，同样也受配置的控制，其他的处理包括删除矮墙、矮柱、尺寸标注、房间对象；混凝土墙保留（门改为洞口），其他内容均保留不变。
- [设备专业条件图]：为暖通、水、电专业创建楼层平面图，隐藏门窗编号，删除门窗标注；其他内容均保留不变。
- [配置]：默认配置是按框架结构转结构平面图设计的，砖墙转为梁，删除填充墙，如果要转基础图请单击“配置”，进入如图 13.25 所示的选项界面进行修改。

图 13.25　天正结构条件图设置

由于 TArch 7 使用的 AutoCAD 2002～2006 即 R15～R16 格式与 TArch 3 所用的 AutoCAD R14 格式不同，在导出时进行了降级存储（当前平台为 R16 则存储为 R15，当前平台为 R15 则存储为 R14），但由于 AutoCAD 2004~2006 无法一次另存为 R14，当需要导出 R14 时还要在 AutoCAD 2002 下再行转换一次。

为了避免麻烦，建议安装一个免费插件 DWGGATEWAY，可以在 AutoCAD 2004~2006 下直接另存到 R14，在另存之前还应先执行天正的【图形导出】命令。

图 13.26 是一个建筑平面图导出为结构基础平面的实例，砖墙门窗已被删除。

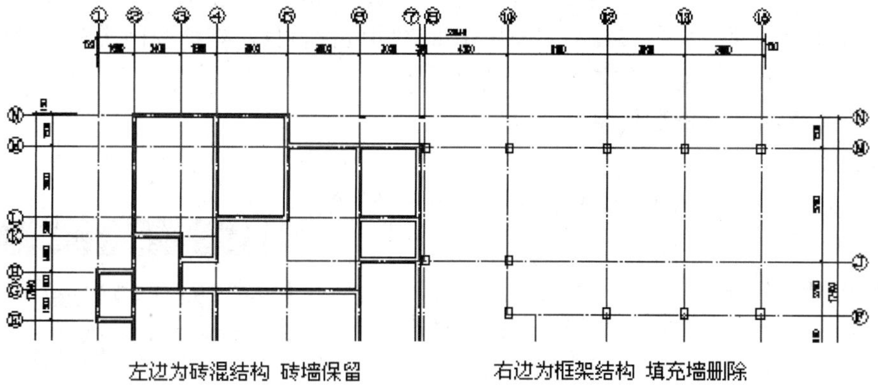

图 13.26　图形导出为结构基础平面图

13.4.3　批量转旧

本命令将当前版本的图档批量转化为天正旧版 DWG 格式，同样支持图纸空间布局的转换，在转换 R14 版本时只转换第一个图纸空间布局。

菜单命令：文件布图→批量转旧（PLZJ）

图标菜单：

点取命令后，显示对话框如图 13.27 所示。

图 13.27　批量转旧版本天正格式文件

在对话框中允许多选文件，单击“打开”按钮继续执行，命令行提示：

请选择输出类型: [TArch6 文件（6）/TArch5 文件（5）/TArch3 文件（3）]<3>:

选择目标文件的版本格式与目标路径，默认为天正 3 格式。

此时系统提示是否在原有文件名后面添加后缀：

请输入文件名后缀，或按 ESC 取消自动后缀<_t3>:　回车默认添加_t3 后缀。

回车后开始进行转换。

13.5　图形转换工具

13.5.1　图层转换

TArch 7/8 可通过外部数据库文件设置多个不同图层的标准，图层转换命令是根据【图层管理】命令定义的图层标准，使当前图形在不同图层标准之间进行转换，本命令比【图层管理】命令操作简单方便，适宜用于需要大量转换文件图层时使用。

菜单命令：文件布图→图层转换（TCZH）

图标菜单：

点取命令后，对话框显示（图为目标图层列表下拉的情况）如图 13.28 所示。

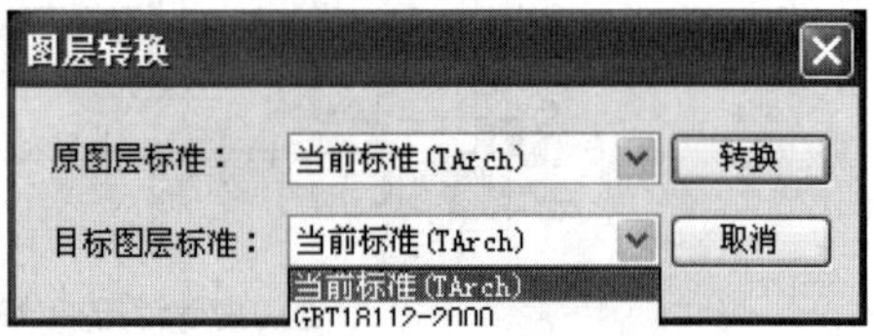

图 13.28　“图层转换”对话框

★ 对话框控件的功能说明

[原图层标准]：还没有转换之前的当前图层标准。

[目标图层标准]：已经在图层管理命令中定义的图层标准。

注意

图层转换命令的转换方法是图层名全名匹配转换，图层标准中的组合用图层名（如 3T_、S_、E_等前缀）是不进行转换的。

13.5.2　图变单色

本命令提供把按图层定义绘制的彩色线框图形临时变为黑白线框图形的功能，适用于为编制印刷文档前对图形进行前处理，由于彩色的线框图形在黑白输出的照排系统中输出时色调偏淡，【图变单色】命令将不同的图层颜色临时统一改为指定的单一颜色，为抓图做好准备。

菜单命令：文件布图→图变单色（TBDS）

图标菜单：

点取命令后，命令行提示：

请输入平面图要变成的颜色/1-红/2-黄/3-绿/4-青/5-蓝/6-粉/7-白/ <7>：回车。

本实例先设置图形背景白色，要把所有图形改为黑色，执行本命令后，用回车响应选 7－白色（白背景下为黑色），图形中所有图层颜色改为黑色，如图 13.29 所示。

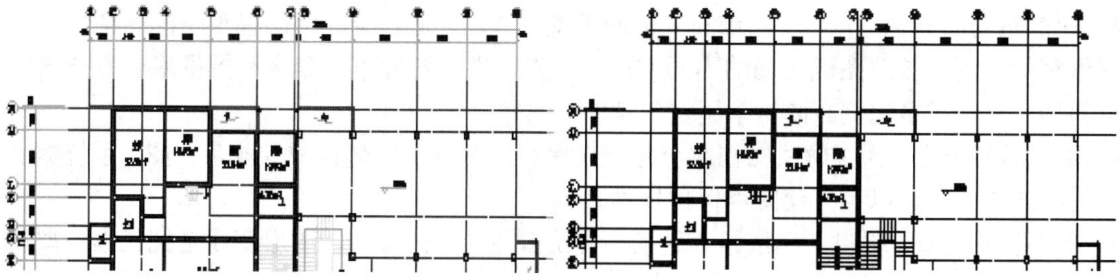

图 13.29　图变单色实例

13.5.3　颜色恢复

本命令将图层颜色恢复为系统默认的颜色，即在当前图层标准中设定的颜色。

菜单命令：文件布图→颜色恢复（YSHF）

图标菜单：

本命令没有人机交互，执行后将图层颜色恢复为系统默认的颜色。

13.5.4　图形变线

本命令把三维的模型投影为二维图形，并另存新图。常用于生成有三维消隐效果的二维线框图，此时应事先在三维视图下并运行 Hide（消隐）命令，效果如图 13.30 所示。

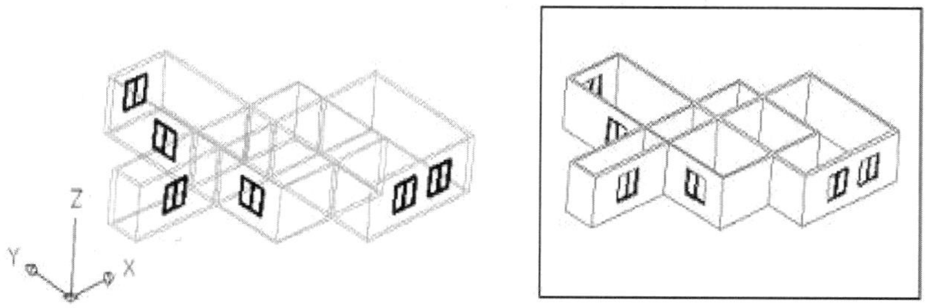

图 13.30　图形变线实例

菜单命令：文件布图→图形变线（TXBX）

点取命令后，显示标准文件对话框。

用户在“输入新生成文件名”对话框中给出文件名称与路径，单击“确定”按钮后提示：

是否进行消除重线？（Y/N）： 若选 Y 则进行消除变换中产生的重合线段。

- 转换后绘图精度将稍有损失，并且弧线在二维中由连接的多个 LINE 线段组成。
- 转换三维消隐图前，请使用右键菜单设置着色模式为“二维线框”，坐标符号如图 13.30 的左图，否则不能消隐三维模型。

本章小结

1．本章内容对初学者相对较难，要认真学习才能掌握。有些读者可能也了解一些 CAD 的知识，但主要在一般学习上，而对于图纸布局等用得少，印象也不深，有学生毕业后还咨询：如何在一张纸上打出不同比例的图等问题。

2．天正工程管理。天正不使用 AutoCAD 的图纸集而自己搞一套工程管理，主要是为了适应国内广大用户的习惯，国内用户不一定都用高版本的 CAD。TArch 7/8 新引入了工程图纸管理的概念，扩充了在一个 DWG 文件下绘制多个平面图的标准层平面管理，可生成三维与立面剖面图形。

3．图纸布局的概念。介绍了图纸布局的两种基本方法：适合单比例的模型空间布图与适合多比例的图纸空间布图，按照图纸布局的不同方法，天正提供了各种布图命令和图框库。方便的图纸布局命令为用户解决了多比例布图这个困扰多年的大问题。

4．格式转换导出。为了解决图档兼容与产权保护问题以及提交各种专业条件图，系统提供了各种不同的格式导出工具以及只读图档保护技术。

5．图形转换工具。提供了图层格式转换与图形颜色转换的命令，图形变线是把三维模型投影为二维图形的有用工具。

6．旧图转换命令能把墙体、门窗、轴号、尺寸、文字等 TArch 3.x 中以基本图元表示的部分建筑图形转化为 TArch 7/8 的自定义建筑对象，但无法将表格、标注符号转化为对应的自定义对象，所以不要滥用新旧版本的转换功能，有同学因学校机房与自己在宿舍计算机上的软件版本不同，在新旧版之间反复转换，必然会丢失部分信息。请一定引起注意。

练习题

1．打开创建好的建筑图，根据本章所讲述的内容，对照教材上机逐一验证，并动脑筋思考，且要有克服困难的勇气。

2．将前几章作的图形通过图形导出为 5 版的图形格式。

3．定制自己实用的图框，将前几章所作图形插入到定制的图框中。

4．打开前几章完成的建筑图，在模型空间插入图框出图。将模型空间中指定区域的图形以给定的比例布置到图纸空间，创建多比例布图的视口。练习在图纸空间布图。

5．试作建筑图形在新旧版本之间的转换，并总结出经验，例如看看哪些版本之间的转换更可靠。

第 14 章

设置与帮助

本章要点

- 自定义参数设置
- 文字样式与尺寸样式
- 图层设置
- 天正帮助信息

14.1 自定义参数设置

TArch 7/8 为用户提供的参数设置功能通过选项、自定义以及高级选项三个命令进行设置。

选项用于设置与全局有关的重要对象和命令的默认参数与行为；自定义用于设置界面的默认操作，如菜单、工具栏、快捷键和在位编辑界面；高级选项用于设置对象各个组成部分的全局参数。

14.1.1 选项

本命令的功能是启动 AutoCAD 的选项（Options）对话框，在其中添加的两个页面中设置天正建筑软件全局相关的参数，其中带图标的参数只与当前的图形有关，没有图标的参数对以后打开或新建的所有图形都生效。

菜单命令：设置→选项（OPTIONS）

图标菜单：

单击“选项”菜单命令后，显示 AutoCAD 选项对话框，从中单击“天正基本设定”选项卡进入基本设定页面（如图 14.1 所示）或者单击“天正加粗填充”选项卡进入加粗填充页面。

天正基本设定包括 4 个参数选择区，下面进行详细解释。

1. 图形设置

“当前比例”：设定新创建的对象所采用的出图比例，同时显示在 AutoCAD 状态条的最左边。天正默认的初始比例为 1:100。本设置对已存在的图形对象的比例没有影响，只被新创建的天正对象所采用。除天正图块外的所有天正对象都具有一个“出图比例”参数，用来控制对象的二维视图，例如图纸上粗线宽度为 0.5mm 的墙线，如果墙对象的比例参数是 200，那么在加粗开关开启的状态下，在模型空间可以测量出：墙线粗＝0.5×200＝100 绘图单位；从状态栏中可以直接设置当前比例。

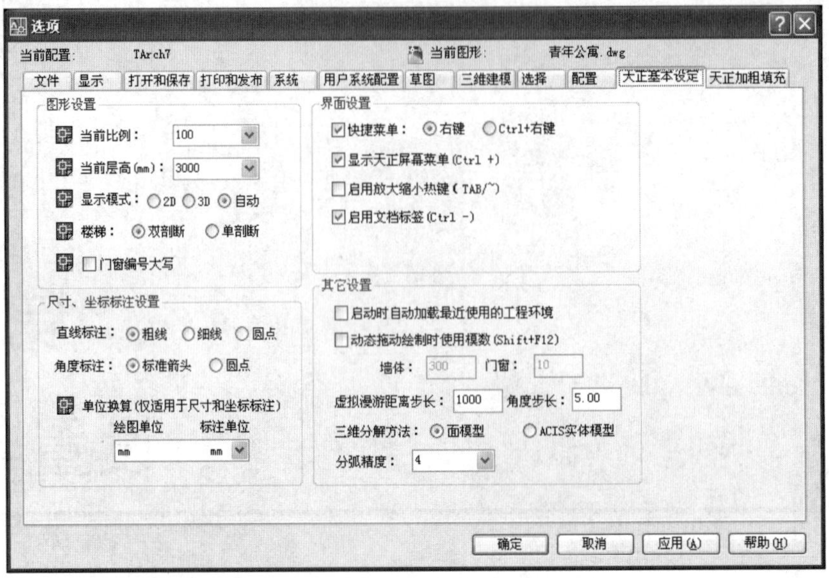

图 14.1　选项中的天正基本设定

注意

TArch7/8 支持以米为单位图形的坐标和尺寸标注，此时 1:1000 要相应调整为 1:1，1:500 调整为 1:0.5，依此类推。

“当前层高”：设定本图的默认层高。本设定不影响已经绘制的墙、柱子和楼梯的高度，只是作为以后生成的墙和柱子的默认高度。用户不要混淆了当前层高、楼层表中的层高和构件高度三个概念。

- 当前层高：仅仅作为新产生的墙、柱和楼梯的高度。
- 楼层表高度：仅仅用在把标准层转换为自然层，并进行叠加时的 Z 向定位用。
- 构件高度：墙柱构件创建后，其高度参数就与其他全局的设置无关，一个楼层中的各构件可以拥有各自独立的不同高度，以适应梯间门窗、错层、跃层等特殊情况需要。

“显示模式”：2D（仅显示天正对象的二维视图）：在二维显示模式下，系统在所有视口中都显示对象的二维视图，而不管该视口的视图方向是平面视图还是轴测视图、透视视图。尽管观察方向是轴测方向，仍然只是显示二维平面图。

- 3D（仅显示天正对象的三维视图）：本功能将当前图的各个视口按照三维的模式进行显示，各个视口内的视图按三维投影规则进行显示。

自动（按视图方向自动判断以二维或三维显示天正对象）：本功能可按该视口的视图方向，系统自动确定显示方式，即平面视图（顶视图）显示二维，其他视图方向显示三维。一般这种方式最方便，可以在一个屏幕内同时观察二维和三维表现效果。由于视图方向、范围的改变导致天正对象重新生成，性能低于“完全二维”和“完全三维”。

“门窗编号大写”：门窗编号统一在图上以大写字母标注，不管原始输入是否包含小写字母。

“楼梯剖断线”：楼梯的平面施工图要求绘制剖断线，系统默认按照制图标准提供了单剖断线画法，但也提供了原有习惯的双剖断线画法。

2. 尺寸、坐标标注设置

“直线标注”：直线尺寸标注的箭头形式，有粗线、细线和圆点 3 种方式。此后创建天正直线尺寸标注时采用不同的标注样式（DDIM）。

“角度标注”：角度标注的箭头形式，有标准箭头和圆点两种方式。

“单位换算”：提供了适用于在米（m）单位图形中进行尺寸标注和坐标标注的单位换算设置，其他天正绘图命令在米（m）单位图形下并不适用。

3. 界面设置

“快捷菜单启动”：可以选择取消默认的天正右键菜单，恢复 AutoCAD 右键菜单功能，或选择在未选对象时取消天正右键菜单，改为 Ctrl+右键弹出右键菜单。

“显示屏幕菜单”：控制天正屏幕菜单的显示与否，热键为 Ctrl +。

“显示放大缩小键”：应部分用户要求，恢复在 3.0 版本提供的热键，TAB 键和~键分别作为放大和缩小屏幕范围使用。其实用鼠标滚轮来缩放更方便。

“启用文档标签”：控制打开多个 DWG 文档时，对应于每个打开的图形，在图形编辑区上方各显示一个标有文档名称的按钮，单击“文档标签”可以方便地把该图形文件切换为当前文件，在该区域右击显示右键菜单，方便多图档的存盘、关闭和另存，热键为 Ctrl-。

“天正加粗填充”：专用于墙体与柱子的填充，提供各种填充图案和加粗线宽的控制，界面如图 14.2 所示。

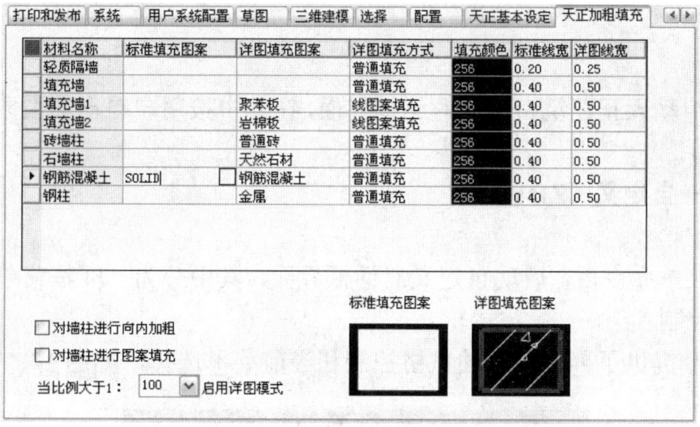

图 14.2　选项中的天正加粗填充选项

系统为对象的填充提供了“标准”和“详图”两个级别，由用户通过“当前比例”给出界定。当前比例大于设置的比例界限，就会从一种填充与加粗选择进入另一个填充与加粗选择，有效地满足了施工图中不同图纸类型填充与加粗详细程度不同的要求。

注意

为了图面清晰以方便操作，加快绘图处理速度，墙柱平时不要填充，出图前时再开启填充开关。

标准与详图填充图案的选择在 TArch 7.5 版本有了改进，单击电子表格单元后，即可看到显示按钮，单击按钮可进入“图案选择”对话框，即可直接选取图案，如图 14.3 所示。

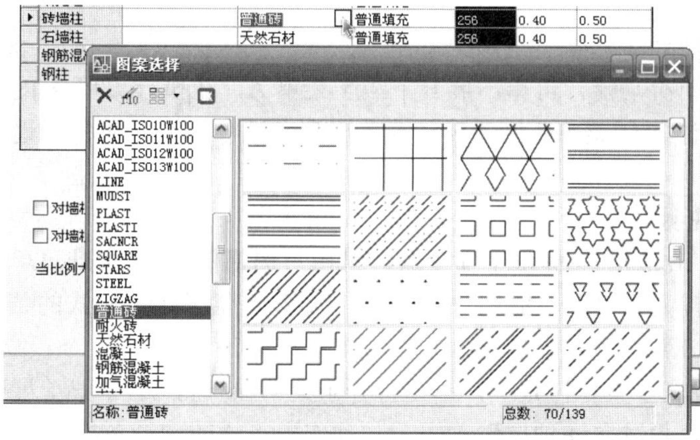

图 14.3　墙体填充图案的选择

4. 加粗填充控制

“墙柱向内加粗”：墙柱轮廓线加粗的开关，勾选后启动墙柱轮廓线加粗功能，加粗的线宽由电子表格控制。

“墙柱图案填充”：墙柱图案填充的开关，勾选后启动墙柱图案填充功能，填充的图案由电子表格控制。

“启用详图模式比例”：本参数设定按详图比例填充的界限，在比例较小（如 1:100）时采用实心填充的方法，在比例较大（如 1:50）时采用图案填充的方法。

“填充图案预览框”：提供了“标准填充图案”、“详图填充图案”与“线图案填充图案”3 种填充图案的预览。

针对 AutoCAD 2004 以上的平台，命令行下部的状态栏添加了两个按钮：专门切换墙线加粗和详图填充图案，如图 14.3 所示，使用十分方便。但由于编程接口的限制，此功能不能用于 AutoCAD 2002 平台下。

14.1.2　自定义

本命令的功能是启动天正建筑自定义对话框界面，在其中按用户自己的要求设置 TArch 7/8 的交互界面效果。

菜单命令：设置→自定义（ZDY）

图标菜单：

单击“自定义”菜单命令后，启动自定义对话框界面，其中分为“屏幕菜单”、“工具条”和“快捷键”3 个页面进行控制。

天正的自定义命令提供了屏幕菜单的风格控制和当前菜单选择，如图 14.4 所示。

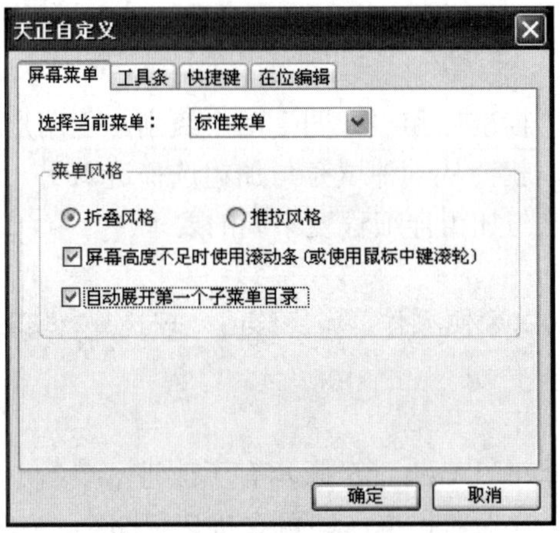

图 14.4　天正屏幕菜单控制

1. 屏幕菜单控制

新的屏幕菜单提供折叠功能，可单击展开下级子菜单 A，在执行菜单 A 的命令时可随时切换到 A 的同级子菜单 B，此时 A 子菜单收回，B 子菜单展开，这样的设计避免了返回上级菜单的重复操作，提高了使用效率。

★ 对话框控件的说明

“选择当前菜单”：TArch 7/8 提供了 3 个菜单供用户选择使用，“标准菜单”提供了改进格式的菜单，适合愿意进一步提高效率的一般用户；“经典菜单”提供了传统格式的菜单，适合习惯于旧版本的资深用户；“TArch 3 菜单”启动兼容天正 3 版本的菜单。

“折叠风格”：折叠式子菜单样式一，单击打开子菜单 A 时，A 子菜单展开全部可见，在菜单总高度大于屏幕高度时，根菜单在顶层滚动显示，动作由滚轮或滚动条控制。

“推拉风格”：折叠式子菜单样式二，子菜单展开时所有上级菜单项保持可见，在菜单总高度大于屏幕高度时，子菜单可在本层内推拉显示，动作由滚轮或滚动条控制。

“屏幕高度不足时使用滚动条”：勾选此项时在菜单右侧提供一个滚动条，适用笔记本触屏、指点杆等无滚轮的定位设备，用于菜单的上下移动，不管是否勾选此项，在有滚轮的定位设备中均可使用滚轮移动菜单。

“自动展开第一个子菜单目录”：默认打开第一个“轴网柱子”菜单，从轴网开始绘图。

工具条控制：默认的自定义工具栏停靠在屏幕图形编辑区的下方，如图 14.5 所示。

图 14.5　天正自定义工具栏

工具栏可以从默认位置拖动到其他位置，也可以在浮动状态时通过右上角的 X 按钮关闭，重新打开天正工具栏可以通过右击 AutoCAD 标准工具栏右方，在菜单中选择“TCH→自定义工具栏”，勾选后工具栏即可重新显示。

单击“自定义”命令进入对话框，在如图 14.6 所示的“工具条”选项卡中进行工具栏图标命令的添加与删除。

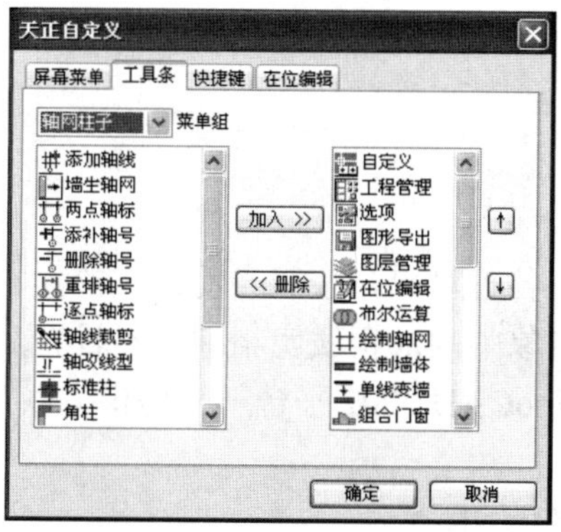

图 14.6　天正工具条页面

★ 对话框控件的说明

“加入”：从下拉列表中选择菜单组的名称，在左侧显示该菜单组的全部图标，每次选择一个图标，单击“加入>>”按钮，即可把该图标添加到右侧用户自定义工具区。

“删除”：在右侧用户自定义工具区中选择图标，单击“<<删除”按钮，可把已经加入的图标删除。

“图标排序”：在右侧用户自定义工具区中选择图标，单击右边的箭头，即可上下移动该工具图标的位置，每次移动一格。

除了使用自定义命令定制工具条，还可以使用 AutoCAD 的 toolbar 命令，在“命令”页面中选择 AutoCAD 命令的图标，拖放到天正自定义工具栏，在“自定义”对话框出现时，还可以把天正的图标命令和 AutoCAD 图标命令从任意工具栏拖放到预定义的两个“常用快捷功能”工具栏中。

2. 单键快捷键控制

本项设置的单键快捷键定义某个数字或者字母键，即可调用对应于该键的天正建筑或者 AutoCAD 的命令功能。

如图 14.7 所示，在命令名中可以填写有效的命令全名或者命令简称。

注意

快捷键不要使用数字 3，避免与 3 开头的 AutoCAD 三维命令 3DXXX 冲突。

3. 在位编辑控制

在位编辑使用的字体颜色和文字显示高度、编辑框背景颜色都由这里控制，此处的字体高度仅用于在位编辑的显示大小，如图 14.8 所示。

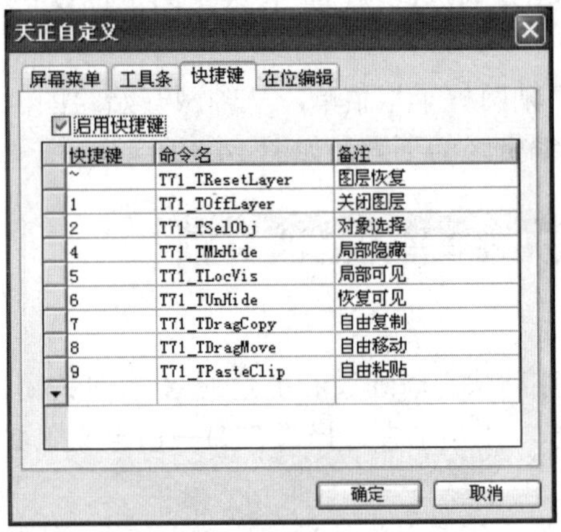

图 14.7　天正单键快捷键页面

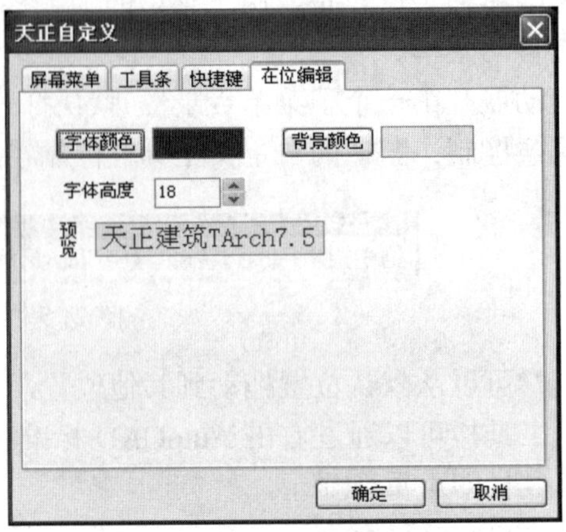

图 14.8　天正在位编辑设置页面

14.2　样式与图层设置

14.2.1　当前比例

本命令用于所有天正自定义的各种对象，按照当前比例的大小决定标注类和文本与符号类对象中的文字字高与符号尺寸、建筑对象中的加粗线宽粗细，对设置后新生成的对象有效，从状态栏左下角的“当前比例”下拉列表（AutoCAD 2002 平台下未提供）以及从“天正基本设定”界面的“当前比例”下拉列表中均可设置。

菜单命令：设置→当前比例（DQBL）

图标菜单：

本命令没有用户交互界面与命令行提示，设置后的当前值显示在状态栏的左下角，注意当前如为米单位 1:1000、1:500 时，当前比例应该相应改为 1:1、1:0.5，依此类推。与当前为毫米单位是不同的，这是 TArch 7/8 支持米单位绘图后，用户应该学会自行修改比例的设置。

14.2.2　文字样式

本命令功能为天正自定义的扩展文字样式，由于 AutoCAD 的 SHX 形字体由中西文字体组成，中西文字体分别设定参数控制中英文字体的宽度比例，可以与 AutoCAD 的 SHX 字体的高度以及字高参数协调一致。

菜单命令：设置→文字样式（WZYS）

图标菜单：

单击命令后，显示对话框如图 14.9 所示。

设置对话框中的参数，单击“确定”按钮后，即以其中的文字样式作为天正文字的当前样式进行各种符号和文字标注。

图 14.9　“文字样式”对话框

14.2.3　图层管理

本命令为用户提供灵活的图层名称、颜色的管理，特点如下：

（1）通过外部数据库文件设置多个不同图层的标准。

（2）可恢复用户不规范设置的颜色。

（3）对当前图的图层标准进行转换。

系统不对用户定义的图层标准数量进行限制，用户可以新建图层标准，在图层管理器中修改标准中各图层的名称和颜色，对当前图档的图层按选定的标准进行转换。

菜单命令：设置→图层管理（TCGL）

图标菜单：

单击命令后，显示对话框如图 14.10 所示。

图 14.10　“图层管理”对话框

在图层标准下拉列表中选择一个图层标准，然后可以对其进行编辑修改，或者单击“置为当前标准”按钮，当前选定的图层标准就成为 TArch 7/8 软件使用的系统图层标准。

系统图层标准保存于 Sys 文件夹下的 layerdef.dat 文件，其他图层标准文件存放在 Sys 文件夹下扩展名为 lay 的各个文件中。用户可以在资源管理器下直接删除、管理 lay 文件，删除后的图层标准不会再在“图层标准”列表中出现。

1. “系统图层标准”是当前绘制新图形对象时系统所使用的默认图层标准，与 DWG 文件内的当前图层标准并非一个概念，而且二者是相互独立的。

2. 图层转换命令的转换方式是图层名全名匹配转换，图层标准中的组合用图层名（如 3T_、S_、E_等前缀）是不进行转换的。

3. 对于 TArch 3 菜单的命令，推荐使用默认图层标准！

★ 对话框控件的说明

“图层标准”：默认在此列表中保存有两个图层标准，一个是天正自己的图层标准，国标 GBT18112－2000 推荐的中文图层标准，下拉列表可以把其中的标准调出来，在界面下部的编辑区进行编辑。

“置为当前标准”：把图层标准下拉列表的图层标准设为“系统图层标准”，单击本按钮后新的系统图层标准开始生效。

“新建标准”：单击后输入新的标准名称，代表当前界面下部的图层定义，如果该图层定义修改后没有保存，会提示是否保存当前修改，以 Y 回应表示以旧图名保存当前定义，然后又把内容存为新建标准。

“图层转换”：尽管单击“置为当前标准”按钮后，系统当前图层标准发生了改变，新对象将按新的系统图层标准绘制；但是“DWG 文件内的当前图层标准”并未变化，已有的旧标准的图层还在本图中。单击“图层转换”按钮后，会显示“图层转换”对话框，如图 14.11 所示。

图 14.11 “图层转换”对话框

此功能是把已有的旧标准图层转换为新标准图层。

“颜色恢复”：自动把当前打开的 DWG 中所有图层的颜色恢复为当前标准使用的图层颜色。

“图层关键字”：图层关键字是系统用于对图层进行识别用的，用户不能修改。

“图层名”：用户可以对提供的图层名称进行修改或者取当前图层名与图层关键字对应。

“颜色”：用户可以修改选择的图层颜色，单击此处可输入颜色号或单击按钮进入界面选取颜色。

“备注”：用户自己输入对本图层的描述。

14.3 天正帮助信息

天正建筑软件中提供独立的在线帮助菜单，教学动画以及常见问题答疑等软件技术支持资源，有关软件更新资料可以到天正公司网站查询。

14.3.1 在线帮助

本命令启动天正在线帮助系统，该文档随软件版本升级同步更新，比看到的纸面文档内容更能反映软件的最新功能。

菜单命令：帮助→在线帮助（ZXBZ）

图标菜单：

单击“在线帮助”菜单命令，显示帮助界面如图 14.12 所示，其中介绍了本软件的最新命令和操作，是掌握天正建筑的必不可少的入门读物，在有疑问时，首先应该查阅帮助文件，或向有关教师、工程师请教，也可到天正公司网站查询。

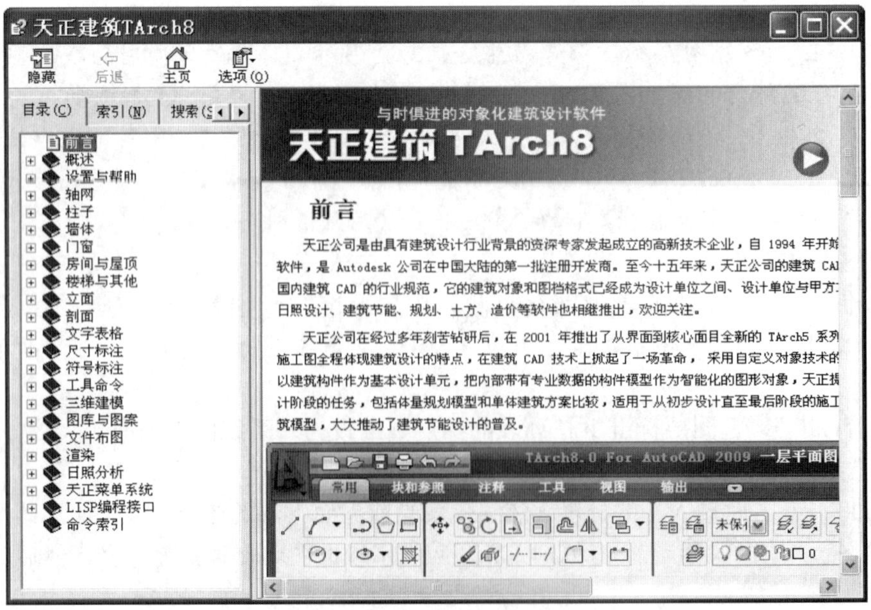

图 14.12 在线帮助的界面

14.3.2　教学演示

本命令启动 IE 浏览器，观察 TArch 8 的 Flash 动画教学演示，如果没有在安装时选择安装本软件的教学演示文件，本命令执行无效，网上下载的试用版本由于文件大小的限制，不包含本教学演示内容，可以从天正官方网站下载单独的教学演示。

菜单命令：帮助→教学演示（JXYS）

图标菜单：

单击“教学演示”菜单命令，即启动 IE 显示教学软件菜单，在其中点取感兴趣的问题观看，如图 14.13 所示。

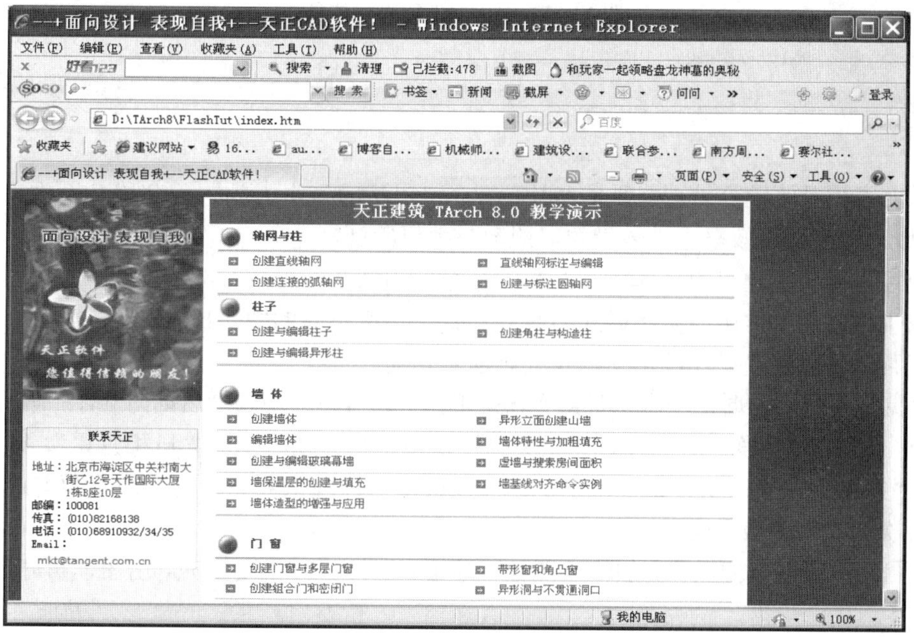

图 14.13　教学演示的界面

14.3.3　日积月累

本命令是软件的欢迎界面，每次进入天正建筑软件时提示一项新功能的说明，使用本命令可以随时显示这个对话框，并作出是否显示的设置。

菜单命令：帮助→日积月累（RJYL）

图标菜单：

单击“日积月累”菜单命令，即显示命令的界面如图 14.14 所示，其中去除“启动时显示”的勾选，就可以停止本命令的自动执行功能。

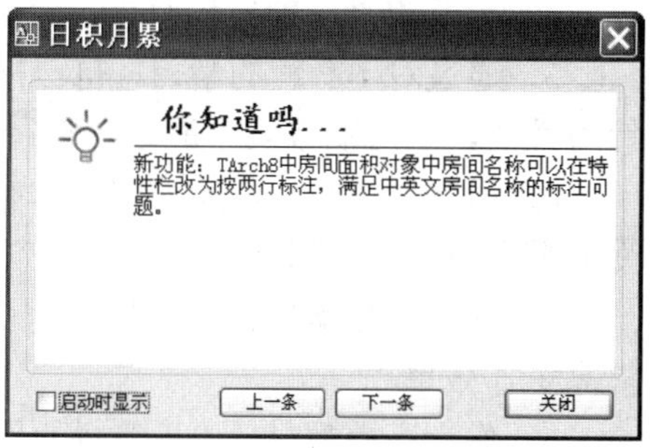

图 14.14　“日积月累”对话框

14.3.4　版本信息

不论是通过到天正论坛发帖或打电话给天正公司技术支持部门进行技术咨询时，常常要知道你当前使用什么版本号，本命令提供详细的版本信息，以便天正的支持人员准确回答用户遇到的问题。

菜单命令：帮助→版本信息（BBXX）

图标菜单：

单击“版本信息”菜单命令，在弹出的对话框中列出了详细版本号，如图 14.15 所示。

图 14.15　天正软件的版本信息

本章小结

1．本章内容相对比较容易，主要是参数设置，可以按照每个人的工程环境及操作习惯设置，尽可能方便工作，提高工作效率。具体设置对照教材上机验证。

2．用户可以对天正建筑的总体控制参数与命令中的默认参数进行配置。

3．用户也可以配置常用的文字样式与尺寸样式，转换不同的图层标准。

4．天正帮助信息：提供在线帮助以及动画演示功能。

5．如果觉得每次启动时的“日积月累”耽误工作，则可将左下角“启动时显示”前面的钩去掉，以后就直接进入到作图界面了。当然，如果又想恢复在每次启动时出现“日积月累”，则可以在天正菜单中单击“帮助”→“日积月累”命令，则可在屏幕上出现该界面，再在左下角勾选“启动时显示”，以后每次又能出现该界面了。

6．为了图面清晰以方便操作，加快绘图处理速度，墙柱平时不要填充，出图前再开启填充开关。

练习题

1．按照你的工程环境及操作习惯设置参数。

2．查阅附录中的日积月累，分析理解每一条的意义，并实践。

3．通过对本教程的学习，自己来作一下总结，也只有经过读者自己的亲身体验总结，才是最具针对性的，学习的效果才最好，掌握也最牢固。

4．通过归纳总结，力求使这本有 300 多页的教材变成只有几十页的书，甚至更少，要使“厚书变薄书”，得下工夫！

5．天正菜单编制格式向用户完全开放，可根据自己的工作特点、工作习惯，编制个性化菜单，提高工作效率。

6．作为高校教材，由于篇幅原因，不可能把天正软件的所有内容讲述完。比如虚拟漫游和建筑动画，TArch 7/8 调用 AutoCAD 渲染器，对天正建筑模型进行简单赋材质、打灯光渲染，可快速获得简单建筑表现图。使用天正 TArch 7/8 并配合先进的天正相机，可以身临其境地进入自己设计的作品中，在虚拟的建筑物里漫步观察，无需费时的渲染过程，为建筑师进行方案设计时带来了空间的感受，便于优化设计。同时，还可以指定一个既定路线，模拟摄像制作真实感动画的环形或穿行观察动画效果。

另外，天正建筑软件还有天正图块工具、天正图库管理、图案制作、三维建模等。

以上只是简单介绍，有这些方面要求的读者，可以自行钻研，更深一步地学习。

第 15 章
其他建筑 CAD 软件

本章要点

- ArchiCAD
- 清华斯维尔建筑软件
- **Sketchup**
- Autodesk Revit Building
- 其他几种建筑 CAD 软件

除天正建筑软件外，还有其他各种建筑软件，它们各有特点，本章将对几种常见软件作简介，读者也可根据自身的发展，对看中的软件进一步去钻研、掌握。

15.1 三维建筑设计软件 ArchiCAD

1. 真正的“计算机辅助设计”

ArchiCAD 是 Graphisoft 公司的旗舰产品，也是当今世界上最优秀的三维建筑设计软件。它基于全三维的模型设计，拥有强大的立面、剖面、设计图档、参数计算等自动生成功能，以及便捷的方案演示和图形渲染，为建筑师提供了一款优秀的图形设计工具。

在三维虚拟空间中作设计——ArchiCAD 独特的“虚拟建筑”理念将建筑师的创造力完全释放出来，可以集中精力进行设计。

图纸文档成为副产品——你只要轻轻单击鼠标，就可以自动创建平立剖、大样甚至全套施工图。

自动变更管理——无论在模型还是平立剖等任何视图中进行修改，其他所有图纸会自动更新。

高级分析能力——在可持续发展建筑设计过程中，对所有相关要素进行全面的分析模拟，创造真正的“绿色建筑”。

彻底转变——真正的“计算机辅助设计”，Computer Aided Drawing 转变为 Computer Aided Design。Graphisoft 的客户站在行业的前沿——他们可以做出更好的设计、更合理的施工，并花费更少的成本。

2. “所见即所得”的图形设计工具

ArchiCAD 拥有便捷的方案演示和图形渲染，为建筑师提供了一个无与伦比的“所见即所得”的图形设计工具。

ArchiCAD 内置的 PlotMaker 图档编辑软件使出图过程与图档管理的自动化水平大大提高，而智能化的工具也保证了每个细微的修改在整个图册中相关图档的自动更新，大大节省了传统设计软件大量的绘图与图纸编辑时间，使建筑师能够有更多的时间和精力专注于设计本身。

对于各设计企业来说，ArchiCAD 不仅仅意味着设计生产力的提升，还能够帮助企业更为高效科学地管理与检索设计文档，完善企业的设计标准，提高知识产品的使用价值。是各设计人员优先选择的三维建筑设计软件。

ArchiCAD 创建的三维模型，通过 IFC 标准平台的信息交互，可以为后续的结构、暖通、施工等专业，以及建筑力学、物理分析等提供强大的基础模型，为多专业协同设计提供了有效的保障。

3. 建筑师精力集中在设计和创作上

多年来建筑师一直以平面图纸的方法来表达他们的设计，他们只能通过草图发挥职业想象力去构筑心目中的空间。根据草图绘制平立剖，再请人建模渲染。当建筑师发现建出来的模型与想象中的设计有冲突时，时间往往不允许他们去同时修改模型和图纸，所以最终的效果图和平立剖图纸不一致的现象是司空见惯的。

ArchiCAD 实现了建筑师在三维模型上思考的愿望。当一个虚拟建筑完成之后，平立剖等图纸也全部完成了。建筑师从此可以把时间和精力集中在设计和创作上，而不是如何画图上。

通过模型，建筑师和业主可以直观地看到建筑物各个角度、方位的效果，以便更加准确的进行方案优选和设计评价。

在 AutoCAD 时代，永无休止的修改、再修改成为建筑师繁重冗长工作的一个重要原因，占用了建筑师大量宝贵的时间和精力。

使用 ArchiCAD 将彻底解决这一问题，它的三维模型与平立剖保持高度一致，实际上它是在一个数据库中打开的不同窗口。因此，无论是对模型，还是对平立剖等任何图纸所作的任何改动，都会在其他图纸窗口中得以准确体现。

图纸的自动更改功能降低了建筑师的工作强度，建筑师从繁杂的图纸中得以解脱。

在建筑设计内部协作上，ArchiCAD 可以通过其强大的 TeamWork 功能将一个工作组的成员通过局域网连接起来。当一个工程文件被共享时，同组成员只要简单地通过网络登录进这个工程中，并使用楼层、图层等组合工具定义一个工作空间。工程的一个附属文件接着被创建到组员的计算机上，可以不必依赖网络是否连接。任何时候通过网络或调制解调器，组员可以发送设计变更到主工程文档上，并可以接收其他组员作出的变动。

通过 IFC 文件标准，ArchiCAD 可以实现和结构、设备、施工、物业管理等各种软件及几乎所有相关文件格式的数据传输。

4. ArchiCAD 用于北京奥运电视转播塔设计

北京的奥运转播塔就是使用 ArchiCAD 软件设计的，如图 15.1 所示。

紧邻“鸟巢”，高度为 132 米的奥运转播塔是奥林匹克公园内最高的建筑，也是奥运核心区三大标志性建筑之一。

奥运电视转播塔是由中国建筑设计院设计的，在整个设计过程中，ArchiCAD 模型为其独具匠心的菱形体结构的体型和定位做出了巨大的贡献。

5. 我国引入 ArchiCAD

ArchiCAD 的引入为中国建筑设计人员带来了一种全新的视界和体验，清华大学、同济大学、重庆大学、东南大学等高校率先纳入教学，各设计院也在纷纷引进 ArchiCAD 人才。

图 15.1　奥运电视转播塔

ArchiCAD 的建筑设计在全世界有超过 100 万个项目，现在有越来越多采用 ArchiCAD 设计的建筑出现，例如重庆歌剧院、北大教育学院、总参办公楼、江西艺术中心、内蒙古大厦……

据了解，ArchiCAD 在中国将有越来越多的人被吸引，学生掌握了该项技能，将成为各单位争相选聘的对象，尤其是建筑设计院，ArchiCAD 也将把传统的建筑设计提升到一个新的平台。

读者可以上网查询 ArchiCAD 信息资料，建议到 http://www.archicad.net.cn/网站下载教育版，也可到 http://www.archicad.cn/网站下载各个教育注册版。到网上搜索 ArchiCAD 资料。

包括重庆大学、华中科技大学、重庆科技学院、北京建工学院等多所高校被授权成为 Graphisoft 中国区教育合作伙伴。上述院校将获赠 Archi CAD 软件，并开展相关培训认证。

15.2　清华斯维尔 TH-Arch2010

长期以来中国建筑师一直辛苦地使用纯 AutoCAD 或为它而编写的插件类小工具在从事绘图工作，大量时间被消耗在绘图环节而没有体现真正意义上的建筑设计，建筑艺术上的构思和创新灵感无法利用电脑来发挥。体现建筑表现的效果图也被委托给图像公司完成，建筑的主题思想设计师自己无法掌握。

纵观国际主流建筑软件，全部采用伴随设计全程的二维图形描述与三维空间表现的先进理念和技术，软件的架构和操作模式体现建筑设计的特点，令人遗憾的是，由于规范和本地化的局限，这些先进的软件并不适合中国国情。因此，在中国建筑设计领域迫切需要能够集先进理念、一流技术、易学易用、符合国标于一体的建筑软件。

建筑 Arch2010 应运而生，她构建在被设计师广泛应用的 AutoCAD 2002-2010 平台之上，采用自定义对象技术，在电脑中构建建筑物的虚拟模型，集二维工程图、三维表现图和建筑数据的管理于一体。

1. 软件的技术特点

建筑 Arch2010 理念先进、技术领先，其中集成化、在位编辑和渲染技术三大技术是一个突破，在中国建筑 CAD 领域具有重大意义。清华斯维尔 TH-Arch 2010 是基于中望 CAD 平台的建筑软件，也就是基于中国人自主开发的 CAD 平台。

- 绿色软件：与平台安装顺序不分先后，拷贝文件即可使用，便于携带。
- 优化界面：采用长扁形浮动对话框，优化界面的安排。

- 全图集成：平立剖、3D 模型、渲染一个 DWG 即可搞定。
- 在位编辑：高效直观编辑图面的标注字符。
- 尺寸灵活：编辑门窗其尺寸标注自动更新，尺寸编辑功能强大。
- 复杂楼梯：支持多种形态复杂楼梯的创建。
- 快速成图：体现在易用性、智能化、参数化和批量化上。
- 自动立剖：依据平面图信息，自动生成立剖图。
- 标准规范：图层和线型符合国标。
- 房产面积：按国标《房产测量规范》自动统计各种房产面积。
- 图框目录：支持用户和标准图框，自动生成图纸目录。
- 素材管理：全开放，同模式，易操作，易管理，无限制。
- 打印输出：提供多比例布图和打印输出的解决方案。
- 图档流转：建筑图档和数据直接用于其他专业继续设计。
- 渲染表现：建筑设计与建筑表现紧密结合。
- 日照分析：强劲的日照分析模块。

应用建筑 Arch2010 从事建筑设计，设计师将告别以往的绘图劳动，体验真正意义上的设计与创作。工程图档不再是简单的线条堆砌，而是由包含数字化技术的建筑构件搭建组成。软件界面人性化、构件创建参数化、构件关联智能化、设计过程可视化。

Arch2010 助设计师在可视化环境下完成建筑构思和设计，功效显著。

2. *应用范围和适用行业*

民用建筑设计、工业建筑设计；装修设计、建筑表现图像制作；大专院校建筑及相关专业的教学；规划设计；房地产建设。

3. *软件界面*

软件界面如图 15.2 所示。

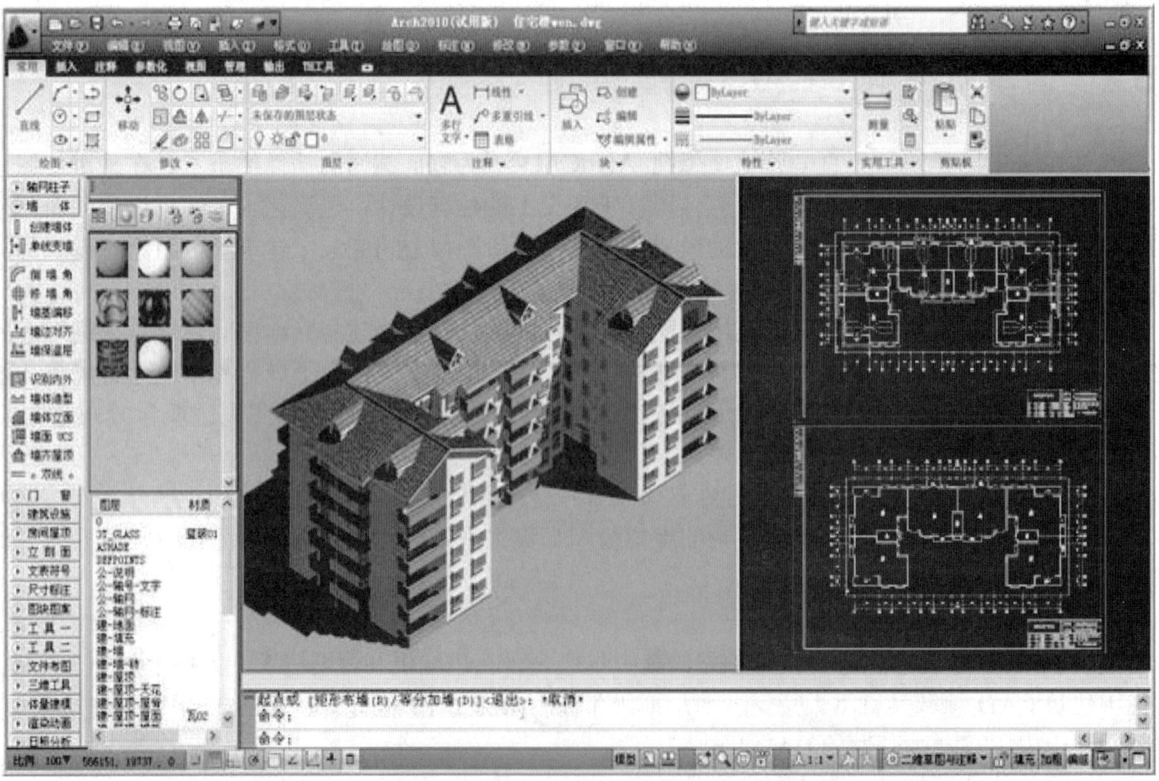

图 15.2　TH-Arch 2010 软件界面

15.3　建筑草图大师 SketchUp

SketchUp 是一个建筑设计辅助软件，主要用于三维建模。表面上极为简单，实际上却可以极其快速和方便地对三维创意进行创建、观察和修改，是专门为配合设计过程而研发的。相比 3D 有更方便，利于思考推敲的优势，在日常设计过程中，从建筑的最初概念到 3D 模型将会变成一种更为流畅的工作模式，现在即使最初的由 SketchUp 所作的草图概念阶段也可输入到智能虚拟建筑环境中，在那里很容易地增加细节，并且数据的交互性可使模型应用于一系列其他软件，如 CAD、3ds max、Lightscape 等。并且现在 SketchUp 也相应地出了一系列的渲染工具和相应的软件，成为基本可以独立出效果图纸和渲染结果最终图的软件。也就是说它正在从设计构思向设计完成品兼收发展。

Google SketchUp 能够让你自由地创建 3D 模型，同时还可以将你的制作成果发布到 Google Earth 上和其他人共享，或者提交到 Google's 3D Warehouse。当然你也能从 Google's 3D Warehouse 那里得到想要的素材，以此作为创作的基础。具体功能：SketchUp 能把 3D 的建筑场景以 NPR 手绘风格化渲染输出。除了建筑师用于满足客户的要求外，漫画家、插画家也可以用来代替大量重复背景的绘制。

喜欢手绘素描的设计者，在使用过 CAD 工具之后常会觉得麻烦，而 SketchUp 的独特性与绘图方法，使用户不必学习种类繁多、功能复杂的指令集，因为 SketchUp 有一套精简而强健的工具集和一套智慧“推定”导引系统，如此便大大简化了 3D 绘图的过程，让使用者可以专注于设计上。因此，SketchUp 是一套设计的环境，不需要在教育训练与支援上做巨大的投资，就能够以动态地、创造性地探索 3D 模型（form）或材料（material）、灯光（light）的界面。

Sketchup 软件是一个出道不久的软件，其服务对象针对建筑行业，其操作迅捷、修改方便，完全影响了新一代的建筑师。据介绍，运用 SketchUp 的人不外乎 4 种：

（1）做建筑体块的推敲及立面的推敲。

（2）根据平立面做模型。

（3）SU+3D+PS 出商业效果图。

（4）做建筑分析。

软件界面如图 15.3 所示。

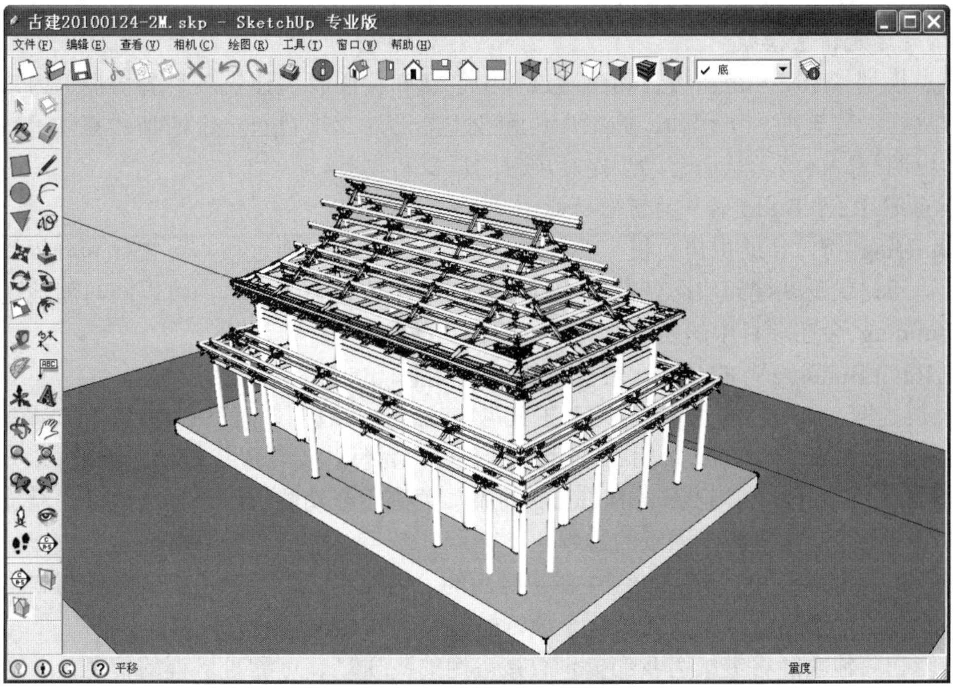

图 15.3　SketchUp 软件界面

产品特点如下：

（1）独特简洁的界面，可以让设计师在短期内掌握。

（2）适用范围广阔，可以应用在建筑、规划、园林、景观、室内以及工业设计等领域。

（3）方便的推拉功能，设计师通过一个图形就可以方便地生成 3D 几何体，无需进行复杂的三维建模。

（4）快速生成任何位置的剖面，使设计者清楚地了解建筑的内部结构，可以随意生成二维剖面图并快速导入 AutoCAD 进行处理。

（5）与 AutoCAD、Revit、3ds max、PIRANESI 等软件结合使用，快速导入和导出 DWG、DXF、JPG、3DS 格式文件，实现方案构思，效果图与施工图绘制的完美结合，同时提供与 AutoCAD 和 ARCHICAD 等设计工具的插件。

（6）自带大量门、窗、柱、家具等组件库和建筑肌理边线需要的材质库。

（7）轻松制作方案演示视频动画，全方位表达设计师的创作思路。

（8）具有草稿、线稿、透视、渲染等不同的显示模式。

（9）准确定位阴影和日照，设计师可以根据建筑物所在地区和时间实时进行阴影和日照分析。

（10）简便地进行空间尺寸和文字的标注，并且标注部分始终面向设计者。

15.4 Autodesk Revit Building

Autodesk Revit Building 软件是最先进的建筑设计和文档系统，能够按照你想要的方式工作；使用此软件，可以惬意地工作、自由地设计并改进业务。Revit Building 是专门为建筑信息模型（BIM）而开发的，它使你能够随时随地更改任何内容，然后它将在所有位置协调更改。设计和文档将保持协调、一致和完整。

1. 什么是 Autodesk Revit

Autodesk Revit 技术是 Autodesk 用于建筑信息模型的平台。Autodesk Revit Building 软件构建于 Revit 平台之上，是完整的、针对特定专业的建筑设计和文档系统，支持所有阶段的设计和施工图纸。Revit 平台的核心是 Revit 参数化更改引擎，它可以自动协调在任何位置（例如在模型视图或图纸、明细表、剖面、平面图中）所做的更改。

2. 什么是建筑信息模型

建筑信息模型（BIM）是在设计和建造过程中创建和使用有关建筑项目的协调、内部一致的可计算信息。这样，建筑师、工程师、施工人员和业主能够对其项目有一个清晰的整体了解，促使其更快地做出更明智的决策，从而有助于提高项目的质量和收益。

3. Autodesk Revit Building 9 的新增功能

Revit Building 可以帮助用户更快、更清楚地交流设计方案，通过按需可视化和分析让用户更深入理解设计，还提供反映建筑实际情况的流程。使用其参数化更改技术，可以随时随地进行任何更改，Revit Building 会在项目中的所有位置自动协调更改。

以下是 Revit Building 9 的一些比较重要的新增功能。

（1）材料提取：使用新的“材料提取”工具可精确地计算材料。而不必在设计中追踪材料数量。随着项目的进展，Revit 参数化更改引擎有助于确保“材料提取”始终保持最新且准确。

（2）添加关键注释：利用 Revit Building 的添加关键注释功能，可以提高效率。添加关键注释可简化容易出错的手动注释施工图纸的过程。

（3）Revit Building 可以自动创建注释记号图例，因此不必再手动追踪构件和材料信息。可以轻松地将修改过的注释记号定义移植到整个项目模型中。

上述功能和其他功能将继续为我们提供直接可用的高质量、可靠且协调的信息，并通过专门为建筑信息模型（BIM）开发的软件，使我们达到预期的效率。

4. 不需要使用 AutoCAD 软件

Autodesk Revit Building 能够很好地处理模型，设计师可以完全在 Autodesk Revit Building 中生成施工图纸，处理常规绘图和细节设计，不再需要使用 AutoCAD 来完成工作。

5. 在大型团队和项目中发挥作用

Autodesk Revit Worksharing 可将 Revit 参数化建筑模型软件的功能推广到整个项目团队中。Worksharing 提供了全面的协作模式：从快速同时访问共享模型，到将项目正式划分为分散的共享单元，再将项目元素或系统完全分离成单独管理的链接模型。Worksharing 使团队成员能够根据工作流程和项目要求，选择最佳的协作和交互方式。

6. 可以生成 DWG 文件

如果客户或顾问坚持要 DWG 可交付文件，Revit Building 和 AutoCAD 一样，可以生成 DWG 文件。Revit Building 使用 Autodesk RealDWG 工具箱，提供行业领先的 DWG 兼容性。而且，因为这些 DWG 文件是在模型软件中创建的，所以具有良好的结构并且易于更改。Revit Building 有助于确保输出的 DWG 文件中的所有内容都在正确的层上，使您与顾问的交互更加轻松，并加快设计和构造过程。 Revit Building 提供了多种功能，有助于集成您与顾问的工作。可以将 DWG 文件直接输入或链接到 Revit Building 中，以用作参考几何图形或用作新设计（例如现场平面图）的起点。任何支持 DWG、DGN 或 DXF 文件格式的 CAD 系统都可以与 Revit Building 有效地配合使用。

7. 对象兼容性

Autodesk Revit Building 与 Autodesk Architectural Desktop 和 Autodesk Building Systems 之间的对象兼容性好。Revit Building 可以读写 ACIS 实体。此功能使用户可以从 Autodesk Architectural Desktop 和 Autodesk Building Systems 软件中输出模型，并将三维信息输入或链接到 Revit Building。使用此方法可以切割剖面并执行可视冲突检测。

8. 其他构建于 Autodesk Revit 平台之上的应用程序

Autodesk Revit Structure 软件是适用于结构工程师和绘图人员的完全集成的模型、设计和文档系统，充分利用了 Revit 平台的更改管理技术。Revit Structure 可为结构工程公司提供建筑信息模型。

9. 不需要了解编程语言

在 Autodesk Revit Building 中创建内容，参数化构件是用于设计构思和雏形建立的开放式图形系统，是一种以不断提高详细程度的方式来表达设计意图的功能强大的方法。不需要编程语言或编码，即可驱动这个功能强大的系统。而且，所有关系均可在系统中直接表示出来；除了需要思考建筑设计外，设计师不必考虑其他事情。

10. 可与 Autodesk VIZ 或 Autodesk 3ds max 配合使用

Autodesk Revit Building 使用 AccuRender 光线追踪和光能传递作为渲染解决方案。可以将 Autodesk Revit Building 与 Autodesk VIZ 或 Autodesk 3ds max 配合使用。用户可以通过 DWG 文件输出将几何图形从 Revit Building 模型传输到 Autodesk VIZ 或 Autodesk 3ds max 应用程序中。Autodesk VIZ 2005 Interoperability for Revit 插入模块可以输入从 Revit 7 或 Revit Building 8 中输出的 DWG 文件，并保持材质指定。由于此功能已合并到 Autodesk VIZ 2006 和 3ds max 8 中，因此不再需要使用该插入模块。

15.5 其他几种建筑 CAD 软件

（1）Bentley 公司的 MicroStation V8i 是一款高性能建筑结构土木工程软件，Bentley 公司在 50 多个国家或地区设有分支机构。自 1993 年以来，公司在研发和收购方面已投入了 10 多亿美元。《工程新闻记录》评出的顶级设计公司中有近 90% 使用 Bentley 的产品。其软件使用最好能有一定设计实践经验。

有兴趣的读者不妨关注，可以参加 Bentley 公司组织的网络讲座，并可现场提问。

（2）天朔建筑软件的特点是：自动判别门窗的插入方式、开启方向等。它能使用户不必拘泥于软件安排好的绘图流程，可以采用用户自己认为合适的方式绘图，然后再来作局部修改。

（3）建筑 CAD《超级绘图王》有 3 个主要特点：

1）最简单的 CAD，超级绘图王的目标是向用户提供一种结构简单、易学易用的 CAD。

2）提供了强大的布局定位功能，通过布局定位功能可以指示出一张大型图纸中某个图形应画在哪个位置上。

3）专门针对建筑绘图进行了优化，很多特点可以保证快速绘制出所需的建筑图纸。

（4）理正建筑软件出自北京理正软件设计研究院，在地下建筑等方面有其特色。

（5）中望建筑软件、天奇建筑软件、空间彩绘大师等也有各自特色。

本章小结

1．本章介绍了几种常用的建筑 CAD 软件，它们各有其特点，由于篇幅有限，只作了简单介绍，读者可以进一步钻研。其实建筑 CAD 软件还有不少，而且各种软件都有自己的特色，有的功能也非常强大。

2．由于建筑设计者都有与众不同的设计绘图习惯，哪个建筑 CAD 软件适应建筑设计者的设计习惯，使用者就会选定它。建筑 CAD 软件能达到设计师的这个要求，其软件在编制方面也就成功了一半。

3．一般来说，建筑师倾向于使用与自己习惯相符的软件，使自己用起来舒适。有些人只用 AutoCAD 软件，作建筑图也是，工作效率就很难说了。总之，对于建筑 CAD 软件，各人有自己的一套评价标准，建议有条件不妨多几种试用比较。

4．术业有专攻，不同的建筑 CAD 软件品牌会在特定工程领域有专长。另外，也请注意版权问题，要有正版意识。

5．学习完本教材之后，建议读者进一步学习钻研 3ds max、Photoshop 等，更好地用于建筑渲染。

附录 1

1.1 天正建筑软件说明

1.1.1 天正软件公司

北京天正公司从 1994 年开始就在 AutoCAD 图形平台开发了一系列建筑、暖通、电气等专业软件，这些软件特别是建筑软件取得了极大的成功。近十几年来，天正建筑软件版本不断推陈出新，受到中国建筑设计师的厚爱。在中国大陆的建筑设计领域，天正建筑软件的影响力可以说无所不在。天正建筑软件早已成为全国建筑设计 CAD 事实上的行业标准。

天正建筑软件从 TArch 5 开始，告别了以往的基本图线堆砌，大量使用了“自定义建筑专业对象”，直接绘制出具有专业含义、经得起反复编辑修改的图形对象。在国内率先为新一代数字建筑师提供爱不释手的得力工具。

全国范围内的建筑设计单位，已经很难找到不使用天正建筑软件的设计人员；可以说，天正建筑软件已经成为国内建筑 CAD 的行业规范，随着天正建筑软件的广泛应用，它的图档格式已经成为各设计单位与甲方之间图形信息交流的基础。

天正建筑软件适用于从初步设计直至最后阶段的施工图设计的全过程。

在双选会和招聘现场，招聘单位最常问毕业生的问题是“懂不懂 CAD？”

掌握建筑 CAD 软件的大学毕业生，往往是用人单位争先聘用的对象。

1.1.2 天正软件学习帮助

天正建筑软件的文档包括使用手册、帮助文档和网站资源，本教程主要是高校学生教材。

使用手册：就是软件发行时对正式用户提供的纸介质文档，以书面文字形式全面、详尽地介绍天正建筑软件的功能和使用方法。

帮助文档：是《天正建筑软件使用手册》的电子版本，以 Windows 的 CHM 格式帮助文档的形式介绍天正建筑软件的功能和使用方法，这种文档形式更新比较及时，能随软件升级提供。

教学演示：天正建筑软件发行时提供的实时录制教学演示教程，使用 Flash 动画文件格式存储和播放。

自述文件：是发行时以文本文件格式提供用户参考的最新说明，例如在 sys 下的 updhistory.txt 提供升级的详细信息。

日积月累：天正建筑软件启动时将提示有关软件使用的小诀窍，初学者可以学一学，往往会有意想不到的收获。

常见问题：是使用天正建筑软件经常遇到的问题和解答（常称为 FAQ），以 MS Word 格式的 Faq.doc 文件提供。

其他帮助资源：通过访问北京天正工程软件有限公司的主页 www.tangent.com.cn，获得天正建筑软件及其他产品的最新消息，包括软件升级和补充内容，下载试用软件、教学演示、用户图例等资源。此外，时效性最好的是天正软件特约论坛 www.abbs.com.cn，在上面可与天正建筑软件的研发团队一起交流经验，当然读者也可访问其他的 CAD 网站。比如： 网易土木在线：http://co.163.com；筑龙网：http://www.zhulong.com/index.asp；晓东 CAD：http://www.xdcad.net；中望 CAD：http://www.zwcad.com；建筑节能网：http://www.chinagb.net；网易建筑论坛：http://co.163.com/neteaseivp/ forum/forum_jz.htm 等。

1.1.3 系统安装与配置

1. 软件和硬件环境

天正建筑软件 TArch 7/8 是基于 AutoCAD 2000 以上版本的应用而开发的，因此对软硬件环境的要求取决于 AutoCAD 平台的要求。只是由于读者的工作范围不同，硬件的配置也应有所区别。对于只绘制工程图，不关心三维表现的读者，Pentium 4＋512MB 内存这一档次的机器就足够了；如果要把建筑 CAD 用于三维建模，在本机使用 3ds max 渲染的读者，推荐使用双核 Pentium D/2G Hz 以上+1GB 以上内存以及使用支持 OpenGL 加速的显示卡，可以让你在真实感的着色环境下顺畅进行三维设计。

天正这样的 CAD 应用软件倚重于滚轮进行缩放与平移，鼠标附带滚轮十分重要，没有滚轮的鼠标效率会大大降低。如果不希望自己落后于人，确认鼠标支持滚轮缩放和中键（滚轮兼作中键用）平移，如中键变为捕捉功能，请键入 Mbuttonpan 设置该变量值为 1。

显示器屏幕的分辨率是非常关键的，应当在 1024×768 像素以上的分辨率工作。如果达不到这个条件，可以用来绘图的区域将很小，如果你眼力不好，请在 Windows 的显示属性下设置较大的文字尺寸以及更换更大的显示器尺寸。

天正建筑软件支持 AutoCAD R15（2000/2002）、R16（2004/2005/2006）、R17（2007/2008/2009）几代 DWG 图形格式，在本教材中简称为 AutoCAD 200X 版本。然而由于 AutoCAD 2000 和 AutoCAD 2000i 固有的缺陷无法通过补丁改善，不能保证高版本建筑软件在上面很好地工作，希望读者使用 AutoCAD 2002-2009 平台，而且尽量安装这些平台下可以得到的补丁文件。

需要指出，由于从 AutoCAD 2004 开始，Autodesk 已经不再正式支持 Windows 98 操作系统，因此用户在 Windows 98 上运行 R16 格式平台后带来的问题将无法获得有效技术支持；此外，由于 Windows Vista 操作系统不能运行 AutoCAD 2000～2002，天正建筑软件在 Vista 上支持的平台限于 AutoCAD 2004 以上版本。

2. 各种版本的安装选项

（1）在 POWER USER 或 ADMINISTRATOR 用户权限下运行光盘上安装程序 setup.exe，Vista 操作系统下只能以 ADMINISTRATOR 用户权限安装。

（2）网络版本的用户需要先在网络服务器上安装、启动网络版服务程序，然后再在各工作站安装天正软件。

使用天正软件对用户权限的要求如下：

（1）试用版(含注册版)只在 ADMINISTRATOR 权限下可使用。

（2）单机版和高教版只在 POWER USER 或 ADMINISTRATOR 下可使用。

（3）网络版在 USER、POWER USER 或 ADMINISTRATOR 可使用。

3. 安装和启动的选项

天正建筑软件的正式商品以光盘的形式发行，安装之前请阅读自述说明文件。在安装天正建筑软件前，首先要确认计算机上已安装 AutoCAD 200X，并能够正常运行。运行天正软件光盘的 setup.exe，首先是授权方式的选择，如附图 1.1 所示。

根据获得的授权类型，选择单机版、网络版。如果是网络版，建议输入服务器名称（可以询问网络管理员）。也可以什么都不输入，由系统自动查找服务器，但在网络条件复杂的情况下可能无法找到网络版服务器。

高校教学可用天正教学版，学生学习也可用试用版，大体上相似。

接着在附图 1.2 的界面中选择要安装的组件进行安装。详细组件说明如附表 1.1。

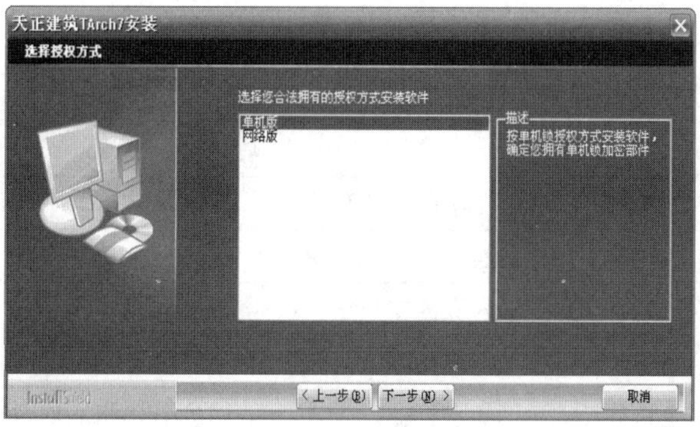

附图 1.1　TArch 7/8 安装授权类型

附图 1.2　TArch 7/8 组件安装选项

附表 1.1　天正建筑 TArch 7/8 安装组件说明

组件	功能	组件	功能
执行文件	一般而言是必须安装的部件，除非用户只想修复天正建筑软件的注册表	工程范例	是系统提供的，供用户参考
普通图库	天正建筑软件提供的普通图库，包括二维图库和欧式图库	贴图文件	天正建筑软件提供的用于支持渲染材质的素材文件
多视图库	天正建筑软件提供的多视图库，此图库规模很大，主要用于室内设计	TArch 3.x 兼容环境	天正建筑软件的附属部件，是 TArch 3 精简后的版本，用来编辑修改 TArch 3.x 的图形文件，点取 TArch 3 菜单项进入
教学文件	天正建筑软件提供的教学动画文件，文件很大，如果硬盘空间限制可以暂不安装		

“目标文件夹”是天正建筑软件的安装位置，用户可以在硬盘的任何位置安装天正建筑软件，安装程序会检测硬盘自由空间的大小是否足够安装所选内容，及时给出提示。

单击“下一步”按钮开始安装拷贝文件，根据用户选择项目的情况大概需要 4～12 分钟。

安装完毕后生成“天正建筑 7”工作组，在桌面自动建立“天正建筑 TArch 7/8 for 200X”图标，如附图 1.3 所示，其中 200X 为 2002～2010，根据用户当前有效 AutoCAD 平台而定，双击任何一个图标即可运行安装好的天正建筑 TArch 7/8。

安装 TArch 8，与 TArch 7 不同，安装完毕后只生成“天正建筑 8” 一个图标，，打开之后再选择 CAD 版本。

附图 1.3　TArch 7.5 桌面图标

如果用户首次安装时只安装了其中的若干个组件，下次安装时还可以只安装上次未安装的组件，即清除已安装组件的标记，并勾选要新安装的组件；如果 AutoCAD 平台被重新安装，TArch 也必须要重新安装，不过此时不必勾选任何组件即可恢复当前运行环境。

（1）USB 单机版的安装。

天正建筑软件的单机版加密部件有 USB 加密狗和并口加密狗两种，以适应用户不同的硬件环境。但是 USB 加密狗最好是在天正建筑软件安装后才插入计算机的 USB 端口，如果先插入 USB 加密狗，Windows 会提示安装驱动程序，但加密狗驱动程序在安装软件前没有安装，此时单击取消即可，天正建筑软件在安装中自动安装新版本的 USB 加密狗驱动程序，不再出现安装提示，加密狗拔出后再次插入到本机其他 USB 口时不必重新安装驱动。

（2）生成的文件夹结构。

天正建筑软件安装完毕，软件系统安装文件夹下有以下子文件夹，如附表 1.2 所示。

附表 1.2　天正建筑软件安装文件夹

子文件夹	功能	子文件夹	功能
SYS15	专用于 R2000～2002 平台的系统文件夹	DWB	专用图库文件夹
SYS16	专用于 R2004～2006 平台的系统文件夹	DDBL	通用图库文件夹
SYS17	专用于 R2007 以上平台的系统文件夹	DDBLM	内嵌的 TArch 3.x 环境图库文件夹
SYS	与 AutoCAD 平台版本无关的系统文件夹	LIB3D	多视图库文件夹
LISP2D	内嵌的 TArch 3.x 环境的 AutoLISP 文件夹	DRV	加密狗驱动程序文件夹(安装单机版时创建)
LISP	AutoLISP 文件夹	FLASHTUT	联机教学动画文件夹
SYS2D	内嵌的 TArch 3.x 环境的系统文件夹	TEXTURES	渲染材质库文件夹
ToolPalette	选项板界面文件夹		

1.2　建筑对象兼容

1.2.1　普通图形对象

AutoCAD 的 DWG 文件是中国工程设计行业电子图档的事实标准。DWG 的内容是由图形对象构成的，但什么是图形对象？这个概念还需要进一步介绍。

早期的 AutoCAD 的图元类型是由 AutoCAD 本身固定的，开发商与用户都不可扩充，图档完全由 AutoCAD 规定的若干类基本图形对象（线、弧、文字和尺寸标注等）组成。AutoCAD 产品设计的初衷是作为电子图板使用，后来发现用建筑的实际尺寸绘制这些图纸更加方便。用户可以根据出图比例的要求，自己把模型换算成图纸的度量单位，然后通过大幅面绘图打印机把它输出到实物图纸上。但是画在图上的内容除了建筑本身外，有不少是按制图规范要求对建筑进行标注用的尺寸标注以及文字、符号标注，这些内容最终也发展为一系列的图形对象类型。对于图纸上为清楚表达而以不同比例绘制的图形部分，各国的制图规范都要求文字与符号标注具有统一的高度尺寸，为此 AutoCAD 发展了图纸空间布局与之相适应。大部分时间用户都是使用图形对象在模型空间里面画图与输出，而需要按不同比例输出时使用图纸空间布局。

1.2.2　天正建筑对象

工程技术人员发现使用基本图形对象绘图效率太低，AutoCAD 从 R14 版本以后为满足这个需求，提供了支持图元类型外部扩充的开发接口，简称 ObjectARX。天正公司从 TArch 5 版本开始，就是利用这个新接口，定义了数十种专门针对建筑设计的图形对象，如附图 1.4 所示。其中部分对象代表建筑构件，如墙体、柱子和门窗，这些对象在程序实现的时候，就在其中预设了许多智能特征，例如门窗碰到墙，墙就自动开洞并装入门窗。另有部分对象代表图纸标注，包括文字、符号和尺寸标注，预设了图纸的比例和制图标准。还有部分对象作为几何形体，如矩形、平板、路径曲面，具体用来做什么由使用者决定。

经过扩展后的天正建筑对象功能大大提升，所有自定义对象全面支持使用 AutoCAD 通用编辑机制进行编辑修改，包括基本编辑命令、夹点编辑、对象特性编辑、特性匹配（格式刷）等。从 TArch 6.5 版本开始，用户可以双击天正对象直接进行对象编辑和对象特性编辑；从 TArch 7.5 版本开始，所有文字符号（包括对象内部文字）都实现了双击进行在位编辑，更加方便了用户的修改要求。

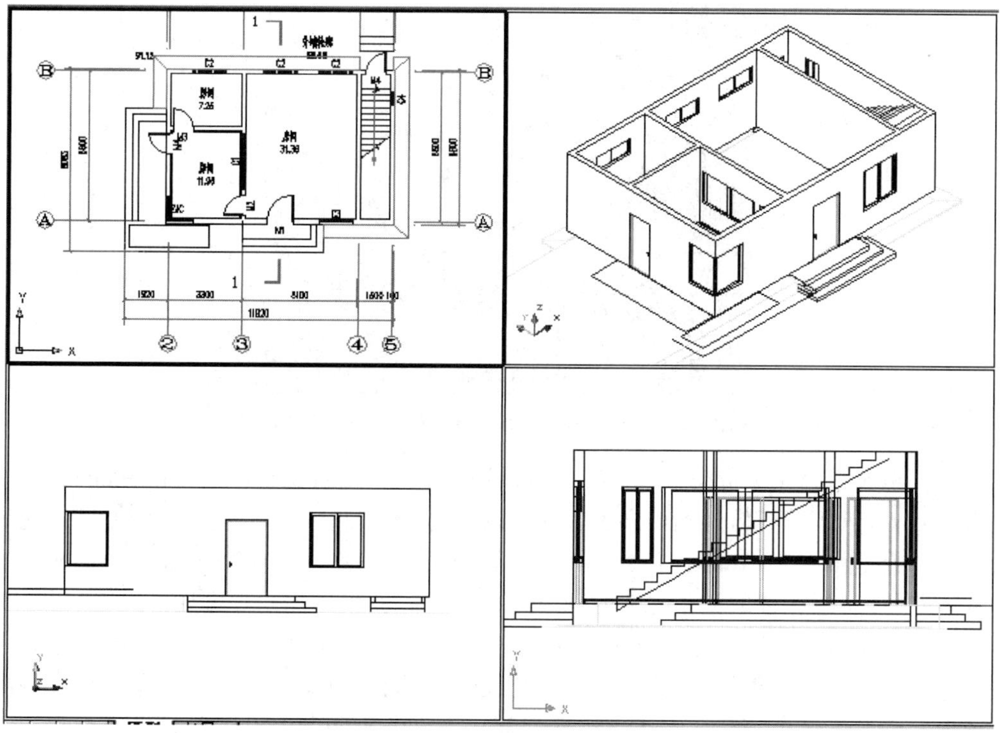

附图 1.4　TArch 建筑对象的图形

自定义建筑对象的引入产生了图纸交流的问题，普通 AutoCAD 不能观察与操作图档中的天正对象。为了保持紧凑的 DWG 文件内容，天正默认关闭了代理对象的显示，使得标准的 AutoCAD 无法显示这些图形。为了方便图纸交流，天正软件提供了解决方案。

1.2.3　实现图形对象兼容

附表 1.3 给出了图纸提供方与接收方软件环境不同时，解决图纸交流问题的存盘方法，用户插件要求升级到 T7 格式。

附表 1.3　图纸兼容格式

接收环境	R15（2000~2002）	R16（2004～2006）	R17（2007～2008）
R14	另存为 T3	另存 T3，再用 R2002 直接另存为 R14 格式	另存为 T3
其他平台无插件	另存为 T3		
其他平台 T7 插件	直接保存		

另存为 T3：在天正建筑软件环境下运行天正的【图形导出】命令，选择 TArch 3 格式，此时 dwg 按平台不同自动另存为 R14 或 2000 格式。

另存为：用 AutoCAD 的 Save As 命令选择文件格式，例如在 2002～2008 以上版本中另存为 R14 版本格式。

注意

在 AutoCAD2004 ~ 2006 平台无法自动另存为 R14 格式，可以安装免费的 DWGGateway 软件，在该软件的 Save As 命令下另存为 R14。

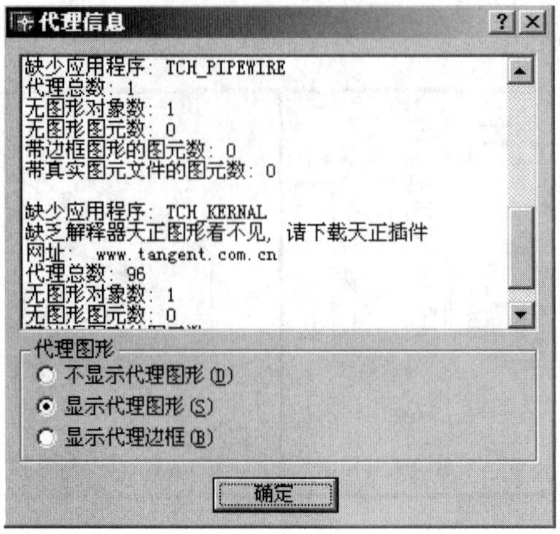

附图 1.5　要求显示 TArch 建筑对象的代理图形

软件插件：由天正公司免费向公众发行，可以通过天正网站 http://www.tangent.com.cn 下载天正插件 TPlugin.exe。天正建筑软件的用户可以通过【插件发布】功能得到插件，也可把插件通过 E-mail 或者 U 盘等方式传递到装有 AutoCAD 200X 的目标电脑上；然后运行 TPlugin.exe 安装插件，使得该电脑上的 AutoCAD 可以在读取天正文件的同时，自动按需加载插件的程序显示天正对象。

在计算机没有安装天正插件时，会显示代理信息对话框，如附图 1.5 所示，提示你显示代理图形，但默认天正建筑是不提供代理图形的，导致无法显示天正对象。如果希望在没有天正插件时能显示代理图形，请进入设置菜单，在【高级选项】→“系统类别”中设置启动代理对象，同时应确认 AutoCAD 系统变量 proxygraphics 为 1，最后保存文件。

安装过旧版本插件（T6 版本）的读者请重新下载更新 T7 版本插件，否则依然无法显示天正对象。

1.3　软件交互界面

天正建筑软件针对建筑设计的实际需要，对 AutoCAD 的交互界面进行了必要的扩充，建立了自己的菜单系统和快捷键、新提供了可由用户自定义的折叠式屏幕菜单、新颖方便的在位编辑框、与选取对象环境关联的右键菜单和图标工具栏，保留 AutoCAD 的所有下拉菜单和图标菜单，从而保持 AutoCAD 的原有界面体系，便于用户同时加载其他软件。

1.3.1　折叠式屏幕菜单

天正建筑软件的主要功能都列在“折叠式”三级结构的屏幕菜单上，上一级菜单可以单击展开下一级菜单，同级菜单互相关联，展开另外一个同级菜单时，原来展开的菜单自动合拢。二到三级菜单项是天正建筑的可执行命令或者开关项，全部菜单项都提供 256 色图标，图标设计具有专业含义，以方便用户增强记忆，更快地确定菜单项的位置。当光标移到菜单项上时，AutoCAD 的状态行会出现该菜单项功能的简短提示。

折叠式菜单效率最高，但由于屏幕的高度有限，在展开较长的菜单后，有些菜单项无法完全在屏幕可见，为此可用鼠标滚轮上下滚动菜单快速选取当前不可见的项目，天正屏幕菜单在 2004～2008 下支持自动隐藏功能，在光标离开菜单后，菜单可自动隐藏为一个标题，光标进入标题后随即自动弹出菜单，节省了宝贵的屏幕作图面积。

1.3.2　默认与自定义图标工具栏

天正图标工具栏由 3 条默认工具栏以及一条用户自定义工具栏组成，默认工具栏 1 和 2 使用时停靠于界面右侧，把分属于多个子菜单的常用天正建筑命令收纳其中，避免反复地菜单切换。TArch 7/8

还新提供了“常用图层快捷工具栏”进一步提高效率。光标移到图标上稍作停留，即可提示各图标功能。工具栏图标菜单文件为 tch.mns，位置为 Sys15 与 Sys16 与 sys17 文件夹下，用户可以参考 AutoCAD 有关资料的说明，使用 AutoCAD 菜单语法自行编辑定制。

所有工具栏都可由 AutoCAD 的 toolbar 命令进行修改和自定义。此外 TArch 7/8 还提供了一个自定义工具栏，如附图 1.6 所示。用户还可以键入【自定义】(ZDY) 命令选择“工具条”页面，在其中增删自定义工具栏的内容，不必编辑任何文件。

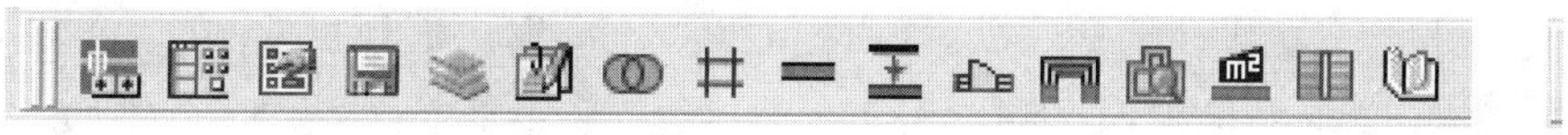

附图 1.6　自定义工具栏

1.4　软件使用方法

1.4.1　工程管理工具的使用方法

在新版本首次引入了工程管理的概念，工程管理工具是管理同属于一个工程下的图纸（图形文件）的工具，命令在文件布图菜单下，启动命令后出现的界面如附图 1.7 所示。

单击界面上方的下拉列表，可以打开工程管理菜单，其中有打开已有的工程、新建工程等命令，如附图 1.8 所示。

为保证与旧版兼容，特提供了“导入”与“导出”楼层表的命令。

首先介绍的是“新建工程”命令，为当前图形建立一个新的工程，并为工程命名。

在界面中分为图纸、楼层、属性栏，在图纸栏中预设有平面图、立面图等多种图形类别，首先介绍图纸栏的使用。

图纸栏用于管理以图纸为单位的图形文件，右击工程名称，出现右键菜单，在其中可为工程添加图纸或子工程分类，如附图 1.7 所示。

在工程任意类别右击，出现右键菜单，功能也是添加图纸或分类，只是添加在该类别下，也可以把已有图纸或分类移除，如附图 1.9 所示。

单击添加图纸出现文件对话框，在其中逐个加入属于该类别的图形文件，注意事先应该使同一个工程的图形文件放在同一个文件夹下。

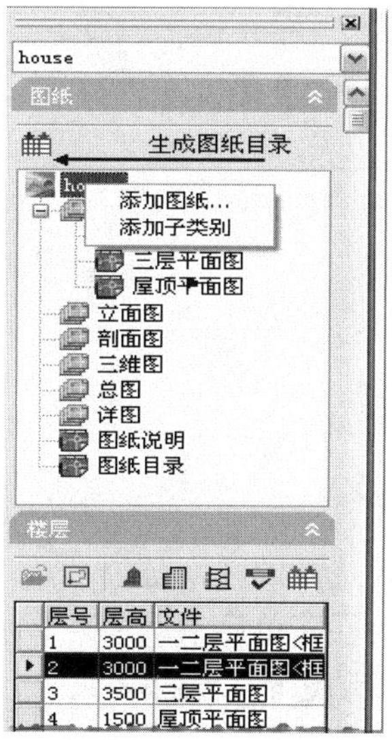

附图 1.7　工程管理界面

附图 1.8　新建工程或导入楼层表

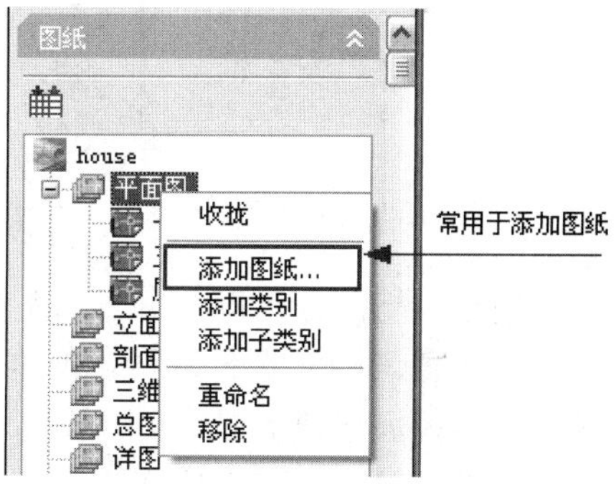

附图 1.9　为图纸集添加图纸

在 TArch 7/8 中，以楼层栏中的楼层工具图标命令控制属于同一工程中的各个标准层平面图，允许不同的标准层存放于一个图形文件中，通过如附图 1.10 所示的第 2 个图标命令，在本图中框选标准层的区域范围，具体命令的使用详见立面、剖面等命令。

在下面的楼层表中输入“起始层号-结束层号”，定义为一个标准层，并取得层高，双击左侧的按钮可以随时在本图预览框中选择的标准层范围；对不在本图的标准层，则单击空白文件名右侧的按钮，单击按钮后，在文件对话框中以普通文件选取方式点取图形文件，如附图 1.11 所示。

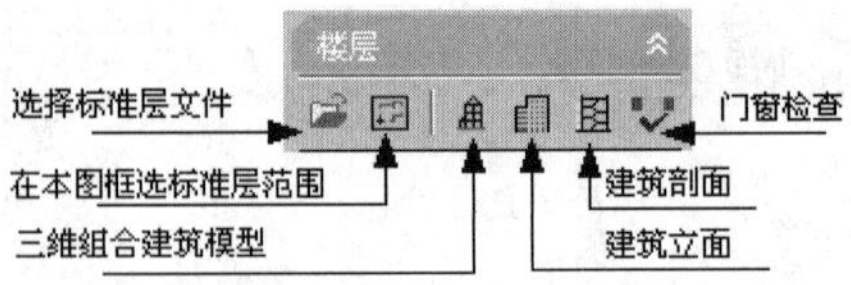

附图 1.10　楼层栏中的工具图标命令

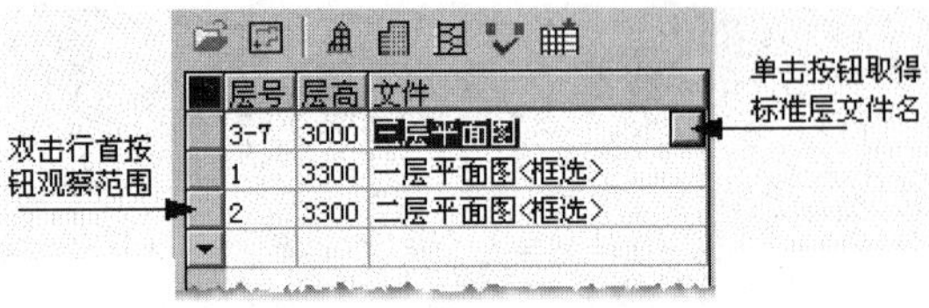

附图 1.11　楼层表的创建

打开已有工程的方法：单击工程名称下拉列表，可以看到建立过的工程列表，单击其中一个工程即可打开。

打开已有图纸的方法：在图纸栏下列出了当前工程打开的图纸，双击图纸文件名即可打开。

1.4.2　天正屏幕菜单的使用方法

TArch 7/8 推出了新的折叠菜单系统，除了界面图标使用了 256 色，还提供了多个菜单可供选择，每一个菜单还可以选择不同的使用风格，菜单系统支持鼠标滚轮，快速拖动个别过长的菜单。折叠菜单的优点是操作中随时看到上层菜单项，可直接切换其他子菜单，而不必返回上级菜单，如附图 1.12 所示。

天正屏幕菜单在 2004～2008 下支持自动隐藏功能，在光标离开菜单后，菜单可自动隐藏为一个标题，光标进入标题后随即自动展开菜单，节省了宝贵的屏幕作图面积。该菜单在 2007 以上平台设为自动隐藏的同时还可停靠。

从菜单格式内容区分，共有“标准菜单”、“经典菜单”和“TArch 3 菜单”三个不同的菜单，其中“经典菜单”的子菜单结构与 TArch 6 类似，适用于习惯原有菜单的资深用户，后者为编辑旧图的用户提供少量 TArch 3 命令。

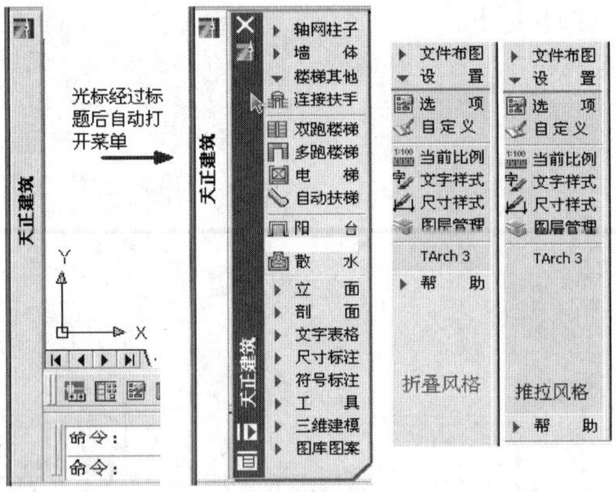

附图 1.12　天正屏幕菜单的风格

从使用风格区分，每一个菜单都有“折叠风格”和“推拉风格”可选，二者的区别是：

- 折叠风格是使下层子菜单缩到最短，菜单过长时自行展开，切换上层菜单后滚动根菜单；
- 推拉风格使下层子菜单长度一致，菜单项少时补白，过长时使用滚动选取，菜单不展开。

初学者有时往往把对象特性等工具栏丢掉，或是把绘图、编辑工具栏丢掉，解决方法是：在“视图”-“工具栏”中找到丢掉的工具栏，勾选即可。

附录 2

TArch 命令索引

轴网菜单		
重排轴号	CPZH	改变图中一组轴线编号，该组编号自动进行重新排序
倒排轴号	DPZH	倒排轴线编号，适用于特定方向的立剖面轴线绘制
绘制轴网	HZZW	包括旧版本的直线轴网和弧线轴网
两点轴标	LDZB	选择起始轴与结束轴标注其中各轴号与尺寸
墙生轴网	QSZW	在已有墙中按墙基线生成定位轴线
删除轴号	SCZH	在已有轴网上删除轴号，其余轴号自动重排
添补轴号	TBZH	在已有轴号基础上，关联增加新轴号
添加轴线	TJZX	在已有轴网基础上增加轴线，并插入轴号
逐点轴标	ZDZB	逐个选择轴线，标注不相关的多个轴号
轴线裁剪	ZXCJ	用矩形或多边形裁剪轴网的一部分
轴改线型	ZGXX	切换轴线的线型

柱子菜单		
标 准 柱	BZZ	在轴线的交点处插入方柱，圆柱或多边形柱
构 造 柱	GZZ	在墙角处插入给定宽度和长度的构造柱图例
角　　柱	JZ	在墙角插入形状与墙一致的角柱，可设各段长度
异 形 柱	YXZ	把闭合 Pline 定义的柱断面转为非标准的异形柱
柱齐墙边	ZQQB	把柱子对齐到指定的墙边

墙体菜单		
边线对齐	BXDQ	墙基线不变，墙线偏移到过给定点
单线变墙	DXBQ	将已绘制好的单线或者轴网转换为双线表示的墙对象
倒 墙 角	DQJ	将转角墙按给定半径倒圆角生成弧墙或将墙角交接好
等分加墙	DFJQ	将一段墙按轴线间距等分，垂直方向加墙延伸到给定边界
改 高 度	GGD	修改图中已定义的各墙柱的高度与底标高
改 墙 厚	GQH	批量改墙厚：墙基线不变,墙线一律改为居中
改外墙高	GWQG	修改已定义的外墙高度与底标高，自动将内墙忽略
改外墙厚	GWQH	注意修改外墙墙厚前，应先进行外墙识别，否则命令不会执行

续表

墙体菜单		
绘制墙体	HZQT	连续绘制双线直墙、弧墙，包括幕墙、卫生隔断、矮墙、虚墙等墙类型
墙保温层	QBWC	在墙线一侧添加保温层或撤销保温层
加亮外墙	JLWQ	亮显已经识别过的外墙
矩形立面	JXLM	在立面显示状态，将非矩形的立面部分删除，墙面恢复矩形
净距偏移	JJPY	按墙体净距离偏移平行生成新墙体
基线对齐	JXDQ	保持墙边线不变，墙基线对齐经过给定点
平行生线	PXSX	在墙任意一侧，按指定偏移距离生成平行的线或弧
墙面 UCS	QMUCS	临时定义一个基于所选墙面（分侧）的 UCS，在指定视口转为立面显示
墙端封口	QDFK	打开和闭合墙端出头的封口线
墙体造型	QTZX	构造平面形状局部凸出的墙体，附加在墙上形成一体
墙齐屋顶	QQWD	把墙体延伸到人字屋顶底部，根据墙高调整屋顶标高
识别内外	SBNW	自动识别内外墙，适用于一般情况
修 墙 角	XQJ	清理互相交叠的两道墙或者更新融合同材质的墙与墙体造型
异型立面	YXLM	在立面显示状态，将墙按给定的轮廓线切割生成非矩形的立面
指定内墙	ZDNQ	人工识别内墙，用于内天井、局部平面等无法自动识别的情况
指定外墙	ZDWQ	人工识别外墙，用于内天井、局部平面等无法自动识别的情况

门窗菜单		
编号复位	BHFW	把用户移动过的门窗编号恢复到默认位置
编号后缀	BHHZ	选择一批门窗编号自动添加给定的后缀
带 形 窗	DXC	在一段或连续墙段上插入等高窗
窗棂展开	CLZK	把窗立面展开到 WCS，以便进行窗棂划分
窗棂映射	CLYS	把 WCS 上的窗棂划分映射回立面窗
门 窗 套	MCT	在门窗四周添加或删除门窗套
加装饰套	JZST	给门窗添加三维装饰门窗套线
门 口 线	MKX	给门添加或删除属于门对象的门口线
门　　窗	MC	在墙上插入可定制形状的门窗（弧窗、门连窗、子母门、凸窗、门洞等）
门 窗 表	MCB	统计本图中使用的门窗参数，检查后生成门窗表
门窗编号	MCBH	选择门窗，可自动生成或修改已有门窗的编号
门窗检查	MCJC	显示电子表格检查当前图中已插入的门窗数据
门窗原型	MCYX	选择已有门窗作为新门窗改绘的原型，并构造门窗制作的环境
门窗入库	MCRK	把用户定义的门窗块加入门窗库
门窗总表	MCZB	统计本工程中多个平面图使用的门窗参数，检查后生成门窗总表
内外翻转	NWFZ	批量内外翻转已画在图中的门窗
异 形 洞	YXD	在立面显示状态，按给定的闭合 pline 轮廓线生成任意深度的洞口
转 角 窗	ZJC	在图中沿墙插入转角窗或者转角凸窗
组合门窗	ZHMC	选取多个门窗生成统一编号的组合门窗
左右翻转	ZYFZ	批量左右翻转已画在图中的门窗

续表

房间屋顶		
布置隔板	BZGB	选择已经插入的洁具，布置小便池隔板
布置隔断	BZGD	选择已经插入的洁具，布置卫生间隔断
布置洁具	BZJJ	在厨房或厕所中布置厨具或卫生洁具
查询面积	CXMJ	查询房间面积，并可以以单行文字的方式标注在图上
房间轮廓	FJLK	沿着房间内侧创建房间轮廓线，用于踢脚等构件
加老虎窗	JLHC	在三维屋顶生成多种老虎窗形式
加雨水管	JYSG	在屋顶平面图中绘制雨水管
加踢脚线	JTJX	对房间添加或删除三维踢脚线
面积累加	MJLJ	对选取的一组数值型文字进行求和
奇数分格	JSFG	用于绘制按奇数分格的地面或吊顶平面
偶数分格	OSFG	用于绘制按偶数分格的地面或吊顶平面
任意坡顶	RYPD	由封闭的多段线生成指定坡度的屋顶，对象编辑可分别修改各坡度
人字坡顶	RZPD	创建双坡与单坡屋顶
搜索房间	SSFJ	创建或更新已有的房间与建筑面积对象，然后对象编辑标注房间
搜屋顶线	SWDX	自动跨越门窗洞口搜索墙线的封闭区域，生成屋顶平面轮廓线
套内面积	TNMJ	计算住宅单元的套内建筑面积
攒尖屋顶	ZJWD	生成对称的正多边锥形攒尖屋顶，考虑出挑长度

楼梯其他		
电　　梯	DT	在电梯间井道内插入电梯门，绘制多种电梯简图
多跑楼梯	DPLT	输入关键点建立多跑（直线或转折）楼梯
连接扶手	LJFS	把两个梯段的扶手连接成连续的扶手
坡　　道	PD	通过参数构造室外直坡道
任意梯段	RYTD	以图中的直线与圆弧作为梯段边线输入踏步参数绘制楼梯
散　　水	SS	搜索外墙线，绘制散水对象，创建室内外高差平台和勒脚
双跑楼梯	SPLT	在对话框中输入梯间参数，直接绘制两跑楼梯
台　　阶	TJ	直接绘制台阶或把预先绘制好的 PLINE 转成台阶
添加扶手	TJFS	以沿上楼方向的 Pline 路径为基线，添加楼梯扶手
阳　　台	YT	直接绘制阳台或把预先绘制好的 PLINE 转成阳台
圆弧梯段	YHTD	在对话框中输入梯段参数，绘制弧形梯段
直线梯段	ZXTD	在对话框中输入梯段参数绘制直线梯段，用来组合复杂楼梯
自动扶梯	ZDFT	在对话框中输入梯段参数，绘制单双排自动扶梯

立面菜单		
构件立面	GJLM	对选定的一个或多个建筑对象生成立面，取代单层立面命令
立面窗套	LMCC	生成全包的窗套或者窗的上檐线和下檐线
建筑立面	JZLM	生成建筑物立面，事先确定当前图为首层平面，各层已识别内外墙
立面轮廓	LMLK	对立面图搜索轮廓生成立面轮廓线
立面门窗	LMMC	插入、替换立面门窗以及立面门窗库的维护
立面屋顶	LMWD	可完成多种形式的屋顶立面图设计
立面阳台	LMYT	插入、替换立面阳台以及立面阳台库的维护
门窗参数	MCCS	修改立面门窗的参数和位置
图形裁剪	TXCJ	对立面门窗阳台等二维图块对象进行局部裁剪，解决立面图构件之间的遮挡
雨水管线	YSGX	按给定的位置生成竖直向下的雨水管
柱立面线	ZLMX	绘制圆柱的立面过渡线

续表

剖面菜单		
参数栏杆	CSLG	按参数交互方式生成楼梯栏杆，且楼梯栏杆库可由用户自行扩充
参数楼梯	CSLT	按参数交互方式生成剖面的或可见的楼梯
扶手接头	FSJT	对楼梯扶手的接头位置作细部处理
构件剖面	GJPM	对一个或多个建筑对象剖切生成二维剖面，取代单层剖面命令
画剖面墙	HPMQ	直接绘制剖面双线墙
加剖断梁	JPDL	输入参数绘制楼板、休息平台板下的梁截面
建筑剖面	JZPM	生成建筑物剖面，事先确定当前图为首层平面
居中加粗	JZJC	将剖面图中的剖面墙线与楼板线向两侧加粗
楼梯拦板	LTLB	自动识别剖面楼梯与可见楼梯，绘制实心楼梯挡板
楼梯栏杆	LTLG	自动识别剖面楼梯与可见楼梯，绘制楼梯栏杆及扶手
门窗过梁	MCGL	在剖面门窗上添加过梁
剖面门窗	PMMC	直接在图中的剖面墙上插入剖面门窗
剖面填充	PMTC	以图案填充剖面墙线梁板或者剖面楼梯
剖面檐口	PMYK	在剖面图中绘制剖面檐口
取消加粗	QXJC	将已加粗的剖面墙线梁板线恢复原状
双线楼板	SXLB	绘制剖面双线楼板
向内加粗	XNJC	将剖面图中的剖面墙线与楼板线向内加粗
预制楼板	YZLB	绘制剖面预制楼板

文字表格		
表列编辑	BLBJ	编辑表格的一列或多列
表行编辑	BHBJ	编辑表格的一行或多行
查找替换	CZTH	查找和替换图中的文字
单行文字	DHWZ	创建符合中国建筑制图标注的天正单行文字
单元编辑	DYBJ	编辑表格单元格，修改属性或文字
单元合并	DYHB	合并表格的单元格
单元递增	DYDZ	复制表格单元内容，并对单元内的序列号按规律递增或递减
单元复制	DYFZ	复制表格内或者图形中的文字与图块进入目标表格单元
单元累加	DYLJ	累加表行或表列的数值内容，结果放在指定单元格内
撤销合并	CXHB	撤销已经合并的表格单元，恢复为标准的表格
多行文字	—	创建符合中国建筑制图标准的天正整段文字
读入 Excel	—	根据 Excel 选中的区域，创建相应的天正表格
繁简转换	FJZH	将内码为台湾的 BIG5 码与中国大陆的 GB 码的文字对象之间双向转换
曲线文字	QXWZ	沿着曲线排列文字
全屏编辑	QPBJ	对表格内容进行全屏编辑
文字合并	WZHB	把 TArch 3.x 的分开的中英文文字合成一行或单行文字合成多行文字
文字样式	WZYS	创建或修改命名天正扩展文字样式并设置图形中文字的当前样式
文字转化	WZZH	把 AutoCAD 单行文字转化为天正单行文字
新建表格	XJBG	绘制新的表格并输入表格文字
拆分表格	CFBG	按行或列把一个表格拆分为多个子表格，可带标题与自定义表头行数

续表

文字表格		
合并表格	HBBG	按行或列把多个表格合并为一个表格，行列不同可以自动处理
增加表行	ZJBH	在指定行前后增加表行
删除表行	SCBH	删除指定表行
统一字高	TYZG	把所选择的文字字高统一为给定的字高
转角自纠	ZJZJ	把转角方向不符合建筑制图标准的文字（如倒置的文字）予以纠正
专业词库	ZYCK	输入或者维护专业词库里面的词条
转出 Excel	—	把当前图中的天正表格输出到 Excel
转出 Word	—	把当前图中的天正表格输出为 Word 中的表格

尺寸标注		
半径标注	BJBZ	对圆、弧墙或弧线标注半径尺寸
直径标注	ZJBZ	对圆进行直径标注
裁剪延伸	CJYS	根据给定的新位置，对尺寸标注进行裁剪或延伸
尺寸转化	CCZH	把 AutoCAD 的尺寸标注转化为天正的尺寸标注
尺寸自调	CCZT	对天正尺寸标注的文字位置进行自动调整，使得文字不重叠
尺寸打断	CCDD	把一组尺寸标注打断为两组独立的尺寸标注
等分区间	DFQJ	把天正标注对象的某一个区间按指定等分数等分为多个区间
等式标注	DSBZ	把尺寸文字以等分数 X 间距＝总尺寸的等式进行标注
对齐标注	DQBZ	把多个天正标注对象按参考标注对象对齐排列
快速标注	KSBZ	快速识别图形外轮廓或者基线点，沿着对象的长宽方向标注对象的几何特征尺寸
弧长标注	HCBZ	按国标规定方式标注弧长
合并区间	HBQJ	把天正标注对象中的相邻区间合并为一个区间
角度标注	JDBZ	基于两条线创建角度标注
连接尺寸	LJCC	把平行的多个尺寸标注连接成一个连续的尺寸标注对象
两点标注	LDBZ	对两点连线穿越过的墙体轴线等对象以及相关的其他对象进行定位标注
门窗标注	MCBZ	标注门窗的定位尺寸，即第三道尺寸线，可与门窗宽度联动自动更新尺寸
内门标注	NMBZ	标注内墙门窗尺寸以及门窗与轴线或者墙边的关系，也可与门窗宽度联动
墙厚标注	QHBZ	对两点连线穿越的墙体进行墙厚标注
墙中标注	QZBZ	按墙中心线标各墙间距，用于公共卫生间等隔断标注
切换角标	QHJB	对角度标注、弦长标注和弧长标注进行相互转化
取消尺寸	QXCC	取消连续标注中的一个尺寸标注区间
文字复位	WZFW	尺寸文字的位置恢复到默认的尺寸线中点上方
文字复值	WZFZ	尺寸文字恢复为默认的测量值
外包尺寸	WBCC	扩充或补充第一二道尺寸线到构件外轮廓
增补尺寸	ZBCC	对已有的尺寸标注增加标注点
逐点标注	ZDBZ	点取各标注点，沿给定的一个直线方向标注连续尺寸

符号标注		
标高标注	BGBZ	标注各种标高符号，可连续标注标高

续表

符号标注

标高检查	BGJC	以指定的标高对象的标高为准，检查图上的其他标高对象
断面剖切	DMPQ	在图中标注断面剖切符号
画对称轴	HDCZ	绘制对称轴及符号
画指北针	HZBZ	在图中画指北针
加折断线	JZDX	绘制折断线并可遮挡一侧指定范围的构件对象
箭头引注	JTYZ	绘制指示方向的箭头及引线
剖面剖切	PMPQ	在图中标注剖面剖切符号，允许标注多级阶梯剖
索引符号	SYFH	包括剖切索引号和指向索引号，夹点添加号圈
索引图名	SYTM	为图中局部详图标注索引图号
图名标注	TMBZ	以一个整体符号对象标注图名比例
引出标注	YCBZ	可用引线引出来对多个标注点做同一内容的标注
坐标标注	ZBBZ	对总平面图按照大地测量坐标规则进行坐标标注
作法标注	ZFBZ	从专业词库获得标准作法，用以标注工程作法
坐标检查	ZBJC	通过一个基准坐标检查其他坐标点的正确与否

工具

对象编辑	DXBJ	依照各自定义对象特性，自动调出对应的参数对话框进行编辑
对象查询	DXCX	随光标移动，在各个图元上面动态显示其信息，并可进行编辑
对象选择	DXXZ	先选参考图元，选择其他符合参考图元过滤条件的图形，生成选择集
恢复可见	HFKJ	恢复临时被隐藏的对象
局部隐藏	JBYC	临时隐藏部分对象，以便观察和编辑其他对象
局部可见	JBKJ	只显示选中对象，隐藏其余对象
在位编辑	ZWBJ	不必进入命令即可对天正对象中的文字进行编辑
移　　位	YW	按给定的位移值与方向精确地移动对象
自由粘贴	ZYNT	粘贴已经复制在剪贴板上的图形，可以动态调整待粘贴图形
自由复制	ZYFZ	动态连续地复制对象
自由移动	ZYYD	动态的进行移动、旋转和镜像

曲线工具

布尔运算	BRYS	对两个以上具有封闭区域的对象进行布尔运算，生成新的封闭区域对象
反　　向	FX	逆转多段线、路径曲面和墙体的方向
交点打断	JDDD	把通过同一交点的多根共面线段在该点打断
加粗曲线	JCQX	加粗指定的曲线（直线和多段线、弧）
连接线段	LJXD	连接同一直线上相连的两线段或同弧线的两弧
消除重线	XCCX	消除重合的线、弧
虚实变换	XSBH	把线型在虚线与实线之间进行变换
线变复线	XBFX	将若干个彼此相接的线、弧连接成一个多段线对象

续表

图层工具		
关闭图层	GBTC	关闭所选的图层
关闭其他	GBQT	关闭其他除了所选图层外的其他图层
冻结图层	DJTC	冻结所选的图层
冻结其他	DJQT	冻结除了所选图层外的其他图层
锁定图层	SDTC	锁定所选的图层
锁定其他	SDQT	锁定除了所选图层外的其他图层
图层恢复	TCHF	恢复在执行图层工具前保存的图层记录

观察工具		
穿梭动画	CSDH	相机位置和观察角度都沿着给定的路径，摄制视频动画*
定位观察	DWGC	建立立面定位观察器与关联视图
环绕动画	HRDH	相机点和目标点分别沿着自己的路径，摄制视频动画*
视口放大	SKFD	模型空间的当前视口放大到全屏，并保存当前配置以便恢复
视口恢复	SKHF	恢复视口放大前的视口配置
视图满屏	STMP	使得当前视图充满显示屏幕进行观察
视图存盘	STCP	把当前视图抓取为位图图像并存盘
视图固定	STGD	把非菜单命令动态获得的虚拟漫游视图固定下来，避免重生成原来的视图*
设置立面	SZLM	把 UCS 设置到平面两点决定的立面视图上
相机透视	XJTS	设置相机，以拍照的方式获得三维透视效果*
虚拟漫游	XNMY	利用已有的相机，身临其境的在三维建筑中漫游*
*仅适用于 AutoCAD 2000～2006 平台，在 2007 下被其平台本身命令取代		

其他工具		
测量边界	CLBJ	测量所选对象的最小包容立方体范围
统一标高	TYBG	用于二维图，把所有图形对象都放在 0 标高上，以避免图形对象不共面
搜索轮廓	SSLK	对二维图搜索外包轮廓
图形裁剪	TXCJ	对二维图块等对象进行局部裁剪，多用于立面图的遮挡
图形切割	TXQG	从平面图切割出一部分作为详图的底图
矩　　形	JX	绘制天正矩形对象
道路绘制	DLHZ	绘制总图的道路
道路圆角	DLYJ	把对折角路口倒成圆角

造型对象		
变截面体	BJMT	沿着路径对给定的 3 个截面进行放样生成实体
等高建模	DGJM	按一组不同标高的 Pline 线生成三维地面模型
路径排列	LJPL	沿着路径（扶手/Pline 路径）排列三维单元
栏 杆 库	LGK	从栏杆单元库中调出栏杆单元，以便编辑后进行排列生成栏杆
路径曲面	LJQM	用已经绘制的路径（Pline/扶手等）和形状（Pline）来放样生成均匀截面的物体

续表

造型对象

平　　板	PB	构造板（柱）式构件，用作挑檐板、遮阳和楼梯休息平台等，其中允许开多个洞口
三维网架	SWWJ	把三维线框转化为三维网架模型
竖　　板	SB	构造竖直方向的板件，用作遮阳板、阳台隔断等

体量建模

布尔并集	BEBJ	用布尔求并运算创建复合实体或面域*
布尔差集	BECJ	用布尔求差运算创建复合实体或面域*
布尔交集	BEJJ	用布尔求交运算创建复合实体或面域*
编辑实体	BJST	编辑参数化实体*
基本形体	JBXT	创建长方体、圆柱体、球体、球缺体等多种基本形体*
分离最近	FLZJ	把组合实体还原为上次编辑的状态（在 2007 平台取消此命令）
截面拉伸	JMLS	通过截面拉伸方式创建实体*
截面旋转	JMXZ	通过截面绕固定轴旋转创建实体*
截面放样	JMFY	截面沿路径放样创建实体*
去除参数	QCCS	去除实体参数形成 AutoCAD 标准实体（在 2007 平台取消此命令）
实体切割	STQG	用一个面切割参数实体*
完全分离	WQFL	把复合实体还原为单个实体（在 2007 平台取消此命令）

* 仅适用于 AutoCAD 2000～2006 平台，在 2007 下被其平台本身命令取代

编辑工具

厚线变面	HXBM	将有厚度线转换为三维面（3DFace）
面片合成	MPHC	把选中的三维面（3DFace）合并成三维网格曲面
三维切割	SWQG	对三维对象（不包括天正对象）进行切割，以便对其赋予不同的特性
实体转面	STZM	把 ACIS 实体（3DBody）转成三维网格曲面（PFace）
线 转 面	XZM	把构成三维物体平面视图的线转成三维网格面，通过特性编辑更改顶点 z 坐标完成最终的三维物体
线面加厚	XMJH	选中的线和平面沿着当前坐标系 z 轴方向赋予厚度
隐去边线	YQBX	将用户不需显示的表面边线特性改为不可见

图库图案

构件库	GJK	新建或打开构件图库，编辑构件库内容，插入构件对象
构件入库	GJRK	不必打开构件图库，即可把对象构件加入构件图库中
幻灯管理	HDGL	图库中的幻灯库管理，可以从幻灯中提取图形
矩形屏蔽	JXPB	给图块增加可以用外包矩形遮挡背景的特征
精确屏蔽	JQPB	给图块增加可以用精确外轮廓遮挡背景的特征
建三维块	JSWK	为三维图块划分部件并贴附材质
木纹填充	MWTC	填充木材横纹、竖纹和断纹
取消屏蔽	QXPB	取消图块遮挡背景的特征
屏蔽框开	—	显示 Wipeout 屏蔽框

续表

图库图案

屏蔽框关	—	隐藏 Wipeout 屏蔽框
取二维块	QEWK	取多视图块的二维部分，以便进行在位编辑修改
生二维块	SEWK	对三维图块消隐生成二维图块，并联动建立多视图块
通用图库	TYTK	进入图库管理界面，可以新建或打开图库，编辑图库内容，或者插入图块
图块转化	TKZH	把 AutoCAD 的图块转化为天正图块
图块改层	TKGC	修改图块内部图层
图块替换	TKTH	先选图上的图块，进入图库选取要替换的内容
图案管理	TAGL	填充图案管理界面，取代直排图案、斜排图案和删除图案命令，增加调整图案大小功能
图案加洞	TAJD	从填充图案中挖去指定区域
图案减洞	TAJD	补上从填充图案中挖去的区域
线图案	XTA	沿指定线段绘制预定义的线填充图案

文件布图

布局旋转	BJXZ	把图形在模型空间旋转，用于旋转的视口布图
插入图框	CRTK	选择图签标题栏在模型空间或图纸空间插入图框，并可预览选取图幅
插件发布	CJFB	发布天正 7 版本对象解释插件文件到指定目录，执行即可开始安装
图纸目录	TZML	如果用户插入带有属性的图框，可以自动生成标准图纸目录
图纸保护	TZBH	把用户选择的部分图形转换为只读对象，保护图形不再被修改甚至不被打印
定义视口	DYSK	在模型空间中用窗选方式选中部分图形指定比例，在图纸空间布局布置视口
分解对象	FJDX	把天正定义的对象分解为 AutoCAD 基本对象
改变比例	GBBL	改变图上某一区域或图纸上某一视口出图比例，更新注释对象的大小满足规范要求
旧图转换	JTZH	把天正旧版的二维平面图转成天正对象格式的图形，可对图形的局部对象进行转换
图形导出	TXDC	把 TArch 7 格式的图导出为其他天正格式的图形文件，或按照其他专业的要求转换
批量转旧	PLZJ	把 TArch 7 格式的图批量转换为其他旧版本天正格式的图形文件
视口放大	SKFD	在图纸上放大布局中的模型视口，以便全屏编辑和详细查看
图层转换	TCZH	按用户要求的图层标准进行图层转换
图形变线	TXBX	把三维视图按照当前的视图角度转化为二维线框图
图变单色	TBDS	把各图层颜色变为指定的统一颜色
颜色恢复	YSHF	把各图层颜色恢复为用户图层文件 Layerdef.dat 规定的颜色
工程管理	GCGL	管理用户定义的工程设计项目中参与生成立剖面三维的各平面图形文件

渲染

背　　景	Background	设置场景的背景*
材质附着	CZFZ	给图中的模型贴附材质*
材质管理	CZGL	管理天正材质库*
简单渲染	JDXR	按一种预设的简单方式进行室外渲染（在 2007 平台取消此命令）
插入配景	LSnew	向场景中插入已贴图的真实感配景对象（在 2007 平台取消此命令）
编辑配景	LSedit	编辑图中已经插入的配景对象（在 2007 平台取消此命令）
光　　源	Light	管理光源和向场景加入光照效果*

续表

渲　染		
配 景 库	LSLib	管理配景对象库*
渲　　染	Render	用光线追踪等算法精确渲染三维模型场景*
贴图坐标	SetUV	为对象设置贴图坐标*
* 仅适用于 AutoCAD 2000～2006 平台，在 2007 以上被其平台本身命令取代		

日照分析		
重排窗号	CPCH	重新排列被分析建筑日照窗的序号
窗号编辑	CHBJ	编辑被分析建筑日照窗的层号、窗位号
窗日照表	CRZB	详细分析窗的日照情况
地理位置	DLWZ	编辑地理位置数据库内容
导入建筑	DRJZ	导入天正的多层建筑模型作为日照模型
单点分析	DDFX	选取测试日照时间的地点及其高度值，即可显示该点的日照时间
多点分析	DUFX	分析并标出给定平面区域内各点的日照时间
等照时线	DZSS	绘出日照到达给定时数的日照区域分界线
建筑高度	JZGD	给指定的建筑物轮廓线（封闭的 Pline）定义高度
建筑标高	JZBG	标注建筑物的顶标高
日照设置	RZSZ	日照计算的全局参数设置
日照仿真	RZFZ	真实逼真地模拟日照阴影
顺序插窗	SXCC	在指定位置插入待分析日照的窗户
阴影擦除	YYCC	擦除日照分析生成的图形和数字
阴影轮廓	YYLK	逐时绘出建筑物阴影的轮廓线

设　置		
选　　项	OPtions	进入天正基本设定页面进行初始参数设置
高级选项	GJXX	设置用于多个图形的全局性对象和命令参数
自 定 义	ZDY	设置菜单风格、用户自定义工具栏与单键热键
当前比例	DQBL	从现在开始设置新的绘图比例
图层管理	TCGL	管理天正的图层系统，新建或设置图层标准

帮　助		
版本信息	TAbout	显示 TArch 7 的详细版本信息对话框
常见问题	TchFaq	查看使用 TArch 7 经常碰到的问题以及解答
教学演示	JXYS	启动 TArch 7 功能演示教学动画的 Flash 系统
日积月累	RJYL	进入天正建筑时显示日积月累功能提示界面
问题报告	WTBG	给天正公司发送 E-mail 报告问题
在线帮助	ZXBZ	启动 TArch 7 的在线帮助系统

附录 3

TArch 8 主菜单及二级菜单

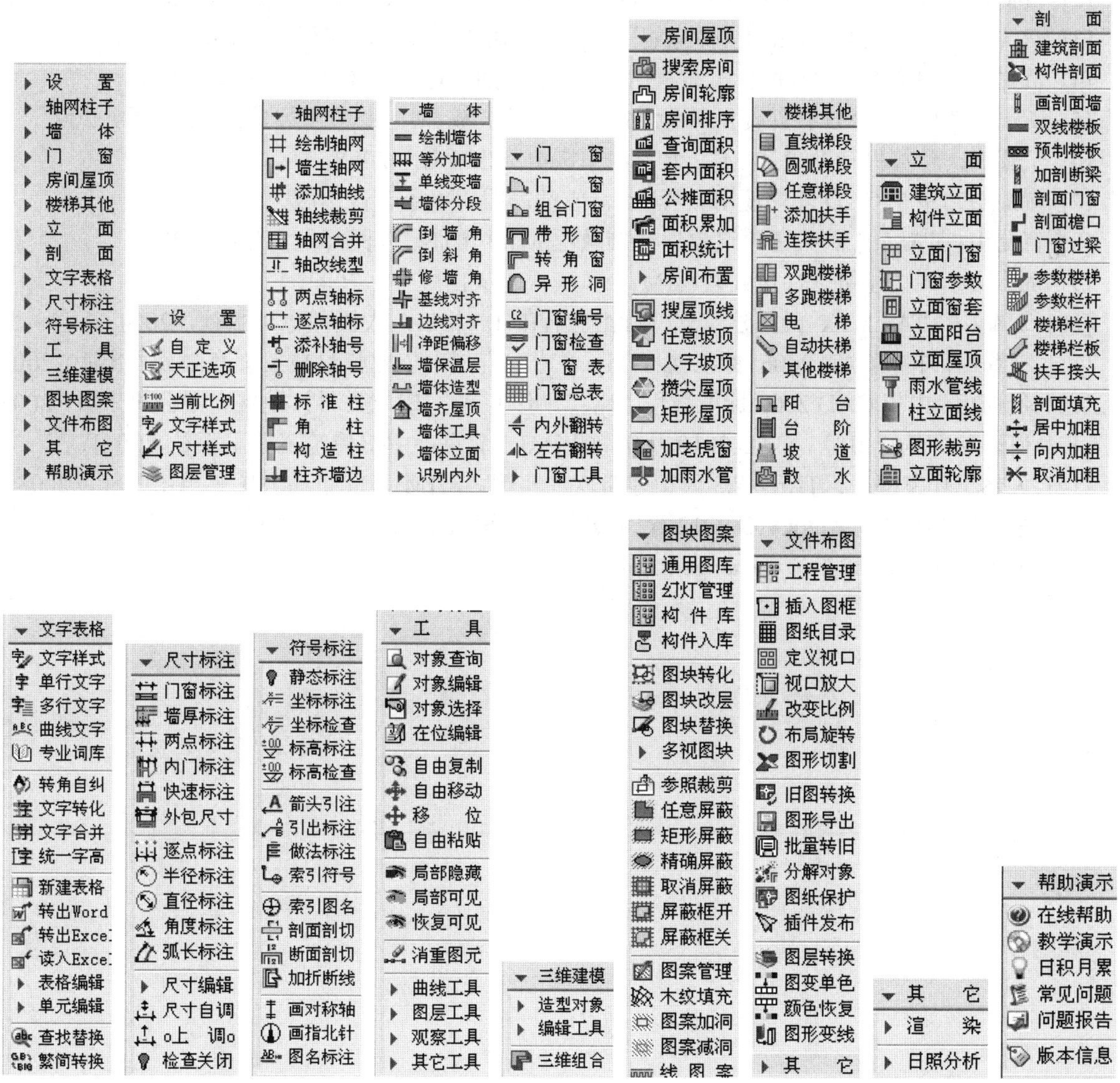

参考文献

[1] 贺蜀山．建筑 CAD[M]．北京：化学工业出版社，2010．

[2] 贺蜀山．TArch 7.5 天正建筑软件标准教程[M]．北京：人民邮电出版社，2008．

[3] 贺蜀山等．中望 CAD 2010 标准教程[M]．广州：中望 CAD 公司，2010．

[4] 贺蜀山．中望 CAD 2008 标准教程[M]．成都：四川电子音像出版公司，2008．

[5] 贺蜀山．中望 CAD 软件使用教程[M]．2007 版．成都：四川电子音像出版公司，2007．

[6] 贺蜀山．计算机辅助设计[M]．北京：中国电力出版社，2005．

[7] 贺蜀山．中望 CAD 软件使用教程[M]．成都：四川电子音像出版公司，2006．

[8] 贺蜀山．TArch 5.x 天正建筑软件标准教程[M]．北京：人民邮电出版社，2004．

[9] 贺蜀山．天正建筑软件培训教程[M]．重庆：重庆出版社，2002．

[10] 贺蜀山．TArch 3.x 天正建筑软件标准教程[M]．北京：人民邮电出版社，2004．

[11] 贺蜀山．中望 CAD 2006 标准教程[M]．广州：广州中望龙腾科技发展有限公司出版，2006．

[12] 贺蜀山．中望 CAD 2005 标准教程[M]．广州：广州中望龙腾科技发展有限公司出版，2005．

[13] 何清玲、贺蜀山等．CAD 2010 基础教程[M]．北京：中国建筑工业出版社，2011．

[14] 大林工作室编著．TArch 7.5 天正建筑软件实例详解[M]．北京：人民邮电出版社，2008．

[15] 牟永明等编著．AutoCAD 2012 建筑设计与制作[M]．北京：印刷工业出版社，2011．

[16] 天正公司网站 http://www.tangent.com.cn